无机非金属材料工艺学

Inorganic Metalloid Materials Technics

郝春来　杨　健　赫丽杰　主　编

北京理工大学出版社
BEIJING INSTITUTE OF TECHNOLOGY PRESS

内 容 简 介

本书从实用的角度出发，共分为四篇内容：第一篇为耐火材料工艺篇，采用先总后分的方式，首先介绍耐火材料的分类、结构与性质，以及耐火材料的生产过程，随后介绍黏土质、高铝质、硅质、碱性、碳复合等成型耐火材料与不定形耐火材料的工艺流程及技术要点；第二篇为玻璃工艺篇，重点介绍玻璃的分类、组成、结构性质与生产工艺，包含配合料配方设计及其计算方法；第三篇为水泥工艺篇，重点介绍水泥熟料的组成、配合料配方设计及其计算方法，并拓展提高水泥抗蚀性的措施；第四篇为陶瓷工艺篇，介绍传统陶瓷的分类、原料及生产工艺。每章配有习题，以指导读者进行深入学习。

本书密切结合生产实际，具有较强的应用性，是学生未来从事专业岗位工作的重要技术基础。本书既可作为高等学校无机非金属材料工程专业课程的教材，也可作为无机非金属材料生产与销售行业人员的技术参考书。

图书在版编目（CIP）数据

无机非金属材料工艺学 / 郝春来，杨健，赫丽杰主编. -- 北京 ：北京理工大学出版社，2024.6.
ISBN 978-7-5763-4293-2

Ⅰ. TB321

中国国家版本馆 CIP 数据核字第 20244CD184 号

责任编辑：王梦春　　文案编辑：辛丽莉
责任校对：刘亚男　　责任印制：李志强

出版发行 / 北京理工大学出版社有限责任公司
社　　址 / 北京市丰台区四合庄路 6 号
邮　　编 / 100070
电　　话 / (010) 68914026（教材售后服务热线）
　　　　　(010) 63726648（课件资源服务热线）
网　　址 / http://www.bitpress.com.cn

版 印 次 / 2024 年 6 月第 1 版第 1 次印刷
印　　刷 / 北京广达印刷有限公司
开　　本 / 787 mm×1092 mm 1/16
印　　张 / 20
字　　数 / 467 千字
定　　价 / 88.00 元

前　言

　　本书作为无机非金属材料工程专业必修课程的核心教材，是根据无机非金属材料工程专业教学实际需要，结合教学实践和体会精心编写而成的。本书从教学实际出发，着重对基本概念和基础理论进行阐述，力求教材内容的科学性、先进性和实用性，注重培养学生运用科学原理解决工程中实际问题的能力。

　　无机非金属材料工艺学是研究材料的成分、组织结构、制备工艺与材料性能和应用之间相互关系的课程。通过该课程的学习，学生能够掌握耐火材料、玻璃、水泥、陶瓷等材料的制备原理和生产过程、工艺流程的共性与特性，并对无机非金属材料的性能、生产过程和应用有较全面的了解。本课程建议授课学时为64理论学时，其中耐火材料为36学时，玻璃、水泥各为8学时，陶瓷为12学时。

　　本书的特点有以下几个：

　　（1）应新时代人才培养的要求，将耐火材料、玻璃、水泥、陶瓷等材料知识点系统整合，建立共同的理论基础，扩宽学生的知识面，为学生奠定"宽、实、新"的理论基础。

　　（2）每章后面都配有习题，帮助学生掌握基本概念和基础理论，深化章节所学，提高学生课后复习能力及分析解决问题的能力。

　　（3）教材使用面广，既可供无机非金属材料工程二级学科本科生使用，也可作为相关专业技术人员的参考书。

　　（4）与线上资源相结合。教材中引入二维码，扫描后可以跟踪阅读相关文献资料，通过典型人物事例，融入课程素质提升内容，减少教材文字量，增加阅读趣味。

　　本书共分为四篇内容：第一篇为耐火材料工艺篇；第二篇为玻璃工艺篇；第三篇为水泥工艺篇；第四篇为陶瓷工艺篇。本书简要介绍了无机非金属材料的基本概念、生产工艺、性能应用，同时密切联系当前的工厂生产实际和技术发展水平，尽量反映目前的新工艺、新技术、新应用。

本书共分为12章，第1~5章由郝春来编写，第6~7章由戴晨晨编写，第8~9章由卢杨、赫丽杰、尹国祥编写，第10~11章由杨健编写，第12章由赫丽杰、郝春来编写，习题由李振、薛亮、张全庆整理、编写。全书由赫丽杰、郝春来、尹国祥通审。在本书的编写过程中，参考和引用了一些文献和资料中的有关内容和图片，并得到了同事的支持与帮助，谨此一并表示感谢。本书附带教学视频及课件见网址：https://mooc1.chaoxing.com/mooc-ans/course/217103578.html？edit=true&knowledgeId=undefined&module=4&v=1740127992204#content。

由于编者水平有限，书中难免存在不足之处，恳请读者提出宝贵意见。

编　者

配套资源

第 1 至 5 章微课视频

第 6 至 7 章微课视频

第 8 章微课视频

第 10 至 11 章微课视频

第 12 章微课视频

配套课件

目录

第一篇　耐火材料工艺篇

第二篇　玻璃工艺篇

第三篇　水泥工艺篇

绪　论

0.1　无机非金属材料概况

无机非金属材料是除有机高分子材料和金属材料以外的所有材料的统称，是当代材料体系中一个重要的组成部分，与有机高分子材料、金属材料并列的三大材料之一。"无机非金属材料"这一名称的提出是在 20 世纪 40 年代以后，由传统的硅酸盐材料演变而来。

无机非金属材料的使用有着悠久的历史。原始时代，人类就会用天然岩石制作工具和武器，岩石就是自然界存在的未经加工处理的无机非金属材料。距今 6 000 年前，人类以陶土为原料制作陶器，经过数千年的技术进步，人们能够生产烧结致密的瓷器；近现代阶段，除陶器和瓷器外，玻璃、水泥、耐火材料及各种形式的复合制品逐步发展和广泛应用。这些材料绝大多数以二氧化硅为主要成分，所以人们常把无机非金属材料称作"硅酸盐材料"。

无机非金属材料不仅在传统工业中扮演着基础性角色，而且是改善民生的重要产业，同时支撑着国防、航天航空，以及节能环保、新能源、新材料、信息产业等战略性新兴产业的发展。无机非金属材料工程被视为国家级一流专业，体现了其在国家建设和人民生活中的重要性。

此外，非金属矿物材料在国防、军工、民用等各个领域有着重要的应用。随着我国经济和综合国力的不断提升，非金属矿物行业在经济和社会发展中的地位更加重要。无机非金属材料不仅是国家建设和人民生活中不可缺少的重要物质基础，而且是建立与发展新技术产业、改造传统工业、节约资源、节约能源及提高国际竞争力不可缺少的物质条件。其工业在国民经济中占有重要的先行地位，具有超前性质，其发展速率通常高于国民经济总的发展速率。

可以肯定地说，无机非金属材料的发展必将极大地促进现代科学技术的进步和人类文明程度的提高。

0.2　陶瓷、耐火材料工业的发展概况

无机非金属材料的进步与工业发展密不可分。改革开放以来，各种工业部门的新技术和新工艺不断涌现，促进了工业窑炉技术的革新，推动了无机材料工业的发展。就辽宁营口地

区大力发展的无机材料而言，耐火材料被广泛应用于冶金、硅酸盐、化工、动力、机械制造等工业领域。我国原子能等尖端科学技术的发展给耐火材料开辟了新的发展天地，使得耐火材料在尖端技术的发展上占有重要地位。其主要表现在：随着工业窑炉装备化、自动化、高效化进程的推进，耐火材料工业同频稳步发展，品种多样化，品质更高端。因此推动了耐火材料工业的发展。

耐火材料作为工业性的辅助材料，在冶金工业部门的消耗最多，占总数的 60%~70%；建材系统（包括水泥、陶瓷等工业部门）的消耗为 8%~20%；机械等其他工业部门的消耗约为总存有量的 20%。耐火材料的消耗是与各国不同时期的工业结构和技术水平彼此关联的。各国工业部门耐火材料的消耗比例如表 0-1 所示。

表 0-1 各国工业部门耐火材料的消耗比例　　　　　　单位：%

耐火材料	国家					
	日本	德国	美国	俄罗斯	英国	法国
钢铁	69.7	56.9	50.7	60.1	73.7	65.0
有色金属	1.9	2.7	6.5	4.0	—	4.0
建材	10.3	16.0	17.8	8.1	9.3	14.5
石油化工	1.4	1.3	2.7	4.7	1.3	4.0
发电锅炉	0.1	1.1	0.8	—	1.2	—
机械及其他	16.6	22.0	21.5	23.1	14.5	12.5

耐火材料的消耗也与其品种、质量和生产操作技术水平紧密关联。新品种与优化的操作技术推动着耐火材料工业的进步。

我国是世界上发明和制造陶瓷最早的国家，是瓷器的故乡。从考古出来的陶瓷器表明，三千年前我国祖先就掌握了陶器的制造法，对人类文化作出了极为重要的贡献。耐火材料在那时就已经被制造并应用于陶瓷业，当时烧制瓷器用的匣钵和窑炉衬砖就是一种黏土质耐火材料。

我国充分利用本国资源，积极发展耐火材料工业，掌握了过去所不能生产的硅质耐火材料和高铝质制品等的生产方法。1957 年，我国独创的镁铝砖在鞍山钢铁公司、大石桥镁矿等大规模生产，并在炼钢工业中被广泛采用，使炼钢平炉顶寿命比硅砖炉顶长 2.5 倍，比镁铬砖炉顶长 0.7 倍到 1 倍。在耐火材料生产技术和生产工艺方面，为进一步提高耐火材料质量并不断改善生产条件，耐火材料的新工艺、新技术得到了广泛应用。原料的破碎、配料、混合工序在一些工厂中已实现全部自动化；有的工厂已实现自动打砖，并采用了高吨位的自动油压机；在制品烧成上广泛采用各种类型的隧道窑，设计建造了底式倒焰窑、大型活顶倒焰窑，以及随着特殊耐火材料的发展而发展起来的各种类型的高温窑；广泛采用液体、气体燃料焙烧制品。我国耐火材料的生产技术已步入世界先进行列，正全面实现全盘机械化、半自动化及自动化。

三十多年来，由于我国耐火材料工业的发展，各工厂努力做好文明生产管理，加强防尘设施建设，使粉尘浓度降到 2 mg/m³ 以下，成绩十分显著。主要标志如下：采用优质原料、高压成型、高温烧成，产品质量得以提高、品种得以增加，其中高级耐火材料，特别是不定形耐火材料和耐火纤维发展迅速。除此之外，耐火材料生产技术、自动化水平及劳动生产率均得到提高。

0.3　"无机非金属材料工艺学"课程服务对象

"无机非金属材料工艺学"是本科专业类国家教学质量标准规定的必修课程，也是无机非金属材料工程专业核心课程。该课程内容涵盖耐火材料工艺学、玻璃工艺学、水泥工艺学及陶瓷工艺学等四大无机材料传统工艺学，涉及原料、产品应用、新技术等全方位知识点。它是本专业学生在学习了通识教育、专业基础课程教育之后才能学习的关键理论技术内容，也是本专业学生未来从事本专业岗位工作的主要技术基础。

教师将实验研究结论及工程实践心得融入教材，认真施教，以实现教学效果，从而满足专业技术人才技能培养基本要求。

教学设计从耐火材料、玻璃、水泥与陶瓷材料制备工艺、原理、基本计算及设备机理的学习与操作使用入手，提供较为系统的无机材料工艺学知识介绍。本书可作为高等学校材料科学与工程专业、无机非金属材料工程专业本科生教学用书，也可供在材料工程领域从事科研、设计、生产的工程技术人员阅读参考。

第一篇

耐火材料工艺篇

第1章 耐火材料的结构与性质

本章将介绍耐火材料的定义、分类、化学与矿物组成及宏观组织结构等。教学的重点是使学生掌握耐火材料的组成、常温及高温力学性能、高温使用性质。

耐火材料的定义：化学与物理性质允许其在高温环境下使用的非金属（并不排除含有一定比例的金属）材料与制品。尽管最新的定义没有明确高温环境的具体温度，但耐火材料一般是指耐火度不低于 1 580 ℃ 的无机非金属材料或制品。

耐火材料常以硅酸铝体系的天然矿石和岩石作为核心原料，其基础制作工艺及部分特征与硅酸盐体系的其他产品颇为相似。因此，耐火材料被归类为硅酸盐系统中的一部分，并且成为硅酸盐工业的关键组成部分。它在国民经济中，与水泥、陶瓷、玻璃等硅酸盐产品同等重要，具有举足轻重的地位。耐火材料因其独特的抗高温性能，常被誉为"钢铁之母"，在热工设备中发挥着不可替代的作用，是现代工业发展不可或缺的材料。

随着科技的进步，耐火材料的应用范围逐渐拓宽。从最初的冶金（涵盖钢铁及有色冶金等行业）、硅酸盐（如水泥、陶瓷等）、化工、动力、机械制造等产业，到现在几乎覆盖了所有需要高温操作的工矿企业。无论是燃烧窑、熔池、火道，还是坩埚等热工设备的受热部分，耐火材料都扮演着重要的角色，成为不可或缺的建筑结构材料。在尖端科学领域如火箭、原子反应堆等，耐火材料同样是抵抗高温的关键材料或零部件。

由于耐火材料在不同加热条件的高温设备中使用，它受高温及其他不同条件的综合作用，其内部需要承受复杂的物理化学反应。因而要求耐火材料必须具有以下几个重要性质：

1. 高温时不易熔化

现代化工业窑炉的工作温度一般为 1 200~1 850 ℃，因此，耐火材料必须具有在工作温度下不易熔化的性能。

2. 在高温高压的环境中，耐火材料展现出坚实的特质，不易发生形变

尽管多数耐火材料的熔化温度高于 1 650~1 700 ℃，但在达到这一温度前，它们已经开始出现结构强度的丧失，表现为形变。因此，优质的耐火材料不仅需要具备高熔点，更需要在承受高温负荷时保持稳定的物理结构，不易发生形变。

3. 在高温环境下，耐火材料需保持体积稳定性

由于材料内部的物理化学作用，高温下材料的体积可能发生变化，可能是收缩也可能是膨胀。这些变化若超出一定范围，将可能对炉体造成损坏。因此，耐火材料需具备良好的高温体积稳定性。

4. 具备抵御温度剧变的能力

在间断作业的窑炉中，温度的急剧变化或各部位受热不均会导致砌砖体内部产生应力，进而使材料开裂，造成炉体损坏。因此，耐火材料应能经受住炉温的剧烈波动而不开裂。

5. 高温时能抵抗炉渣的侵蚀作用

耐火材料在使用过程中，不应因变相接触的燃料灰、熔融炉渣及熔融金属等的作用而被侵蚀。因此，耐火材料应具备抵抗这种侵蚀的能力。在使用耐火材料时，我们要根据使用场合的主要要求及各种耐火材料所具有的性质来合理选择。

我国在耐火材料领域涌现出了大批的杰出学者，他们为国民经济发展作出了卓越贡献。

我国是耐火材料生产及使用大国。2021 年，耐火材料主营业务收入超 10 亿元的企业有 16 家，超 20 亿元的企业有 8 家，超 30 亿元的企业有 3 家。全行业耐火制品、耐火原料及相关服务企业总数约有 2 000 家，主营业务收入为 2 069.2 亿元，利润总额为 128 亿元。

中国耐火材料之父——钟香崇

我国耐火材料行业存在的问题：一是我国耐火材料生产与出口量居世界第一，企业间的竞争日趋激烈，产生低价竞争、质量不稳定的问题；二是洁净钢的生产对耐火材料提出了更高的要求，除要求长寿以外，还要求对钢水无污染（或可控）；三是我国耐火材料企业的研发力量有待加强，不能仅仅作为一个加工基地。我国耐火材料今后的发展趋势：应注意可持续发展战略，如矿山的管理、耐火材料的回收利用、环境友好型耐火材料的使用、节能减排等。

耐火材料有一个关键的参数，即耐火度。这不仅是耐火材料在高温下不熔化的能力，更是衡量其抵抗高温性能的标志。它揭示了耐火材料在高温下达到特定软化程度的温度，是窑炉在高温环境下稳定工作的基石。

然而，耐火材料面临的挑战远不止高温那么简单。在实际运用中，它们还需要承受各种物理、化学和机械的作用。例如，承受炉体及物料的重压、外界应力、温度波动引发的内应力、高温流体和杂质的冲刷及侵蚀，还有环境气氛的复杂变化。

因此，在选择耐火材料时，我们不仅要关注其耐火度，更要全面考量其应对各种复杂工况的能力。只有这样，才能确保耐火材料在各种操作条件下都能发挥其出色的性能。

耐火材料的种类繁多，材质、形状、生产方法和应用场景都各不相同。为了更好地研究和选用，我们需要对其进行科学的分类。常见的分类方法包括按耐火材料的共性和性质分类，也可以从化学、矿物组成，或者制备方法、形状尺寸和应用领域等角度进行分类。通过了解这些分类方法，我们能更深入地理解耐火材料的性质和用途，为实际应用提供有力支持。

1.1　耐火材料的分类

1.1.1　按化学属性分类

耐火材料在使用过程中，除承受高温作用外，还往往伴随着熔渣（液态）及气体的化学侵蚀。为了保证耐火材料在使用中有足够的抗侵蚀能力，选用的耐火材料的化学属性应与侵蚀介质的化学属性相同或接近。按化学属性分类，对于了解耐火材料的化学性质，以及判断耐火材料在实际使用过程中与接触物之间的化学作用具有重要意义。

耐火材料按化学属性可分为酸性耐火材料、中性耐火材料及碱性耐火材料。

1. 酸性耐火材料

酸性耐火材料的主要成分以二氧化硅（SiO_2）为主，是一种在高温环境下易于与其他耐火材料发生化学反应的材料。这类耐火材料包括硅质耐火材料（酸性最强）、黏土质耐火材料（酸性较弱）及半硅质耐火材料（酸性居于前二者之间）。此外，锆英石质耐火材料和碳化硅质耐火材料也常被归类为酸性耐火材料，因为它们在高温状态下可以转换为二氧化硅。这些耐火材料对于酸性介质的侵蚀具有出色的抵抗能力。

2. 中性耐火材料

中性耐火材料是指在高温环境下不会与酸性或碱性耐火材料、碱性渣或碱性熔剂发生明显化学反应的耐火材料。从严格意义上讲，碳质耐火材料就属于这一类。同时，以三价氧化物为主体的高铝质、刚玉质、锆刚玉质、铬质耐火材料也被视为中性耐火材料，因为它们含有较多的两性氧化物，如氧化铝（Al_2O_3）、氧化铬（Cr_2O_3）等。这些材料在高温状态下对酸、碱性介质的化学侵蚀都展现出稳定性，特别是对弱酸、弱碱的侵蚀具有很好的抵抗能力。

3. 碱性耐火材料

碱性耐火材料是在高温下易于与酸性耐火材料、酸性渣、酸性熔剂发生化学反应的材料。这类耐火材料通常以氧化镁（MgO）、氧化钙（CaO）或其复合物为主要成分，如镁质、石灰质、镁铬质、镁硅质、白云石质耐火材料等。其中，镁质、石灰质、白云石质耐火材料属于强碱性耐火材料，而镁铬质、镁硅质及尖晶石质耐火材料属于弱碱性耐火材料。这些耐火材料的耐火度较高，对碱性介质的化学侵蚀具有很强的抵抗能力。

综上，按该分类方法分类的耐火材料具有各自独特的性质和应用领域。工程中往往针对工作介质的不同，选择性质相近的耐火材料投用，这对于保护高温环境下的设备和工作过程具有重要意义。正确选择和使用耐火材料，可以有效提高设备的使用寿命和工作的安全性。

1.1.2　按化学组成分类

此种分类法能够很直接地表征各种耐火材料的基本组成和性质，在生产、使用、科研上是常见的分类法，具有较强的实际应用意义。

1. 硅质耐火材料

硅质耐火材料主要以二氧化硅（SiO_2）为主要成分，通常由硅砖和熔融石英制品构成。这种材料中的 SiO_2 含量（以质量分数计）通常不小于 93%，主要由天然石英岩提炼而成，其主要矿物组成为鳞石英和方石英。硅质耐火材料广泛应用于焦炉、玻璃窑炉等热工设备的构建。熔融石英制品则以天然石英为主要原料，其主要矿物组成为石英玻璃。由于石英玻璃的膨胀系数极小，因此熔融石英制品具有出色的抗热震性，例如，熔融石英质浸入式水口在炼钢连铸中表现出良好的使用效果。

2. 硅酸铝质耐火材料

硅酸铝质耐火材料是以 SiO_2 和 Al_2O_3 系矿物为主要原料的耐火材料。根据 Al_2O_3 含量的不同，硅酸铝质耐火材料可被细分为多种类型，如表 1-1 所示。

表 1-1 SiO_2-Al_2O_3 系耐火材料

化学组成	耐火材料名称	主体原料	主要物相
$w(Al_2O_3)=1\%\sim1.55\%$，$w(SiO)>85\%$	硅质	硅质	鳞石英、方石英、残留石英、玻璃相
$w(Al_2O_3)=10\%\sim30\%$	半硅质	半硅质黏土、叶蜡石、黏土加石英	莫来石（约 50%）和玻璃相
$w(Al_2O_3)=30\%\sim45\%$	黏土质	耐火黏土	莫来石（约 50%）和玻璃相
$w(Al_2O_3)=45\%\sim95\%$	高铝质	高铝矾土加黏土	莫来石（70%～85%）和玻璃相（4%～25%）
$w(Al_2O_3)>95\%$	高铝质	高铝矾土加工业氧化铝、电熔刚玉加工业氧化铝	刚玉和少量玻璃相

3. 镁质耐火材料

镁质耐火材料是一类以镁砂为主要原料、方镁石为主晶相的碱性耐火材料，MgO 的含量（以质量分数计）通常超过 80%。这种材料可以根据其化学组成的不同进一步分类：

（1）镁质制品，其 $w(MgO)\geqslant87\%$，主要矿物为方镁石，具有极高的 MgO 含量。

（2）镁铝质制品，其 $w(MgO)>75\%$，$w(Al_2O_3)$ 一般为 7%～8%，主要矿物成分为方镁石和镁铝尖晶石（$MgO\cdot Al_2O_3$）。

（3）镁铬质制品，其 $w(MgO)>60\%$，$w(Cr_2O_3)$ 通常低于 20%，主要矿物成分为方镁石和铬尖晶石。

（4）橄榄石质及镁硅质制品，这类镁质材料中除含有主成分 MgO 外，第二化学成分为 SiO_2。镁橄榄石砖比镁硅砖含有更多的 SiO_2，前者的主晶相为镁橄榄石，后者的主晶相为方镁石。

（5）镁钙复合材料，这类材料的主要矿物成分除方镁石外，还含有一定比例的硅酸二钙（$2CaO\cdot SiO_2$）。

4. 白云石质耐火材料

白云石质耐火材料是以天然白云石为主要原料生产的一种碱性耐火材料。其主要化学成分包括 30%～42% 的氧化镁（MgO）和 40%～60% 的氧化钙（CaO），这两种成分的含量总和通常要超过 90%。其主要的矿物成分是方镁石和方钙石。这种材料因其出色的耐火性能，在工业领域有着广泛的应用。

5. 含碳耐火材料

含碳耐火材料也被称为碳复合耐火材料，是由不同形态的碳素材料与耐火氧化物复合而成的。这类材料包括镁碳材料、镁铝碳材料、铝碳材料及铝碳化硅材料等。这些材料因其高强度、良好的耐热性和化学稳定性，在高温环境下有着出色的表现。

6. 含锆耐火材料

含锆耐火材料是以氧化锆（ZrO_2）、锆英石等含锆物质作为主要原料制造的耐火材料。这类材料制成的产品种类丰富，如锆英石制品、锆莫来石制品及锆刚玉制品等，它们在高温环境下展现出卓越的耐火性能。

7. 特种耐火材料

特种耐火材料则是一类具有独性质的耐火材料，其化学组成特殊，无法归入上述类别。这些材料通常具备优良的抗热震性、抗渣性等特点，适用于特定使用条件。特种耐火材料的产品种类繁多，包括：

（1）碳质产品，如碳砖和石墨制品，以其独特的材质和结构，提供稳定的耐火性能；

（2）纯氧化物产品，如氧化铝、氧化锆和氧化钙制品等，因其纯净的成分而具有高纯度和高稳定性；

（3）非氧化物产品，如碳化硅、氮化硅、氮化硼、赛隆（SiAlON）、氮氧化铝（AlON）等，这些耐火材料具有非氧化物特有的性质，如高硬度、高强度等。

1.1.3　其他分类方法

耐火材料可以根据其供给形态、耐火度、生产工艺及形状和尺寸进行分类。

1. 按供给形态分类

定形耐火材料指具有固定形状的制品，如标型砖、异型砖及特异型砖等，还有实验室和工业用坩埚、管、器皿等复杂形状的制品。这些制品分为致密和保温两类，致密制品的总气孔率小于45%，而保温制品的总气孔率大于此值。此外，还存在一种相对的不定形耐火材料，它以散状形式交货，或者加入特定液体后使用，包括浇注料、可塑料等多个品种。

2. 按耐火度分类

耐火制品可以分为普通、高级、特级和超级耐火制品，其耐火度逐渐增高。

3. 按生产工艺分类

耐火材料可以通过烧成、熔铸及不烧等方式进行生产。

4. 按形状和尺寸分类

耐火材料可进一步细分为标型、异型及特异型等不同规格的产品，其中标型产品的尺寸有固定的规格，而异型和特异型产品根据实际需求进行生产。

耐火材料的使用条件相对复杂，其组成也相对复杂，是一种多相非均质材料。与金属材料、高分子材料及其他陶瓷材料相比，耐火材料的研究工作更具挑战性。然而，随着材料科学及研究方法与设备的进步，人们对耐火材料的显微结构、组成及其与耐火材料性质的关系有了更深入的认识。

1.2　耐火材料的化学与矿物组成

选用耐火材料主要基于其性质，而这一性质是由其化学组成和特定的生产工艺条件共同决定的。耐火材料的化学组成主要取决于原料种类，而其物相组成和组织结构则受生产工艺这一外部因素的制约。耐火材料是由多种不同化学成分和矿物结构组成的复杂非均质体，其组成会随着使用条件的特殊化和特定化而变得更加复杂。一般来说，我们可以通过分析耐火材料的化学组成和矿物组成来全面描述其性质。在生产过程中，科学合理的工艺条件对于保证耐火材料的性能和质量至关重要。

1.2.1 耐火材料的化学组成

耐火材料具有丰富的化学组成，这是其最重要的性质之一。这些耐火材料中包含了各种不同的化学成分，以及它们在材料中所占的百分比，这些化学成分共同决定了耐火材料的多种性质。耐火材料属于非均质体，主成分与副成分并存。

主成分是构成耐火材料化学基础的核心部分，其含量较高，为材料的主体。相反，副成分则包括原料中的杂质、工艺中混入的物质或添加剂等，其含量较低，是材料的从属部分。

耐火材料的主要功能是抵抗高温作用，因此它主要由熔点较高的化合物构成。这些化合物，如硼、碳、氮、氧的化合物等，均为高熔点物质，为耐火材料提供了强大的耐热性能。为了解耐火制品及其原料的化学组成，我们通常会按照国家标准进行化学分析。主成分是耐火制品的主体属性，也是其性质的基础。它通常由高熔点的耐火氧化物、非氧化物或复合矿物组成，可以是单一元素如碳（C），也可以是化合物如氧化铝（Al_2O_3）、碳化硅（SiC）或氮化硅（Si_3N_4）。从化学性质来看，主成分可以分为酸性、中性和碱性三类。然而，由于人们对耐火材料酸碱性的认知差异，有些耐火材料的酸碱性问题仍存在争议。副成分则分为添加成分和杂质成分。添加成分是为了提升耐火制品某方面的性能而特意加入的；而杂质成分是由于各种原因无意或不可避免地混入的无益或有害成分。这些杂质成分可能来自天然耐火原料中的伴生夹杂矿物或生产过程中混入的物质，如破碎机工作部件的磨蚀物等。它们通常对耐火材料的高温性能产生负面影响，是有害的成分。

一般杂质成分或含杂质成分的化合物，其危害性表现在：自身的熔点低；与主成分相互作用，可在很低温度下形成共熔液相；即使与主成分相互作用的共熔液相温度不算低，但在此温度下的液相量多；与主成分相互作用形成的共熔液相，液相量会随温度升高而急剧增加，并且液相黏度减小，对主成分物相的润湿性更强。

例如，表1-2详细记录了某些氧化物对 SiO_2 的熔剂作用。其中，Al_2O_3 和 MgO 的熔剂效果存在显著差异。尽管 Al_2O_3-SiO_2 与 MgO-SiO_2 的共熔温度相差微乎其微，仅相差 2 ℃，但它们在含量均为1%时生产的液相量有天壤之别，前者达到18.2%，后者仅有2.9%。这一显著的差异表明，Al_2O_3 对 SiO_2 的熔剂作用比 MgO 更加强劲。从表1-2中可观察到，像 K_2O、Na_2O、Li_2O 及 Al_2O_3 等氧化物在 SiO_2 的熔剂作用上表现出强大的效能。因此，在硅质耐火材料的制造中，我们必须对这类强熔剂氧化物的含量进行严格把控。

表1-2 某些氧化物对 SiO_2 的熔剂作用

氧化物	共熔点/℃	系统内每1%杂质产生的液相量/%
K_2O	769	3.6
Na_2O	782	3.9
Li_2O	1 028	5.6
Al_2O_3	1 545	18.2
MgO	1 543	2.9
TiO_2	1 550	9.5

杂质成分的危害性对耐火材料的高温性能产生显著影响。当杂质成分导致生成温度偏低且液相量较大的共熔液相时，耐火材料的荷重软化温度、耐火度、蠕变极限、高温强度及抗渣性等关键指标会相应下降。相反，若共熔条件较为苛刻，则这些指标会表现得更佳。此外，耐火材料组成点处的液相线或共熔线曲线的平缓程度，也对耐火材料的荷重软化温度范围产生重要影响。具有一定液相量的耐火材料，在共熔温度以上的环境下展现出良好的抗热震性；而当温度低于共熔点时，其抗热震性会变差。这表明，液相的存在能够有效缓冲热震过程中产生的热应力。在分析杂质成分对耐火材料的影响时，除考虑其熔剂作用、种类和含量外，还需深入探讨其相互作用对耐火材料的具体影响。值得注意的是，杂质成分的熔剂作用分析结果通常基于平衡状态下的情况；而耐火材料在烧成和使用过程中，往往处于非平衡状态。特别是在配合料中，当杂质成分与主成分的颗粒度较大或分布不均时，其作用结果会有所不同。然而，杂质成分的熔剂作用并非全然有害；有时也能起到降低烧成温度、促进配合料烧结的有利效果。

1.2.2　耐火材料的矿物组成

矿物指的是具有特定化学组成、明确内部结构和物理性质的单质或化合物。在分析耐火材料制品的性质时，除考虑其化学组成外，还需深入探究其矿物组成和显微结构对其性质的影响，这有助于更全面地了解其性能。

1. 矿物组成

耐火材料的矿物组成是指其内部各种物相及其含量比例的总体情况。耐火制品通常是由多个物相集合而成的，这些矿物都是固态晶体，多数由氧化物或复合盐类构成。除少数稳定的单一氧化物或其他化合物结晶体外，大多数矿物为复合氧化物构成的高熔点矿物。其中，最为主要的矿物包括铝酸盐、铬酸盐、磷酸盐、硅酸盐、钛酸盐和锆酸盐等。值得一提的是，部分耐火材料中存在少量的非晶质玻璃相。虽然极少有耐火材料完全由非晶质玻璃构成，但在一定情况下，非晶质玻璃相的加入对耐火材料的性能有着重要的影响。在常温下，耐火材料大多数为单相或多相晶体，或者与玻璃相共同构成的集合体。这些耐火材料中还可能含有气孔。当耐火材料的化学组成相同时，其内部的晶体和玻璃相等物相的种类、性质、数量及分布状态等因素的差异，可能导致其性能的显著不同。根据耐火材料中各相的性质、密度及其对技术性能的影响，耐火材料的矿物组成可分为结晶相和玻璃相两大类。其中，结晶相又可细分为主晶相和次晶相。这种分类方式有助于我们更深入地了解耐火材料的性能和特点，为实际应用提供指导。

1）主晶相

主晶相是构成材料结构的主要成分，具有较高的熔点，对材料性能具有决定性影响。它通常由特定配比的原料在特定的工艺条件下，经过高温物理化学反应形成。在耐火制品中，主晶相的种类和含量因平衡体系中的组分数量和相对比例而异。其性质、数量、分布及结合状态直接决定了制品的性质和功能。众多耐火制品如莫来石砖、刚玉砖等，均以其主要晶相的种类来命名。

2）次晶相

次晶相又称第二晶相或第二固相，是耐火材料中在高温环境下与主晶相和液相共存的一种晶体。其数量相对较少，对材料高温性能的影响较主晶相小。次晶相通常由主成分、副成分或二者的相互作用形成，如镁铬砖中的尖晶石与方镁石共存，镁铝砖中的尖晶石等。这些次晶相具有较高的熔点，不仅可以强化耐火制品中固相间的直接结合，还能改善制品的特定性能。在耐火材料中，次晶相的存在对材料结构具有重要意义，尤其在高熔点晶相间的直接结合方面，有助于抵抗高温作用。与普通镁砖相比，含有次晶相的制品的荷重软化温度会有所提高。例如，在镁铬砖中，氧化铬与氧化镁反应生成的镁铬尖晶石存在于方镁石主晶相间，增强了制品中结晶间的固-固结合程度和两面角结构，从而提高了制品的高温结构强度及抗熔渣渗透、侵蚀的能力。耐火材料的命名常常依据其主晶相和次晶相的组合，如莫来石刚玉砖和刚玉莫来石砖，前者主晶相为莫来石，后者主晶相为刚玉。在耐火材料的显微结构中，不同相之间的界面，如颗粒与基质、晶相与玻璃相、晶相与气孔等，都被称为相界。此外，晶粒与晶粒之间的界面被称为晶界。这些界面（如晶界和相界）都存在界面能，对材料的性能有一定影响。因此，控制这些界面的组成是耐火材料设计中的重要环节。

3）基质

填充在主晶相之间的次晶相和玻璃相统称为基质，也称为结合相。这种基质在耐火材料中起着至关重要的作用。玻璃相是由副成分或副成分与主成分的相互作用，在高温液相快速冷却后形成的非晶体物质。对于由骨料构成的耐火材料，其间的填充物同样被称为基质。基质的构成可以是细微的结晶体，也可以完全由玻璃相构成，或者是二者的复合物。例如，镁砖、镁铬砖和镁铝砖等碱性耐火材料中的基质主要由结晶体构成，而硅砖和硅酸铝质耐火材料中的基质多由玻璃相构成。由于烧制后的制品基质主要由耐火制品配料中的细粉形成，因此在生产过程中，这些细粉有时也被称作基质。虽然基质的数量相对较少，但其组成和形态对耐火制品的高温性能和抗侵蚀性能有着决定性的影响。基质是主晶相或主晶相和次晶相以外的物相，常常包含主成分以外的杂质。这些物相在高温下容易形成液相，从而促进制品的烧结；然而，这也会损害主晶相间的结合，对耐火材料的高温性能产生危害。当基质在高温下形成的液相具有较低的温度、较低的黏度和较多的数量时，耐火制品的生产过程及其性能实际上受到基质的控制。由于基质是制品的相对薄弱环节，无论是物理因素还是化学因素的破坏，往往都从基质部分开始。一旦基质被破坏，主晶相就会失去保护而容易受损。因此，为了提高耐火制品的使用寿命，在生产实践中，必须提高耐火材料基质的质量，控制基质的数量，改善基质的分布状态，尽可能使其在耐火材料中由连续相转变为非连续相。

2. 显微结构

在光学和电子显微镜下，我们能够清晰地观察到试样中的各种相。这些相的种类、数量、形状、大小及它们的分布和相互关系，共同构成了所谓的显微结构。随着电子显微镜技术的不断进步，电子显微镜的分辨率日益提高，使我们能够在显微镜下观察到更为微小和丰富的细节。如今，高分辨率的透射电镜甚至能够揭示晶体结构。在本书的讨论范围内，我们主要关注显微结构的观察与分析，而不涉及材料的晶体结构和分子结构等更深层次的领域。根据显微结构的定义，我们可以将其研究内容细分为物相形态的观察和结构参数的测定两部分。研究工具除各种光学和电子显微镜外，还包括其他测试仪器。研究方法则包括图像分析法和非图像分析法等多种方式。为了更全面地描述耐火材料的显微结构，除熔铸制品外，我们还可以借助图示等方式，展示加热处理过程中的相变、微观缺陷等内容。

由图1-1可以看出，耐火材料一般具备复杂的显微结构，属于多相非均质结构，其结构可被简化为颗粒与基质的组合。这些材料中的颗粒大小不一，并经过筛选和混合，以达到最理想的堆积状态。颗粒尺寸及其分布显著影响材料的体积密度、气孔率及综合性能。

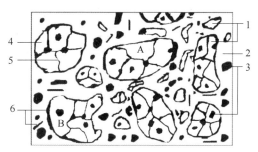

1—颗粒（骨料）；2—基质；3—气孔；4—晶粒；5—晶界；6—裂纹。

图 1-1　耐火材料的显微结构示意

在耐火材料中，主晶相与基质的结合形态有两种：陶瓷结合型（或称基质胶结型）和直接结合型。

1）陶瓷结合型显微结构

这种结构的主要特点在于，耐火材料中的主晶相是通过低熔点的硅酸盐非晶质与晶质相混合并紧密结合而成的，如图 1-2（a）所示。这种结构可视为由硅酸盐（包括硅酸盐晶体矿物和玻璃体）的混合物形成的胶结晶体颗粒结构。以玻璃相为基质的耐火材料，如黏土砖和硅砖等，在高温下形成液态，冷却后则固化成玻璃相，将骨料颗粒紧密包裹在其中。

2）直接结合型显微结构

直接结合指的是在耐火制品中，高熔点的主晶相之间或主晶相与次晶相之间通过直接接触产生结晶网络的一种结合方式。这种结合并非依赖低熔点的硅酸盐相，如图 1-2（b）所示。与陶瓷结合型显微结构相比，直接结合型显微结构的差异主要取决于各相之间的界面能和液相对固相的润湿状况。以高纯镁砖、镁铬砖等碱性耐火制品为例，这些材料在高温时，液相基质在冷却过程中不会形成玻璃相，而是在主晶相骨料颗粒的空隙中析出次晶相。这样的析出状态使主晶相颗粒不形成包裹状态，而是通过直接的接触实现结合。当材料的固-固界面能低于固-液界面能时，液相难以有效润湿固相，从而更易于形成主晶相颗粒的直接结合状态。尤其当液相量较少时，这种直接结合的现象更为明显。通常情况下，直接结合的耐火制品展现出优异的高温力学性能。与硅酸盐结合的耐火制品相比，其高温强度可显著提高，抗渣性和体积稳定性也较高。实践中，为了实现这种直接结合，常采用高纯原料以减少耐火制品中低熔点硅酸盐的结合物生成量。此外，通过适当的工艺手段，可以使高温下产生的液相移向颗粒间隙中，避免其包裹在固体颗粒周围，从而促进固体颗粒间形成连续的结晶网络，进一步强化材料的直接结合特征结构，并提升其高温性能指标。

（a）　　　　　　　　　　　　　（b）

图 1-2　陶瓷结合型与直接结合型耐火材料的显微结构示意

（a）陶瓷结合型显微结构示意；（b）直接结合型显微结构示意

3. 物相组成和显微结构与化学组成和生产工艺条件的关系

耐火制品的性质取决于其物相组成和显微结构，满足耐火制品使用要求的物相组成和显微结构是由化学组成和生产工艺条件共同决定的。耐火原料与配方确定后，其化学组成即已确定。然而，耐火制品的物相组成和显微结构并非随之确定，它们在很大程度上还依赖生产工艺条件。化学组成相同的耐火制品，由于生产工艺条件的不同，最终的物相种类、数量、矿物晶粒的大小及完整程度、各相之间的结合情况就可能不同，从而导致制品的物理性质也就有所差异。例如，SiO_2 含量相同的硅质制品，在烧成温度不同、烧成气氛不同、加热冷却速率等不同的条件下，最终制品中的鳞石英、方石英、玻璃相的含量、晶粒大小及形状、各相的结合状态等就会有所不同，其物理性质也就会不同。再如，电熔刚玉制品熔铸后的冷却制度不同，虽然矿物组成相同，但是晶粒的大小、形状、分布，以及制品的密度、气孔率等也会有所差别。

1.2.3　耐火材料的主要性质及其依赖关系

1. 耐火材料的一般性质

耐火材料的一般性质有以下几个方面：

（1）化学-矿物组成：化学组成、矿物组成。

（2）组织结构：气孔率、体积密度、真密度等。

（3）热学性质：热膨胀、热导率、热容、温度传导性等。

（4）力学性质：常温力学性质（如耐压、抗折强度、抗拉强度、扭转角、耐磨性、弹性模量）、高温力学性质（如耐压、抗折强度、扭转角、蠕变性、弹性模量）。

（5）高温使用性质：耐火度、荷重软化温度、高温体积稳定性、抗热震性、抗渣性、耐真空性等。

（6）其他性质：导电性（如电炉的绝缘材料及 ZrO_2 探头等）、外观形状尺寸的规定性，以及特殊材料的专有性质。

2. 耐火材料性质间的一般依赖关系

耐火材料性质间的一般依赖关系如图 1-3 所示。

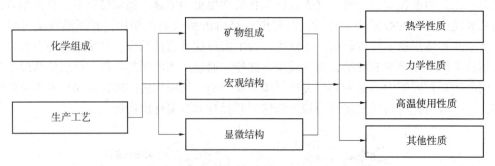

图 1-3　耐火材料性质间的一般依赖关系

以二氧化硅（SiO_2）的同质晶型转变为硅砖生产为例。在生产工艺过程中，若不引入矿化剂，纯 SiO_2 系统与非纯 SiO_2 系统的转换过程有所不同。这是因为高温时，矿化剂与 SiO_2 发生交互作用，形成液相。此液相中，α-石英及初期形成的亚稳方石英变体会逐渐溶解。随着液相中硅氧的过饱和，鳞石英会从液相中析出并稳定存在于砖体中。最终，砖体的主要矿物组成以大量的鳞石英和少量的 α-方石英为主。

3. 耐火材料性质的应用

耐火材料的质量以性质为基石。其性质不仅展现了质量性能，更是评价耐火材料的重要标准。在生产过程中，性质是制定、检查、优化工艺参数的依据。同时，它是我们选择适宜耐火材料的参考依据。

4. 耐火材料性质的标准

根据耐火材料的化学-矿物组成、组织结构、力学性质、热学性质及高温使用性质等制定的标准，目前我国耐火材料标准汇编已经经过了 6 次修订。在 2020 年发行了第 6 版，该版收录了截至 2019 年年底发布的标准共计 364 项，其中国家标准有 169 项，冶金行业标准有 146 项，此外还收录了与耐火材料紧密相关的其他行业标准共 49 项。

5. 耐火材料性质的实际运用与测试差异

耐火材料具有多种性质，其中部分性质在常温下并不明显，如热学性质、高温力学性质及高温使用性质等。这些性质的测试通常需在模拟或强化实际使用条件的环境下进行。由于部分耐火材料的使用寿命长达数年，因此实验室难以进行长期性质测试。例如，在荷重软化温度及高温蠕变性的测试中，所施加的载荷远超实际使用条件，旨在缩短测试时间并有效反映产品性能。尽管测试条件与实际使用存在差异，单纯依据耐火材料性质测试结果难以精准预测其在实际应用中的表现及服役期限，但这些测试数据仍可作为选择和优化耐火材料的参考依据，帮助我们推测耐火材料在高温环境下的状态。此外，通过持续观察和反馈，我们可以更精确地掌握耐火材料在实际使用中的性能变化，从而为其更有效的应用提供有力支持。因此，尽管存在差异，但耐火材料的测试工作仍具有重要意义。

1.3　耐火材料的宏观组织结构

宏观结构是指能够通过肉眼或放大镜观察到的结构，而耐火材料的宏观组织结构是由固态物质和气态孔共同构建的非均质体。这些气孔的形态、尺寸、数量和分布情况，以及与固相的结合状态，共同构成了耐火材料的独特宏观组织结构。这一结构特征是影响耐火制品其他性质的关键因素，尤其在高温环境下，它对制品抵抗外界侵蚀的能力具有显著影响。气孔的形成原因多种多样，包括制品成型时空气未能完全排除、物料水分蒸发后留下的空间、原料煅烧不充分导致的盐类未完全分解和灼烧，以及物料成分不均匀和高温烧成时的收缩不均等。然而，在某些轻质隔热制品的制作过程中，人们会特意引入一些分布均匀的气孔。这些气孔的存在直接影响耐火材料的气孔率、吸水率、体积密度及真密度等关键指标。

1.3.1　气孔率

贯通气孔是一种连接产品两面的气孔，它能够使流体通过；而开口气孔是一端封闭，另一端与外界相通，允许流体填充其中的气孔；闭口气孔则完全封闭在产品内部，不与外界相通。这些气孔主要来自原料颗粒内部的原有气孔及在成型后物料间未经烧结或烧结后未排净的孔隙。含有可挥发成分的物质在加热时也容易在产品中形成气孔。产品中的气孔直径和数量对产品的多种性质有着重要影响，如高温荷重软化温度、蠕变性、抗热震性、抗渣性、透气度、导热性及强度等。显气孔，即开口气孔和贯通气孔的总称，与闭口气孔共同构成了总气孔，如图1-4所示。由于显气孔在总气孔体积中占主导地位，并且对产品使用性能影响显著，因此耐火制品的检测标准主要关注显气孔率，即显气孔体积占产品总体积的百分比。

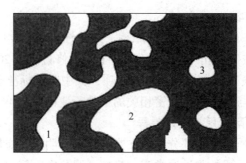

1—贯通气孔；2—开口气孔；3—闭口气孔。

图1-4 耐火材料的气孔类型

气孔的体积与试样体积之比称为气孔率。气孔率又分为总气孔率（真气孔率）、显气孔率（开口气孔率）、闭口气孔率。

理论上，总气孔率为：

$$P_1 = \frac{V_1 + V_2 + V_3}{V_0} \times 100\% \tag{1-1}$$

显气孔率为：

$$P_2 = \frac{V_1 + V_2}{V_0} \times 100\% \tag{1-2}$$

闭口气孔率为：

$$P_3 = \frac{V_3}{V_0} \times 100\% \tag{1-3}$$

式中，V_0、V_1、V_2、V_3——试样、贯通气孔、开口气孔及闭口气孔的体积。

实际操作中，我们可以通过测量试样的质量来计算制品的显气孔率，其计算公式为：

$$P_a = \frac{m_3 - m_1}{m_3 - m_2} \times 100\% \tag{1-4}$$

式中，m_1、m_2、m_3——干试样质量、饱和试样在浸液中的质量、饱和试样在空气中的质量。

实际上，测定闭口气孔体积的难度较大，因此通常只采用显气孔率作为制品气孔率的指标，用以表示其性质。当气孔率保持恒定时，孔隙的直径、分布等差异会对制品的其他性质产生不同程度的影响，特别是在抗渣性、抗热震性、导热性和强度等方面。一般来说，耐火砖的显气孔率约为20%，而熔铸砖的两种气孔率都相对较小。另外，轻质隔热砖拥有较高的闭口气孔率。对于黏土砖，其闭口气孔率约为3%。在快速加热的条件下，如果原料中混有碳酸盐或硫酸盐杂质，砖坯表面会产生液相，这可能导致部分砖坯孔隙被封闭，使分解后的气体被困在砖坯内，从而形成更多的闭口气孔。这些因素共同影响着制品的性能和品质。

1.3.2 吸水率

吸水率指的是产品内部显气孔吸水质量的总和与其干燥时质量的比值。此比值反映了显气孔率的情况，因其测试简单，所以常常在生产过程中被用于评估原料煅烧的优劣。煅烧效果越好，产品的吸水率越低。

（1）理论分析：吸水率的计算公式为：

$$W = \frac{m_{水}}{m_{干样}} \times 100\% \tag{1-5}$$

式中，$m_{水}$、$m_{干样}$ 分别为试样气孔中吸满水的质量、干燥试样的质量。

（2）实际测定吸水率的计算公式为：

$$W = \frac{m_3 - m_1}{m_1} \times 100\% \tag{1-6}$$

式中，符号意义同显气孔率测定。

1.3.3 体积密度

体积密度表示干燥制品的质量与干燥制品的体积之比，即单位表观体积的质量。

（1）理论分析：体积密度的计算公式为：

$$D = \frac{m_{干样}}{V_0} \tag{1-7}$$

式中，D——试样的体积密度；

$m_{干样}$——干燥试样的质量；

V_0——试样的体积。

（2）实际测定体积密度的计算公式为：

$$D = \frac{m_1 \cdot D_{液}}{m_3 - m_2} \tag{1-8}$$

式中，m_1——干燥试样的质量；

m_2——饱和悬浮试样的质量；

m_3——饱和试样的质量；

$D_{液}$——在实验温度下，浸渍液体的密度。

制品的体积密度是一种重要的技术指标，能够直观地反映其致密程度。这一指标是气孔体积和矿物组成的综合体现，可用来衡量制品的烧结程度、砖坯成型致密度及原料煅烧程度等。在生产过程中，体积密度计算简便，常作为评判依据。当制品的化学-矿物组成固定时，体积密度成为衡量气孔体积大小的关键指标，其影响制品物理性质的作用与气孔率相当。如表 1-3 所示，一些耐火制品的显气孔率各有不同。通常情况下，耐火制品的体积密度与其性能呈正比，体积密度越高，性能越优。然而，在制造轻质隔热制品时，为降低其热容和热导率，会采取各种手段降低耐火制品的体积密度。

表 1–3　常见耐火制品的体积密度及显气孔率

表 1–3　常见耐火制品的体积密度及显气孔率

制品名称	体积密度/(g·cm⁻³)	显气孔率/%
普通黏土砖	1.8~2.0	24.0~30.0
致密黏土砖	2.05~2.20	16.0~20.0
高致密黏土砖	2.25~2.30	10.0~15.0
硅砖	1.80~1.95	19.0~22.0
镁砖	2.6~2.7	22.0~24.0

1.3.4　真密度

真密度是指不包括气孔的单位体积耐火材料的质量,即干燥材料的质量与其真体积 (不包括气孔体积) 的比值。该指标可以鉴定材料的化学-矿物组成,可以反映材质的成分 纯度或晶型转变的程度、比例等。通常与理论密度相比可用来评价原料的煅烧质量、制品中 的物理化学反应进行的程度等。

(1) 理论分析:真密度的计算公式为:

$$Q = \frac{m}{V_0 - (V_1 + V_2)} \tag{1-9}$$

式中,m——干燥试样的质量;

V_0,V_1,V_2——试样体积、显气孔体积及闭口气孔体积。

(2) 实际测定 (密度瓶法) 真密度的计算公式为:

$$Q = \frac{m_1 \cdot D_{液}}{m_1 + m_3 - m_2} \tag{1-10}$$

式中,m_1——干燥试样的质量;

m_2——装有试样和选用液体的密度瓶质量;

m_3——装有选用液体的密度瓶质量;

$D_{液}$——浸渍液体的密度。

1.3.5　透气度

透气度是指耐火材料对气体通过的难易程度的指标,是指材料在气体压强差下允许气体 通过的性能。从物理角度看,在一定时间内,通过一定面积和厚度的样品的气体量是特定 的。透气性系数 K 作为评价这种气体通过性能的指标,为我们提供了耐火材料的透气度的 量化评价。

透气性系数的计算公式为:

$$K = \frac{Qd}{\Delta PAt} \tag{1-11}$$

式中，K——透气性系数（透气率）；

  Q——气体通过量；

  d、A——试样的厚度、横截面积；

  t——气体通过时间。

气体的通过量与气体的黏度成反比关系。随着温度的升高，气体的黏度会减小，这将导致通过的气体量相应减少。在考虑温度和气体黏度的影响时，我们引入了绝对透气性系数 K'，它等于气体黏度 η 与透气性系数 K 的乘积。这一系数受到耐火制品中贯通气孔的直径、数量、排列及实际长度的影响。在气孔截面积恒定的情况下，气孔数量多且直径小会导致透气性系数降低，反之亦然。实验证实，气体通过量与孔道半径的四次方成正比。通常，对于同类型的耐火制品，其高透气性系数往往与抗侵蚀性的降低及使用寿命的缩短相关。此外，高透气度还会增大热工窑炉的热损失。因此，在大多数情况下，我们希望耐火制品的透气度越小越好。但在特定应用领域，如炉外精炼钢液净化的吹氩透气砖和汽车尾气净化的多孔催化剂载体等，需要具有较高透气性系数的材料。值得注意的是，同一制品的透气度在不同方向上可能存在差异，因此在测定耐火制品的透气度时，需注意其与成型加压方向的关系。图 1-5 展示了常用耐火制品的透气性系数情况。

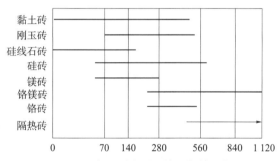

图 1-5　常用耐火制品的透气性系数

耐火材料常在高温环境下应用，因此其热学性质至关重要。耐火材料的热学性质主要包含热膨胀、热导率、热容和温度传导性。其中，热膨胀是指材料在温度变化时体积或长度的变化情况。当耐火材料因温度升高导致体积或长度增加时，很可能是由于原子受到热能影响而产生非谐性振动，使原子间距变大所致。热膨胀对耐火材料的影响是多方面的，可以影响制品内部热应力的分布情况，导致晶型转变及相变现象，甚至产生微细裂纹等。衡量耐火材料热膨胀性能的技术指标包括热膨胀率及线膨胀系数等，这些指标的测量结果可以反映出材料在高温环境下的稳定性及可靠性，对于耐火材料的选用和应用具有重要意义。此外，耐火材料的热辐射性等性质也是其热学性质中不可或缺的一部分。

1.3.6　热膨胀率

热膨胀率通常指的是线膨胀率，它表示试样在温度区间内的长度变化率。具体来说，它描述了从室温到实验温度时试样长度的相对变化比例。测得热膨胀率后，可以计算出热膨胀系数。

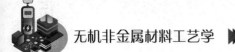

线膨胀率的数学表达式为：

$$\rho = \frac{L_1 - L_0 + A_k}{L_0} \times 100\%$$ (1-12)

式中，ρ——试样的线膨胀率；

L_1、L_0——试样在温度为 t、t_0 时的长度；

A_k——在温度 t 时仪器的校正值。

由于耐火材料受晶型转变和相变等多种因素影响，因此其线膨胀率并非固定值，在不同温度区间内波动。为了准确展示这一变化趋势，常用热膨胀曲线来描述。图 1-6 展示了常用耐火砖的热膨胀曲线。

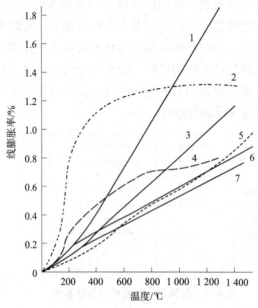

1—镁砖；2—硅砖；3—铬镁砖；4—半硅砖；5—黏土砖；6—高铝砖；7—碳化硅砖。

图 1-6　常用耐火砖的热膨胀曲线

1.3.7　热膨胀系数

热膨胀系数包括平均线膨胀系数 $\bar{\alpha}$、体膨胀系数 β 及线膨胀系数 α。在无特别说明的情况下，热膨胀系数通常指的是平均线膨胀系数。线膨胀系数表示在特定温度范围内，每升高 1 ℃，试样长度相对变化的比例。

平均线膨胀系数的数学表达式为：

$$\bar{\alpha} = \frac{\rho}{(T-T_0) \times 100\%}$$ (1-13)

式中，T、T_0——测试终点温度、测试初始温度。

体膨胀系数的数学表达式为：

$$\beta = \frac{\Delta V}{V_0 \Delta T} \tag{1-14}$$

式中，V_0——试样在初始温度 T_0 时的体积。

线膨胀系数的数学表达式为：

$$\alpha = \frac{\Delta L}{L \Delta T} \tag{1-15}$$

式中，L——试样在初始温度时的长度。

如果线膨胀系数很小，则体膨胀系数约等于线膨胀系数的 3 倍。对于各向同性晶体，体膨胀系数 $\beta = 3\alpha$；对于各向异性晶体，体膨胀系数等于各晶轴方向的线膨胀系数之和，即

$$\beta = \alpha a + \alpha b + \alpha c$$

影响材料线膨胀系数的因素有化学-矿物组成、晶体结构类型和键强等。

（1）化学-矿物组成的影响。含有晶型转变的制品在相变点会有线膨胀系数变化不均和突变的情况，如硅质与氧化锆产品。当材料中含有较多低熔液相或挥发性成分时，线膨胀系数在特定温度范围内将有显著变化。

（2）晶体结构类型的影响。紧密结构的晶体线膨胀系数相对较大，而无定形的玻璃具有较小的线膨胀系数。以多晶石英为例，其线膨胀系数 α 高达 12×10^{-6} ℃$^{-1}$，相比之下，石英玻璃的 α 值仅为 0.5×10^{-6} ℃$^{-1}$，显示出明显的差异。对于氧离子紧密堆积的氧化物，其线膨胀系数普遍较大，如 MgO 和 Al$_2$O$_3$ 等材料。在非等轴晶体中，不同晶轴方向的线膨胀系数存在差异，例如垂直于 c 轴方向的线膨胀系数为 $\alpha = 1 \times 10^{-6}$ ℃$^{-1}$，而平行于 c 轴方向的线膨胀系数显著增大至 $\alpha = 27 \times 10^{-6}$ ℃$^{-1}$。等轴晶体的线膨胀系数普遍大于非等轴晶体，如等轴晶体的方镁石（MgO）的 α 值较高，而晶体非等轴程度较高的石墨、堇青石和钛酸铝等的 α 值较低，尤其是钛酸铝的线膨胀系数非常小。

（3）键强的影响。SiC 材料由于其质点间的高强度原子键，通常呈现出较小的线膨胀系数和优秀的硬度。值得一提的是，线膨胀系数 α 并非一成不变，它随着温度区间的不同而有所差异，通常在高温区间的数值要小于低温区间的数值。当材料中包含晶型转变的矿物成分时，如硅质制品中的石英发生晶型转变，线膨胀系数 α 在相变温度点会出现突变。此外，若材料中含有较多的低熔液相或挥发性成分，线膨胀系数 α 在特定温度范围内也会发生显著变化。线膨胀系数 α 对耐火材料的抗热震性有显著影响。在材料经历快速加热或冷却的过程中，内部会因温差产生热应力。因此，在需要应对温度急剧变化的应用场景中，选用具有较低线膨胀系数的耐火材料显得尤为重要。常用耐火制品的平均线膨胀系数如表 1-4 所示，常用耐火混凝土的平均线膨胀系数如表 1-5 所示。

表 1-4　常用耐火制品的平均线膨胀系数

名称	黏土砖	莫来石砖	莫来石刚玉砖	刚玉砖	半硅砖	硅砖	镁砖
平均线膨胀系数（20～1 000 ℃）/×10^{-6} ℃$^{-1}$	4.5～6.0	5.5～5.8	7.0～7.5	8.0～8.5	7.0～7.9	11.5～13.0	14.0～15.0

表 1-5　常用耐火混凝土的平均线膨胀系数

结合剂种类	骨料品种	测定温度/℃	平均线膨胀系数/×10⁻⁶℃⁻¹
矾土水泥	高铝质 黏土质	20~1 200	4.5~6.0 5.0~6.5
磷酸	高铝质 黏土质	20~1 300	4.0~6.0 4.5~6.5
水玻璃	黏土质	20~1 000	4.0~6.0
硅酸盐水泥	黏土质	20~1 200	4.0~7.0

1.3.8　热导率

1. 热导率的实质

热导率（也称导热系数）是指当温度垂直向下梯度为 1 ℃/m 时，单位时间内通过单位水平截面积所传递的热量。其具体定义为：在物体内部垂直于导热方向取两个相距 1 m、面积为 1 m² 的平行平面，若两个平面的温度相差 1 K，则在 1 s 内从一个平面传导至另一个平面的热量就规定为该物质的热导率，其单位为（W·m⁻¹·K⁻¹）。

热线法测定热导率的表达式为：

$$\lambda = \frac{IU}{4\pi L} \times \frac{\ln\frac{t_2}{t_1}}{Q_2 - Q_1} \qquad (1\text{-}16)$$

式中，λ——热导率；

I——加热电流；

U——热线两端电压；

L——热线长度；

t_1、t_2——加热电流接通后测量的时间；

Q_1、Q_2——热线在 t_1、t_2 时的对应温度。

不同的使用条件，需要不同热导率的耐火材料。在生产实际中，一般的热工设备需考虑热量通过耐火材料后的损失量，需要计算隔热耐火材料的保温效果，在有些隔焰加热炉如焦炉等中，还需要耐火材料的隔墙具有较高的热导率。例如，陶瓷隔焰隧道窑及马弗式电炉要求分隔板的热导率高，而要求具有保温隔热功能的材料的热导率应低。由此可见，热导率指标在热工设计中的重要性。热导率高的材料往往具有较好的抗热震性。热导率是热工窑炉设计中选用耐火材料时不可缺少的数据指标。

2. 影响耐火材料热导率的因素

耐火材料的导热性能与其矿物组成、结构构造、温度及晶体构造的复杂度紧密相关。若耐火材料中的晶体成分繁多、杂质丰富，形成的固溶体和玻璃相较多，并且晶体结构复杂、微孔众多，则该耐火材料的热导率会相对较低。影响耐火材料热导率的几种因素如图 1-7 所示。几种耐火材料热导率与温度的关系如图 1-8 所示。

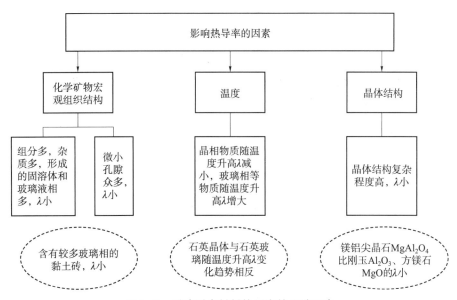

图 1-7 影响耐火材料热导率的几种因素

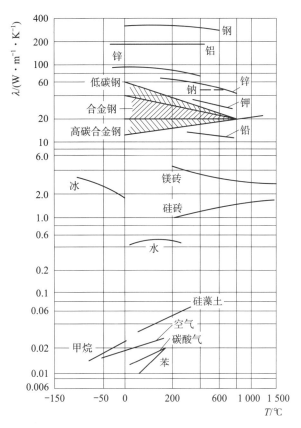

图 1-8 几种耐火材料热导率与温度的关系

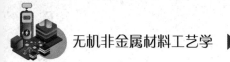

1.4 小 结

本章介绍了耐火材料的定义及分类，详细介绍了其化学组成、矿物组成与宏观组织结构所涉及的概念、公式与有关应用，为耐火材料的生产过程章节学习奠定了基础。

习 题

1-1 耐火材料按化学组成如何分类？并举例说明。

1-2 耐火材料气孔分为哪几种形式？哪几类气孔属于显气孔？

1-3 耐火材料的热导率与哪些因素有关？

第2章 耐火材料的生产过程

耐火材料因其原料差异和品质要求的不同，种类丰富多样。尽管各种耐火材料的生产方法各具特色，但它们的基本生产过程和加工手法大同小异。这些生产过程的共同特点有助于我们理解耐火材料的工艺特色。耐火材料生产技术的进步，始终围绕提高质量、丰富品种和减少资源消耗为核心，不断向前发展。通过深入了解其生产过程，我们可以更好地掌握耐火材料的制造技术和质量控制的要点。本章将按照几个主要工序的特点进行描述。

2.1 耐火原料的加工

2.1.1 选矿

选矿是利用矿石中不同矿物的物理和化学性质，将矿石破碎、磨细后，通过重选、浮选、磁选和电选等方法，将有用矿物与脉石矿物进行分离。此过程旨在使共生（或伴生）的有用矿物尽可能相互分离，并去除或减少有害杂质，以获得冶炼或其他工业所需的优质原料。对于有价成分含量较低的矿石，通过机械富集（或物理富集）处理后，可得到一定产率的有价成分含量较高的矿石，这部分经过精选的矿石即为精矿。在分选作业中，那些有价成分含量较低、无法直接用于生产的矿石称为尾矿，这实际上是一种待开发的宝贵资源。而那些有价成分含量介于精矿和尾矿之间的矿石，需要进一步的处理，我们称为中矿。通过这一系列的选矿作业，我们可以更有效地利用矿石资源，提高有用矿物的回收率。

常用的选矿方法如下：

（1）手选：用肉眼判断（颜色、形状、硬度等），对所有原料适用。

（2）水选：主要用于去除附着在表面的夹杂物。

（3）重选：利用介质（如水）中不同矿物的密度差（如淘米、扬麦场）来分离；成本低、污染小、可用于预选。

（4）热选：把原料加热，利用加热后的强度差来分离。

（5）浮选：利用不同矿石对水的亲和性差异以及浮选剂（如泡沫浮选剂）来分离。

（6）磁选：利用矿物颗粒磁性的不同，在不均匀磁场中进行选别，大多数用于去除铁、钛等杂质，如铬铁矿（或含有 Fe_3O_4）。

（7）化学选：利用矿物化学性质的不同，采用化学与物理相结合的方法分离和回收有用成分，得到化学精矿；分离效果好，但成本较高。

（8）电选：利用矿物颗粒电性的差别，在高压电场中进行选别，主要用于分选导体、半导体、非导体矿物。

2.1.2　原料的煅烧

天然（或合成）原料经高温煅烧（立窑、回转窑、电炉）制得熟料（一是原料中的水分通过热分解排出，原料发生晶型转变等变化；二是通过烧结或熔块，降低原料的气孔率，提高原料的体积密度）。

常见的烧结方法如表 2-1 所示。需要煅烧的原料有黏土、矾土、菱镁石、水镁石、白云石等。

表 2-1　常见的烧结方法

烧结方法	过程与作用
活化烧结	降低物料粒径，提高比表面积
轻烧活化	控制适当轻烧温度，提高活性
二步煅烧	轻烧、压球、再完全烧结（又称死烧）的工艺过程

可以用颗粒体积密度来评价烧结程度；菱镁石、水镁石、白云石的烧结程度用灼烧减量来衡量；二步煅烧的产物也可用吸水率来衡量。

2.1.3　原料的破碎与筛分

进入工厂，我们会发现原料矿石的块度形态各异，大小不一。为了满足制备坯料所需的粒径要求，这些原料必须经过破碎处理。单一的颗粒尺寸组成的泥料无法实现致密堆积，只有通过大、中、小颗粒的合理级配，才能获得致密的坯体。耐火原料的破碎过程主要依赖机械方法，将原本的块状物料逐步加工成粒状或粉状物料。这一过程从 350 mm 以上的大块料开始，逐步破碎至 50~70 mm 的中块料，再细化为 3~5 mm 的粗颗粒，最终磨成小于 0.088 mm 的细粉。破碎的目的不仅在于将原料转换为特定颗粒组成的碎粒和细粉，更在于使不同组成的粉料能够均匀混合，从而增加原料的比表面积，提高其物化反应的速率。影响耐火原料破碎效果的因素众多，包括原料自身的强度、硬度、塑性和水分等，也与破碎设备的性质紧密相关。为了获得符合规定尺寸的组分，筛分工艺显得尤为重要。筛分是将破碎后的物料通过特定尺寸的筛孔，使不同粒径的物料得以分离的过程。常用的筛分设备包括转筒筛、振动筛和固定斜筛，其中后两种设备的应用尤为广泛。振动筛的筛分效率高达 90% 以上，而固定斜筛的效率在 70% 左右。筛分的关键在于筛子层数和合理的筛网孔径。若粒径配合要求较为宽松，单层筛即可满足需求；若要求严格，则需采用双层筛或多层筛。

在生产中，常用筛的筛孔尺寸与标准目数的表示方法如表 2-2 所示。

表 2-2　常用筛的筛孔尺寸与标准目数的表示方法

筛孔尺寸/mm	标准目数/目	筛孔尺寸/mm	标准目数/目	筛孔尺寸/mm	标准目数/目
4.75	4	0.85	20	0.18	80
4	5	0.71	25	0.15	100
3.35	6	0.6	30	0.125	120
2.8	7	0.5	35	0.106	140
2.36	8	0.425	40	0.09	170
2	10	0.355	45	0.075	200
1.7	12	0.3	50	0.063	230
1.4	14	0.25	60	0.053	270
1.18	16	0.212	70	0.045	325
1	18				

2.2　砖坯料的制备

耐火材料的砖坯料是将原料按一定粒径和添加比例配合而成，并且在混炼过程中加入水或其他结合剂而制成的混合料。整个砖坯料制备过程包括砖坯料颗粒配比设计、混炼和晒料等工序。

2.2.1　砖坯料颗粒配比设计

砖坯料的颗粒分为粗颗粒、细粉和中间颗粒，它们有不同的性质。

（1）粗颗粒（骨料）：又称粗粒骨架，密度高，强度大，耐火性能好，抗热震性、抗渣性最优。一般砖的粗颗粒直径为 2~3 mm，不烧砖的粗颗粒直径为 5~6 mm，不定形耐火材料的粗颗粒直径可达 8 mm、10 mm、15 mm、20 mm、25 mm。它的缺点是表面能低，自身结合能力差，烧结性差。

（2）细粉：又称细颗粒，遇水或其他结合剂产生塑性，对骨料有结合能力，比表面积大，表面能高，有很强的烧结性，产生液相的温度低，溶解析晶能力强，聚集再结晶能力也强；细粉本身对骨料有填充作用，使制品密实。

（3）中间颗粒：填充空隙，减少偏析，减少细粉用量，均匀收缩。它在颗粒中的含量为 15%~20%，能烧成砖骨料。颗粒的一般直径为：粗颗粒 0.5~4 mm，细粉 0~0.1 mm，中间颗粒 0.1~0.5 mm。

颗粒级配又称粒径级配，常以散状物料中各级粒度所占的质量百分数来表示。由不间断的各级粒径所组成的级配方式称连续级配；只由某几级粒径所组成的级配方式称间断级配。在耐火材料的生产中，根据原料性质、工艺条件和产品性能来确定合理的颗粒级配。具有合理颗粒级配的泥料，既有利于成型，也有利于坯体的烧结，并可获得密度较高、气孔率低的制品。对于密度和气孔率等要求不同的耐火制品，可通过调整颗粒级配的方法而获得。

砖坯料颗粒的尺寸分布对坯体致密性有着深远的影响。只有当颗粒配比符合紧密堆积的原则时，才能制造出最致密的砖坯体。根据我国多年耐火材料生产的实践经验，为了制造出优质的耐火制品，建议采用"两头粗、中间细"的颗粒配比方式，即砖坯料中粗、细颗粒占比较大，而中间颗粒占比相对较小。通过科学的颗粒级配，砖坯料能够达到合理的体积密度，并满足产品性能要求，如抗热震性等。若要进一步提高抗热震性，则可以尝试降低颗粒的平均尺寸或适当增加细粉的比例。

2.2.2　混炼

混炼是使泥料中各组成部分达到均匀分布的过程（包括组分、颗粒和水分含量的分布均匀）。

目前，在耐火材料生产中常用的混炼设备有单轴和双轴搅拌机、混砂机及湿碾机等。前二者主要起搅拌混合作用，而后者除具有搅拌混合作用外，还有挤压作用。因此，用湿碾机混炼的砖坯料较致密、均匀。

影响砖坯料混合均匀的因素有很多，如设备性能、加料量、混炼时间、加料顺序、配料中所选用的结合剂、粉料的颗粒形状等。加料顺序通常是先加粗颗粒和中间颗粒混合，再加结合剂生成混合料，然后将细粉与添加剂混合的混合物再与混合料混炼形成泥料。关于混炼时间的影响：时间过长，会因料间摩擦，发生物料再破碎、发热、结合剂蒸发散失等现象，导致料干、硬；时间过短，达不到混炼目的。

2.2.3　困料

困料就是把初混后的泥料在适当的温度和湿度下存放一定的时间。

砖坯料需要经过困料过程，然后供成型使用。困料时间的长短主要取决于工艺要求和泥料的性质，但一般都控制在 8~48 h。

困料后，结合剂分散均匀，促进泥料进行水化反应排出气体。困料能提高泥料的可塑性，改善其成型性能。质量好的困料应满足：组成配比准确、粒径配比合理、水分适当、成分均匀、气体排出充分。

2.3　成　　型

成型是耐火砖坯料（泥料、浆体、熔体）借助外力和模型成为具有一定尺寸、形状和强度的坯体或制品的过程。

成型的目的在于使松散的砖坯料获得一定形状、尺寸及尽可能致密的坯体。成型时，砖坯的外形尺寸非常重要，所制砖坯的尺寸和质量决定着烧成制品的尺寸和致密度。

坯体的密实程度主要取决于泥料的性质、压机压力、压制程序、增压速率和加压时间等条件。在泥料的性质保持基本稳定的条件下，坯体的密实程度取决于压制过程的几个条件，而这几个条件又取决于压砖机械的性质和操作方法。

2.3.1　成型方法

耐火材料生产中常用的成型方法有以下几种：

（1）注浆成型技术：将含有 35% ~ 45% 水分的泥浆精准地注入石膏模具，依据产品所需的壁厚设定适当的固化时间，随后将多余的泥浆倒出。待坯体达到一定强度后脱模，晾干并修整边缘。此法特别适用于薄壁制品，如热电偶套管、高温炉管及坩埚等熔融石英质浸入或长水口制品的制造。

（2）可塑成型法：一种常用的制作方法，它使用的坯料通常会添加约 16% 的水分。将预制的坯料放入挤泥机，挤压成泥条，然后切割成粗坯，经过压制后成型。此法可根据具体操作方式的不同，分为手工、半机械及机械压制成型。这种方法多用于大型制品的制造。

（3）半干成型法（也称为干压成型法）：采用含水率在 3% ~ 7% 的泥料来制备坯体。这种方法具有诸多优点，如坯体密度高、强度大、干燥和烧成收缩小，以及制品尺寸易于控制等。目前，工厂中使用的机械压制成型及空气锤捣打法等都属于这种成型方法。

（4）等静压成型技术：一种先进的生产方法，将待压制的试样置于高压容器中，利用液体介质的不可压缩性和均匀传递压力的性质，从各个方向对试样施加均匀的压力。当液体介质通过压力泵注入压力容器时，其压强大小保持不变并均匀地传递到各个方向。这使高压容器中的粉料在各个方向上受到的压力一致且均匀。等静压工艺制品具有组织结构均匀、密度高、烧结收缩率小等优点，同时模具成本低、生产效率高，特别适合复杂形状制品、细长制品、大尺寸制品及精密尺寸制品的制造。

（5）熔铸成型技术：适用于高级耐火材料生产，如电熔刚玉、电熔莫来石和电熔镁石等。此法是将物料在高温下熔融后进行铸造成型的过程。通过这种技术可以获得高质量、高密度的产品，是高级耐火材料生产过程中的关键环节。

此外，耐火材料的其他成型方法还有热压成型、热压注法成型和等静压成型等。目前，常用耐火材料的生产方法主要采用的是半干成型法。

2.3.2 半干成型的压制过程

半干成型的压制过程涉及多个阶段，包括粉料准备、压制成型及后续处理。这个过程主要应用于特种陶瓷和金属陶瓷的制备中，其中粉料通常需要加入少量的水分（一般不超过 5%）或塑化剂，以便在金属模中通过施加足够大的压力将粉料压成密实而坚硬的坯体。半干成型法的应用范围较广，不仅限于陶瓷领域，还扩展到制药、化工等行业。

（1）粉料准备：粉料可以是粒状粉末，通过喷雾干燥造粒、过筛方法机械或手工造粒，含水率一般为 1% ~ 14%。在配料中加入较少水分（7% ~ 9%），搅拌均匀并置于模具内以较大压力压制或捣打成型。

（2）压制成型：在压力的作用下，坯料中的颗粒开始移动，重新配置成较紧密的堆积方式。当压力增至某一值后，进入第二阶段，该过程的特点是压缩明显，颗粒发生脆性及弹性变形，坯料的压缩呈阶梯式。坯料被压缩到一定程度后，会阻碍压缩。当压力增加到再度使其压缩的外力时，只有颗粒的变形才会引起坯料的压缩，并伴随有坯体致密度的增加。

（3）后续处理：在极限压力下，坯料致密度不再提高。制成的坯体经过烧成后，制品尺寸准确，机械强度高。

2.3.3 挤压成型过程的层密度现象

层密度现象指的是沿加压方向的密度不一样,靠近加压方向密度较大,远离加压方向密度较小。这种现象产生的原因可能是坯料水分过高、细粉过量、结合剂过少及压力过高。在压制过程中,成型压力已增加到能使泥料内颗粒发生脆性和弹性变形的程度,导致坯体内颗粒间的接触面增加,摩擦阻力增大。因此,压制性质表现为跳跃式的压缩变化,即呈阶梯形变化。当压制进入后期时,成型压力已超过临界压力,即使压力再升高,坯体几乎不再被压缩。随着远离受压面,压力的逐渐减小;同时在垂直于加压方向的受压面上,由于泥料颗粒与模型间的外摩擦力较颗粒间的内摩擦力大,因而同一平面上各点的压强也各不相同。正因为压制时存在着这种压力分布不均匀性,从而造成了成型后砖坯密度的不均匀;沿加压方向距受压面距离的增加,砖坯密度逐渐减小;而在平行于受压面的同一平面上,靠近模壁的地方砖坯密度较低,靠近中心的地方坯砖密度较高。为克服层密度现象,通常采用对大厚制品进行两面加压、模壁上涂润滑油、泥料中加入活性剂(如纸浆废液)等方法。

2.3.4 弹性后效与层裂

由于气体具有可压缩性,因此,当外力被取消后,由压制过程产生的弹性力而引起坯体膨胀的作用,称为弹性后效。由于弹性后效引起的不均匀膨胀和坯体自身性质不均匀,导致坯体内部垂直加压方向出现层状裂纹,即为层裂。气体的排出与加压速率、细粉的多少以及加压方式有关。

2.3.5 成型设备及模具尺寸的确定

国内生产耐火材料常用的成型设备有摩擦压砖机、杠杆压砖机、各类液压机及震动成型机等。为了提升制品的密度和产品质量,众多企业采用了先进的自动化高压力液压机进行操作,有效提升了工作效率并优化了工作环境。

以下是最常用的几个半干成型实际问题:

(1)模具的缩、放尺:烧成后膨胀的制品(如硅砖),成型模具要缩尺;烧成后收缩的制品(如黏土砖、高铝砖),成型模具要放尺。受压方向的比例为 2%~3%,非受压方向的比例为 0.5%~1.3%。

(2)砖坯的体积密度保证致密性:如硅砖的体积密度应不低于 2.26 g/cm^3,黏土砖的体积密度应不低于 2.36 g/cm^3,镁砖的体积密度应不低于 3.0 g/cm^3。

(3)成型废品类型:包括出现层裂、层密度现象,尺寸不合,单重不合,料偏析,压力太小,体积密度不达标,以及出现飞边、掉角、扭曲、偏沿等模具问题。

2.4　砖坯的干燥

成型后的半成品一般都要经过干燥工序，然后进行烧成。其干燥的目的是排除砖坯的水分，达到规定进窑所要求的残余水分含量，以避免由于砖坯进窑水分高，在烧成升温比较快时，水分急剧排出而造成砖坯的开裂。砖坯经干燥后，半成品的机械强度有较大提高。

2.4.1　干燥过程

砖坯的干燥过程涉及水分排除，其对砖坯的强度提高和后续烧成至关重要。干燥是一个传热、传质同时正、反进行的过程，因此干燥速度的大小取决于传热速率、外扩散速率与内扩散速率的大小。而干燥介质的温度、湿度、流速和坯体的矿物组成及显微结构直接影响传热速率、外扩散速率和内扩散速率。

砖坯的干燥主要分为两个阶段：等速干燥阶段和降速干燥阶段。在等速干燥阶段，坯体中的水分以近于相等的速率蒸发，此时坯体表面水分分布均匀，固体颗粒间水分逐渐被排除而相互靠拢，整个坯体产生收缩。进入降速干燥阶段后，随着坯体水分的减少，干燥速率逐渐下降，因为颗粒已经靠拢，坯体不再收缩。这一阶段，水分仅存在于颗粒间的空隙中，必须经由坯体内的通道扩散至表面再蒸发排出。

干燥方法包括常温干燥和加热干燥。常温干燥，如阴干或风干，在一般场地进行。加热干燥则利用干燥炕、室式干燥器、隧道干燥器和电热干燥器等设备，通过改变供热以调节设备中环境介质的温度。

在干燥过程中，适宜的环境条件对砖坯的顺利干燥至关重要。砖坯需要在适宜的环境中完成脱水干燥过程，这包括对风温、相对湿度等的具体要求。只有通过合理的环境控制和适当的干燥方法，才能确保砖坯在窑内安全、顺利地进行干燥，取得良好的效果。

此外，砖坯的含水率一般为 5% ~ 25%，干燥过程涉及物理水的排除，这些物理水包括结合水与非结合水。非结合水存在于坯体的大毛细管内，与坯体结合松弛，其蒸发会导致坯体体积收缩。

2.4.2　干燥方法及干燥设备

目前各工厂所用的干燥方法主要有以下几种，每种方法都根据其特定的应用场景和物料性质进行选择和优化。

（1）自然干燥法：最简单、最原始的干燥方法，主要依赖自然环境中的空气流动和热量交换来实现物料的干燥。它适用于对干燥速率和干燥程度要求不高的场合，如晾晒谷物、木材等。自然干燥法的主要优点是成本低廉、操作简单，但缺点是干燥周期长、干燥效果不稳定，且易受天气影响。

（2）热风干燥法：利用热风作为干燥介质，通过热风与物料之间的对流、传导和辐射等热交换方式，将物料中的水分蒸发出来。热风干燥法广泛应用于化工、食品、制药等行业，具有干燥速率快、效率高、可控性强等优点；但热风干燥法也存在能耗大、易产生粉尘污染等缺点。

（3）真空干燥法：指在低于大气压的环境下进行干燥的一种方法。在真空条件下，水的沸点降低，因此物料中的水分可以在较低的温度下被迅速蒸发。这种方法适用于对温度敏感、易氧化或易挥发的物料。真空干燥法的优点是干燥温度低、物料品质好、干燥过程无氧化和污染；但缺点是设备投资大、操作复杂、能耗较高。

（4）辐射干燥法：利用红外线、微波等的辐射能来加热物料，使物料中的水分蒸发出来。这种方法具有干燥速率快、效率高、温度均匀等优点，特别适用于对干燥速率和温度均匀性要求高的物料；但辐射干燥法也存在能耗大、设备投资高、操作复杂等缺点。

（5）喷雾干燥法：将液态物料通过雾化器喷成雾状，然后与热空气接触，使水分迅速蒸发。这种方法适用于处理液态物料，如化工溶液、食品浆料等。喷雾干燥法的优点是干燥速率快、效率高、连续性好；但缺点是设备投资大、能耗高、对物料性质有一定要求。

（6）新型干燥技术：新技术不断涌现，如超声波干燥法、真空冷冻干燥法等。这些新型干燥技术以其独特的优点在特定领域得到了广泛应用。例如，超声波干燥法利用超声波产生的空化效应和机械效应来加速物料中的水分蒸发，具有干燥速率快、能耗低等优点；真空冷冻干燥法则是在真空条件下对物料进行冷冻干燥。

总的来说，各种干燥方法都有其独特的应用场景和优缺点。在实际应用中，需要根据物料的性质、干燥要求及经济条件等因素进行综合考虑和选择。

现有的耐火材料工艺大多采用高压成型，成型后的砖坯的水分含量低，干燥过程中收缩小，易于干燥。常用的干燥设备有以下几种：

（1）在大、中型企业应用得最普遍的干燥设备是逆流式均衡通风干燥器。它是属于连续式生产的干燥设备，通常由若干条隧道并联组成，干燥介质主要是经预热后的空气。

隧道干燥器的载热体的温度及干燥坯体的残余水分因制品性质的不同而有异，干燥参数如表2-3所示。

表2-3 干燥参数

砖种	送入风温度/℃	排出风温度/℃	干燥坯体的残余水分/%
黏土质制品	120~200	30~90	1~2
硅质制品	8~120	50~80	0.5~1
镁质制品	110~130	50~70	小于1

（2）室式干燥器，为间歇式干燥设备，它适用于干燥大型及特异型制品，热源来自预热空气。

2.4.3 干燥注意事项

为保证干燥过程中的成品率，我们必须建立严格的干燥制度。

干燥时间与进、出干燥温度，相对湿度以及坯体初、终水分密切相关，需要根据实际情况而定。残余水分过低是不必要的，因为这样能源消耗大，而且过干的砖坯因脆性会给装窑和运输带来困难。

2.5 烧 成

砖坯进行煅烧的热处理过程称为烧成。烧成是绝大多数烧结耐火制品生产的最后一道工序，目的是使砖坯在高温下发生一系列物理化学反应实现烧结，并获得相当高的密度、强度和其他各种性能的制品。

耐火制品的烧成包括3个过程：装窑、焙烧与出窑。

2.5.1 装窑、焙烧与出窑

1. 装窑

装窑是指按窑炉结构特点和制品烧成时热工制度的要求，在窑内将符合半成品技术条件的砖坯合理码放的操作过程，简单地说就是码砖操作。通常情况下，我们要绘制装窑图装窑。

装窑操作一般要求"平、稳、直"，即每层砖要拉平，不使砖垛歪斜；每一列砖、每一垛砖都要稳固；砖垛及隧道都要成一条直线。这样在移动窑车时，砖垛就不会因摇动而倒塌。另外，装窑要尽量掌握"上密下稀，前紧后松"的原则，保证窑中各部位砖坯受热一致。这就需要码砖时留出一定的火道，下部火道面积应比上部大。考虑到窑墙、窑顶的散热较大，砖垛的外部比中心受热要差，因而外通道的面积应比内通道大。但必须控制火道总面积，否则工作空间的烟气等流体阻力过小，使压降过大，容易吸入窑外冷空气。

2. 焙烧

焙烧过程中，砖坯进行一系列物理化学反应，使砖坯变致密，强度增加，体积稳定，并保持准确的外形尺寸。烧成过程一般都要经过加热升温、高火保温及冷却降温三个阶段：

1）加热升温阶段

加热升温阶段坯体在 50~200 ℃时开始排除自由水和吸附水。在 200~1 000 ℃时，内部物质发生分解和氧化，坯体中留下气孔。同时，坯体发生物理化学反应及收缩或膨胀。

2）高火保温阶段

高火保温阶段的温度通常在 1 000 ℃以上，在此阶段温度达到制品烧成温度。此阶段生成液相，也生成新的物相。随着液相的扩散、流动、溶解、沉淀析出传质过程的进行，颗粒在表面张力的作用下进一步相互靠拢并致密化，气孔率降低。为了使制品烧熟、烧透和克服窑内各部位的温度不均匀性带来的缺陷，需要进行一定时间的保温，以保证结晶相进一步发育成长，实现"烧结"。

3）冷却降温阶段

在冷却降温阶段，制品高温时进行的结构和化学变化基本上得到了固定，主要发生物相析晶、晶型转变及玻璃相的固化等过程。变化过程中所产生的内应力大小与所需的温度、时间有关。

3. 出窑

出窑包括制品的冷却和取出阶段，是出现制品缺边、掉角等外观质量缺陷的主要环节，会造成成品合格率的降低。制品在取出和堆放时，都要注意做到轻拿轻放。

2.5.2 影响烧结的因素

（1）物料结晶化学性质：晶格能大、构造稳定的坯体难烧结，而多晶体（晶界多）比单晶体易烧结。

（2）物料分散度：细磨的物料（比表面积大、表面自由能大）晶格活化，易烧结。

（3）温度和保温时间：温度上升，气孔率急剧下降，烧结速率大；保温时间长，烧结充分，但是结晶颗粒较大。

（4）物料颗粒接触情况和压力影响：高压成型致密的坯体利于烧结；热压加快质点扩散利于烧结；而烧结过程显著的体积膨胀效应不利于烧结。

（5）烧成时的窑内气氛影响烧结。气氛的控制根据其制品化学成分的不同而不同，如黏土砖希望制品内的 FeO 转变成 Fe_2O_3，有利于提高黏土质制品的耐火度，需要在氧化气氛下烧成；而硅砖为了使加入的铁质矿化剂增强矿化作用，通常采用还原气氛烧成。

2.6 成品检验及防尘处理

2.6.1 成品检验

成品检验工作是检选工按国家标准或部门颁发标准对不同耐火制品的外形要求规定的项目逐块检选，剔出不合格产品，以保证生产产品（出厂）符合国家标准规定。

成品检验的基本要求是掌握国家标准对不同耐火制品的外形质量要求，在成品检验中能熟练使用各种项目的检验方法。耐火材料成品检验项目如下：外形尺寸；扭曲；角、棱完整性；熔洞；渣蚀；裂纹；生烧品（欠烧制品）。

这些外形检验在实际工作中主要还是凭肉眼观察和逐块检选。另外，生产成品的测定，一般是测定成品的气孔率、吸水率、体积密度、常温抗压强度、耐火度、高温结构强度、重烧收缩（或膨胀）热稳定性等项目。其检验的要求应符合国家有关标准。

2.6.2 防尘与除尘

在耐火材料的生产过程中有大量粉尘产生。为尽量减少粉尘的产生和使工人不与粉尘接触，我们可采取以下综合措施：采用合理的生产工艺降低粉尘浓度；实现操作机械化、自动化，改善劳动条件；加强组织管理，健全防尘制度。

除尘设备根据作用力的性质可分为以下四种：

（1）降尘室：由于重力的作用而使粉尘沉降。

（2）旋风除尘器：利用含尘气流在回转运动时产生的离心力使粉尘沉降。

（3）过滤式除尘器（袋式除尘器）：使含尘气流经过过滤物而净化，粉尘颗粒是由于被阻留粘住而捕集的。

（4）电除尘器：使粉尘在高压电场作用下带电，并向载有相反电荷的电极上移动，继而被中和失去电荷而被捕集。

2.7　小　结

本章从耐火原料的加工、砖坯料的制备、成型、砖坯的干燥、烧成、成品检验及防尘处理等重要工序进行整体介绍，为后续分章节逐一展开学习起到了引领作用。

习　题

2-1　简述耐火材料所用原料的分类方式及种类。

2-2　简述晒料过程中的物理化学变化及对坯料成型性能的影响。

2-3　分析成型过程中导致"层裂"的因素。

2-4　简述干燥过程，并分析干燥过程中导致变形的因素，如何避免或缓解坯体干燥变形？

2-5　分析确定烧成工艺的参考因素。

第3章　黏土质耐火材料

硅与铝是地球表面储藏量非常丰富的元素，为它们大规模的应用奠定了优越的物质条件。硅铝系耐火材料（也称作硅酸铝质耐火材料）是一类以 SiO_2 和 Al_2O_3 为基本化学组成的耐火材料。按 Al_2O_3 含量的不同其主要分为：半硅质——Al_2O_3 含量为 15% ~ 30%、黏土质——Al_2O_3 含量为 30% ~ 46%、高铝质——Al_2O_3 含量大于 46%、刚玉质——Al_2O_3 含量大于 90%。本书第 3 章和第 4 章将重点介绍黏土质和高铝质耐火材料。

3.1　黏土质耐火材料的应用

黏土质耐火材料是指 Al_2O_3 含量为 30% ~ 46% 的硅酸铝质耐火制品，属于弱酸性耐火制品，能抵抗酸性熔渣和酸性气体的侵蚀，对碱性物质的抵抗能力稍差。但其抗热震性能好，耐急冷急热，因此也广泛应用于工业窑炉中的隔热层，有时也用于不受高温熔融物料和侵蚀性气体所侵蚀的窑炉内衬，最高使用温度在 1 200 ~ 1 500 ℃。该类制品的主要理化性能指标能满足一般工业窑炉、热工设备的使用要求，其原料来源丰富、分布广泛、易于获得。黏土质耐火材料广泛应用于高炉、热风炉、均热炉、退火炉、锅炉、铸钢系统及其他热工设备。黏土质耐火材料的应用部位如表 3-1 所示。

表 3-1　黏土质耐火材料的应用部位

工业领域	设备	部位
炼铁	化铁炉	内衬
	高炉	内衬
	热风炉	内衬、格子
	鱼香罐	内衬
	混铁炉	内衬

工业领域	设备	部位
炼钢	平炉	炉子下部、门、蓄热室、格子
	电弧炉	炉子下部、门
	盛钢桶	内衬
	铸锭	所有铸锭用的中空制品
	均热炉	顶、侧墙
	加热炉	炉膛、顶、侧墙
有色冶炼	钢反射炉	炉子下部
	铅浮渣炉	炉膛
玻璃	坩埚炉	坩埚、炉内衬
	池炉	换热器系统、烟通
焦化	炼焦炉	炉下部分、烟道、换热器
电力	锅炉	墙、拱、烟道
水泥	回转窑	冷却器部分
石灰	窑	大部分
化学石油	反应器	内衬
废料处理	煅烧炉	内衬
陶瓷	窑	顶墙、拱、窑车覆砖面

3.2　黏土质制品的分类

黏土质制品的种类有很多，由于使用条件不同，国家对各种砖制定出了不同的指标，详见国家标准 GB/T 34188—2017。

另外，根据黏土质制品的生产工艺和砖型的复杂程度，其可分为以下几类：

（1）按熟料配料量的不同，可分为熟料制品（熟料含量为 80% 以上）、普通熟料制品（熟料含量为 70%~80%）及无熟料制品（不用熟料）。

（2）按熟料烧结程度的不同，可分为轻烧熟料制品（原料最高经 900 ℃ 左右煅烧或不烧）和烧结熟料制品（原料经高温煅烧）。

（3）按砖型的复杂程度的不同，可分为"标、普、异、特" 4 种制品，其根据制品的外形尺寸、比例、凹角、沟槽、孔眼个数、锐角个数和角度大小来划分。

3.3　黏土质耐火制品的原料

生产黏土质耐火制品的主要原料是耐火黏土。耐火黏土是一种以高岭石为主要矿物成分的天然硅酸铝质材料，其中 Al_2O_3 的含量大于 30%，耐火度大于 1 580 ℃。这种材料由硅酸盐质岩石经过风化作用形成，是最基本、最常用的耐火原料。工业上使用的耐火黏土主要分为硬质黏土和软质黏土两类。耐火黏土是制作耐火材料的原料，具有可塑性和黏结性，常用于硬质耐火黏土中作为黏结剂。此外，黏土质耐火制品的荷重软化温度主要取决于制品中 Al_2O_3 的质量分数和杂质的种类及数量。虽然黏土质耐火制品中含有熔点很高的莫来石晶相，但在较低的温度下（1 250~1 400 ℃）就开始软化。

3.4　黏土的化学组成及矿物组成

耐火黏土主要由硅酸盐矿物组成，其主要成分是高岭石、微晶高岭石、水等，理论组成为 Al_2O_3（46.6%）、SiO_2（39.4%）、H_2O（13.92%）及一定量的杂质。在耐火黏土中主要有以下杂质矿物：

1. 石英

石英是黏土中含量最多的杂质，它在大多数情况下呈大小不一的圆粒状，无颜色，有时被染色。在 1 350 ℃ 以下时，石英是惰性料，它能减弱黏土的结合能力、可塑性，在干燥和烧成时收缩；但在 1 350 ℃ 以上时，石英是熔剂，与黏土中的其他成分作用，生成多组分共熔物。石英颗粒越小，黏土中的其他熔剂越多，则熔剂作用越强。

2. 含铁化合物

赤铁矿、磁铁矿、针铁矿、菱铁矿是耐火黏土中的主要有害成分，它们主要以 Fe_2O_3 的形式存在。这些矿物作为耐火黏土中的杂质，其含量在一定程度上会影响耐火黏土的质量和应用性能。

3. 熔剂型盐类

黏土中含有钙、镁、碳酸盐和硫酸盐的方解石、白云石、菱镁矿、石膏等。它们呈白色或被污染成灰色、淡黄色，呈分散状态或结核状，一般数量较少（不超过 2%），熔剂作用较氧化铁强。黏土中存在这类化合物（主要是碳酸钙）能使烧后的黏土中含有游离氧化钙的颗粒或产生熔洞。

4. 有机物

除硅酸盐矿物外，黏土中还有一部分有机物，主要是腐殖质。腐殖质是由植物和动物残骸等生物材料在土壤中分解而成的物质。腐殖质的存在能够使黏土更为柔软和更有韧性，可以提高黏土的塑性和可塑性。有机物使黏土的灼烧减量增加，在碳质黏土中，灼烧减量可由一般的 10%~13% 增加到 20%~30%；有机物在黏土加热时被烧掉，从而提高烧后黏土的气孔率。

另外，当黏土中的有机质含量超过 5% 时，则称为含有机质黏土。通常这种黏土呈深褐色或黑色，含水率较高，压缩性大且不均匀。

3.5　黏土的工艺性质

1. 分散性

黏土的分散性是反应黏土杂质及杂质含量的分散程度的性质，常用颗粒组成或比表面积来表示。黏土颗粒通常小于 $10.0\ \mu m$，其工艺性质取决于小于 $2.0\ \mu m$ 的颗粒的数量。黏土的分散性与可塑性有密切关系。

2. 可塑性

可塑性是指泥团在外力作用下易变形而不易发生裂纹，以及在外力解除后仍保持其新的形状而不再恢复的性质。可塑性的强弱常以加水量（泥料处于黏手和不黏手的临界状态下最大调和水的质量分数）来表征。黏土可塑性等级与最大调和水的质量分数如表 3-2 所示。

表 3-2　黏土可塑性等级与最大调和水的质量分数

黏土可塑性等级	最大调和水的质量分数/%
高	35~45
中	25~35
低	15~25
无	<15

可塑性的强弱取决于黏土的矿物组成、杂质及其含量、颗粒大小和数量、液相的性质等因素。

3. 结合性

黏土的结合性主要来源于其颗粒表面的电荷性质。黏土颗粒表面带有负电荷，这些负电荷会吸引周围介质中的阳离子，形成一层双电层。当黏土颗粒相互靠近时，双电层会发生重叠，导致颗粒间产生静电斥力。然而，当黏土颗粒间的水分足够多时，水分子会在颗粒间形成一层水化膜，这层水化膜能够中和部分静电斥力，使颗粒间的距离得以拉近。在水分子的作用下，黏土颗粒间的斥力逐渐减弱，而颗粒间的引力逐渐增强。这种引力主要来源于黏土颗粒表面羟基之间的氢键作用。当颗粒间的距离足够近时，氢键能够形成，从而将颗粒紧密地结合在一起。此外，黏土中的部分阳离子，如 Ca^{2+}、Mg^{2+} 等，也能够通过离子键与黏土颗粒表面的负电荷结合，进一步增强颗粒间的结合力。黏土的结合性还受到多种因素的影响。首先，黏土的矿物成分和颗粒大小对结合性有重要影响。不同矿物成分的黏土具有不同的电荷性质和表面化学性质，因此其结合性也会有所差异。同时，颗粒大小会影响黏土的结合性。一般来说，颗粒较小的黏土具有更好的结合性，因为它们之间的接触面积更大，更容易形成紧密的结合。其次，黏土中的水分含量会影响其结合性。适量的水分能够中和黏土颗粒间的静电斥力，促进颗粒间的结合。但是，如果水分过多，则会导致黏土颗粒间的距离过大，削弱颗粒间的结合力。因此，在制备黏土质制品时，需要控制好水分的含量，以获得最佳的结合效果。

4. 收缩性

黏土的收缩性是指黏土在干燥环境中因水分蒸发而体积减小的性质。这种性质在工程上具有重要意义，因为黏土的力学性质会随着含水率的变化而变化。黏土的收缩性不仅与其化学成分有关，还受到其内部结构和矿物组成的影响。

大部分耐火黏土的加热收缩开始于 $600\sim650\ ℃$，在 $1\ 000\ ℃$ 以下时收缩缓慢，在 $1\ 000\ ℃$ 以上时收缩急剧增加，并且在 $1\ 250\sim1\ 350\ ℃$ 时终止。耐火黏土的加热收缩平均波动范围为 $2\%\sim8\%$，其总收缩波动范围为 $5\%\sim20\%$。

5. 烧结性

黏土在高温下煅烧时,获得致密的烧结体,该性能称为黏土的烧结性。

烧结性好的黏土可以烧成吸水率小于 1%~2%、体积密度达 2.4~2.5 g/cm³ 的团块。黏土的烧结性主要取决于其中易熔物质的含量和易熔物质与黏土矿物的分散混合情况。一般当易熔物质含量为 4%~6%,而且均匀分散在黏土中时,其烧结温度范围为 100~150 ℃。对硅酸铝质耐火材料的耐火性能起决定作用的是其主要氧化物含量的比值,如 Al_2O_3/SiO_2 比值越大,耐火度越高,黏土的烧结熔融范围越大;Al_2O_3/SiO_2 比值越小,则相反。

3.6　黏土质制品的生产过程

黏土质制品的主要生产过程与耐火材料的生产过程相近,包含下列步骤:原料加工、配料、成型、干燥、烧成。以下简述黏土砖的成型、干燥和烧成过程。

黏土砖的生产方法按成型坯料水分含量的不同分为半干法(水分含量为 4%~10%)、可塑法(水分含量为 10%~20%)和注浆法(水分含量为 35%~65%)。目前,可塑法和注浆法都已逐渐被淘汰,一般都采用半干法。这是因为成型坯体中水分太多,干燥时消耗热量多,且干燥收缩率大,易产生裂纹和变形。另外,用半干泥料制备普通黏土砖(熟料 50%~60%,黏土 40%~50%)时,由于黏土和熟料配料的比例不同,生产过程也有所区别。为此,其生产过程的选择主要取决于原料的性质及成品的质量要求,各道工序根据其要求有所差异。

1. 成型

在半干黏土砖坯料特别是多熟料砖坯料中,常常加入亚硫酸纸浆废液,这样能有效提高干坯的机械强度。亚硫酸纸浆废液在黏土中能起到电解质效应,其作用的结果能降低黏土的内、外摩擦力,从而利于成型操作,提高制成砖坯的质量和密度。在成型工艺环节,黏土砖坯干燥及烧成往往发生收缩,要给予一定的放尺。几种黏土砖坯的放尺率如表 3-3 所示。

表 3-3　几种黏土砖坯的放尺率

砖料	成型设备	装窑受压方向/%	装窑非受压方向/%
一般黏土砖	摩擦压砖机	2	0~1
	振动成型机	2	1
盛钢桶衬砖	摩擦压砖机	2~3	0~3
流钢砖	高冲程摩擦压砖机	2	0

2. 干燥

黏土质制品的干燥通常划分为以下四个阶段:

第一阶段:20~200 ℃排除残余水分。此阶段升温速度应慢,否则水分蒸发得太快会产生裂纹。

第二阶段：200~900 ℃黏土物质分解及结晶水的排除；内部发生高岭石的脱水分解、偏高岭石的分解。

第三阶段：900 ℃至烧结温度，莫来石结晶、玻璃质大量生成，坯体孔隙减少，呈现烧结状态。一般烧成温度不超过1 400 ℃。

第四阶段（冷却阶段）：冷却过程中莫来石缓慢结晶，玻璃熔体固化，产生正常的热收缩现象，可以快速冷却。

3. 烧成

黏土质制品在隧道窑中烧成的基本操作要求是"正压逆流、氧化气氛、慢气流"，从而保证在微正压条件下烧成，以减少窑内热气流外溢及窑外冷却空气进入窑内，力求稳定窑内烧成气氛及其他热工制度，努力提高窑的热效率。

烧成的主要废品有过烧、生烧及裂纹3种类型。装窑方法不当容易造成变形、扭曲、尺寸小及砖块黏结在一起的过烧废品；生烧制品是我们通常所说的颜色发白、棱角疏松、强度低、尺寸小、残余收缩及气孔率均不符合要求的产品，这些都是由于烧成热工制度控制不严格造成的。另外，由于泥料中混入杂质，烧成后会出现熔洞；冷却过快也会产生断面横裂（阴裂）；裂纹是由于砖坯过湿或升温过快造成的。

3.7 黏土质制品的一般性质

黏土质制品的各项性质指标的变动范围很大，这是因为制品的化学组成波动很大，Al_2O_3含量可在30%~48%波动，可以由不同的砖坯料、以不同的方法制造，同时以不同的温度烧成。为了能适用于各种不同的场合，对不同用途的制品必须提高特定的要求。同其他耐火制品一样，想得到各方面质量都较高的黏土制品是非常困难的。这是因为改善了制品某些性质的同时改变了其他性质，而且，这种相应的变化关系常常不是按理想的方向进行的。因此，对于不同用途的制品要确定不同的性质要求，现分别叙述如下：

1. 热膨胀性

这种性质同制品的化学组成和气孔率有关。一般情况下，当制品的SiO_2的含量低和气孔率高时，热膨胀系数就小。通常黏土质制品在20~1 300 ℃时的平均热膨胀系数为$4.5×10^{-6}~5.8×10^{-6} ℃^{-1}$。

2. 导热性

导热性同制品的化学组成、气孔率、温度有关。黏土质制品的热导率一般为$0.8~1.2 W·m^{-1}·K^{-1}$。

3. 抗压强度

黏土质制品的抗压强度波动很大，原因是制品的结构不均一、熟料颗粒的组成不同而引起的松紧度不一样，以及成型方法和烧成温度不同。另外，熟料颗粒分布的均匀性、同黏土的结合情况，以及其本身的强度，都将影响黏土质制品的抗压强度。一般黏土质制品的抗压强度为10~50 MPa，多熟料捣固法和振动法制成的制品，具有最高的抗压强度。同时，提高烧成温度是提高制品抗压强度的有效因素。

4. 气孔率

气孔率主要取决于烧成温度、熟料颗粒的组成、砖坯料的制备方法和成型方法。黏土质制品的显气孔率波动于 16%~28%。

5. 耐火度

耐火度主要取决于制品的化学组成。耐火度随着制品的 Al_2O_3/SiO_2 比值的提高而提高。黏土质制品的耐火度波动于 1 580~1 770 ℃。

6. 荷重软化温度

它主要取决于制品的化学–矿物组成。提高制品的烧成温度、采用 Al_2O_3 含量高的黏土、多用熟料细粉、采用多熟料配料和烧结熟料，都能有效提高制品的荷重软化温度。黏土质制品的荷重软化温度大致为 1 250~1 400 ℃。

7. 热稳定性

热稳定性主要取决于制品的结构，而制品的结构取决于熟料的含量和颗粒组成、成型方法及烧成温度。热稳定性随着熟料用量的增加而提高。另外，增加 Al_2O_3 含量也能提高制品的热稳定性。为此，黏土质制品的热稳定性指标波动是相当大的。

8. 高温体积稳定性

黏土质制品在使用时，体积有残余收缩，其大小主要取决于烧成温度，一般规定在 1% 以内。

9. 抗渣性

黏土质制品属于弱酸性或接近中性的耐火制品（随着 SiO_2 含量的增加，酸性增强），因此可作为酸性或碱性炉渣窑炉的衬里。

黏土质制品的抗渣性取决于制品的化学–矿物组成和致密性。随着 Al_2O_3 含量的增加、熔剂含量的减少和气孔率的降低，抗渣性提高。另外，多熟料制品具有较一般制品更强的抗渣性，这是因为减少了容易被侵蚀的黏土结合剂。为提高抗渣性，可以采用 Al_2O_3 含量高和熔剂含量少的黏土原料，采用多熟料和细颗粒配合的砖坯料来提高烧成强度。

3.8 小 结

本章重点介绍了黏土质制品的用途、分类、原料及生产过程。黏土质制品原料来源广泛、价格低廉，经常应用于锅炉顶面、侧墙及炉下部分、烟道，在国民经济发展中发挥重要作用。

习 题

3-1 耐火黏土的主要矿物组成是什么？常常含有哪些杂质？

3-2 黏土质制品的主要生产过程有哪几个步骤？

3-3 简述黏土砖的烧成过程。

第4章 高铝质耐火材料

高铝质耐火材料指的是硅酸铝质耐火材料中 Al_2O_3 含量超过 48% 的那一类。在硅酸铝质耐火材料领域中，它被视为一种高级材料。其 Al_2O_3 含量远超高岭石的组成比例（Al_2O_3 约占 46%，SiO_2 约占 54%），这使其在性质上超越了黏土质制品。其具有卓越的高温性能和抗渣性等优点，因此应用范围相当广泛。与黏土质制品相比，高铝质制品展现了更好的化学稳定性和高温工作能力，因此，高铝砖的使用寿命更长。目前，这种材料在玻璃池炉、水泥煅烧窑、陶瓷烧成窑等高温区域，以及其他各类高温炉窑中得到了广泛应用。

4.1 高铝质制品的分类

高铝质制品中 Al_2O_3 含量的波动范围很宽（Al_2O_3 含量为 48%~100%），因而它们之间的化学组成及性质也有差别。对不同等级的制品，应该采用不同的原料、选择不同的生产工艺进行生产。根据制品中 Al_2O_3 含量的不同，国家标准规定对其要求有所不同。低铁高铝质隔热耐火砖的理化指标如表 4-1 所示。

表 4-1 低铁高铝质隔热耐火砖的理化指标

指标	牌号			
	DLG170-1.3L	DLG150-0.8L	DLG135-0.6L	DLG125-0.5L
Al_2O_3 含量≥/%	72	55	50	48
Fe_2O_3 含量≤/%	1.0			
体积密度≤/($g \cdot cm^{-3}$)	1.3	0.8	0.6	0.5
常温抗压强度≥/MPa	5.0	2.5	1.5	1.2
加热永久线变化/%($T \cdot ℃ \times 12$ h)	-1.0~0.5（1 400~1 700 ℃）		-2.0~1.0（1 250~1 350 ℃）	
平均温度（350 ℃±25 ℃）内的热导率≤/($W \cdot m^{-1} \cdot K^{-1}$)	0.6	0.35	0.25	0.20

4.1.1 按制品中的化学–矿物组成分类

（1）高岭石制品。

（2）莫来石制品。

（3）莫来石–刚玉制品。

（4）刚玉–莫来石制品。

（5）刚玉制品等。

4.1.2 按用途分类

（1）一般高铝质耐火材料（Al_2O_3 含量为 48%~75%）。

（2）炼钢电炉顶用高铝砖（Al_2O_3 含量为 55%~75%）。

（3）盛钢桶用高铝衬砖（Al_2O_3 含量为 48%~55%）。

（4）盛钢桶内铸钢用铝砖（Al_2O_3 含量为大于 48%）。

（5）高炉用高铝砖（Al_2O_3 含量为 48%~65%）。

（6）热风炉用高铝砖（Al_2O_3 含量为 48%~55%）。

高铝质制品主要用于砌筑高炉、电炉炉顶、盛钢桶内衬、隧道窑内衬及其他工业和加热炉等。在某些地方用高铝质制品代替硅砖或黏土砖可以显著提高制品及设备的使用寿命。近年来，随着工业技术的发展，一些热工设备的工作温度提高了，其对耐火材料使用性能的要求越来越高。在很多地方黏土质制品不能满足使用要求，因此，高铝质耐火材料的品种和使用范围正在不断扩大。我国蕴藏着丰富的高铝矾土资源，无论从资源条件和使用需要考虑，还是从生产可能性和经济合理性上看，发展高铝质耐火材料的生产有着重要的意义。

4.2 高铝质制品的基本性质和所用原料

4.2.1 高铝质制品的基本性质

高铝质耐火材料的特点是 Al_2O_3 含量较高，因此，它的一系列高温工作性质优于黏土质耐火材料。从 Al_2O_3-SiO_2 二元系相图（图 4-1）可以看出，Al_2O_3 和 SiO_2 系统高温稳定相为莫来石；当 Al_2O_3 含量超过 72% 时，高温晶相为莫来石和刚玉，生成液相的温度为 1 850 ℃。但实际上，因砖中含有 1%~3% 的杂质，液相出现温度为 1 600~1 700 ℃。因此，Al_2O_3 含量小于 72% 的高铝质制品，其耐火性随着莫来石含量的增加而提高。

高铝质制品的稳定性与其矿物组成有着密切的关联。在制品中，当 Al_2O_3 的含量低于 72% 时，其热稳定性能会随着 Al_2O_3 含量的递增而逐渐增强。这是因为随着 Al_2O_3 含量的增

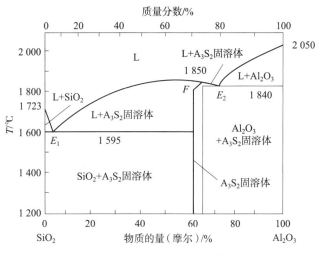

图 4-1 Al_2O_3-SiO_2 二元系相图

加，莫来石相的数量也在增多，从而提升了制品的总体热稳定性。当制品中的 Al_2O_3 含量超过72%时，其内部晶相则以莫来石和刚玉共存。此时，若继续增加 Al_2O_3 的含量，那么制品中刚玉晶相的数量也会相应增多。然而，刚玉的热膨胀性比莫来石要大一些。具体来说，在 1 000 ℃ 时，刚玉的热膨胀率为 0.8% ~ 0.85%，而莫来石的热膨胀率为0.5% ~ 0.55%。因此，高含量的刚玉在一定程度上会降低高铝质制品的整体热稳定性。然而，如果我们在这样的制品中进一步增加刚玉的含量，虽然可能会对制品的热稳定性产生一定影响，但也将增强制品的强度和导热性。这种变化将间接地提升制品在高温环境下的稳定性，因为刚玉含量的增加可以提供更好的支撑和导热效果，使制品在面对高温环境时能够更好地保持其结构和性能的稳定。综上所述，高铝质制品的热稳定性与其矿物组成的关系复杂而微妙。通过精确控制 Al_2O_3 的含量及其晶相的分布，我们可以在保证制品强度的同时，有效提升其热稳定性及导热性，从而满足不同应用场景的需求。

高铝砖的荷重软化温度受到其内部杂质和添加物成分的显著影响。当砖体中 SiO_2 的含量从2%逐渐增加至10%时，其荷重软化温度会相应地从 1 880 ℃ 降低至 1 630 ℃。这一变化趋势可以通过 SiO_2 与 Al_2O_3 的平衡相图对比得出，当 SiO_2 含量为 2.5% 时，系统内会出现低共熔点，这表明在该成分比例下，材料将会产生较为敏感的温度变化反应。另外，碱金属或碱土金属氧化物的存在会导致莫来石熔融，这对高铝砖的强度形成了不利影响。然而，单独存在的 TiO_2 和 Fe_2O_3 对高铝砖的影响相对较小。但当这两种氧化物同时存在时，它们会对高铝砖的荷重软化温度产生显著影响。研究数据表明，2% TiO_2 与 0.5% Fe_2O_3 的组合，以及 2% TiO_2 与 1.25% Fe_2O_3 的组合分别会使高铝砖的荷重软化温度降低约 100 ℃ 和 300 ℃。在高铝砖中，Al_2O_3 含量的增加对于提高其抗渣性具有重要影响，纯刚玉砖因其出色的抗渣性而在相关领域中备受青睐。但高铝砖属于弱酸性耐火制品，故它的抗碱性渣侵蚀的性能远不及镁质等碱性耐火材料，不同 Al_2O_3 含量的高铝质耐火材料对高炉熔渣的抵抗性如表 4-2 所示。

表 4-2 不同 Al_2O_3 含量的高铝质耐火材料对高炉熔渣的抵抗性

Al_2O_3 含量 /%	实验时间/min			
	30	60	120	240
45	0.67	0.89	1.00	1.48
50	—	0.86	1.00	1.31
60	0.63	0.82	0.95	1.10
70	0.53	0.67	0.93	1.00
99	0.05	—	—	0.50

注：实验温度为 1 450 ℃。

4.2.2 高铝质制品所用原料

在生产高铝质制品的过程中，所使用的高铝原料具有举足轻重的地位。这些原料主要包括高铝矾土、硅线石类岩石（如蓝晶石、红柱石、硅线石和蓝线石）、工业氧化铝（γ- Al_2O_3）及天然和人造的刚玉等。在我国，高铝砖的生产主要依赖高铝矾土这一原料。这种矿藏资源广泛分布于山西、河北、河南、山东及贵州等省份。高铝矾土是一种以含水氧化铝为主要矿物组成的高铝原料，其中还包括其他多种矿物成分。特别的是，我国的高铝矾土普遍以水铝石（$Al_2O_3 \cdot H_2O$）为主要矿物，同时存在高岭石晶相。由于 SiO_2 和 Al_2O_3 的含量变化，水铝石的含量也会有所波动，其比例为 50%~100%，而高岭石的含量介于 4%~50%。这种矾土的水铝石含量会随着 Al_2O_3 的增加而增多，显示出其化学-矿物组成的广泛变化范围。

矿区的分布和地质构造的差异使高铝矾土的外观特征变得复杂。但一般来说，同一产地的相同等级矾土具有相似的外观特征。大部分高铝矾土中都含有一定数量的鳞状体（豆状体），特别是在二级矾土中，这些鳞状体大小不一，大的可达 20~30 mm，小的不足 1 mm。这些鳞状体的结构复杂多变，有的完全由水铝石矿物构成，有的则是高岭石和水铝石晶体的结合体。因此，其化学-矿物组成并不稳定，给高铝质制品的生产带来了一定的挑战。此外，高铝矾土中的杂质含量也会随着 Al_2O_3 含量的增加而增加。其中，TiO_2 是最常见的杂质之一，含量通常在 2%~5%，以金红石型矿物形态分散于原料中。尽管它的存在对原料和制品的烧结有一定的促进作用，但当含有不均匀分布的含铁杂质矿物时，尤其是这些杂质呈现集中分布时，其危害则更为显著。因此，含铁杂质矿物过多的高铝矾土不宜用作生产高铝质制品的原料。高铝矾土中 CaO、MgO 含量较低，通常为 0.3%~0.5%。我国常用的高铝矾土的化学-矿物组成及物性特征如表 4-3 所示。

表 4-3 高铝矾土的化学-矿物组成及物性特征

等级		指标				
		Al_2O_3/%	CaO/%	Fe_2O_3/%	耐火度/℃	体积密度/g·cm^{-3}
特级品		>85	≤0.8	≤2	≥1 790	≥3.00
一级品		>80	≤0.8	≤3	≥1 790	≥2.80
二级品	甲	78~80	≤0.8	≤3	≥1 790	≥2.65
	乙	60~70	≤0.8	≤3	≥1 770	≥2.55
三级品		50~60	≤0.8	≤3.5	≥1 770	≥2.45

4.3　高铝质制品的生产工艺

在我国的多个地区，高铝矾土作为主要原料，耐火黏土作为结合组分，是生产高铝砖的主要渠道。其生产工艺流程与多熟料黏土质制品的生产过程在本质上具有相似性。然而，由于使用部门对高铝砖的性能有着不同的要求，如 Al_2O_3 的含量，制品的密度、强度、热稳定性及在高温环境下的体积稳定性等，因此，根据这些具体要求及高铝矾土的基本性质进行精细选择和调整生产工艺流程显得尤为重要。

针对不同的制品质量需求，我们需精心挑选合适的生产工艺路线，包括但不限于对原料的预处理、混合、成型、烧成等各个环节的严格控制。在生产过程中，我们需确保每一步都严格按照既定的工艺要求进行操作。这不仅包括对原料的精确配比和混合，还包括对生产环境的严格控制和对产品质量的持续监控。只有通过这样的精细操作，我们才能确保生产出的高铝砖能够满足使用部门对性能的严格要求。

4.3.1　生产工艺流程

一般高铝砖生产工艺流程如图 4-2 所示。

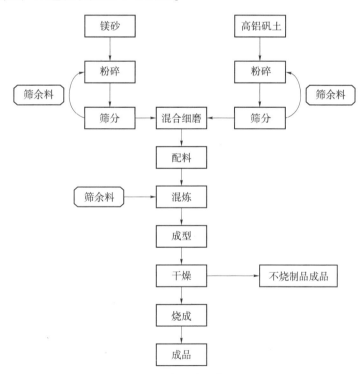

图 4-2　一般高铝砖生产工艺流程

4.3.2　生产工艺要点

1. 熟料的拣选、分级

熟料是由高铝矾土生料在立窑和（或）回转窑中经过 1 450~1 700 ℃煅烧后的产物。生产高铝质制品时，控制矾土熟料的化学-矿物组成是保证产品质量、稳定生产工艺的基础和制造优质高铝质制品的重要措施。因此，高铝矾土熟料在破碎前，一般要经过严格的拣选、分级，使不同级别的矾土原料被合理使用。高铝砖理化指标要求如表 4-4 所示。

熟料的拣选通常是除去欠火料、杂质（如低熔物结瘤、煤渣等），并根据外观特征进行原料分级。熟料分级外观标准如下：

特级：烧结特别好，质地非常均匀致密，料多呈深青蓝色，不带杂质或极少带杂质。

一级：烧级良好，质地致密，料多呈淡黄、黄棕、青蓝等色，极少带有杂质。

二级：烧结良好，质地致密，料多呈白、浅棕黄等色，外观有少量杂质。

三级：烧结良好，质地致密，料多呈白、浅棕黄等色，外观有部分豆状体杂质。

表 4-4　高铝砖理化指标要求

理化指标	牌号		
	LZ-65	LZ-55	LZ-48
Al_2O_3 含量/%	65~75	55~65	48~55
耐火度/℃	>1 790	>1 770	>1 750
0.2 MPa 荷重软化温度/℃	>1 500	>1 470	>1 420
重烧线收缩/%	≤0.7（1 500 ℃下 3 h）	≤0.7（1 500 ℃下 3 h）	≤0.7（1 450 ℃下 3 h）
显气孔率/%	≤23	≤23	≤23
常温抗压强度/MPa	>40	>40	>40

2. 配料的选择

为了保证砖的质量，高铝砖一般采用多熟料配方，尽量减少结合黏土的配入量。因为由黏土引进砖体中的游离 SiO_2，对质量要求较高的高铝质制品来说，是造成高铝砖烧成过程二次莫来石化反应的首要原因。因此，减少黏土用量可以减少砖坯在烧成过程中的二次莫来石形成量，避免由于二次莫来石化的体积效应，对砖坯烧结产生不良影响，从而有利于砖的烧结。通常结合黏土用量一般在 5%~10% 为好，并可以配入生矾土代替部分黏土使用。

3. 熟料与黏土共同磨细

采用熟料与黏土共同磨细，可以将黏土和熟料间的二次莫来石化反应控制在细粉中进行。故此，由于不发生或极少发生黏土和熟料颗粒间的作用，因此可以降低伴随二次莫来石化反应发生的体积效应的有害作用，也有利于高铝质制品的烧成。

4. 细粉配入量的增加

提高物料分散程度可以促进物料烧结。由于细粉配入量的增加而产生强烈烧结作用，可以抵消由二次莫来石化造成的坯体松散现象，从而有利于降低坯体气孔率、提高体积密度。同时，有利于晶体的生长发育，获得性能指标良好的高质量制品。

5. 烧成

烧成环节是决定产品质量和理化性能的关键步骤。针对高铝砖的烧成，目前主要采用隧道窑和倒焰窑两种方式。

对于采用隧道窑进行烧成的情况，其烧成温度需维持在 1 480 ℃~1 560 ℃。而使用倒焰窑进行烧成时，烧成温度控制在 1 400 ℃~1 470 ℃，并需保持 8~24 h 的保温时间。在烧成过程中，需特别注意因二次莫来石化反应而导致的烧结不良问题，这可能会对烧成过程造成困难。

高铝砖的生产原料主要包括高铝矾土熟料和结合黏土。这两种原料在烧成过程中会发生与黏土质制品相似的物理化学变化。具体而言，当高铝质制品在烧制时，其内部会发生一系列的化学反应：在温度低于 200 ℃时，砖坯内的残余水分会逐渐排出；在 200~1 200 ℃的温度内，结合黏土中的高岭石会开始脱水分解，并逐渐形成莫来石晶体和游离的 SiO_2。当温度超过 1 200 ℃后，游离的 SiO_2 与高铝矾土熟料中的 Al_2O_3 会发生二次莫来石化反应，并伴随体积的膨胀。值得注意的是，即使经过高温煅烧的高铝矾土熟料，在烧成过程中仍可能继续发生二次莫来石化反应。

高铝质制品的烧成温度主要受到原料中高铝矾土的烧结性、结合黏土的性质及其颗粒组成的影响。此外，原料中杂质的种类和含量也会对烧成温度的选择产生重要影响。实践经验表明，使用特级和一级高铝矾土制砖时，由于原料组织致密、矿物成分均匀且 TiO_2 含量较高，因此制品更容易烧结。然而，其烧结温度范围相对较窄，若烧成温度过高则可能导致产品变形。而使用二级高铝矾土制砖时，因其矿物成分分布不均、原料结构疏松，在烧制过程中因二次莫来石化反应产生的膨胀松散作用较为明显。因此，在生产高铝砖的过程中，需对原料进行精心选择和合理搭配，以确保产品的质量和性能达到预期标准。

在制砖工艺中，若砖坯的烧结过程控制不当，则可能导致其不易烧结。以隧道窑烧成方式为例，一、二等高铝质制品的烧成温度通常在 1 500~1 560 ℃，而三等高铝质制品的烧成温度在 1 400~1 460 ℃。然而，由于各厂家所使用的原料性质存在差异，生产条件及制品质量要求各不相同，因此各厂的实际烧成温度也会有所差异。这种差异需要厂家根据自身实际情况进行精确控制，以确保砖坯的烧结质量。

4.4　小　结

高铝质耐火材料是硅酸铝质耐火材料范围内的一种高级耐火材料，由于它的 Al_2O_3 含量超过高岭石理论组成量，所以它的性质比黏土质耐火材料好得多，如具有较好的高温性能及抗渣性。本章介绍了高铝质耐火材料的分类、基本特性、生产工艺与用途，方便读者了解高铝质耐火材料的基本知识。

习　题

4-1　高铝质制品按化学-矿物组成如何分类？

4-2　请画出一般高铝砖的生产工艺流程。

4-3　在高铝砖的生产中，主要注意哪些问题？

第5章 硅质耐火材料

硅砖，是指 SiO_2 含量不低于 93% 的耐火制品。随着生产技术的不断进步和科学技术的发展，其在冶金工业中的应用逐渐被碱性耐火制品（如镁质、镁铝和镁铬质制品）取代。然而，硅砖依然是砌筑焦炉和电炉的重要材料之一。此外，它还广泛应用于砌筑玻璃窑、有色冶金炉及陶瓷烧成窑等领域。

天然石英岩是制造硅砖的主要原料。从 SiO_2-Al_2O_3 相图分析，当 SiO_2 含量达到 94.5% 时，恰好配料组成有最低共熔点，此时混合物耐火能力低。因此，SiO_2 含量低于 95% 的材质不能作为耐火材料使用。但在实际生产过程中，由于反应的不完全性，SiO_2 的含量的最低限度应保持在 93% 以上。从化学成分来看，SiO_2 是硅砖的主要组成部分，其熔点高达 1 713 ℃。而其他成分如 Al_2O_3、Fe_2O_3、CaO、MgO 等作为杂质存在，它们在高温下起到熔剂的作用。硅砖的荷重软化温度极高，接近其真实耐火度，并且存在少量的残余膨胀。这一现象源于硅矿的矿物组成，它由耐火主晶相和胶结相两部分构成。其中，耐火主晶相是由鳞石英、方石英和少量未转换的石英等晶体组成的，而胶结相是由复杂的硅酸盐玻璃、鳞石英细晶网及其他晶体组成的。

在硅砖的生产过程中，除主要采用天然石英岩作为原料外，还需加入一定量的矿化剂和结合剂等，以促进石英晶体的转换并提高硅砖的质量。由于 SiO_2 在不同温度下可以以不同的晶型存在，并且在晶型转变时伴随体积变化，会产生应力，因此硅砖的性质及工艺过程与 SiO_2 的晶型转变有着密切的关系，这也决定了硅砖生产工艺的特殊性。

5.1 硅质制品生产的物理化学原理

5.1.1 SiO_2 的各种变体及其性质

制造硅砖所用的主要原料是以氧化硅矿物为主体的各种石英岩。氧化硅矿物在受热过程中可以具有 8 种结晶变化，如图 5-1 所示。这些变体的互相转变作用（晶型转变作用）既决定着工艺过程，也决定着制品的性质。

β-石英：自然界的 SiO_2 形态。它既是天然石英岩、砂岩的组成部分，也是黏土和高岭土中的杂质。

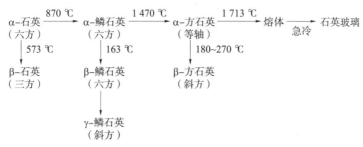

图 5-1　SiO_2 的晶型转变

α-石英：在 573~870 ℃时的 SiO_2 形态，在有碳酸钠存在及破碎得足够细的情况下开始转向 α-鳞石英。

α-鳞石英：在 870~1 470 ℃时的 SiO_2 六方态晶型，在 1 470 ℃时开始缓慢向 α-方石英转变。

β-鳞石英：在 117~163 ℃时的 SiO_2 六方态晶型，是一种亚稳定变体。

γ-鳞石英：在 163 ℃以下时的 SiO_2 斜方态晶型，是一种亚稳定变体。

α-方石英：在 1 470~1 713 ℃时的 SiO_2 形态，在 1 713 ℃时将被熔融。

β-方石英：在 180~270 ℃以上的 SiO_2 形态，是一种亚稳定变体。

氧化硅玻璃（也称石英玻璃）：氧化硅的各种变体在加热到足够高的温度下的产物。

以上这些结晶变体的转变可分为重建型转变与位移型转变两类。

1. 重建型转变

在晶体学领域存在一种特殊的晶体转变形式，即重建型转变。此过程涉及破坏原有的原子间化学键，并改变原子最邻近的配位数，从而导致晶体结构发生彻底的变化。以 α-石英、α-鳞石英和 α-方石英之间的转变为例，由于它们在晶体结构和物理性质上存在显著差异，这种转变通常需要在较高的温度下进行，且转变速率相对较慢。同时，由于原子重组的过程，因此往往伴随着较大的体积变化。

2. 位移型转变

相比之下，位移型转变是一种更为温和的转变过程。在这一过程中，原子并不需要打开化学键或改变其最邻近的配位数，而是通过轻微的结构畸变和原子位移来实现次级配位的变化。这种转变常见于石英、鳞石英和方石英等矿物变体之间。由于它们在结构和性质上的相似性，因此位移型转变通常具有较低的转变温度和较快的转变速率，并且这种转变是可逆的，体积变化也相对较小。

在制造硅砖的过程中，控制 SiO_2 的形态尤为重要。希望制品内 SiO_2 以鳞石英形态存在，是因为它具有优异的物理性能。方石英、鳞石英和石英的熔点各不相同，其中方石英的熔点最高（1 713 ℃），但从提高制品的耐火性能角度来看，方石英的优势并不显著。然而，鳞石英在体积稳定性方面表现出优越性，其体积变化相对较小，同时其矛头状的晶体能够在制品内形成相互交错的网络结构，从而增强制品的高温结构强度。此外，制品中残余石英的存在是一个不利因素。因为在高温下，石英会继续进行晶型转变，这将会降低制品的使用性能。因此，制品中石英的含量应当尽可能少。

5.1.2 石英转变的动力学及矿化剂的作用

在硅质制品的制造过程中，石英变体的转变速率及其程度显得尤为重要。这一转变过程直接关系到工艺流程的制定及最终产品的性质。一般来说，工艺制度的设定需依据石英的转变速率，而这一速率及程度受到多种因素的影响。首先，石英的转变速率及其程度主要取决于所处温度的高低。温度越高，石英的转变作用就越强烈。其次，温度的作用时间、石英颗粒的大小及矿化剂的存在与否也是关键因素。特别是矿化剂的加入，能够在高温环境下促进石英向鳞石英和方石英的转变。在众多类型的石英中，细微结晶的石英相较于粗大结晶的石英，其转变速率更为迅速。当选用特定的硅质原料进行制造时，转变速率不仅受到温度的影响，原料颗粒的大小也是一个不可忽视的因素。在砖坯料中添加适量的矿化剂，能够有效加速石英的转变，同时防止砖坯在加热过程中出现不均匀的膨胀和松散，以及转变时的开裂现象。这是因为某些矿化剂能够在高温环境下帮助石英顺利转变为其他密度较小的晶型，从而避免因膨胀造成的开裂问题。然而，并非所有加入的物质都能起到这样的作用。

通常，作为矿化剂的物质需满足几个条件：它需在恒定温度下形成液相；这种液相应具有较低的黏度并具备强大的湿润石英表面的能力；它应能溶解不稳定的变体（如石英和方石英），但对鳞石英的溶解性在 1 470 ℃ 以下时应相对较小。因此，矿化剂几乎是制造硅砖所不可缺少的物质，常用的矿化剂及其在 1 300 ℃ 烧成、保温 1h 后对石英转变程度的影响如表 5-1 所示。

表 5-1 矿化剂对石英转变程度的影响

物质名称	真密度/$(g \cdot cm^{-3})$	石英转变量/%
无矿化剂	2.65	—
TiO_2	2.625	—
Al_2O_3	2.615	3
BaO 或 Cr_2O_3	2.605, 2.585	6, 2
CaO	2.580	12~14
MnO_2	2.550	23
FeO	2.530	29
Na_2SiO_3	2.390	72
Na_2CO_3	2.320	85
K_2CO_3	2.325	92

各种氧化物的矿化能力大小有如下顺序：$K_2O > Na_2O > FeO > MnO_2 > CaO > MgO > Cr_2O_3 > Al_2O_3$。在硅质材料的高温处理过程中，大多数矿化剂形成液相的温度范围均为 1 300~1 350 ℃。当温度超过此范围时，硅砖中鳞石英的转变程度将急剧降低，同时鳞石英结晶尺寸会减小。矿化作用的效果不仅与液相的起始温度有关，还与液相的结晶能力，特别是其被 SiO_2 饱和的难易程度密切相关。只有那些能使液相具备高度结晶能力的氧化物，才具备优越的矿化能力。方石英、鳞石英和石英的熔点各不相同，其中方石英的熔点为 1 713 ℃，鳞石英为

1 670 ℃，而石英为 1 600 ℃。在硅砖中，方石英的生成有助于提高制品的耐火性能。虽然其热膨胀率随温度变化较大，但鳞石英表现出较小的变化，并具有优秀的体积稳定性。鳞石英特有的矛头双晶相互交错的网络结构，赋予其制品较高的荷重软化温度和机械强度。因此，鳞石英是较为有利的矿物变体。

值得注意的是，若硅砖制品中存在残余石英，那么在高温使用过程中，这些石英会继续进行晶型转变，导致体积发生显著膨胀，这可能引起硅砖结构的松散。因此，在硅砖的烧成过程中，我们通常期望制品中含有大量的鳞石英，方石英次之，而残余石英的数量越少越好。

在实际的硅砖生产中，常用的矿化剂包括石灰（CaO）、铁磷（$FeO+Fe_2O_3$）及 FeO 含量较高的平炉渣等。这些矿化剂不仅能有效促进石英的晶型转变，而且价格低廉、易于获取。更重要的是，它们不溶于水，这避免了因成型和干燥时毛细管作用而导致的砖坯内外矿化剂分布不均的现象，对制品的耐火性能影响较小。对于石灰，它不仅能作为矿化剂，还充当了结合剂的角色。石灰通常以石灰乳的形式加入泥料。由于石灰乳具有黏性，它能够将松散的硅砖泥料黏结在一起，产生一定的塑性，这有助于成型和提高砖坯的强度。矿化剂在硅砖泥料中的加入量，需根据硅质原料的纯度、制品的质量要求及具体用途来决定，以确保达到最佳的矿化效果和制品性能。

5.2　硅砖生产用原料

5.2.1　硅砖原料的种类

在耐火材料制造领域，主要原料的选用至关重要，而硅质耐火材料的制造离不开 SiO_2 含量不少于 93% 的硅质岩石。根据这些岩石的不同性质，它们可以被细分为以下几种主要类型：

1. 砂岩

砂岩是一种沉积岩，由石英颗粒被胶结物紧密结合而成。其主体是石英颗粒，间杂着黏土、云母、石灰及其他矿物颗粒。在耐火材料工业中，通常只选用硅质砂岩作为原料。胶结良好的砂岩，可以作为质量要求不高的硅砖原料，或者部分加入其他配料使用。砂岩的颜色丰富多样，包括白色、蓝色、红色等。

2. 胶结硅质

胶结硅质是一种沉积岩，由石英颗粒被硅质胶结物牢固结合而成。这里的胶结物主要是隐晶质的二次石英。与结晶硅质相比，其 SiO_2 纯度稍低。胶结硅质外观上几乎没有光泽，断面锐棱不明显，颜色呈灰白、黄灰、红色等。在加热时，其晶型转变迅速，特别适合制造焦炉硅砖和玻璃熔窑用砖的原料。对于质量较优的胶结硅质，则可以用于制造高质量的硅砖，如平炉、电炉用砖。

3. 结晶硅质

结晶硅质是一种变质岩，由硅质砂岩经过变质作用再结晶而成。在这一过程中，硅质砂岩中的硅胶质结构在原石英颗粒表面晶化，从而形成石英颗粒的增大部分。结晶硅质主要由结晶质的石英颗粒组成，除石英外，还可能存在少量其他矿物，如白云母、绢云母、绿泥石、长石等。其外观通常呈乳白、灰白、淡黄、粉红、红褐色等，鲜明光泽，断面平滑连续。由于 SiO_2 含量高，因此结晶硅质是制造硅砖的主要原料。

4. 脉石英

脉石英是 SiO_2 的集合体，呈乳白、灰白、白色，具有油脂光泽，致密块状，密度在 2.65 g/cm^3 左右，熔点在 1 700 ℃ 以上。它耐温性好，耐酸碱性好，导热性差，高绝缘，低膨胀，化学性能稳定，硬度大于 7。该原料在加热时晶型转变速度很慢，膨胀性大，且易松散。脉石英也是制造硅砖的主要原料之一。

5. 天然硅砂

硅砂可以部分或全部地用来代替硅质制造硅砖，这可以大大简化工艺过程。其制品具有良好的耐火性能，而且其颗粒组成适合生产应用的要求。

5.2.2　硅砖原料的性质

硅砖最核心的要求便是原料中 SiO_2 的含量要尽可能地高，有害杂质的含量越低越好。这是因为硅砖的主要成分就是 SiO_2，高含量的 SiO_2 能够确保硅砖的物理和化学性能达到预期的标准。对于硅质原料的评价，其外观特征、化学组成、耐火性能、气孔率及机械强度等指标均是衡量原料质量的重要依据。这些指标不仅关系到原料本身的品质，更是确定硅砖制造工艺的关键因素。

首先，硅质原料的外观特征，如颜色、纹理和结构等，可以用来初步判断其纯度和质量。其次，原料的化学组成是决定其性能的基础，尤其是 SiO_2 的含量，它直接影响到硅砖的硬度、抗压强度和抗腐蚀性。

耐火度是评价硅质原料抵抗高温性能的重要参数，对于硅砖的制造尤为重要。气孔率是反映原料内部结构性质的重要指标，它通常越低越好。而机械强度反映了原料在受到外力作用时的抵抗能力，是评价原料韧性和强度的关键指标。原料的密度和气孔率的变化也是不可忽视的因素，这些变化直接影响到硅砖的最终结构和性能，因此必须根据原料的性质进行精确控制，以确保制造出高质量的硅砖。

1. 外观及断面鉴定

对于硅质原料而言，其外观的颜色是判断其品质的关键因素之一。含有铁质化合物的硅质原料通常呈现出黄色或红褐色的外观，而那些含有有机物质的硅质原料带有灰、黑、淡红色调。这些颜色变化反映了原料中不同元素的含量和分布，是判断其质量的重要依据。在鉴定过程中，优良的硅质原料展现出致密的质地，其断面呈现出独特的贝壳状或鳞状结构，这种结构不仅紧密且均匀，而且没有明显的层状分离。更重要的是，这些优质原料的层间没有任何夹杂物，最外层也没有石灰石。这些特征都是判断硅质原料是否为上乘原料的重要标准。

2. 原料的化学组成和耐火度

硅质的化学组成决定着原料质量。原料中 SiO_2 是主要成分，其他成分均是杂质。Al_2O_3 是强熔剂，它会严重降低原料（制品）的耐火度、荷重软化温度和抗渣性（由第 4 章图 4-1 可知，

SiO_2 体系中混入质量分数约为 6% 的 Al_2O_3，则系统熔点由 1 723 ℃降至 1 595 ℃），并降低制品的鳞石英化程度，而 SiO_2 含量越高，耐火度也越高。硅质的耐火度超过石英熔点温度的原因是硅质熔体的黏度很大。

3. 硅质原料的吸水率

吸水率占据着举足轻重的地位，高吸水率的原料容易使产品的吸水率高，吸水率指标直接影响硅砖制品抵抗工作介质侵蚀的能力，它可表示原料的致密程度。一般来说，吸水率越低，硅质原料的致密性越好，其质量也就越上乘；反之，如果吸水率较高，那么硅质原料的质量就会相对较差。对于优质的硅质材料而言，其吸水率通常被控制在 1.5% 以下。在工业生产和实际应用中，对于吸水率的要求是极其严格的。那些吸水率达到或超过 4% 的硅质原料，通常是不被允许使用的。因此，选择低吸水率的硅质原料是确保产品质量的关键环节。

4. 硅质原料的加热性质

硅质原料在煅烧时，由于石英向鳞石英、方石英转变，而使其密度减小、体积增大。因此，原料在煅烧时的转变速率对生产硅砖有重大影响；升温速度、最高烧成温度和保温时间是指定合理硅砖生产工艺的重要指标。

硅砖烧成开裂的主要原因是 SiO_2 晶型转变速率快，从而产生膨胀效应，需要适当降低升温速度。例如，晶型转变速度慢的硅质原料，短时间内不易转变完全，需要适量提升升温速度。因此，在工艺上必须采取与之相适应的工艺条件。晶型转变速度的快慢可以用真密度的变化来表示。在实际生产中，通常按硅质在 1 450 ℃煅烧保温 1 h 后的真密度数值的大小，将硅质分为以下几类：快速转变硅质（≤2.40 g/cm^3）；中速转变硅质（2.40~2.45 g/cm^3）；慢速转变硅质（2.45~2.50 g/cm^3）；特慢速转变硅质（≥2.50 g/cm^3）。

在实际生产中，制造硅砖用硅质的技术条件如表 5-2 所示。

表 5-2　制造硅砖用硅质的技术条件

等级	化学成分（质量分数）/%			耐火度/℃	吸水率/%	用途
	SiO_2	CaO	Al_2O_3			
特级	>98	<0.5	<0.5	>1 750	<3.0	电炉中炉顶，高硅质硅砖
一级	>97	<1.0	<1.3	>1 730	<4.0	一等砖
二级	>96	<1.2	<2.0	>1 710	<4.0	焦炉硅砖和二等砖

硅质块度不大于 300 mm，其中小于 25 mm 的部分的含量应小于 5%。

5.2.3 矿化剂的选择和加入量的确定

硅砖泥料的组成取决于硅质的组成及加入配料中的外加剂（矿化剂及结合剂）等，它们对硅砖的质量有重要意义。

作为矿化剂物质，必须能在比较低的温度下和石英形成具有低黏度、高湿润能力的液相，液相还应具有高的结晶能力等矿化作用性能特征。因此，在矿化剂的选择过程中，我们应当综合考虑以下几个重要因素：

（1）所选的矿化剂应具备出色的促进作用，能够有效地将石英转变为鳞石英和方石英。在此过程中，产生液相的温度应当控制在合理范围内，不宜过高，这是因为过高的温度可能会对矿化过程产生不利影响，甚至可能对制品的耐火性造成损害。

（2）所选的矿化剂不应显著降低制品的耐火性能。也就是说，单位熔剂生成的液相量应当控制在较低水平。这是因为过多的液相量可能会削弱制品的耐火性，从而影响其使用寿命和性能。

（3）矿化剂在制砖过程中的分布应当均匀且稳定。所选的矿化剂不应具有水溶性，以确保其在制砖过程中能够均匀地分布在原料中，从而保证制品的质量和性能。

（4）矿化剂的选择应兼顾经济效益和易取得性。

目前在生产中，氧化钙（CaO）、铁磷（FeO+Fe$_2$O$_3$）和氧化锰（MnO）及其复合物被广泛用作矿化剂，实物如图5-2所示。

图5-2　硅砖的实际生产中常用作矿化剂的物质
(a) 石灰；(b) 铁磷；(c) 平炉渣

这些矿化剂对硅砖的耐火性能影响较小，而且它们在高温环境下能够确保硅砖维持较高的机械强度。为了在工艺生产中达到更高的鳞石英化程度，我们通常不会单独使用单一的氧化物矿化剂，而是同时使用两种或更多种氧化物作为复合矿化剂，以促进硅砖的矿化过程并提高其质量。这种复合矿化剂的使用方式不仅有利于硅砖在高温下的性能表现，也为生产过程带来了更高的灵活性和更多的可选择性。在生产实践中，通过科学调配各种矿化剂的配比，可以有效提高硅砖的物理性能和化学稳定性。从矿化作用能力来看，FeO/CaO含量比值高的矿化剂的矿化作用强，当其比值为FeO/CaO=4∶1~2∶1时能够得到良好的效果。通常矿化剂采用铁鳞、平炉渣、轻锰矿和石灰乳等，其加入量为3%~4%，一般组分为CaO（1.8%~2.5%）、FeO（0.5%~1.0%）、纸浆（0.5%~1.0%）。

5.2.4　结合剂的选择和加入量的确定

在硅砖的制造过程中，结合剂的选择与应用至关重要。其中，石灰（CaO）是主要的结合剂之一。在制造过程中，石灰通常以石灰乳的形式被巧妙地加入配料。这种结合剂不仅具有塑化作用，还与砖坯内的石英颗粒紧密结合，为硅砖的强度提供了坚实的基石。在干燥过程中，石灰乳与砖坯内的石英颗粒相互作用，增强了砖坯的强度。而在烧成阶段，石灰则发挥了矿化剂的作用，促进了石英的转变。因此，石灰的质量在很大程度上决定了硅砖的最终性质。在配制硅砖的原料时，石灰的加入量需经过精确计算。通常，根据不同的制品用途、泥料的颗粒组成及原料中的CaO杂质的含量，换算成CaO的加入量在1.5%~2.5%之间。对于那些将在高温环境下使用的硅砖，石灰的加入量通常控制在 1.5%~2.0% 之间。

此外，为了提高砖坯的机械强度，通常会与石灰乳同时加入有机结合剂——纸浆废液。这种废液有助于增强砖坯的强度，其加入量需严格控制，通常应小于 1%。然而，如果选择使用硅酸盐水泥作为结合剂，由于水泥本身已含有 CaO，因此无须再额外加入纸浆废液等有机结合剂。

5.2.5　泥料颗粒组成的选择

生产实践表明，含有 40%~50% 的 1~3 mm 颗粒、10%~20% 的 0.5~1 mm 颗粒和 40%~50% 的小于 0.5 mm 筛分的颗粒组成泥料，能制成气孔率低的砖坯。

配料中粗颗粒过大对生产硅砖是不利的，体积膨胀的扩张作用使砖体趋于松散以至开裂；同时，泥料颗粒过细，将导致硅砖的气孔率增加。

5.3　硅砖的生产工艺

5.3.1　生产工艺流程

在硅砖的实际生产中，其一般工艺流程如图 5-3 所示。

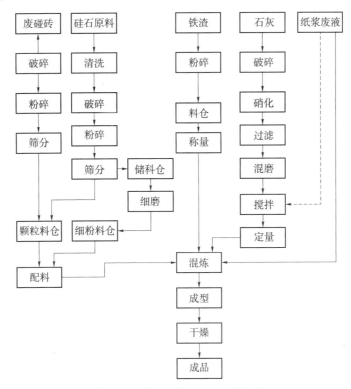

图 5-3　硅砖生产的一般工艺流程

5.3.2　生产工艺要点

1. 原料加工

在石英岩原料的加工过程中，我们通常采用颚式破碎机进行破碎作业。为了确保破碎效果，我们需根据进料块度及破碎比来精确确定破碎机的规格。在破碎环节，我们通常倾向于使用干碾机。然而，随着技术的进步，我们开始引入了生产能力更高的短头圆锥破碎机来替代传统的干碾机。这种新型的短头圆锥破碎机能够产生具有棱角状的颗粒，其粒径可达到 2~3 mm 以下。相较于干碾机，它产生的细粉量相对较少。即便如此，无论是使用干碾机还是短头圆锥破碎机对硅质原料进行破碎，所得产品中小于 0.088 mm 的细粉比例仍然不足。为了弥补这一不足，我们需要进一步利用球磨机对部分粉料的筛上料进行细磨，以确保最终产品的细粉量达到要求。这一系列的加工流程，不仅确保了石英岩原料的高效破碎，而且通过合理的设备组合和工艺调整，使最终产品的粒径分布更加均匀，满足了不同领域的需求。

2. 石灰乳的制备

通常制备石灰乳有机械制备和人工制备两种方法。机械制备石灰乳是将石灰经转筒消化器消化后，经流槽流入连续式球磨机进行进一步消化和破碎。从球磨机流入的泥浆应先经 1~1.5 mm 的筛网，然后用砂浆泵抽到拌料机（如立式桨叶式搅拌机）中储存一定时间，再把浆料送入另一搅拌机，并调至要求浓度使用。使用前要进行检验，将石灰乳经 0.54 mm 筛网后，筛余不超过 5%，密度为 1.2~1.25 g/cm³。

人工制备石灰乳，是将石灰和水加入一组开口的槽，先制限浓浆（限定浓度的浆料），然后在一槽内搅拌调整浓度，再送到另一槽内储存待用。

3. 铁鳞粉的制备

铁鳞是轧钢过程中从钢坯表面脱落下来的一层氧化铁皮，也称轧钢皮。生产硅砖用的铁鳞，要求其含 $FeO+Fe_2O_3$ 总量不少于 90%。铁鳞往往是呈鳞片状的碎片，是不能直接加入硅砖泥料的，需要进行干燥和磨细成粉。一般规定铁鳞中小于 0.088 mm 的颗粒占比不低于 90%，它可直接加入泥料，也可与石灰乳混合湿磨后加入，其加入量一般为 0.5%~1.5%。为了提高硅砖泥料的塑性和砖坯强度，通常还在硅砖泥料中加入 1% 以下的纸浆废液。

4. 泥料的制备

硅砖泥料乃是由硅质粉料（其中部分为回收的废硅砖粉料）混合一定数量的矿化剂和结合剂，经过精心混炼而成的。此工艺的每一个步骤均是为了确保硅砖的优质生产。

（1）在配料阶段，废硅砖适度加入。我国的硅砖生产通常不采用多种硅质混合配料，而是倾向于使用单一的结晶硅质配料。为了防止硅砖在烧制过程中出现裂纹，我们会适量地加入废硅砖粉料。废硅砖的加入目的在于减少制品烧成时的膨胀率和产生的应力，从而降低硅砖的裂纹率。针对形状复杂和单重较大的硅砖，其废砖加入量会有所增加。例如，对于单重在 25 kg 以下的异型制品，废硅砖的加入量通常为 15%~16%；而对于 25 kg 以上的制品，加入量可增至 20%。废硅砖的加入会在一定程度上降低制品的耐火度和机械强度，增加气孔率，因此，加入量需严格控制，通常不超过 20%。

（2）在泥料的混炼过程中，各种大小硅质和废硅砖颗粒与矿化剂和结合剂被均匀地混合在一起，以提高泥料的塑性，从而提升砖坯及最终产品的质量。混炼的过程在碾机中进行，其中硅质粉的加入有先后顺序：先加入较粗的粉末，再进行干混合 2~3 min，随后加入矿化剂和废硅砖。混炼所需的时间因多种因素而异，如碾轮的大小、重量、形状，碾机碾盘的转速，每碾的加入量，硅质的硬度，配料的颗粒组成及成型方法等。在实际操作中，对于某一种原料和用途的砖坯料，其合理的混炼时间需通过实验来确定。

硅砖的泥料以颗粒组成均匀、水分含量在 5%~10% 之间和碱度（即 CaO 含量）适中为检验指标。只有达到规定要求的泥料，才能应用于成型。

5. 硅砖成型及干燥

硅砖成型的特点主要体现在其泥料的特殊成型性质、硅砖砖坯的形状复杂性和单重差异等方面。硅砖坯料作为一种坚硬的瘠性砖坯料，其可塑性和结合性相对较低，因此通常采用半干成型方法进行制作。这种成型方法与其他半干成型方法在操作上具有相似性，需要根据硅砖坯料的性质进行精确操作。实际生产数据表明，砖坯及最终制品的质量与成型压力之间存在着紧密的联系。在任何颗粒组成、水分含量及各种矿化剂和结合剂加入的条件下，增加成型压力都会显著提高砖坯的密度。若成型压力过低，将无法确保坯体达到所需的密度和强度标准；若成型压力超过某一临界值，气孔率的降低并不明显。因此，为了确保硅砖坯料的质量，适宜的成型压力通常应设定在 80 MPa 或 80 MPa 以上。基于上述原因，常用的摩擦压砖机规格通常在 160~260 t。随着大型、异型制品需求的增加，更大规格的摩擦压砖机开始被采用，其规格已扩展至 300 t 以上。

根据硅砖泥料的性质，利用机压成型砖坯时应注意以下几个问题：

（1）在将材料装入模具时，必须确保四角被充分压实。这一步骤对于保障砖坯棱角的致密性至关重要，是形成高质量砖坯的基础步骤。

（2）加压过程中应遵循"轻-重"的顺序，并采用短程多次的加压策略。这样的操作方式不仅有助于泥料更好地塑形，还能有效减少因过度加压而导致的砖坯开裂。

（3）带有沟槽的砖坯，其最后的压制动作需格外轻缓。

（4）在操作过程中，应定期清理压制试块的表面颗粒粉末。这不仅可以保证砖坯表面的平整度，还能有效提高砖坯的成型质量和生产效率。

（5）干燥车面要平整，砖坯轻拿轻放，砖坯之间的间隔应在 10 mm 以上，防止砖坯在干燥过程中因相互挤压而产生变形或损坏。

成型后砖坯的体积密度一般为 2.2~2.3 g/cm³。成型时加压泥料的弹性膨胀，以及泥料内残留压缩空气的膨胀是造成砖坯产生层裂的原因。虽然硅砖坯料的弹性膨胀较小，但在泥料的颗粒组成很细时，弹性后效作用明显。泥料水分低，容易产生层裂，但若水分高又会降低砖坯强度。

硅砖中的 SiO_2 在后续烧成工序时发生晶型转变，有较强的体积膨胀效应，因此硅砖采取缩尺（模型的尺寸按一定比例小于预制件尺寸的工艺方法，与"放尺"相对应）工艺，以使烧后制品的尺寸符合要求。

（6）成型后的砖坯水分不多（8.5% 以下），在排除这些水分时，砖坯的干燥体积变化很小（0.5% 以下），故在干燥时不易产生废品。若干燥后发现坯体中有裂纹，应是成型过程中的过压裂纹在干燥时的表现。

砖坯在干燥过程中，除水分排出外，还伴有理化变化过程。主要的胶体 $Ca(OH)_2$ 转变成结晶的水化物 $[Ca(OH)_2 \cdot nH_2O]$，互相交错长大，形成网络，从而增加坯体强度。同时，$Ca(OH)_2$ 和 SiO_2 会发生反应生成含水硅酸盐（$CaO \cdot SiO_2 \cdot nH_2O$），也可增加坯体的机械强度。以上这些结晶作用随温度的升高，反应进行得也越充分，因此坯体的强度也越大。

基于硅砖坯在干燥时可在较高的温度下进行（着重指机压成型砖坯），隧道干燥的干燥制度是热风入口温度约为 180 ℃，热风出口温度为 50~70 ℃，干燥后残余水分低于 1%。

6. 装窑

硅砖的性质，主要是它的高荷重软化温度（1 620~1 670 ℃），使它在炽热的环境中仍能保持稳固，不易发生变形。因此，在安装窑炉时，可以适当增加硅砖的高度。然而，我们还需要全面考虑其潜在的其他缺陷对装窑的影响，遵循以下原则：优先选择垂直安装，使砖的大面朝向火道；对于带有缺口的砖坯，缺口应朝下或背离火道；复杂的、大型的砖坯应当被规整形状的产品包围着装填，大块砖头装在底层和内侧，小块砖头装在上面和外侧；在安装过程中，砖坯之间应留有 4~5 mm 的缝隙以供热气流通。

7. 硅砖的烧成

硅砖的烧成是决定成品率高低的关键工序。在烧制过程中，硅砖经历了晶型转变的复杂过程，这一过程伴随着体积的膨胀，从而在砖坯内部产生了显著的应力。此外，由于烧成时液相量的相对缺乏，硅砖极易出现开裂和松散的问题。因此，相较于其他耐火材料，硅砖的烧成难度显著增大，其正确的烧成制度显得尤为重要。

正确的烧成制度需综合考虑多个因素。首先是砖坯在烧制过程中发生的系列物理化学变化，包括 SiO_2 与 CaO 反应生成 $CaSiO_3$，随后与 $FeSiO_3$ 反应形成固溶体，并在高温下熔化为 SiO_2 的熔液，进而结晶出鳞石英和固溶体。在冷却过程中，这种熔融状态会固化成玻璃态。其次是石英的晶型转变过程，这一过程直接导致硅砖坯体的膨胀。最后需关注原料的转变性质、加入的数量和性质、砖坯的形状大小及烧成窑的性质等因素。

结合上述因素，硅砖的烧成过程可以概括为以下四个主要方面：

（1）SiO_2 与 CaO 之间的反应机制：二者相互作用，生成偏硅酸钙，随后与亚铁硅酸盐反应形成固溶体。在高温下，这些反应产物会熔化为 SiO_2 的熔液，此过程为鳞石英和固溶体的生成提供了条件。当温度降低时，这种熔融状态会逐渐凝结成玻璃态物质。

（2）石英的晶型转变：这一过程直接导致硅砖的结构发生变化，使其体积膨胀。

（3）石英的直接转变：在适当的条件下，石英可以直接转变为鳞石英和方石英，这一转变对硅砖的性能有重要影响。

（4）硅砖机械强度的变化：由于上述复杂物理化学变化的发生，因此硅砖的机械强度也会随之增强。

硅砖在烧成过程中按温度顺序可分成以下几个阶段，其特征如表 5-3 所示。

表 5-3　硅砖在烧成过程中不同温度段的特征

温度段	低于 450 ℃	450~700 ℃	700~1 300 ℃	1 300~1 350 ℃	1 350~1 430 ℃
微观反应	水分排除	砖坯内 $Ca(OH)_2$ 分解；β-石英向 α-石英转变	α-石英开始向亚稳方石英转变；砖坯的体积大为增加；开始出现液相	鳞石英和方石英数量大增；真密度下降；液相黏度仍很大	石英转变速率更快，需要足够时间平衡内应力
宏观特征	强度降低	强度降低	易产生裂纹	较易产生裂纹	易碎裂或变形

8. 硅砖的烧成制度

在硅砖生产过程中，为了在高温阶段实现温度的平稳且均匀上升，我们通常采用还原气氛进行烧成。这一做法不仅有助于确保窑内温度分布的均匀性，有效减少窑内上下温差，同时能够强化加入的铁质矿化剂的矿化效果（呈亚铁价态）。

在烧制硅砖时，我们必须严格控制最高温度不得超过 1 430 ℃。过高的烧成温度将导致方石英的大量生成，这不仅影响产品质量，还会增加废品率。因此，精确控制烧成温度是硅砖生产中的关键环节。

基于实际生产中的实验结果，我们将硅砖烧成的升温过程细分为几个阶段。首先，初始阶段稍许快速地升温，适应水分排出等物理和化学性质变化即可；其次，进入中期阶段，此时应保持稳定的温度上升速率，确保窑内各部分受热均匀；最后，到达高温阶段，通过维持还原气氛，保证温度的持续且平稳上升，直至达到预定烧成温度。不同的原料，烧成制度不尽相同，硅砖生产参考升温速度如表 5-4 所示。

表 5-4　硅砖生产参考升温速度

温度范围/℃	室温~600	600~1 100	1 100~1 300	1 300~1 350	1 350~1 430
升温速度（℃·h⁻¹）	20	25	10	5	2

这样的操作流程不仅有利于提高硅砖的质量和产量，还能有效降低生产成本和废品率。同时，它体现了在工业生产中，科学合理的工艺流程和严格的质量控制是确保产品质量和性能的关键。因此，在硅砖生产中采用这种烧成方法和温度控制策略是必要且有效的。

5.4　硅质耐火材料的性质及应用

5.4.1　硅质耐火材料的性质

硅质耐火材料的性质取决于原料性质、晶型转变、配料方案及烧成工艺等因素。

1. 化学成分和耐火度

硅质制品的化学组成主要取决于所用原料的化学组成和加入物（矿化剂和结合剂等）的数量。一般硅质品的 SiO_2 含量在 93% 以上，其耐火度根据 SiO_2 和杂质含量的不同而波动于 1 690~1 730 ℃。

2. 荷重软化温度

在材料科学领域中，硅砖因其独特的结晶结构而备受关注。其显著的网状结晶结构不仅赋予了硅砖强大的物理稳定性，还使其荷重软化温度显著提升，并接近其耐火极限。具体而言，当硅质制品承受 0.2 MPa 的荷重时，其软化过程发生在 1 620~1 670 ℃ 的温度区间内，这一温度范围与硅砖的耐火度仅存在大约 40 ℃ 的差距。

3. 热稳定性

硅质制品的热稳定性很差，这是它的主要缺陷。其热稳定性差的原因是各晶相在受热过程中发生晶型转变而引起剧烈的体积变化。制品中颗粒越大，热稳定性越好；方石英和玻璃相越多，则制品热稳定性越差。

4. 抗渣性

硅砖按其化学性质而言，属于酸性耐火材料。因此，它对酸性炉渣具有很强的稳定性，但易受碱性炉渣的作用而被破坏。

5. 真密度

硅砖真密度的大小是表示其石英转变程度的主要方法。鳞石英与方石英所含比例越大，则真密度越小。对于同批次的干燥后的硅砖样品，当烧成后真密度相对较小时，说明转变程度高；真密度小的硅砖样品在使用过程中产生的残余膨胀也小。

6. 机械强度

硅砖的机械强度是一个重要的考量因素，其大小受到多重因素的影响。首先，原料的性质和化学组成是决定硅砖机械强度的关键因素之一。其次，矿化剂的用量是影响硅砖性能的重要因素。在砖坯料的制备过程中，水分的控制和加工质量同样对硅砖的强度有着显著的影响。再次，烧成制度是决定硅砖机械强度的关键环节。烧成过程中的温度、时间及气氛控制等都会对硅砖的最终性能产生影响。最后，制品的气孔率是衡量硅砖性能的重要指标之一。在常温环境下，硅砖的抗压强度与气孔率呈反比关系，即气孔率降低，抗压强度则会相应增加。

通常情况下，硅砖的抗压强度在 10 MPa~50 MPa 范围内波动，这一范围的变化主要受到上述多种因素的影响。因此，在生产硅砖时，需要综合考虑原料选择、矿化剂用量、水分控制、加工质量、烧成制度及气孔率等因素，以获得具有理想机械强度的硅砖产品。

5.4.2 硅质耐火材料的应用

硅砖曾广泛用于砌筑平炉炉膛的炉顶、蓄热室和沉渣室、电炉炉顶酸性转炉，也用于砌筑焦炉、玻璃池窑、硅酸盐转炉及其他窑炉的砌筑。特别是随着陶瓷烧成工业的不断发展，硅砖被选用来做陶瓷烧成隧道窑内衬的趋势在日益增长。

5.5 小 结

硅砖中的 SiO_2 含量不低于93%。硅砖目前是砌筑焦炉和电炉的重要材料，还被应用于砌筑玻璃窑、有色冶金炉、陶瓷烧成窑等方面。本章介绍了硅砖原料的种类与性质、硅砖的生产工艺与产品性质，为读者掌握硅砖生产技术提供了技术指导。

习 题

5-1 列出 SiO_2 的8种变体，简述各种变体的性质。

5-2 硅砖在烧成过程中按温度顺序可分成哪几个阶段？

5-3 为什么硅砖的荷重软化温度接近耐火度？

第6章 碱性耐火材料

碱性耐火材料是指以 MgO 或 CaO 为主要成分的耐火材料，主要包括以下几类：镁质耐火材料、镁钙质耐火材料（又称富镁白云石质耐火材料）、镁铝尖晶石质耐火材料、镁橄榄石质耐火材料和镁铬尖晶石质耐火材料。碱性耐火材料在钢铁、有色金属、建材、石油、化工和环保等高温工业中扮演着重要角色。它们不仅具有较高的耐火度，还对碱性渣、高铁渣表现出良好的抗侵蚀能力，并在一定程度上可以净化钢水。随着洁净钢和特殊钢需求的增加，碱性耐火材料的应用也日益受到人们关注。它们主要被用于氧气转炉、电炉、钢包、炉外精炼、中间包和有色金属熔炼炉等工业窑炉设备中。

鉴于碱性耐火材料的重要性，本书单独设立了一个章节来探讨这一主题。本章将重点研究碱性耐火材料的结构组成、显微结构与其性能之间的关系，着重介绍碱性耐火材料在耐火性能方面及生产工艺的关键要点与应用实例。

辽宁省拥有世界上罕见的优质菱镁矿资源，储量丰富、品位高、开采条件优越。菱镁矿储量达到 31 亿吨，占全国储量的 85% 及全球储量的 20%。这些资源主要分布在海城、大石桥、岫岩、凤城、宽甸、抚顺等地区，目前开采量及原料生产量、出口量均占世界首位。我国镁都——大石桥市，是世界"四大镁矿产地"之一，已发现的矿产资源种类多达 24 种，其中菱镁矿和白云石矿是生产碱性耐火材料的主要原料，菱镁矿的总探明储量为 30.06 亿吨，保有储量为 29.19 亿吨；而白云石矿的保有储量为 4.80 亿吨，占全省保有储量的 90%。

因此，本章内容不仅符合无机非金属材料工程专业的教学需求，还体现了以镁质耐火材料为方向的专业特色，旨在为学生未来从事钢铁冶金和镁质耐火材料行业提供坚实的理论基础。编者及同仁力求把握好高温工业及镁质资源的发展趋势，将可持续发展、低碳经济、坚持自主创新、坚持科技领先、坚持产品结构调整、坚持矿石资源有效合理利用等理念通过本章内容灌输给学生，为培养应用型的专业人才提供有效路径。

6.1 镁质耐火材料概述

镁质耐火材料是一种以方镁石（MgO）为主要矿物组成，MgO 含量在 85% 以上的碱性耐火材料。它被广泛用于炼钢工业、有色金属冶炼，以及玻璃、水泥、陶瓷等行业的炉窑中。

6.1.1　镁质耐火材料理论基础与物系

镁质耐火材料的原料大多来自天然矿石，为了获得特定性能，常常会添加其他组分。与镁质耐火材料相关的组分主要有 MgO、Al_2O_3、Cr_2O_3、CaO、SiO_2、FeO 及 Fe_2O_3 等。

1. MgO-氧化铁系

氧化镁与氧化铁二元系统包括 $MgO-FeO$ 与 $MgO-Fe_2O_3$ 两个二元系统。但是，在一定条件下，FeO 被分解为 Fe 与 O，Fe_2O_3 被还原为 FeO，因而只可能存在 $Fe-FeO-MgO$ 与 $FeO-Fe_2O_3-MgO$ 两个三元系统。这里我们仍从两个二元系统分别进行讨论。

由图6-1可见，MgO 和 FeO 组成的二元系统能够形成连续固溶体，MgO 能大量吸收 FeO 而不生成液相，当 FeO 含量达到50%时，开始出现液相，此时的温度大约为1 850 ℃。而 $MgO-Fe_2O_3$ 二元系统中的化合物铁酸镁（$MgO \cdot Fe_2O_3$）的分解温度为1 720 ℃。随着温度的升高，铁酸镁在方镁石中的固溶度增加，最高可达到70%左右。由图6-2可以看出，MgO 在吸收大量 Fe_2O_3 后的耐火度仍很高，这使它们能够很好地抵抗含铁炉渣的侵蚀，这也是镁质耐火材料在炼钢工业中越来越受欢迎的原因之一。

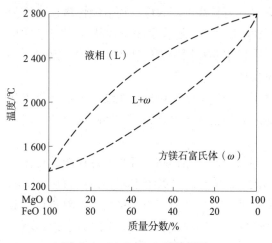

图6-1　MgO-FeO 系统相图

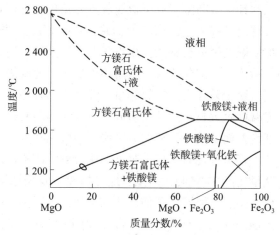

图6-2　MgO- Fe₂O₃系统相图

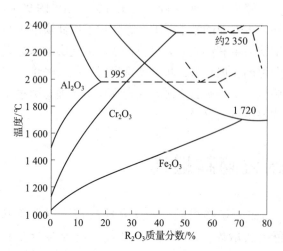

图6-3　MgO- R₂O₃系统相图

2. MgO-Fe₂O₃/Al₂O₃/Cr₂O₃系

$MgO-Fe_2O_3$、$MgO-Al_2O_3$、$MgO-Cr_2O_3$ 系相图高于 MgO 部分已合并于图6-3中。这3个二元系统的固化温度分别为1 720 ℃、1 995 ℃、2 350 ℃。它们在氧化镁中的固溶度顺序为 $Fe_2O_3 > Cr_2O_3 > Al_2O_3$。在1 000 ℃以下时，它们的固溶度很低；而在1 700 ℃时，固溶度分别达到了70%、14%和3%。冷却时，在方镁石颗粒内部尖晶石相发生脱溶，形成含尖晶石相的镁质耐火材料显微结构。由于 Fe_2O_3 在 MgO 中的固溶度高于 Al_2O_3，大量的 Fe_2O_3 溶解于方镁石中，将会降低液相出现的温度与液相量。因此，它产生的危害比 Al_2O_3 小，在一定条件下还可以促进烧结，提高耐火制品的荷重软化温度。

3. 尖晶石-硅酸盐系

在镁质耐火材料中，Fe_2O_3、Cr_2O_3、Al_2O_3 与 MgO 在特定温度下反应，生成尖晶石 MA（$MgO \cdot Al_2O_3$）、MK（$MgO \cdot Cr_2O_3$）、MF（$MgO \cdot Fe_2O_3$）。这些由尖晶石与硅酸盐构成的二元系统对镁质耐火材料的高温性能具有重要影响。表 6-1 详细列出了这些尖晶石与 4 种常见的硅酸盐形成的尖晶石-硅酸盐系统的固化温度。

表 6-1 尖晶石-硅酸盐系统及其固化温度

系统	固化温度/℃	系统	固化温度/℃	系统	固化温度/℃
MA-M₂S	1 720	MK-M₂S	1 860	MF-M₂S	约 1 690
MA-CMS	1 410	MK-CMS	1 490	MF-CMS	1 410
MA-C₃MS₂	1 430	MK-C₃MS₂	1 490	MF-C₃MS₂	—
MA-C₂S	1 417	MK-C₂S	约 1 700	MF-C₂S	1 380

在镁质耐火材料中，尖晶石与镁橄榄石 M_2S（$2MgO \cdot SiO_2$）形成的二元系统具有较高的共熔温度。相比之下，在其他硅酸盐与尖晶石构成的系统中，除 $MK-C_2S$（$2CaO \cdot SiO_2$）外，无变量点温度都较低。此外，含 Cr_2O_3 系统的无变量点温度也较高。因此，为了优化镁质耐火材料的性能，我们应采用以 M_2S 和 C_2S 为主作为主要矿物，尽量避免或减少 CMS（$CaO \cdot MgO \cdot SiO_2$）和 C_3MS_2（$3CaO \cdot MgO \cdot 2SiO_2$）的含量。这就是通常要求镁砂中 CaO/SiO_2 比大于 2 或小于 1 的原因。

图 6-4 展示了 $MA-MK-C_2S$ 体系的熔融关系，其中尖晶石呈连续固溶体，形成一条共熔线把 C_2S 和尖晶石的初晶区分隔开。图中仅标出 C_2S 超过 50% 的浓度三角形部分。从图中可以总结出以下几点：

（1）C_2S 与 MA 的共熔温度很低，仅为 1 418 ℃，远低于 C_2S 与 MA 各自的物质的熔点。

（2）随着 Cr_2O_3 逐渐取代尖晶石中的 Al_2O_3，边界线温度呈上升趋势。当尖晶石中的 Al_2O_3 完全被 Cr_2O_3 取代后，液相面

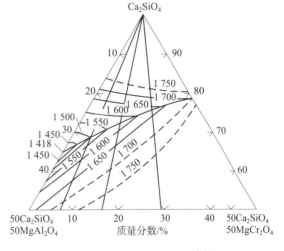

图 6-4 $MA-MK-C_2S$ 系统相图

上边界温度增加约 300 ℃，即 C_2S 和 MK 的共熔点比 C_2S 和 MA 的共熔点高约 300 ℃。

（3）随着尖晶石中的 Al_2O_3 被 Cr_2O_3 取代，即尖晶石中的 Cr_2O_3/Al_2O_3 比例增加，尖晶石相在硅酸盐熔液中的固溶度逐渐降低。因此，C_2S 与尖晶石的混合物在一定温度下形成的液相量随着尖晶石相 Cr_2O_3/Al_2O_3 比例的增加而减少。

4. $MgO-CaO-SiO_2$ 系

镁质耐火材料中的 CaO/SiO_2 的比例对其相组成和固化温度有显著影响，具体如表 6-2 所示。

表 6-2　镁质耐火材料的 CaO/SiO_2 比例和相组成的关系

CaO/SiO_2 分子比	0	0~1.0	1.0	1.0~1.5	1.5	1.5~2.0	2.0
CaO/SiO_2 质量比	0	0~0.93	0.93	0.93~1.4	1.4	1.4~1.87	1.87
相组成	MgO M_2S	MgO M_2S CMS	MgO CMS	MgO CMS C_3MS_2	MgO C_3MS_2	MgO C_3MS_2 C_2S	MgO C_2S
固化温度/℃	1 860	1 502	1 400	1 490	1 575	1 575	1 890

该比值是决定镁质耐火材料矿物组成和高温性能的关键因素。在这些硅酸盐中，三元化合物的熔点较低，而二元化合物的熔点较高。当 CaO/SiO_2 质量比不小于 1.87 时，生成高熔点的矿物而不致显著降低耐火性能；反之，当 CaO/SiO_2 质量比小于 1.87 时，溶点的降低将严重影响镁质耐火材料的耐火性能。

5. MgO-尖晶石-硅酸盐系

这一体系由于包含了镁质耐火材料的主要物相成分，因此它对镁质耐火材料的组成与性质有显著影响。MgO-尖晶石-硅酸盐系统及其固化温度如表 6-3 所示。与表 6-1 相比，在尖晶石-硅酸盐系统中加入 MgO 形成的 MgO-尖晶石-硅酸盐三元系统的无变量点温度与原二元系统相比没有变化或变化很小，其规律性与二元系统基本一致。表中列出的 MgO-MA-M_2S、MgO-MK-M_2S、MgO-MK-C_2S 系统的固化温度较高。

表 6-3　MgO-尖晶石-硅酸盐系统及其固化温度

系统	固化温度/℃	系统	固化温度/℃	系统	固化温度/℃
MgO-MA-M_2S	1 710	MgO-MK-M_2S	1 850	MgO-MF-M_2S	
MgO-MA-CMS	1 410	MgO-MK-CMS	1 490	MgO-MF-CMS	
MgO-MA-C_3MS_2	1 430	MgO-MK-C_3MS_2	1 490	MgO-MF-C_3MS_2	1410
MgO-MA-C_2S	1 415	MgO-MK-C_2S	约 1 700	MgO-MF-C_2S	

6. MgO-CaO-Al_2O_3-Fe_2O_3-SiO_2 系

使用五元系统来描述镁质耐火材料的组成更加符合实际。根据表 6-4，只有 13 种矿物可以与方镁石处于平衡状态。在这些系统中，加入 FeO（熔点为 1 370 ℃）和 MnO（熔点为 1 785 ℃）时不会生成新的物相，而只以固溶体存在。硅酸盐平衡相的种类取决于 CaO/SiO_2 比值。

表 6-4　与方镁石处于平衡的 13 种矿物的熔点

矿物	MF	CMS	MA	M_2S	C_3MS_2	C_2S	C_4AF	CA	C_3A_3	C_3A	C_3S	CaO	C_2F
熔点/℃	1 750（不一致）	149（不一致）	2 135	1 890	1 575	2 130	1 415	1 600	1 485	1 545（不一致）	1 900（分解）	2 570	1 435

平衡矿物共存的条件及其计算公式如表 6-5 所示。

表6-5 平衡矿物共存的条件及其计算公式

组别	条件	平衡矿物及矿物组成的计算公式
1	$0<C/S<0.93$	$MF=1.25F$；$CMS=2.80C$；$MA=1.40A$；$M_2S=2.38(S-1.06C)$
2	$0.93<C/S<1.40$	$MF=1.25F$；$C_3MS_2=5.45(1.08C-S)$；$MA=1.40A$；$CMS=5.6(1-39S-C)$
3	$1.40<C/S<1.87$	$MF=1.25F$；$C_3MS_2=6(1.86S-C)$；$MA=1.40A$；$C_2S=6.25(C-1.4S)$
4	$0<C-1.87S<1.40$ 及 $2.20A$	$C_2S=2.87S$；$MF=1.25(F-0.33C_4AF)$；$C_4AF=2.16(C-1.87S)$；$MA=1.40(A-0.21C_4AF)$
5	$0<\dfrac{C-1.87S-2.20A}{F-1.57A}<0.70$	$C_2S=2.87S$；$C_2F=2.42(C-1.87S-2.20A)$；$C_4AF=4.77A$；$MF=1.25(F-1.57A-0.58C_2F)$
6	$0<\dfrac{C-1.87S-1.40F}{A-0.64F}<0.55$	$C_2S=2.87S$；$CA=1.55(C-1.87S-1.40F)$；$C_4AF=3.04F$；$MA=1.40(A-0.64F-0.64CA)$
7	$0.55<\dfrac{C-1.87S-1.40F}{A-0.64F}<0.93$	$C_2S=2.87S$；$CA=1.55(2.5A+5.11S+2.22F-2.73C)$；$C_4AF=3.04F$；$C_5A_3=1.92(2.73C-5.11S-1.50A-2.86F)$
8	$0.93<\dfrac{C-1.87S-1.40F}{A-0.64F}<1.65$	$C_2S=2.87S$；$CA=2.65(1.87C-1.25A-2.56S-1.11F)$；$C_4AF=3.04F$；$C_5A_3=1.92(2.25A+2.56S+0.47F-1.37C)$
9	$A/F<0.64$，$0.67<KH<1$	$C_4AF=4.77A$；$C_3S=3.80(3KH-2)S$；$C_2F=1.70(F-1.57A)$；$C_2S=8.61(1-KH)S$
10	$A/F>0.64$，$0.67<KH<1$	$C_4AF=3.04F$；$C_3S=3.80(3KH-2)S$；$C_3A=2.65(A-0.64F)$；$C_2S=8.61(1-KH)S$
11	$A/F<0.64$，$KH>1$	$C_4AF=4.77A$；$C_3S=3.80S$；$C_2F=1.70(F-1.57A)$；$CaO=C-2.20A-2.8S-0.41C_2F$
12	$A/F>0.64$，$KH>1$	$C_4AF=3.04F$；$C_3S=3.80S$；$C_3A=2.65(A-0.64F)$；$CaO=C-1.40F-2.8S-0.42C_3A$

注：表中 C 表示 CaO；M 表示 MgO；A 表示 Al_2O_3；F 表示 Fe_2O_3；S 表示 SiO_2；CaO 代表系统中全部与 Fe_2O_3、Al_2O_3 化合，并且饱和 SiO_2，生成 C_3S 后富余的 CaO 质量，与 C 不同；下标表示系数。例如 C_3MS_2，即为 $3CaO \cdot MgO \cdot 2SiO_2$。

表中 KH 为石灰饱和系数，对于该五元系统来说，它表示处于该系统中的全部 Fe_2O_3 和 Al_2O_3 都结合为 C_4AF、C_2F 或 C_3A 后剩余的 CaO 对 SiO_2 的饱和情况。

其计算方法如下：

当 $w(Al_2O_3)/w(Fe_2O_3) \leq 0.64$ 时，$KH = (C - 0.7F - 1.1A)/2.8S$；

当 $w(Al_2O_3)/w(Fe_2O_3) > 0.64$ 时，$KH = (C - 0.35F - 1.65A)/2.8S$。

镁质耐火材料的化学组成及 CaO/SiO_2 比值决定着材料的平衡矿物组成。这一规律可以帮助我们根据已知的化学组成相对精确地预测制品的矿物组成，进而分析产品的性能；反之，也可以利用它粗略地计算出具有预期性能材料的化学组成和配料比。

6.1.2 镁质耐火材料性能的影响因素

1. 镁质耐火材料化学组成对性能的影响

1）CaO 和 SiO$_2$ 的影响

镁质耐火材料的性能受其化学组成影响，特别是 CaO 和 SiO$_2$ 的含量及其比值对结合相和高温强度具有重要影响。已有多项研究表明，当 CaO/SiO_2 比值在 2.0~2.5、SiO$_2$ 质量分数为 0.8%~0.9%时，耐火材料的显气孔率最低，在 1 400 ℃下的抗折强度最高，并且在 1 500 ℃下的蠕变速率最小。在 1 500~1 600 ℃下，不同 CaO/SiO_2 比对含 SiO$_2$ 分别为 0.3% 和 0.85%的镁砖的高温抗折强度有显著影响，当 CaO/SiO_2 比值大于 2.0 时，可获得最高强度；随着 SiO$_2$ 含量增加，CaO/SiO_2 比值也相应降低。在 SiO$_2$ 含量保持一定时，应调节 CaO/SiO_2 比值至适当范围内，通常希望其大于 2。然而，最佳值还需考虑 SiO$_2$ 含量等其他因素的影响。高含量的 CaO 和 SiO$_2$ 是主要的杂质，其比值对材料性能的影响不容忽视。为获得更优异的性能，应尽量控制 SiO$_2$ 含量的低限。此外，氧化镁含量高且 CaO/SiO_2 比值低的产品，其荷重软化温度并不高，因此 CaO/SiO_2 比值对荷重软化温度具有显著影响。

2）Al$_2$O$_3$、Fe$_2$O$_3$ 和 Cr$_2$O$_3$ 的影响

Al$_2$O$_3$ 和 Fe$_2$O$_3$ 的含量通常较低，分别为 0.2%~0.3% 和 0.6%~0.8%。尽管含量较低，但它们对镁砖的高温强度有不同程度的影响。

在镁砖中，当 CaO 和 SiO$_2$ 含量极低，且 CaO/SiO_2 比值很低时，可将系统视为 MgO-Al$_2$O$_3$、MgO-Fe$_2$O$_3$ 和 MgO-Cr$_2$O$_3$ 系。这些系统的相平衡特征表明，Al$_2$O$_3$、Fe$_2$O$_3$ 和 Cr$_2$O$_3$ 对镁砖的高温性能有积极影响。

而当镁砖中的 CaO 和 SiO$_2$ 含量较高，且 CaO/SiO_2 比值较大时，可用尖晶石-C$_2$S 相图来描述。尽管 MA、MK、MF 和 C$_2$S 均为高耐火相，其熔点分别为 2 135 ℃、2 400 ℃、1 720 ℃（确切地说应为分解温度）和 2 130 ℃。然而，这些尖晶石和 C$_2$S 共存会显著降低其共熔温度，即分别降低到 1 418 ℃、1 700 ℃ 和 1 380 ℃。并且，由尖晶石在硅酸盐中的固溶度可知，Fe$_2$O$_3$ 对镁砖高温强度的影响最大，其次是 Al$_2$O$_3$。当 CaO/SiO_2 比值较大（3.0）时，由于 Fe$_2$O$_3$ 和 Al$_2$O$_3$ 与 CaO 反应生成低熔相如铁酸钙、铝酸钙或铁铝酸四钙等，因此它们都能明显降低镁砖的高温强度。

3）B$_2$O$_3$ 的影响

B$_2$O$_3$ 主要来源于海水镁砂或盐湖镁砂，天然菱镁矿中几乎不含或含量极少。即使在海水镁砂或盐湖镁砂中，B$_2$O$_3$ 含量也仅为千分之几，但它对高纯镁砖的高温强度有着显著的负面影响。例如，当耐火砖的结合相为高熔点 C$_2$S 相时，B$_2$O$_3$ 的存在会导致结合相在 1 150 ℃ 左右发生熔融，破坏砖的原始组织结构，从而显著降低耐火砖的高温强度。其高温抗折强度

随B_2O_3含量的提高而降低，并且随 CaO/SiO_2 比值的增大而明显增高。据报道，B_2O_3 对 C_2S 结合的高纯镁砖的高温抗折强度的有害影响是 Al_2O_3 的 7 倍、Fe_2O_3 的 70 倍。因此，在生产海水镁砂或盐湖镁砂的过程中，我们必须特别注意去除 B_2O_3 的工艺，以尽可能降低镁砂中的 B_2O_3 含量，通常要求控制其在 0.03% 或 0.03% 以下。

2. 镁质耐火材料显微结构对性能的影响

1）结合相

镁质耐火材料的主晶相为方镁石，这使它具备高耐火性，抗碱性渣、氧化铁渣性能好的特点。然而，分析结合相的性质及其分布往往成为制品的薄弱环节，因此是影响制品优劣的关键因素。主要结合相有下列几种：

（1）硅酸盐。镁质耐火材料可能存在的硅酸盐矿物有 C_3S、C_2S、C_3MS_2、CMS、M_2S 等。由于它们本身或与 MgO 构成的二元系的液化温度不同，因此它们对镁质耐火材料的荷重软化温度及蠕变有影响。表 6-6 展示了 C/S 比对镁质耐火材料蠕变速率的影响。

表 6-6 C/S 比对镁质耐火材料蠕变速率的影响

C/S 比	基质硅酸盐相	蠕变速率
1:1	CMS, C_3MS_2	高速
2:1	C_2S	低速
1:3	M_2S, CMS	与 2:1 蠕变速率大约相同
3:1	C_3S, C_4AF	低速

以 C_3S 为结合物的镁质耐火材料具有较高的荷重软化温度和良好的抗渣性能，但其烧结性较差，生产过程相对复杂。若配料不精确或混合不均匀，则烧后得到的不是 C_3S 纯相，而是 C_2S 和 CaO 的混合物。由于 C_2S 产生晶型转变和 CaO 发生水化反应，这会导致制品开裂，因此在生产过程中应严格控制。

以 C_3MS_2、CMS 为结合物的制品，其荷重软化温度较低，抗压强度较小，因此不是有利的组成方式。

以 C_2S 为结合物的制品的烧结性较差，但具有较高的荷重软化温度。实践证明，只要烧成温度足够高，就能获得良好的烧结制品。然而，由于 C_2S 的晶型转变可能会引起制品开裂，因此在生产时，在 CaO 含量足够高的条件下，需加入稳定剂如 B_2O_3、P_2O_5 或 Cr_2O_3 等。

以 M_2S 作为结合物的制品虽然烧结性差，但由于其具有较高的荷重软化温度和足够高的抗压强度，如果 C_2S 不发生有害的晶型转变，则会使 M_2S 成为镁质耐火材料中较好的结合物。以 C_2S 或 M_2S 为结合物的制品具有较高的荷重软化温度，主要是由于这些结合物的熔点及其与 MgO 形成的低共熔物的熔融温度高。这些晶体的晶格强度大，并且在高温下的塑性变形小，其晶体颗粒呈针状和尖棱状，因而提高了制品的抗剪应力的能力。在熔融前，硅酸盐结合物对制品的烧结不利，这与它的晶体结构有关。此外，硅酸盐（特别是 C_2S）存在于方镁石颗粒间，并形成分隔层，从而增加了镁离子的扩散阻力，阻碍方镁石发生再结晶。

制品的抗渣性主要取决于其组织结构和化学成分，尤其是结合物的类型。一般而言，以 CMS 为结合物的制品比以 C_2S 和 M_2S 为结合物的制品要致密一些，但因前者的熔点较后者低，而且 C_2S 或 M_2S 对碱性或氧化铁渣的化学稳定性高，因此，以 C_2S 或 M_2S 为结合物的制品在抗渣性方面表现更好。

（2）铁的氧化物和铁酸盐。在镁质耐火材料中，FeO 溶解在方镁石中以（Mg·Fe）O 形式存在，Fe_2O_3 则形成 MF 或 C_2F。MF 或 C_2F 也可以部分溶解在方镁石中形成有限固溶体，Fe_2O_3 对方镁石烧结的促进作用比 FeO 显著，特别是在高温时效果更佳。

C_2F 的熔点低，熔融物的黏度小，并且对方镁石具有良好的润湿能力，还能部分溶解在方镁石中，进而激活方镁石的晶格。因而，以 C_2F 作为镁质耐火材料的结合物，在较低的烧成温度下就能获得致密而坚固的制品。然而，由于其熔点低和熔融后的液相黏度小，导致制品的耐火性能，特别是荷重软化温度大大降低。因此，只有在特殊使用条件下，才能采用 C_2F 作为镁质耐火材料的结合物。

MF 在方镁石中的固溶度随温度变化显著波动。在高温下，大量 MF 溶解进入方镁石晶格中；在低温下，MF 则以弱的各向异性的枝状晶体和颗粒状包裹体沉析在方镁石颗粒的表面和解理裂纹中，形成晶间及晶内尖晶石。MF 的固溶度随温度的波动有助于活化方镁石的晶格，促进方镁石晶体的成长和制品的烧结。同时，MF 在方镁石中的固溶度随温度波动的剧烈变化会降低镁质耐火材料的抗热震性。温度波动引起 MF 的不均匀分布，由 MF 在方镁石中的溶解而引起塑性降低等都是降低材料抗热震性的因素。此外，铁氧化物的氧化和还原都伴随较显著的体积变化，如图 6-5 所示。气氛条件频繁波动是含铁量高的镁质材料损坏的重要因素。因此，如果材料是在经常波动的气氛条件下使用，则应限制其铁含量。某些研究表明，镁质耐火材料的铁含量不超过 10% 时，对材料的耐火性能和荷重软化温度无显著影响。

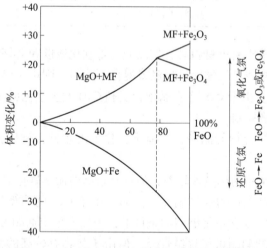

图 6-5 （Mg·Fe）O 氧化和还原时的体积变化

2）显微结构特点及其对性质的影响

从显微结构看，镁质耐火材料由主晶相方镁石和不同熔点、数量的硅酸盐（及铁酸盐相）构成。低纯镁砂或镁砖和高纯镁砂或镁砖的显微结构截然不同。前者具有大量的低熔点硅酸盐相，其连续或基本连续地分布在方镁石晶粒周围，方镁石相之间很少有直接结合，几乎被硅酸盐相包裹。当温度达到硅酸盐相与方镁石的低共熔点时，方镁石晶粒周围的硅酸盐层将逐渐液化，导致方镁石晶粒间失去结合力，从而降低材料的强度。后者的低熔点硅酸盐相较少，以孤岛状存在于方镁石晶粒之间，直接结合率高，称为"直接结合制品"。这种结构在高温下仍能保持，因此，直接结合高纯镁砖具有较高的高温强度。可见，显微结构的控制与组成控制对耐火材料的性能至关重要。能否实现直接结合，取决于晶粒边界与相边界间的平衡关系，如下所示：

$$\gamma_{\text{per-per}} = 2\,\gamma_{\text{per-liq}} \cos\left(\frac{\varphi_{\text{per-per}}}{2}\right) \tag{6-1}$$

式中，$\gamma_{\text{per-per}}$——方镁石晶界能；

$\quad\quad\gamma_{\text{per-liq}}$——方镁石/硅酸盐相界面能；

$\quad\quad\varphi_{\text{per-per}}$——二面角。

当 $\varphi_{\text{per-per}} \geqslant 120°$ 时，硅酸盐相在方镁石晶界无渗透；当 $\varphi_{\text{per-per}} < 60°$ 时，硅酸盐相在方镁石晶界渗透加重；当 $\varphi_{\text{per-per}} = 0°$ 时，硅酸盐相完全润湿方镁石晶界，发生大量渗透。因此，二面角越大，方镁石晶粒的直接接触程度越高。人们俗称的"三高"制品，即高纯原料、高压成型和高温烧成，正是为了获得直接结合率高的显微结构。

尽管多相耐火材料的情况更为复杂，但上述规律仍然适用。

除前述的相组成与分布、直接结合程度外，晶粒尺寸也是影响碱性耐火材料性能的重要因素之一。晶粒尺寸主要在两个方面起作用：一方面是影响抗渣性，由于晶界中的晶体结构不完整并集中较多杂质，成为渣等侵蚀介质入侵的通道，因此晶粒尺寸越大，晶界数目越少，材料的抗侵蚀能力越强；另一方面是晶粒尺寸越大，晶界数目越少，高温下晶界滑移减小，从而提高耐火材料的抗高温蠕变性等高温性能。

6.1.3 镁质耐火材料的生产工艺及应用

1. 镁质耐火材料的原料

生产镁质耐火材料的主要原料是镁砂，其主要化学成分是 MgO，矿物成分为方镁石。方镁石属于等轴晶系，无色，通常呈立方体、八面体或不规则粒状，密度为 3.56～3.67 g/cm³，莫氏硬度为 5.5，熔点为 2 800 ℃。其线膨胀系数大，弹性模量大，晶格能大，化学性质稳定。然而，它在 1 700 ℃以上时开始升华，在 1 800～2 400 ℃时显著挥发，使用温度受到限制。MgO 主要源于天然菱镁矿、海水、盐湖卤水、白云石、蛇纹石（$3MgO \cdot 2SiO_2 \cdot 2H_2O$）、水镁石（$Mg(OH)_2$）等。其中蛇纹石、水镁石很少用于生产耐火材料。我国的氧化镁耐火原料主要来源于天然菱镁矿。

1）菱镁矿（镁石或生镁石）

菱镁矿是一种几乎完全由 $Mg(Ca)CO_3$ 组成的天然矿石，它的理论组成是：MgO 47.82%，CO_2 52.18%。天然的菱镁矿是三方晶系或隐晶质的碳酸镁岩。由于其中的杂质不同，因此其颜色可以由白色到浅灰色、暗灰色、黄色或灰黄色。晶质菱镁矿的密度为 2.96～3.12 g/cm³，莫氏硬度为 3.4～5.0，沿晶面呈现完全解理，具有玻璃光泽。菱镁矿的质量主要取决于其 MgO 含量。

目前，世界上许多国家都致力于提高菱镁矿纯度的研究。根据矿床类型和矿石性质，采用手选、热选、浮选、光电选、磁选、重选及化学选等多种方法进行提纯。下面主要介绍浮选和热选两种方法。

（1）浮选法。我国大石桥、海城、营口等地的菱镁矿多采用此方法。该方法主要利用菱镁矿和滑石润湿性的差异将它们分离。一级矿石经浮选后可获得 MgO 含量超过 98% 的

（烧后）特级精矿粉，二级矿石经浮选后可获得 MgO 含量超过 97%（烧后）的高纯精粉。此外，尾矿经精选后还可得到约 10% 的滑石精矿。

（2）热选法。菱镁矿经轻烧后，其强度降低，变成易磨细的疏松状物料；而滑石等杂质矿物烧结后的强度较高，不易磨细而成为粗粒。根据主矿物与杂质易磨性的差异，通过细磨后按粒径分级达到选矿的目的。

2）烧结镁砂

烧结镁砂是通过煅烧菱镁矿、水镁石和由海水或卤水中提取的氢氧化镁得到的。现以菱镁矿为例，说明煅烧过程中发生的物理化学变化。

在煅烧过程中，菱镁矿的主要化学成分 $Mg(Ca)CO_3$ 从 350 ℃时开始分解，释放出 CO_2，生成 MgO，并伴随显著的体积收缩。当温度达到 550~650 ℃时，分解反应变得剧烈，至 1 000 ℃时完全分解，灼烧减量为 47.00%~52.00%。菱镁矿的分解是自颗粒表面向内部进行的。煅烧后生成的氧化镁称其为轻烧氧化镁，但轻烧氧化镁中的微晶氧化镁的团聚结构（母盐假象）会妨碍其压缩与烧结。为消除这种假象，轻烧氧化镁需先经过细磨破坏其团聚结构，再进行压制与烧结，即"二步煅烧"。而将菱镁矿粉直接压块烧结的方法，称为"一步煅烧"。

轻烧镁砂是通过将菱镁矿在 700~1 100 ℃下煅烧得到的氧化镁，又称轻烧镁石、轻烧氧化镁、轻烧镁粉、轻烧镁、苛性氧化镁和苛性苦土，俗称苦土粉。轻烧镁粉质地轻且松软，具有多孔结构，密度为 3.07~3.22 g/cm^3，方镁石晶粒细小（<3 μm），反应活性高，易于进行固相反应和烧结。

死烧镁砂也称烧结镁石、重烧镁砂，是将菱镁矿或轻烧镁砂在 1 450~1 900 ℃下充分烧结得到的体积密度高和气孔率低的产物。其体积致密，密度根据其杂质含量、相成分及结构而不同，范围在 2.95~3.65 g/cm^3 波动。

通常，由海水中得到的氧化镁生产的镁砂称为海水镁砂。这种镁砂是通过从海水中沉淀 Mg^{2+} 制得的 $Mg(OH)_2$，或水氯镁石为原料，经煅烧分解及高温烧结制成。海水镁砂的优点是海水资源丰富，其产品纯度高，MgO 含量超过 95%，化学成分易于调节，密度为 3.30~3.49 g/cm^3。

3）电熔镁砂

电熔镁砂是通过在电弧炉中将天然菱镁矿、水镁石、轻烧镁砂或烧结镁砂高温熔融而制得的镁质原料。原料在电弧炉中熔融后自然冷却，方镁石晶体从熔体中结晶并逐渐长大。冷却后，除掉大块熔砣上的欠熔体，这些欠熔体可再返回电弧炉重新熔炼。当采用菱镁矿或生镁石生产电熔镁砂时，会产生大量气体，影响结晶及致密度。电熔镁砂多为棕黄色或黑褐色粒状块体，均质性好，主要矿物为方镁石。其杂质含量低，硅酸盐含量也低且呈孤岛分布。电熔镁砂中的方镁石结晶粗大，晶粒间的直接接触程度较高，使方镁石的良好性能得以充分发挥。

高纯度、高密度与大晶粒的镁砂被认为是优质镁砂。为了达到高纯度、高密度与大晶粒的目的，需要选用优质原料，在高温下熔制和烧成。这一过程消耗大量的能源，可利用的资源也有限。因此，应根据不同的使用要求，选用合适的镁砂，实现原料的合理配置。

2. 镁质耐火材料的主要品种

镁质制品通常以较纯净的菱镁矿或由海水、盐湖水等提取的氧化镁为原料，通过高温煅烧制成烧结镁石（硬烧镁石、死烧镁石），或者通过电熔制成电熔镁砂等熟料后，再依据制品的品类，通过熟料破碎、破碎，配料，坯料制备、成型、干燥和烧成等工艺过程制成。其主要品种如下：

1）普通镁砖

普通镁砖以烧结镁石为原料，经 1 500~1 600 ℃烧制而成，含有约 91%的 MgO。这种镁质耐火制品是靠硅酸盐结合的制品。为防止生成 FeO-MgO 固溶体，一般在弱氧化气氛下烧成，使 FeO 生成 MF（MgO·Fe$_2$O$_3$），这既促进了制品的烧结，又不显著降低其耐火性能。

2）镁铝砖

镁铝砖以烧结镁石为主要原料，加入适量富含 Al$_2$O$_3$的原料（如高铝矾土或生、熟料均可），在 1 580~1 620 ℃下烧结而成。该制品含有约 85% MgO 和 5%~10%的 Al$_2$O$_3$。它是以方镁石为主晶相，由镁铝尖晶石结合的。

3）镁铬砖

镁铬砖由 40%~80%的烧结镁砂和 20%~60%的铬铁矿，在 1 650 ℃下烧制而成。它也可用电熔浇铸，生产熔铸镁铬砖。其主晶相为方镁石，结合相为镁铬尖晶石。在烧成过程中，气氛对镁铬砖的结构影响很大。在氧化气氛下，许多尖晶石进入方镁石形成的固溶体中，而铬铁矿相中的 FeO 被氧化，引起方镁石的晶粒长大和尖晶石沉析增加。在还原气氛下，金属氧化物被还原为铁-铬金属。

4）镁硅砖

镁硅砖采用高硅镁石为原料，通过高温煅烧得到镁硅砂，经 1 620~1 650 ℃烧制而成，含 SiO$_2$ 5%~11%，CaO/SiO$_2$分子比小于或等于 1。它是由镁橄榄石（2MgO·SiO$_2$）结合的镁质耐火材料。

5）镁钙砖

镁钙砖以高钙的烧结镁石为原料，经 1 600~1 680 ℃烧制而成，含 CaO 6%~10%，CaO/SiO$_2$分子比大于或等于 2，主晶相为方镁石。它是由硅酸三钙和硅酸二钙结合的镁质耐火材料。

6）直接结合镁砖

直接结合镁砖以高纯烧结镁砂为原料，经烧结制成，含超过 95%的 MgO，是方镁石晶粒间直接结合的镁质耐火材料。

7）镁碳砖

镁碳砖以烧结镁石或电熔镁石为主要原料，并加入适量石墨和含碳的有机结合剂，经高压成型制成，含 C 10%~40%，是碳结合的镁质耐火制品。

8）不烧结镁质耐火材料及不定形镁质耐火材料等。

这些材料包括不经过烧结工艺制成的镁质耐火材料及各种形态不定的镁质耐火材料。

3. 镁质耐火材料的生产工艺要点

普通镁砖的生产工艺过程是生产镁质耐火材料乃至碱性耐火材料的基础。高纯镁砖、直接结合镁铬砖等的生产工艺过程与此类似，只是原料种类、纯度、成型压力及烧成温度等参数有所不同。以下主要介绍普通镁砖的生产工艺。

1）原料的要求

我国生产镁砖的主要原料是普通烧结镁砂。这种镁砂是在立窑中分层加入菱镁矿和焦炭煅烧制成的。因此，其 SiO$_2$和 CaO 含量，尤其是 SiO$_2$含量要比菱镁矿高。对其主要要求为化学组成和烧结程度。一般要求化学组成中 MgO 含量大于 87%，CaO 含量小于 3.5%，SiO$_2$

含量小于5.0%；同时要求烧结良好，密度应不低于3.18 g/cm³，灼烧减量小于0.3%，并且没有瘤状物，黑块越少越好。

2）颗粒组成及配料

颗粒组成则应符合最紧密堆积原理，有利于烧结。临界粒径根据镁砂烧结程度和砖的外观尺寸及单重而定，可选择4 mm、3 mm、2.5 mm、2 mm。制造单重较大的砖，临界粒径可适当增大。颗粒组成一般为：临界粒径大于0.5 mm的占55%~60%，0.5~0.088 mm的占5%~10%，小于0.088 mm的占35%~40%。在生产中，也可以加入部分破碎后的废砖坯，其加入量一般不超过15%，在成型过程中，将废砖坯捣碎，直接掺到泥料中成型。结合剂采用亚硫酸纸浆废液（密度为1.2~1.25 g/cm³）或$MgCl_2$水溶液（卤水）。

3）混炼

混炼在轮碾机或混砂机中进行，加料顺序为：颗粒料→纸浆废液→细粉，全部混合时间不低于10 min。由于限制了原料的CaO含量，并提高了镁砂的烧结程度，因此一般都取消了困料工序。

4）成型

烧结镁砂是瘠性物料，并且坯体水分含量少，一般不会出现因气体被压缩而产生的过压废品，因此，可采用高压成型，使坯体密度达2.95 g/cm³以上。这有利于改善制品的性能。

5）干燥

坯体在干燥过程中发生的物理化学变化，包括水分的蒸发和镁砂的水化。初期水分排除阶段需要较高的温度，但是高温会加速镁砂的水化，导致坯体开裂。尤其在干燥后期，由于导热影响大于湿传导，因此过高温度反而不利于水分的排除。在隧道干燥器中，干燥介质的入口温度一般控制在100~120 ℃，废气出口温度控制在40~60 ℃。为了保证坯体干燥后具有一定的强度，干燥后应保持有0.6%左右的水分。常见的干燥废品是网状裂纹，主要是成型后的坯体生成大量水合物所致。但如果控制得当，一般不会出现废品。坯体干燥后应及时装窑烧成，以免吸潮粉化。

6）烧成

镁砖的烧成可以在倒焰窑或隧道窑中进行。由于它们的荷重软化温度较低，并且结合剂失去作用后坯体强度较低，因此砖垛高度一般不超过0.8 m。物料在煅烧过程中所发生的物理化学变化在原料煅烧过程已基本完成，制品的主要矿物组成与烧结镁石相似，只是反应接近平衡的程度和矿物成分分布的均匀性有所提高。烧成制度的制定主要考虑以下几个方面：

（1）200 ℃以下：主要是水分的排除，升温速度不宜过快。

（2）400~600 ℃：水化产物分解，结构水析出，升温速度要适当降低。

（3）600~1 000 ℃：结合剂失去作用，液相尚未生成，坯体主要靠颗粒间摩擦力维持，强度较低，升温速度不宜过快。

（4）1 200~1 500 ℃：液相开始出现并形成陶瓷结合，升温速度可适当提高。

（5）1 500 ℃以上至最终烧成温度：陶瓷结合已较完整，坯体强度较大，升温速度可加快。最终烧成温度的保持时间视制品大小而定。

为了防止生成FeO-MgO固溶体，一般采用弱氧化气氛烧成，这样既能使氧化铁生成MF，促进制品烧结，又不显著降低耐火性能。

冷却时，在液相凝固前砖坯具有缓冲应力的能力，因此冷却速率可以较快。但液相凝固后，砖坯塑性消失，为避免产生裂纹，冷却速率不宜太快。在 800 ℃ 以下时可采用快速冷却。

4. 镁质耐火材料的应用

1）普通镁砖

普通镁砖能够经受高温热负荷、流体的流动冲击和钢液与强碱性熔渣的化学侵蚀。因此，它适用于冶炼炉的内衬，如转炉、电炉、化铁炉、有色金属冶炼炉、均热炉和加热炉的炉床，以及水泥窑和玻璃窑蓄热室等部位。但因其抗热震性较差，故不宜使用于温度急剧变化的环境。另外，由于其热膨胀性较大和荷重软化温度较低，故用于高温窑炉炉顶时必须用吊挂方式。

2）镁钙砖和镁硅砖

镁钙砖和镁硅砖与普通镁砖的使用条件相同。但这些制品的荷重软化温度较高，并且镁钙砖抗碱性渣的性能更好，镁硅砖对各种渣都有较强的抗侵蚀能力，因此适用范围更广泛。例如，镁钙砖在受碱性渣侵蚀的环境中效果更佳，但其抗热震性较差，易崩裂。镁硅砖还可用作平炉或玻璃熔窑蓄热室上部温度变化较小的格子砖。

3）镁铝砖

镁铝砖可代替普通镁砖，用于上述部位效果良好。由于这种制品具有抗热震性优良，荷重软化温度较高的特点，故也可用于周期性温度波动的环境。例如，在水泥窑高温带和玻璃熔窑蓄热室等部位（温度可达 8 720 ℃），其使用效果明显优于普通镁砖。镁铝砖也可用于其他高温窑炉如高温隧道窑等的炉顶。

4）镁铬砖

镁铬砖适用于高温、渣蚀和温度急剧变化的环境。其工作条件类似于镁铝砖，在有色金属冶炼炉、水泥窑的高温带和玻璃窑蓄热室中使用效果更佳，但在气氛频繁变化的条件下不宜使用。

5）镁碳砖

镁碳砖具有良好的抗渣性和抗热震性，不易产生结构剥落和热崩裂，故宜用于受渣蚀严重和温度急变之处。目前，镁碳砖已成为氧气炼钢转炉炉衬和电炉炉壁的主要材料，并广泛应用于盛钢桶中。但是此种材料不宜直接在强氧化气氛下使用。

6）直接结合镁砖

直接结合镁砖具有较高的高温强度和优良的抗渣性，适用于高温、重荷和渣蚀严重之处。其使用效果优于上述普通镁质耐火制品。

6.2 镁钙质耐火材料

镁钙质耐火材料是指以白云石熟料为主要成分，以氧化钙和方镁石为主晶相的碱性耐火材料。白云石熟料是由天然或人工合成的镁和钙的碳酸盐或氢氧化物经煅烧后而形成致密均匀的氧化钙与氧化镁的混合物。根据其化学-矿物组成，可分为以下两类：

1. 含游离 CaO 的镁钙质耐火材料

含游离 CaO 的镁钙质耐火材料矿物组成位于 $MgO-CaO-C_2S-C_4AF-C_2F$（或 C_3A）系中，因其组成中含有难以烧结的 CaO，且极易吸潮粉化，故又称不稳定或不抗水化的镁钙质耐火材料。

2. 不含游离 CaO 的镁钙质耐火材料

不含游离 CaO 的镁钙质耐火材料矿物组成为 MgO、C_3S、C_2S、C_4AF、C_2Fx（或 C_3A）。其成分中的 CaO 全部呈结合态存在，没有游离 CaO，因此不易因水化而崩裂粉化，被称为稳定性或抗水化性的镁钙质耐火材料。

近年来，炼钢技术朝着高效化和洁净化方向发展。随着低杂质含量的洁净钢的需求日益增加，人们期望耐火材料在不污染钢水的同时，还具有一定洁净钢水的能力。在这种背景下，具有优良热力学稳定性和强抗碱性渣侵蚀性能的含游离 CaO 的镁钙质耐火材料逐渐受到国内外的广泛关注。特别是净化钢水的功能，使其成为现代钢铁工业中重要的耐火材料，具有广阔的开发和应用前景。CaO-MgO 二元系相图如图 6-6 所示，其中 MgO 和 CaO 的低共熔点为 2 370 ℃。MgO 与 CaO 之间具有一定的互溶度，方镁石中能固溶 7% 的 CaO，而 CaO 中能固溶 17% 的 MgO。因此，镁钙系耐火材料是一种耐火度高的耐火材料。

图中，当 CaO/MgO＝58/42 时为纯白云石（用 D 表示）；当 CaO/MgO<58/42 时为富镁白云石或镁白云石；当 CaO/MgO>58/42 时为高钙白云石。

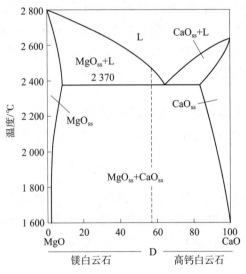

图 6-6 CaO-MgO 二元系相图

6.2.1 镁钙质耐火材料的抗水化措施

CaO 和 MgO 都具有 NaCl 型晶体结构，属立方晶系，面心立方点阵，Fm-3m 空间群。其阴离子和阳离子都呈面心配位，离子配位数均为 6，Ca^{2+} 和 Mg^{2+} 处于 O^{2-} 的八面体间隙中。它们的晶格常数分别为 CaO 的 $4.80×10^{-4}$ μm 和 MgO 的 $4.20×10^{-4}$ μm。每个晶胞含有 4 个分子。由于 Mg^{2+} 半径较小，可以完全被包围在 O^{2-} 之间，而 Ca^{2+} 半径比 Mg^{2+} 大，不能完全被 O^{2-} 包围。因此，CaO 的晶格较为疏松，密度低，比 MgO 更容易水化。计算得出，CaO 水化时体积增加 96.5%，会导致含游离 CaO 的耐火材料完全粉化而成粉末，从而限制了镁钙质耐火材料的推广应用。因此，提高抗水化性是镁钙质耐火材料的最大挑战。提高镁钙质耐火材料的抗水化性的途径有以下几条：

（1）降低材料的气孔率，增大 MgO 及 CaO 的晶粒尺寸，以减少水蒸气通过气孔与晶界的渗透。

（2）控制 MgO/CaO 的比值，以形成 CaO 被 MgO 包围的显微结构。

（3）在 MgO 与 CaO 颗粒表面形成抗水化保护层。具体方法包括烧结法和表面处理法。

1. 烧结法

烧结法是指通过沽化烧结或提高烧结温度等手段，降低镁钙质耐火材料的显气孔率，增加方镁石与方钙石的晶粒尺寸，从而提高其抗水化性。

1）活化烧结法（二步煅烧和水化）

不同活化烧结工艺路线如图 6-7 所示，共有 3 条技术路线。

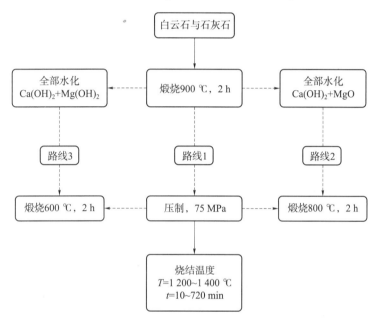

图 6-7　不同活化烧结工艺路线

路线 1：轻烧粉直接压球后再烧结。

路线 2 与路线 3：将部分轻烧粉或全部轻烧粉水化后压球，再经高温烧结。

二步煅烧法可以提高坯体密度、加快坯体的致密化速率，并显著降低烧结温度，从而有效提高石灰和镁钙熟料的抗水化性能；水化工艺则可借助水化过程中强烈的蹦散作用，破坏轻烧白云石所残留的母盐假象。同时，产生的 $Ca(OH)_2$ 和 $Mg(OH)_2$ 在烧结过程中可脱水，生成更具活性的细小 MgO 和 CaO 晶粒，进一步促进镁钙熟料的烧结性能。

2）添加外加剂烧结法

一方面，通过添加氧化物（如 Al_2O_3、Fe_2O_3、SiO_2、TiO_2、CuO 等）和非氧化物（如氮化物、碳化硼、单质硼、铝及金属），在较低温度下生成液相，促进 MgO 和 CaO 晶粒的发育和长大，加速烧结致密化过程；另一方面，利用液相对 MgO 和 CaO 的良好润湿性，不仅有利于方镁石和方钙石在表面张力的作用下进行颗粒重排，形成以 MgO 为基体、CaO 分布其间的网络结构，而且在液相冷却后，在晶界上形成的玻璃相物质阻碍了水蒸气向颗粒内部的扩散，从而改善了 MgO-CaO 系耐火材料的抗水化性。

引入 CeO_2、La_2O_3、ZrO_2、Y_2O_3、Cr_2O_3 等氧化物，在较高温度下与 MgO、CaO 发生固溶反应，不会对白云石质耐火材料的高温性能产生较大影响。同时，由于固溶于 MgO、CaO

晶粒的添加物引起晶格畸变，造成晶格缺陷，活化晶格，从而促进 CaO 和 MgO 晶粒的发育和长大。此外，这些添加物还起到增加 CaO 与 MgO 之间固溶度的作用，有助于提高 MgO-CaO 系耐火材料的抗水化性能。

也可以添加适当的组分使 CaO 生成稳定化合物，如 $CaZrO_3$、$CaTiO_3$、Ca_2SiO_4、Ca_3SiO_5 和 $CaAl_{12}O_{19}$ 等，提高其抗水化性能。但在加入 ZrO_2 及 SiO_2 时，需要考虑 Ca_2ZrO_4 及 Ca_2SiO_4 的晶型转变。Ca_2ZrO_4 有 5 种多晶体，由 β 型斜方晶系向 γ 型单斜晶系的转变类似于四方 ZrO_2 向单斜 ZrO_2 的转变，在冷却过程中伴随体积膨胀。β 型 Ca_2SiO_4 向 γ 型 Ca_2SiO_4 的转变是孪晶向非孪晶方向的不可逆的晶型转变，产生的体积膨胀率为 12%，大大高于 ZrO_2 的 4.9%。另外，选择 $Ca(OH)_2$、$CaCO_3$ 或 CaF_2 作为促烧结抗水化添加剂，可促进烧结但不污染材料。

2. 表面处理法

采用有机物或无机物对镁钙质耐火材料进行表面处理，在其表面形成一层保护膜，以隔离水蒸气防止水化。

1）有机物表面包覆

有机物表面包覆是指采用有机物，如焦油、沥青、石蜡、酯醇类、各种树脂、有机硅化物及有机酸-有机酸盐复合物（如乙醇酸-乳酸铝、柠檬酸-乳酸铝）等，对镁钙质耐火材料进行表面处理。这种方法不仅具有明显的抗水化效果，而且具有工艺简单和操作方便等优点。但随着温度的提高，其抗水化效果会减弱。

2）无机物表面包覆

无机物表面包覆是指通过在 CO_2 气氛下加热处理镁钙质耐火材料，使表面游离的 CaO 与 CO_2 发生反应，形成一层较为稳定的 $CaCO_3$ 薄膜。也可采用磷酸、磷酸钠、硅酸钠盐、磷酸二氢铝、草酸等溶液来浸渍镁钙质耐火材料，与其表面的游离 CaO 反应生成难溶或微溶的化合物，附着在原料表面。当采用前述酸溶液浸渍后再在 CO_2 气氛下处理时，抗水化效果更为显著。

3）密封包装法

热塑包装是目前防止镁钙质耐火制品水化的常用方法。它采用聚乙烯或聚氯乙烯等塑料薄膜进行热塑真空包装，使塑料薄膜紧贴在制品的表面。在包装过程中，通过抽真空和加热，使薄膜处于塑性状态，在大气压力作用下紧贴制品表面。有时还采用镀铝薄膜以增加其隔水能力。

除热塑包装以外，还有金属密封包装。它是将镁钙质耐火制品密封于集装箱等容器中，抽真空去除箱中的空气，以防止水化。密封包装是目前最常用的方法，未拆除包装时制品的抗水化性良好；但一旦拆除包装后，制品极易水化。因此，应尽快完成砌筑施工并投入使用。在使用过程中也应避免停炉，防止镁钙质耐火材料的温度下降到 600 ℃以下，以保证其不发生水化。

6.2.2 镁钙质耐火制品

镁钙质耐火制品主要有焦油白云石砖、镁白云石砖和直接结合白云石砖等。

焦油白云石砖是以烧结白云石为主要原料，通常加入适量烧结镁砂（通常为细粉形式），并使用焦油、沥青或石蜡等有机物作结合剂制成。镁白云石砖是在焦油白云石砖的基础上开发的，主要采用合成镁白云石砂为主要原料。前者为不烧制品，后者为烧成制品。配料时，可全部采用全合成镁白云石砂，也可在基质料中引入部分或全部高纯镁砂细粉，以便提高其抗渣性（尤其是针对氧化铁含量高的炉渣）和抗水化能力。合成砂可以采用一步煅烧法或二步煅烧法生产，其中二步煅烧法较为常见。烧成镁白云石砖通常采用三级配料，主要由 3~5 mm、0.5~3 mm 的颗粒和小于 0.088 mm 的细粉构成。细粉可以全部是合成砂，也可以部分或全部引入高纯镁砂粉，并以石蜡或焦油作结合剂。典型配比为：3~5 mm 占 10%；0.5~3 mm 占 60%；小于 0.088 mm 占 30%；外加占白云石粉体总质量为 2.7% 的石蜡。使用前，需对石蜡加热脱水，并在 80~100 ℃ 下保温。

用摩擦压砖机将泥料压制成型，在高温窑内烧成。烧成温度视杂质总含量而定，当杂质含量不小于 3% 时，烧成温度需达到 1 700 ℃ 或更高。烧成制度中应重点注意脱蜡温度，应在该温度范围内快速升温，以避免因脱蜡导致的砖坯强度显著降低，从而造成砖坯塌落或开裂。另外，燃料和一、二次风中不能含有过量的水分，否则将会引起砖坯的水化而粉化。

烧成后的镁白云石砖要采取防水化措施，严防其水化。通常采用塑料薄膜密封包装，避免其与大气中的水分接触。油浸镁白云石砖实际上是将烧成镁白云石砖在沥青液中进行真空浸渍，使沥青渗入砖内，覆盖颗粒和砖体表面，从而起到防水化作用，并提高抗渣性。它在碱性氧气转炉中的使用效果优于普通烧成镁白云石砖。

直接结合白云石砖或直接结合镁白云石砖的生产工艺与烧成镁白云石砖相似，但其原料要求较高，$SiO_2 + Al_2O_3 + Fe_2O_3$ 杂质总含量必须小于 2%。合成白云石砂的体积密度应大于 3.15 g/cm³，合成镁白云石砂的体积密度应大于 3.20 g/cm³。其烧成温度也较镁白云石砖高，物理性能也更优。直接结合白云石砖主要应用于炉外精炼 AOD、VOD 炉的渣线高侵蚀区，使用效果显著优于直接结合镁铬砖和直接结合高纯镁砖，是取代镁铬砖的优质材料之一。

由于烧成制品工艺复杂，投资大，能耗高，并且采用沥青会造成环境污染，因此，近年来有采用无水酚醛树脂作为结合剂的方法生产不烧镁白云石砖，并在钢包渣线进行应用，也取得了与烧成镁白云石砖相接近的使用效果。

6.2.3 镁钙质耐火材料的性质及应用

镁白云石砖具有良好的高温性能，其荷重软化温度超过 1 700 ℃。然而，它在高温下的重烧收缩率较大，当温度超过 1 750 ℃ 时，炉子降温易产生砖缝，从而渗钢。

与镁砖和镁铬砖相比，镁白云石砖在真空条件下更稳定。只需在 MgO 材料中添加 10%~20% 的 CaO，就可以显著降低 MgO 的相对挥发量。这是因为少量 CaO 固溶于 MgO 中，以及 MgO 优先挥发后，在镁钙质耐火材料中形成富 CaO 层。

镁钙质耐火材料的另一个优点是其具有脱硫作用，对生产洁净钢有利，当镁钙质耐火材料中含 20% MgO-CaO 时，就能取得明显的脱硫效果。此外，镁钙质耐火材料在钢液中分解氧活度低，不污染钢水，有助于去除钢液中的夹杂物，提高钢的纯度，并减少连铸水口结瘤。

镁钙质耐火材料的最大缺点是易于水化，因此在制造、运输、储放、砌筑和使用过程中都应避免接触水和水蒸气。不过，也可将这一特点应用于炼钢转炉永久衬的拆卸。在炉役结束后，往残衬砖上浇水，镁白云石砖会迅即粉化，从而简化完成拆炉作业。

烧成镁白云石砖广泛应用于炉外精炼炉，如 AOD 炉、VOD 炉等。在大型水泥窑中，作为镁铬砖的替代产品，其应用也日益广泛。

6.3 镁铬质耐火材料

镁铬质耐火材料是以方镁石和镁铬尖晶石为主晶相的耐火制品。通常用于生产 $MgO-Cr_2O_3$ 系制品的原料包括镁砂、铬矿和合成镁铬砂，有时加入少量添加剂。通过将不同 MgO 含量（一般大于 89%）的烧结镁砂和电熔镁砂，与不同 Cr_2O_3 含量的耐火级铬矿和铬精矿，以及烧结或电熔合成的镁铬砂（有时加入少量铬绿）相配合，可生产出多种镁铬制品。

配料时控制 MgO 的含量在 60%~70%，Cr_2O_3 的含量在 8%~12%。一种典型的镁铬砖配方是：新疆铬矿 0~2.0 mm 占 25%~35%；镁砂 0~3.0 mm 占 40%~45%；镁砂细粉占 20%~30%。

镁铬砖的混炼、成型和干燥过程与镁砖相同。由于铬矿中含有低价铁，当使用亚硫酸纸浆废液为结合剂成型时，残留炭在预热带不易燃尽，因此在码砖时应留较大的火道，适当降低码砖密度，并提高砖坯在预热带的供热速率。镁铬砖的烧成温度一般在 1 550~1 600 ℃，在保证制品外形精度的前提下，烧成温度应尽量高一些。

1. 生产工艺要点

1）铬矿和镁砂配比对镁铬质耐火材料的影响

实践证明，当铬矿与镁砂配比为 50：50 时，制品的抗热震性最佳。铬矿与镁砂比值的增大或减小都会降低制品的抗热震性。当铬矿含量过高时，制品在 1 650 ℃下抵抗铁氧化物作用的能力会显著降低，铬矿颗粒会和 Fe_3O_4 形成固溶体，引起体积急剧膨胀，致使制品爆胀。配料中铬矿的含量越高，爆胀现象越严重。而镁砂含量的提高能增强制品的抗渣能力。

2）基质矿物组成对制品性能的影响

镁铬质制品的主要矿物组成是方镁石和尖晶石，基质部分由硅酸盐组成，主要矿物有 M_2S、CMS 和 C_3MS_2 等。除 M_2S 外，CMS 和 C_3MS_2 都是低熔点矿物，因此应限制原料中的 CaO 含量，以生成高耐火的 M_2S 矿物。

3）气氛性质的影响

在还原气氛下烧成镁铬质耐火材料时，在 650 ℃下镁砂细粉中的 MgO 开始置换粗颗粒铬矿中尖晶石的 FeO，发生固相反应，体积收缩约为 24.3%，产生烧成裂纹。在氧化气氛下，铬矿中的 FeO 在 500 ℃时被氧化成 Fe_2O_3，形成 $(Fe \cdot Cr)_2O_3$ 固溶体，体积收缩为 1.5%，由 MgO 置换出来的 FeO 被氧化成 Fe_2O_3，随即与 MgO 结合成铁酸镁，这两个反应的总体积膨胀只有 6.6%。因此，镁铬质耐火材料应该在弱氧化气氛下烧成。

镁铬质制品的稳定性良好，耐火度大于 2 000 ℃，荷重软化温度一般在 1 550 ℃以上，高温体积稳定性好，抗热震性比镁砖强，是偏碱性的高级耐火材料，被广泛应用于冶金、化工、玻璃、水泥等行业。

2. 镁铬砖的六价铬污染及其对策

镁铬砖中三价铬化合物在氧化或被碱或硫酸盐侵蚀后，会转化为有毒的六价铬化合物（简称六价铬），具体形态包括 K_2CrO_4、Na_2CrO_4 以及 $K_2[(SO_4)_x(CrO_4)_y]$ 或 $Na_2[(SO_4)_x(CrO_4)_y]$ 等。六价铬对人体与环境，特别是水体，会造成严重污染。

影响这些反应的重要因素包括介质、氧分压和温度等。在 Cr-O 系中，稳定存在的氧化物有 Cr_2O_3 和 CrO_3，其中，Cr_2O_3 是重要的耐火材料组分；不稳定的化合物有 Cr_3O、

CrO（$T_{熔} = 1\,723\ ℃$）、Cr_3O_4、CrO_2（$T_{分解} = 477\ ℃$）、Cr_5O_{12}（$T_{分解} = 547\ ℃$）、Cr_2O_5（$T_{分解} = 380\ ℃$）、Cr_8O_{21}（$T_{分解} = 367\ ℃$）、$CrO_{2.9}$（$T_{分解} = 237 \sim 277\ ℃$）等，这些不是耐火材料组分，但在不同氧分压和温度下，可转变成 Cr_2O_3 和 CrO_3，进而生成六价铬化合物。

防止六价铬污染的途径包括以下几方面：

（1）原料控制：制造镁铬砖的原料即镁砂、铬矿、镁铬砂等理论上都不含六价铬，但研究发现铬绿（Cr_2O_3）和电熔镁铬砂中含有六价铬。因此，在破碎、粉磨电熔镁铬砂及添加铬绿配料、混合、成型时应注意防护。

（2）结合剂控制：在混合镁铬砖泥料时，若使用含有碱性离子（Na^+、K^+）的结合剂，如碱性纸浆废液、水玻璃、钠的磷酸盐等，烧成后的制品中会形成六价铬盐。镁铬砖中 Na_2O 含量越高，六价铬含量也越高。因此，须对结合剂加以控制与选择。

（3）氧分压控制：对 Cr_2O_3 含量为 12% 的镁铬砖进行氧分压调整的烧成实验显示，当空气过剩系数较大时，六价铬含量也随之增加。通过使用低钙镁砂原料、无碱或低碱结合剂，并适当控制冷却带前端风压，可以将镁铬砖生产过程中产生的六价铬含量降低至 0.04×10^{-6}%，从而对环境产生的污染极小。

（4）使用条件控制：在炼钢时的还原气氛下，氧分压低，不会增加镁铬砖中六价铬的含量。然而，在含钙、钠、钾较多的介质中，六价铬含量会急剧升高。例如，在水泥回转窑中服役的镁铬砖会与水泥熟料反应，生成六价铬盐 $3CaO \cdot 3Al_2O_3 \cdot CaCrO_4$。在石灰窑和煅烧白云石回转窑等碱性热介质环境中，使用后的镁铬砖中六价铬盐大量增加，不应长期存放在大气中，应尽可能地对其再生利用。通常，夹杂物不多的镁铬废砖可以回收用作低档镁铬砖的原料；夹杂物多的镁铬废砖可以通过还原煅烧，使六价铬转变为三价铬，或者在镁铬废砖中加入 TiO_2 或焦粉，在 $800 \sim 1\,200\ ℃$ 下煅烧，从而实现六价铬向三价铬的转变。

（5）开发无铬碱性砖：解决六价铬污染的最彻底的方法是开发和应用无铬砖。$MgO\text{-}Al_2O_3(\text{-}FeO)$ 系、$MgO\text{-}CaO$ 系、$MgO\text{-}SiO_2$ 系、$MgO\text{-}ZrO_2$ 系及 $MgO\text{-}CaO\text{-}ZrO_2$ 系等都是非常有前途的碱性品种，并已在水泥窑、玻璃窑、蓄热室、石灰窑等领域得到了应用。但是，在温度高、热冲击大、渣侵蚀严重的二次精炼炉，特别是有色冶金炉中，耐火材料受到严重侵蚀，因此开发有效的无铬砖依然任重道远。因此，在积极推行无铬化的同时，减少镁铬砖在生产与使用中的危害仍是重要课题。

6.4　镁铝尖晶石质耐火材料

镁铝尖晶石质耐火材料是指以方镁石为主晶相、镁铝尖晶石族矿物为结合相的碱性耐火材料。尖晶石族矿物的化学通式为 AB_2O_4，其中 A 代表 Mg^{2+}、Fe^{2+}、Zn^{2+}、Mn^{2+}、Co^{2+}、Ni^{2+} 等二价金属阳离子，B 代表 Al^{3+}、Fe^{3+}、Cr^{3+} 等三价金属阳离子。根据三价金属阳离子的不同，该族矿物分为 3 个系列：尖晶石系列、磁铁矿系列和铬铁矿系列。下面仅分析镁铝尖晶石质耐火材料。以方镁石（MgO）为主晶相、镁铝尖晶石（简式 MA）为结合相的耐火材料称为镁铝尖晶石质耐火材料，属 MgO-MA 系材料。以镁铝尖晶石为主晶相、刚玉为次晶相的耐火材料也称为镁铝尖晶石质耐火材料，属 $MA\text{-}Al_2O_3$ 系材料。

镁铝尖晶石（也称尖晶石）的化学式为 $MgO \cdot Al_2O_3$，其理论含量：$w(MgO) = 28.3\%$，

$w(\text{Al}_2\text{O}_3) = 71.7\%$。镁铝尖晶石（MA）仅是 MgO–$\text{Al}_2\text{O}_3$ 二元系相图中的一个中间化合物，熔点为 2 135 ℃。如图 6–8 所示，在该系统中形成了两个低共熔体，分别在 MA–MgO 和 MA–Al_2O_3 二元系中，低共熔体的组成分别为 77∶23 和 11∶89，在高温下，方镁石在尖晶石中的固溶度可达 10%（质量分数），而刚玉在尖晶石中的固溶度更高。

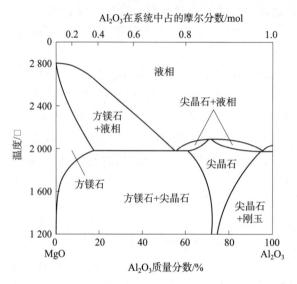

图 6–8　MgO–Al_2O_3 二元系相图

镁铝尖晶石质耐火材料可根据 Al_2O_3 含量和制造工艺进行分类，按 Al_2O_3 含量可分为以下四大类：

（1）方镁石–尖晶石质耐火材料，$w(\text{Al}_2\text{O}_3) < 30\%$。

（2）尖晶石–方镁石质耐火材料，$w(\text{Al}_2\text{O}_3) = 30\% \sim 68\%$。

（3）尖晶石质耐火材料，$w(\text{Al}_2\text{O}_3) > 68\% \sim 73\%$。

（4）尖晶石–刚玉质耐火材料，$w(\text{Al}_2\text{O}_3) > 73\%$。

镁铝尖晶石质耐火材料按制造工艺可分为原位反应尖晶石质耐火材料和合成尖晶石质耐火材料。

目前，工业生产和使用较多的尖晶石质耐火材料属方镁石–尖晶石质耐火材料，其次是尖晶石–刚玉质耐火材料。前一类多数采用原位反应工艺生产，如我国生产的 $w(\text{Al}_2\text{O}_3) < 8\% \sim 10\%$ 的镁铝砖；后一类采用合成尖晶石工艺生产。

1. 镁铝尖晶石质耐火材料的性质

镁铝尖晶石质耐火材料具有强度大、抗热震性好、化学稳定、抗富铁氧化物侵蚀能力强的特点。与镁铬砖相比，其主要优点是对还原气氛、游离 CO_2、游离 SO_2/SO_3 及游离 $\text{K}_2\text{O}/\text{Na}_2\text{O}$ 的抗侵蚀性强，以及具有较好的抗热震性和耐磨性；与硅酸盐结合的镁砖相比，其具有以下特点：

（1）热膨胀各向同性：MA 与方镁石均属等轴晶系，其膨胀系数比普通镁砖小，因此抗热震性好。

（2）弹性模量小：以 MA 为结合相的镁铝耐火材料的弹性模量较普通镁砖小得多，分别为（0.12~0.228）×10^5 MPa 和（0.6~5）×10^5 MPa，因此其抗热震性较好。

（3）MF 在 MA 中的固溶度大：MA 能从方镁石中转移出 MF，从而提高方镁石的塑性，消除了 MF 因温度波动引起的向方镁石中溶解或自其内部析出的作用，消除了对抗热震性的不良影响。

（4）MA 与 FeO 反应可以生成含有 FeO 的尖晶石：$FeO + MgO \cdot Al_2O_3$（MA）$= MgO + FeAl_2O_4$，随后过量的 FeO 与 MgO 形成固溶体，并在液相出现之前吸收相当数量的 FeO，因此具有和 MgO 相同的"扫荡"FeO 的能力。MA 吸收 FeO 后，膨胀较小。

（5）高熔点和高荷重软化温度：尖晶石（MA）的熔点为 2 135 ℃，并且与方镁石形成二元系的熔点较高（1 995 ℃），因而以 MA 结合的耐火材料制品的耐火度和荷重软化温度较高。

2. 镁铝尖晶石质耐火材料的生产工艺

镁铝尖晶石质耐火材料生产工艺有两种：原位反应工艺和合成工艺。原位反应工艺生产的制品属中档产品，合成工艺生产的制品属高档产品。

1）原位反应工艺生产

这种工艺采用镁砂为骨料，在基质镁砂粉料中按比例加入部分工业 Al_2O_3 或特级高铝矾土粉，通过压坯和烧成，直接形成尖晶石。尖晶石于 1 000~1 100 ℃ 开始生成，在 1 100 ℃ 时反应强烈，在 1 500~1 550 ℃ 时反应趋向完成。但由于尖晶石再结晶能力较弱，并且 $MgO + \alpha - Al_2O_3 = MgO \cdot Al_2O_3$ 反应自身产生约 6.9% 的体积膨胀，使烧结相当困难，难以制得致密的尖晶石制品，因此烧成温度应在 1 700 ℃ 以上才能获得致密制品。

2）部分合成工艺生产

该工艺采用烧结镁砂或电熔镁砂为骨料，加入预合成的尖晶石细粉，制成部分合成镁铝尖晶石质耐火材料。在这类制品中，也可以混合使用烧结镁砂和电熔镁砂作为骨料，预合成尖晶石细粉作基质。采用该工艺生产的制品的纯度较高，杂质含量较少，烧成温度一般需要在 1 700~1 750 ℃。

3）全合成工艺生产

该工艺要求合成尖晶石砂的纯度高、密度大、成分分布均匀，可以使用电熔或烧结的合成料。利用这种合成尖晶石料作骨料和细粉，按"两头大中间小"的粒径配比原则进行配制，结合剂可以用纸浆、聚合氯化铝、结晶氯化铝或多聚磷酸盐，也可混合使用这些结合剂。采用高压成型和高温烧成，一般烧成温度为 1 750 ℃ 或更高。用该工艺制得的制品称为电熔（或烧结）合成再结合尖晶石质耐火材料，属直接结合产品。

3. 镁铝尖晶石质耐火材料的应用

镁铝尖晶石质耐火材料作为高级耐火材料，已被广泛应用于大型水泥回转窑、玻璃窑炉蓄热室、电炉炉顶、炉外精炼、钢包及其他强化操作的热工设备中。

实践表明，Al_2O_3 质量分数为 5%~12% 的方镁石-尖晶石制品具有耐高温、抗侵蚀性和抗热震性能，适用于中间包挡渣墙、钢包滑板等部位。Al_2O_3 质量分数为 10%~20% 的方镁石-尖晶石制品因其出色的抗热震性，适用于水泥窑和石灰窑的过渡带及烧成带的内衬。Al_2O_3 质量分数为 15%~25% 的方镁石-尖晶石制品具有较强的抗 SO_3 和碱性硫酸盐侵蚀的能力，适用于玻璃窑蓄热室格子砖。

方镁石-尖晶石质耐火材料被认为是有望取代镁铬制品的材料之一，具有优良的性能和广阔的发展前景，尤其在水泥窑无铬碱性耐火材料领域。方镁石-尖晶石制的品热导率比镁铬质制品高，其中尖晶石组分在过热条件下易与水泥熟料中的 C_3S 或 C_3A 反应，生成低熔点的 $C_{12}Al_7$，从而导致窑皮烧流，造成制品的蚀损和挂窑皮性差。ZrO_2 是方镁石-尖晶石制品形成稳定窑皮的理想添加材料。稳定的窑皮的存在减少了因窑皮在不断的脱落和重新挂窑过程中造成的窑衬砖内温差的频繁变化，从而减少了因此而造成的结构劣化，提高了使用寿命。因此，研究具有良好抗剥落性、强抗热震性、抗侵蚀性且挂窑皮性好的方镁石-尖晶石制品，作为镁铬质制品的最佳替代材料并应用于水泥回转窑，仍然是一个重要的研究课题。

6.5　镁橄榄石质耐火材料

镁橄榄石质耐火材料是以镁橄榄石 $2MgO \cdot SiO_2$（简式 M_2S）为主要相组成的耐火材料。因此，其性能主要取决于镁橄榄石的性质。

镁橄榄石质耐火材料的生产工艺与普通镁砖相似，区别在于原料不同。其生产工艺简述为：以煅烧后的橄榄岩（低灼烧减量可不用煅烧）、蛇纹岩为原料，加入适量的镁砂细粉，采用高浓度的纸浆废液，有时在特殊情况下采用木糖浆或糖浆、卤水作结合剂，通过配料、成型和高温烧成即制得镁橄榄石质耐火材料。在 1 450 ℃下，镁橄榄石的形成反应已经完成，但镁橄榄石晶体的生长和制品的烧结却进行缓慢。为了保证镁橄榄石再结晶过程能良好地进行，并形成粗大的镁橄榄石骨架，从而保证制品具有满足要求的气孔率、强度和其他性能指标，制品应在 1 650~1 700 ℃下烧制。提高原料纯度与烧成温度可优化制品性能。

镁橄榄石质耐火材料具有很高的荷重软化温度，加入镁砂的制品的荷重软化温度可达1 650~1 700 ℃，甚至更高。它们抵抗熔融氧化铁的能力较强，但对 CaO 的抵抗作用较弱，抵抗黏土质及高铝质物料的能力则更弱。其抗热震性较普通镁砖好，主要用于加热炉炉底、热风炉及各种工业炉蓄热室的格子砖。

6.6　小　结

本章主要介绍了碱性耐火材料的结构、特性及生产工艺，重点在于掌握镁质、镁钙质、镁铝尖晶石质、镁铬质耐火材料的特性及生产工艺原理。

目前，国内外除镁橄榄石质耐火材料的使用较少外，其他碱性耐火材料应用广泛。然而，由于镁铬尖晶石质耐火材料存在环境污染问题，故其使用比例正逐步减少。近 20 年来，随着冶炼技术的进步，耐火材料需具备优良的高温性能，特别是抗熔渣侵蚀性和渗透性能。因此，我们在 MgO-CaO 系材料中引入碳系材料，开发出了 MgO-CaO-C 系列产品。此类产品发展迅速，应用广泛，效果显著，是其他材料难以比拟的。以 MgO、CaO 或 MgO-CaO 为基的碱性耐火材料，具有耐火度高、高温力学性能好、抗碱性渣和铁渣侵蚀能力强等特点，已被广泛应用于转炉（尤其是氧气复吹转炉）、电炉、炉外精炼、钢包、有色金属冶炼、水泥等工业领域。除上述性能外，这类材料还具有除磷、除硫，净化钢水的作用。随着洁净钢和高端品种钢需求的增长，这类材料越来越受到人们关注。此部分内容将在第 7 章中详细介绍。

习 题

6-1 说明含游离 CaO 耐火材料在冶炼洁净钢中的优势、存在的问题及其解决措施。

6-2 如何提高镁质耐火材料的直接结合程度？

6-3 尖晶石质耐火材料在炉外精炼技术发展中如何应用？简述钢包内衬材料的尖晶石的引入方式、种类及基本性质。

6-4 提高镁质耐火材料抗渣性的主要途径是什么？

6-5 哪些物相对镁质耐火材料的性能产生较大不利影响？

6-6 镁质耐火材料的主晶相和结合相分别有哪些？并说明其主要品种及用途。

6-7 镁质原料包括哪些？选择镁砂时应注意哪些问题？

6-8 白云石原料在煅烧过程中会发生哪些物理化学变化？

6-9 如何提高白云石质耐火材料的抗水化性能？在工艺上应采取哪些措施？

6-10 简述镁橄榄石质耐火材料的生产工艺要点。

第7章 碳复合耐火材料

随着顶吹转炉（包括顶底复吹转炉）、超高功率电炉、炉外精炼、连续铸锭及铁水预处理等技术的出现，传统耐火材料的某些性质已无法满足这些新的冶炼技术的需求。为了提高耐火材料的抗渣性，需要提高其体积密度并降低气孔率。然而，随着气孔率的下降和体积密度的提高，耐火材料的抗热震性有所下降。将石墨引入耐火材料可以解决这一问题。石墨由于难以被炉渣浸润，并且具有良好的导热性和韧性，能显著提高耐火材料的抗渣性和抗热震性。这种由耐火材料和碳素材料组合而成的材料称为碳复合耐火材料，其主要成分包括耐火氧化物、碳化物及鳞片状石墨等。

碳复合耐火材料在冶金用耐火材料中有重要意义，因此，本书中单独列一章进行讨论。本章内容将介绍有关 MgO-C 质、Al_2O_3-C 质、Al_2O_3-SiC-C 质、ZrO_2-C 质等 6 种材质的碳复合耐火材料的基本性质、生产工艺要点，以及其在炼铁、炼钢、连铸系统的应用。本章内容符合无机非金属材料工程专业方向的偏重及特色，为学生将来从事钢铁冶金、耐火材料行业提供了相关理论知识。

7.1 碳复合耐火材料的热力学分析

7.1.1 碳复合耐火材料损耗的基本机理

对于碳复合耐火制品来说，其在使用过程中的损耗主要是由碳氧化造成的，其基本机理如下：

1. 碳-氧反应和碳-耐火氧化物之间的反应

石墨被环境中的氧化性气体（如 O_2）或炉渣中的氧化性组分（如 FeO）氧化，化学反应式为

$$2C_{(石墨)} + O_2 \!\!=\!\!=\!\! 2CO \text{ 或 } C_{(石墨)} + FeO \!\!=\!\!=\!\! CO + Fe \tag{7-1}$$

石墨还可以被耐火材料中的氧化物氧化，以 MgO 为例，反应式为

$$MgO + C \!\!=\!\!=\!\! Mg + CO \tag{7-2}$$

2. 碳-耐火氧化物-炉渣之间的反应

熔融炉渣与耐火骨料发生化学反应，生成低熔点物质进入炉渣，或者炉渣侵入炉衬表

层，导致表层致密化。在冷热循环的过程中，致密化部分脱落，石墨表面暴露出来。碳被氧化生成 CO 或 CO_2 气体，这些反应首先发生在固体碳素表面的活性点上，而石墨表面的活性点可以存在于层面的端缘，或者存在于晶格内有缺陷的碳原子上。石墨在氧化气氛中加热，在约 600 ℃ 时开始氧化，产生 CO 和 CO_2 气体，在约 1 000 ℃ 以上时生成的气体几乎全部是 CO。

7.1.2 碳复合耐火材料中抗氧化剂的作用原理

1. 防止碳氧化的方法

在碳复合耐火材料的损毁机理中，碳的氧化是主要原因。为防止碳氧化，通常可以采用以下三种方法：

1）添加金属或易氧化的非金属化合物

这些物质比碳更容易被氧化，能抑制外界氧对石墨的氧化。常用的抗氧化剂有 Si、Al、Mg、Ca、SiC、B_4C、B_4N 等。这些抗氧化剂可以单独使用或复合使用，这种方法对与金属和熔渣接触的耐火制品的表面有效。

2）形成适当的表面涂层

表面涂层能在广泛的温度范围内（从低温到 1 500 ℃）形成保护层。在 900 ℃ 以下进行热处理时，涂层可形成一层凝胶保护层，隔绝空气，防止内部结构氧化；在 900 ℃ 以上进行热处理时，凝胶保护层逐渐熔化形成连续的玻璃相，隔绝空气，防止碳被氧化。

3）采用微孔结构

通过设计微孔结构，可以防止氧气渗入耐火材料，从而保护材料免受氧化。

2. 添加剂的行为及作用

在碳复合耐火材料中，添加 Si、Al、Mg、SiC、B_4C、B_4N 及 Al-Si、Al-Mg 合金等抗氧化剂的作用主要有以下两个方面：

热力学角度：在工作温度下，添加剂或其与碳反应的生成物与氧的亲和力大于碳，优先被氧化，从而保护碳免受氧化。

动力学角度：添加剂与 O_2、CO 或碳反应，生成的化合物改变了碳复合材料的显微结构，如增加致密度、堵塞气孔、阻碍氧及反应产物的扩散等。

1）添加剂在碳复合耐火材料中的存在方式

从热力学角度看，在碳复合耐火材料中添加金属抗氧化剂通常会首先生成碳化物或氮化物。图 7-1 和图 7-2 分别展示了碳复合耐火材料中一些金属单质与碳、氮的亲和力与温度的关系。由图 7-1 可知，除 Mg 以外，Si、Al、Ca、B、Zr 均能与碳反应生成碳化物。图 7-2 则表明在氮气气氛下，Si、Al、Mg、Ca、B、Zr 均能形成氮化物。碳化物和氮化物的形成提高了碳复合耐火材料的强度。在碳复合耐火制品中，Si 转变为 β-SiC 的起始温度为 1 100 ℃。β-SiC 的生成主要通过两个平行反应：Si 和 C 直接反应，金属 Si 主要与接触的结合剂碳和石墨的边缘处（此处碳的活性较高）反应生成 β-SiC；通过气相传质形成，即 Si 首先与气孔中的 CO 反应：

$$Si+CO \xrightarrow{\hspace{1cm}} SiO+C \tag{7-3}$$

生成的 SiO 气体通过气相扩散到活性较高的碳质点上（石墨边缘和结合剂碳），发生如下反应生成 β-SiC。生成的 β-SiC 主要富集在石墨的边缘，并以弥散的粒子状态分布。具体反应式如下：

$$SiO+2C \Longrightarrow SiC+CO \tag{7-4}$$

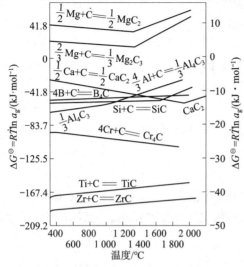

图 7-1　金属单质与碳的亲和力与温度的关系

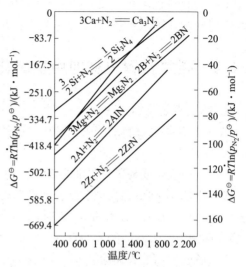

图 7-2　金属单质与氮的亲和力与温度的关系

在 Si-C 体系中加入一定量的金属铝后，生成 SiC 的起始温度降低到 700 ℃，并且生成量增大。这可能是由于加入的 Al 与 Si 颗粒表面的 SO_2 发生如下反应，破坏了 SO_2 薄膜。具体反应式如下：

$$3SiO_2+4Al \Longrightarrow 2Al_2O_3+3Si \tag{7-5}$$

当存在 N_2 时，于 1 200 ℃以上开始生成 Si_3N_4。Al_4C_3 的开始生成温度为 900 ℃，其生成主要通过气相传质进行。

首先，Al 与气孔中的 CO 发生反应生成 Al_2O 气体。具体反应式如下：

$$2Al+CO \Longrightarrow Al_2O+C \tag{7-6}$$

根据新相形成原理，Al_2O 与 CO 在固相或液相表面反应生成新相 Al_4C_3。具体反应式如下：

$$2Al_2O+8CO \Longrightarrow Al_4C_3+5CO_2 \tag{7-7}$$

生成的 Al_4C_3 晶核可能再溶解于铝液，或者在固体表面外延长大。在固体表面外延长大的 Al_4C_3 即为晶须或纤维状；而溶解在铝液中的 Al_4C_3 达到饱和后就会沉积在固体颗粒上，长大成为晶须或针状晶体。

当在 Al-C 体系中加入 Si 后，会显著降低 Al_4C_3 的生成温度。同样，Mg 能促进 Al_4C_3 的生成，可能是因为首先 Mg 与铝反应生成 Mg_3Al_2 合金，然后 Mg_3Al_2 合金与 C、CO_2、CO 反应生成 Al_4C_3。这样的历程如下所示，降低了 Al_4C_3 的生成活化能，促进其生成。若有 N_2 气氛存在，则在 800 ℃时就可以生成 AlN。具体反应式如下：

$$2Mg_3Al_2+3C \Longrightarrow Al_4C_3+6Mg \tag{7-8}$$

$$2Mg_3Al_2+3CO_2 \Longrightarrow Al_4C_3+6MgO \tag{7-9}$$

$$2Mg_3Al_2+6CO \Longrightarrow Al_4C_3+6MgO+3C \tag{7-10}$$

2）抗氧化剂的作用机理

关于 Al、Si 改善碳复合耐火材料抗氧化性的机理有以下两种观点：

（1）体积增大效应：Al、Si 与气孔中的 CO 反应生成 SiO_2 和 Al_2O_3，这些反应都伴随体积增大效应，堵塞气孔，阻止气体反应物的扩散，从而提高材料的抗氧化性。

（2）气体反应效应：Al、Si 与 CO 反应放出 Al_2O 和 SiO 气体，这些强还原性气体在脱碳层时遇到 CO_2 气体，反应生成 SiO_2 和 Al_2O_3，它们沉积堵塞气孔，阻止了气体反应物的扩散，提高其抗氧化性。

进一步了解具体的反应机埋，下面分析 Al 和 Si 在使用过程中的化学反应。

在氧化过程中，含碳耐火材料不同部位发生的氧化还原反应是不同的。在原始耐火材料层中，抗氧化剂与 CO 的反应是由抗氧化剂的氧化自由能与 $2C+O_2 = 2CO$ 的自由能决定的；而在脱碳层内，抗氧化剂与 CO_2 的反应是由抗氧化剂的氧化自由能与 $2CO+O_2 = 2CO_2$ 的自由能决定的。当添加金属 Si 粉和 Al 粉时，根据热力学数据可以绘出在 $p_{N_2} = 0.065$ MPa 和 $p_{CO} = 0.035$ MPa 的条件下，反应（7-11）和反应（7-12）的 $\ln p$ 与 $1/T$ 的关系，如图 7-3 和图 7-4 所示。由图可知，Al、Si 及其碳化物和氮化物都能与 C 反应生成 Al_2O 和 SiO 气体。具体的反应式如下：

$$Si, SiC, Si_3N_4, Si_2N_2O + CO \longrightarrow SiO + N_2 + C \tag{7-11}$$

$$Al, Al_4C_3, AlN + CO \longrightarrow Al_2O + C + N_2 \tag{7-12}$$

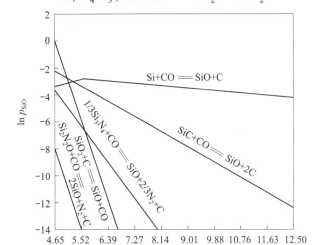

图 7-3　反应（7-11）的 $\ln p_{SiO}$ 与 $1/T$ 的关系

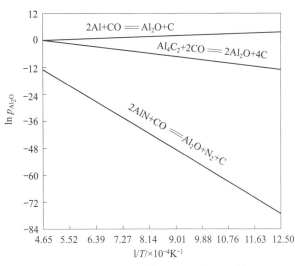

图 7-4　反应（7-12）的 $\ln p_{Al_2O}$ 与 $1/T$ 的关系

Al_2O 和 SiO 气体外逸的过程中，若在脱碳层遇到 CO_2 气体，就会发生如下反应：

$$SiO+CO_2 \Longrightarrow SiO_2+CO \tag{7-13}$$

$$Al_2O+2CO_2 \Longrightarrow Al_2O_3+2CO \tag{7-14}$$

上述反应进行的程度取决于氧化气氛（p_{CO}/p_{CO_2}）和温度，其中 $\ln p_{SiO}$ 和 $\ln p_{Al_2O}$ 与氧化气氛及温度的关系如图 7-5 所示。

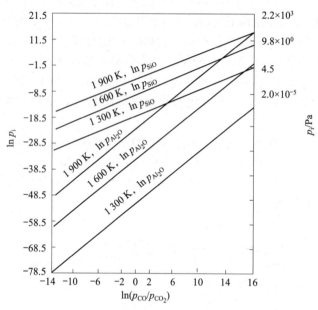

图 7-5 $\ln p_{SiO}$ 和 $\ln p_{Al_2O}$ 与氧化气氛（P_{CO}/p_{CO_2}）及温度的关系

由图 7-5 可知：由于脱碳层中氧化气氛比耐火材料原砖层强得多，因此，在耐火材料原砖层逸出的 Al_2O 和 SiO 气体就会气相沉积在脱碳层的扩散通道上，生成的 Al_2O_3 和 SiO_2 会堵塞气孔，提高材料的抗氧化性。温度越高，耐火材料原砖层生成的气体逸出的速率越快，氧化气氛越强，氧化沉积的 Al_2O_3 和 SiO_2 越多，抗氧化效果也就越明显。

在 MgO-C 质耐火材料中加入 Al，或者在含碳耐火材料中同时加入 Mg 和 Al 时，会发生以下反应：

$$Al_2O_3+MgO \Longrightarrow MgAl_2O_4 \tag{7-15}$$

生成 $MgO \cdot Al_2O_3$ 尖晶石的反应产生了体积膨胀，从而形成紧密结构，提高了材料的抗氧化能力和高温强度。另外，加入 Al 或同时加入 Mg、Al，在氧气转炉冶炼条件下，可形成镁阿隆：

$$5Al+9Al_2O_3+5/2N_2+xMgO \Longrightarrow Al_{23}O_{27}N_5 \cdot xMgO \tag{7-16}$$

近年来，国外研究较多的是含硼添加剂，如 B_4C、CaB_6、ZrB_2、TiB_2、MgB_6、AlB_2 等。在 MgO-C 质耐火材料中加入 B_4C 不仅可以有效提高材料的强度，还能提高抗氧化性。其原因是：B_4C 在低于 1 000 ℃ 的温度下开始氧化，生成的 B_2O_3 液相与 MgO 反应生成 $3MgO \cdot B_2O_3$。其反应如下：

$$B_4C+3O_2 \Longrightarrow 2B_2O_3+C \tag{7-17}$$

$$B_4C+6CO \Longrightarrow 2B_2O_3+7C \tag{7-18}$$

$$3MgO+B_2O_3 \Longrightarrow 3MgO \cdot B_2O_3 \tag{7-19}$$

硼酸三镁液相对石墨的润湿性差，但对 MgO 的润湿性好。因此，它对碳的保护不是通过包裹碳，而是通过硼酸盐连接 MgO 颗粒，形成桥结构，MgO 颗粒与硼酸盐桥构成较致密的保护层，从而封闭表面，阻断氧的侵入。在 1 300 ℃ 以上时，硼酸三镁还可以被碳还原生成 Mg 蒸气和 B_2O_3 气体，这些生成的 Mg 蒸气与 B_2O_3 气体进一步保护碳。其反应式如下：

$$MgO \cdot B_2O_3 + C \xrightarrow{\hspace{1cm}} Mg + B_2O_3 + CO \tag{7-20}$$

$$3Mg + B_2O_3 + 2C \xrightarrow{\hspace{1cm}} 3MgO + 2BC \tag{7-21}$$

另外，添加 CaB_6、ZrB_2、TiB_2、AlB_2 等含硼添加剂不仅可以在整个温度区间内具有整体抗氧化性效果，而且可以提高碳复合耐火材料的抗侵蚀性和高温力学性能。

7.2　镁碳质耐火材料的生产及应用

镁碳（MgO-C）质耐火材料是由高熔点碱性氧化镁（熔点为 2 800 ℃）和难以被炉渣浸润的高熔点碳素材料为原料，添加各种非氧化物添加剂，并使用碳质结合剂结合而成的不烧碳复合耐火材料。它主要应用于转炉、交流电弧炉、直流电弧炉的内衬及钢包的渣线等部位。

镁碳质耐火材料的生产工艺流程如图 7-6 所示。若使用热塑性酚醛树脂为原料，则需添加 6 次甲基四胺（乌洛托品）作固化剂；若使用热固性酚醛树脂为原料，则无须另加固化剂。该生产工艺流程的特点是在室温下进行混炼和成型，工艺简单。

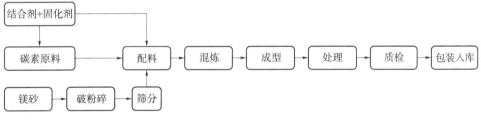

图 7-6　镁碳质耐火材料的生产工艺流程

7.2.1　镁碳质耐火材料的生产工艺要点

1. 镁砂临界粒径的选择

镁碳质耐火材料的熔损是通过工作面上的镁砂与熔渣反应进行的。熔损速率不仅与镁砂性质有关，还取决于镁砂颗粒的大小。较大的颗粒具有较高的耐蚀性能，但它们容易从镁碳质工作面脱离至熔渣中，从而加快损毁。大颗粒镁砂的绝对膨胀量比小颗粒大，并且镁砂的膨胀系数远大于石墨，导致大颗粒与石墨界面产生较大的应力和裂纹。因此，小颗粒镁砂有助于缓解热应力，可以使制品的气孔孔径变小，提高抗氧化性；然而，较小的临界粒径也增加了物料间的内摩擦力，造成成型困难，引起密度下降。因此，在生产时，需要根据具体使用条件来确定镁砂的临界粒径尺寸。一般而言，在温度梯度大、热冲击激烈的部位，应选择较小的临界粒径；而在要求耐蚀性高的部位，需要较大的临界粒径尺寸。为提高制品的体积密度，如果成型设备吨位较小，则可适当增大临界粒径。

2. 镁砂细粉的使用

为使镁碳质耐火材料的热膨胀能保持整体均匀性，需要在基质部分配入一定数量的镁砂细粉，这也有助于基质部分在氧化后保持一定的结构完整性。但是，若镁砂细粉过细，则会加快 MgO 的还原速率，从而加速镁碳质耐火材料的损毁。特别是小于 0.01 mm 的镁砂很容易与石墨反应，所以在生产时最好避免使用这种太细的镁砂。为了获得性能优良的镁碳质耐火材料，小于 0.074 mm 的镁砂与石墨的比值应小于 0.5；若超过 1，则会使基质部分的气孔率急剧增大。

3. 石墨的加入量

石墨的加入量应根据不同耐火材料及其应用部位综合考虑。一般而言，石墨加入量小于10% 时，难以形成连续碳网，无法充分发挥碳的优势；石墨加入量大于 20% 时，生产中成型困难，易产生裂纹，且制品易氧化。因此，石墨的加入量通常控制在 10%～20%，并根据具体部位进行调整。镁碳质耐火材料的熔损受石墨的氧化和 MgO 向熔渣中的溶解的影响，增加石墨量虽可以减缓熔渣侵蚀，但也会增加气相和液相氧化造成的损毁。

4. 混炼制度

由于石墨密度小，混炼时易浮在混合料顶部，难以与其他组分充分接触。因此，为解决这一问题，我们通常采用高速搅拌机或行星式混料机。在生产镁碳质耐火材料时，加料次序对泥料的可塑性和成型性有重要影响。正确的加料次序是：粗、中镁砂→结合剂→石墨→镁砂细粉和添加剂的混合粉。不同混炼设备设置的混炼时间不同，若混炼时间过长，则导致镁砂细粉和石墨脱落，且结合剂中的溶剂大量挥发而使泥料变干；若过短，则会导致混合料不均匀，并且可塑性差，不利于成型。

5. 成型制度

成型是提高填充密度，使制品组织结构致密化的重要步骤，因此需要高压成型，并严格按照先轻后重、多次加压的操作规程进行。在生产镁碳质耐火材料时，通常通过控制砖坯密度来制定成型工艺。压力机吨位越高，砖坯密度越高，所需结合剂越少。否则，因颗粒间距离的缩短，液膜变薄，会导致结合剂发生局部集中聚集，造成制品结构的不均匀，影响制品性能，从而引起弹性后效造成坯体开裂。

6. 硬化处理手段

酚醛树脂结合的镁碳质耐火材料可在 200～250 ℃ 的温度下进行热处理，使树脂直接（热固性树脂）或间接（热塑性树脂）硬化，从而使制品具有较高的强度。一般处理时间为24～32 h，其中在 50～60 ℃ 时需保温使树脂软化，在 100～110 ℃ 时需保温防止溶剂大量挥发，在200～250 ℃ 时因结合剂缩合硬化也需保温。

7.2.2　镁碳质耐火材料在炼钢系统中的应用

1. 镁碳质耐火材料在转炉炉衬上的应用

在冶炼过程中，转炉各部位的使用条件和损毁情况各不相同，因此针对不同使用部位需要使用不同的耐火材料。

（1）**炉口**：由于炉口温度变化剧烈，受到熔渣和高温废气的冲刷较为严重，同时在清除废钢和加料时会受到撞击。因此，用于炉口的耐火材料必须具有高抗热震性和抗渣性，能够耐受熔渣和高温废气的冲刷，不易挂钢且易于清理。

（2）**炉帽**：炉帽是受渣蚀严重的部位，同时受到温度变化、碳的氧化和含尘废气的冲刷。因此，需使用抗渣性强和抗热震性强的镁碳砖。

（3）**装料侧**：吹炼时，炉渣和钢水的喷溅会对装料侧造成化学侵蚀、磨损和冲刷。此外，装料侧还会受到装入废钢和铁水的直接撞击和冲蚀，带来严重的机械性损伤。因此，镁碳砖需要具备高抗渣性、高温强度和良好的抗热震性，通常使用加入了抗氧化剂的高强度镁碳砖。

（4）**出钢侧**：出钢侧在装料时基本不受机械损伤，热震影响也较小，同时受到出钢时钢水的热冲击和冲刷，损毁速率远比装料侧慢。为保持转炉炉衬的均衡寿命，通常采用与装料侧相同材质但厚度较薄的镁碳砖。

（5）**渣线部位**：渣线是炉衬与熔渣长期接触的区域，受渣蚀严重。在出钢侧，炉渣位置随出钢时间变化；在排渣侧，由于强烈的渣蚀和炉腹部位在吹炼过程中受到的其他作用共同影响，渣线损毁严重，因此，需要使用抗渣性优良的镁碳砖进行砌筑。

（6）**耳轴两侧**：耳轴两侧不仅受到吹炼时的损毁作用，而且表面无保护渣层覆盖，不易修补，导致炉衬材质中的碳易氧化，损毁严重。因此，这些部位应使用抗渣性和抗氧化性强的高级镁碳砖。

（7）**炉缸和炉底**：这些部位在吹炼时受到钢水的剧烈冲蚀，但与其他部位相比，损毁较轻。可选用低碳含量的镁碳砖或焦油白云石砖。当采用高速吹炼且熔池较浅时，炉底中心部位可能损毁严重；此外，采用底吹时，这些部位的损毁可能加剧，应采用和炉腹装料侧相同的材质。

根据不同部位选用适宜的镁碳砖是提高转炉技术经济指标和均衡炉衬的有效方法。图 7-7 展示了日本大分钢厂 LD-OB 复吹转炉的综合砌炉炉衬的一个实例。

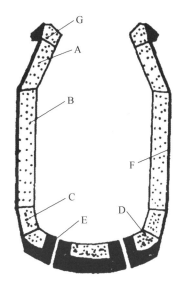

A，B，C，D—不烧镁碳砖；E—镁碳砖；F—永久衬；G—Al$_2$O$_3$-SiC-C 砖。

图 7-7　日本大分钢厂 LD-OB 复吹转炉的综合砌炉炉衬的一个实例

图 7-7 中，A 为不烧镁碳砖（C=20%，高纯石墨，烧结镁砂）；B 为不烧镁碳砖（C=18%，高纯石墨，烧结镁砂）；C 为不烧镁碳砖（C=15%，普通石墨，烧结镁砂）；D 为不烧镁碳砖（C=15%，普通石墨，烧结镁砂）；E 为镁碳砖（C=20%，高纯石墨，电熔镁砂）；F 为永久衬（烧成镁砖）；G 为 Al$_2$O$_3$-SiC-C 砖。

从图中可看出，为了使转炉炉衬达到均衡损毁，根据不同部位的使用条件，应考虑镁砂骨料的种类和石墨的纯度。

2. 镁碳质耐火材料在电炉上的应用

自 1975 年引入超高功率（Ultra High Power，UHP）电炉以来，电炉炼钢已广泛用于钢水后处理，从而简化了氧化环境下的炼钢电炉操作。当前，电炉炼钢的最新技术包括直流（DC）电炉、供气搅拌和炉底出钢。这些进步促进了耐火材料的发展和炉衬砌衬技术的变化，其中，最显著的是开发了镁碳砖并首先在电炉中应用。

镁碳砖的应用部位包括电炉侧墙、少量电炉底、出钢口的大砖、供气用元件，以及直流电炉用的导电砖和捣打料。现代水冷技术需要高导热性能的镁碳砖，而电炉侧墙用镁碳砖在 UHP 电炉中遇到的条件最为严苛。

目前，UHP 电炉几乎全部采用镁碳砖砌筑。决定 UHP 电炉用镁碳砖质量的主要因素包括：作为 MgO 源的镁砂纯度、杂质种类、方镁石晶粒结合状态和晶粒尺寸；作为碳源的石墨纯度，结晶程度和鳞片大小。结合剂通常选择酚醛树脂或沥青。镁碳砖中添加抗氧化剂（主要是非氧化物）能改变和改善其基质的结构，但在使用电炉时，抗氧化剂并不是必要成分；只有在高 FeO_n 炉渣的电弧炉中，如氧枪附近或钢水冲击墙及 UHP 电炉热点部位，抗氧化剂才是必要成分。

UHP 电炉炉墙的耐火材料主要用于热点区和渣线部位。这些部位通常选用优质镁碳砖，因为它可以显著延长 UHP 电炉的使用寿命。

渣线部位用镁碳砖的侵蚀行为表现为形成反应带和脱碳带。反应带是指熔渣渗入镁碳砖后形成的侵蚀区域，在该区域，熔渣中 FeO_n 被还原为金属铁珠，甚至连溶于 MgO 中的脱溶相和晶间（$FeO \cdot MgO$）$\cdot Fe_2O_3$ 也会被还原。熔渣渗入砖的深度主要取决于脱碳层的厚度，通常到残存石墨的地方就会终止。在正常情况下，镁碳砖中的脱碳层通常较薄。

热点区用镁碳砖有两种不同的观点：一种观点认为，虽然高石墨含量可以延缓形成脱碳层，但石墨氧化后留下的孔洞会增强熔渣的渗透和侵蚀，因此主张镁碳砖中的石墨含量应适中，控制在 10%~14%。另一种观点则认为，高石墨含量利于提高制品抗氧化性和耐蚀性，认为热点区的石墨配入量应大于 18%，即 20%~25%。这些不同观点的产生可能与镁碳砖中气孔孔径大小及其分布、颗粒级配和组成的合理化（基质是否强化）及产品的致密程度不同有关。通常，建议 UHP 电炉的热点区和渣线部位使用的镁碳砖中的碳含量应大于 18%，最好不低于 20%。

3. 镁碳质耐火材料在炉外精炼钢包上的应用

自 20 世纪 60 年代后期以来，炉外精炼技术得到了迅速发展。VOD、VAD、LF 和 RH 法是目前最常用的炉外精炼方法。这些方法基本上都属于真空加热精炼。由于钢水要在精炼钢包内进行脱气、去除杂质、调整成分和温度等操作，因此延长了钢水在精炼钢包中的停留时间。耐火材料在炉外精炼钢包中的应用，必须承受高温真空下的强烈冲刷和炉渣的严重化学侵蚀，使用条件极其苛刻，因此成为稳定生产的关键。

渣线部位：通常采用先直接结合镁铬砖、电熔再结合镁铬砖等优质碱性砖的方法。自镁碳砖在转炉上成功应用后，精炼钢包渣线部位也开始使用镁碳砖，并取得良好的效果。

实际应用：高强度镁碳砖被用于 VOD 精炼钢包的渣线区，如图 7-8 所示。图中显示渣线以下部分全部使用高铝砖。镁碳砖在砌筑时，采用卤水调制的电熔镁砂粉作为火泥，每层砖的接缝处按所需尺寸切割成型。这种精炼方法和耐火材料的使用有效提高了炉外精炼钢包的性能，保障了钢水处理过程的稳定和高效。

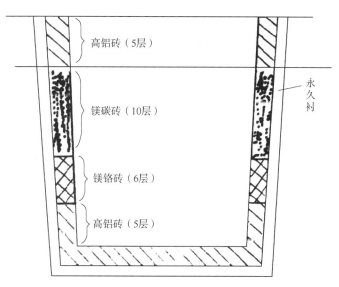

图 7-8　VOD 精炼钢包包衬砌筑示意

优化炉衬使用寿命的方法如下：

炉衬任何部位的提前损坏均会破坏整个炉衬的均衡损耗，导致被迫停炉并降低炉龄。在精炼钢包中使用镁碳砖时，砖缝的提前损毁尤其严重，使用 4~5 炉次后，就可观察到砖缝有明显凹陷，成为炉衬中的薄弱环节。因此，必须研究镁碳砖的砌筑方法，如砌筑时使用火泥，以减少砖缝的提前损毁。

镁碳砖具有优良的抗侵蚀性和抗热震性。然而，由于原料中石墨及结合剂的性质，以及非氧化物添加剂等的影响，当镁碳砖用于盛钢桶衬砖时，易出现砖缝损毁和剥落等意外破损，寿命往往较短。由于镁碳砖中的鳞片状石墨取向不同，导致制品的物理性能差异很大，如图 7-9 所示。当石墨层取向平行于压缩方向时，石墨层间的收缩增加，蠕变能力变大，热应力降低；反之，当取向垂直于压缩方向时，蠕变能力减小，热应力增加。

精炼钢包壁用砖衬按图 7-10 所示方法砌筑，这样会导致水平方向砖缝的开裂和机械性剥落，无法充分发挥镁碳砖的优越性，导致使用寿命缩短。如果砖的成型方向与盛钢桶上下砌筑的高度方向一致，并分成更小的部分，则可以缓和热应力，防止盛钢桶衬砖向内部鼓出和水平砖缝的开裂，减轻砖缝部位的提前损毁现象，延长渣线使用寿命。

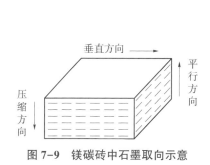

图 7-9　镁碳砖中石墨取向示意

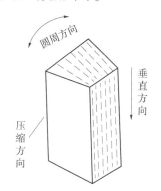

图 7-10　盛钢桶内一般的砌筑方向

7.3 镁钙碳质耐火材料的生产及应用

镁钙碳（MgO-CaO-C）质耐火材料是由碱性氧化物即氧化镁（熔点为 2 800 ℃）和氧化钙（熔点为 2 570 ℃）与难以被炉渣浸润的高熔点碳素材料作为原料，添加多种添加剂，无水碳质结合剂结合而成的不烧碳复合耐火材料。

7.3.1 镁钙碳质耐火材料的性质

CaO 具有独特的化学稳定性，并能净化钢液，因此在不锈钢、纯净钢及低硫钢等优质钢种的冶炼中，其作用越来越受到重视。不锈钢的冶炼与一般钢种不同，在低碱度（CaO/SiO₂）渣的条件下，耐火材料长时间暴露在高温操作环境中。低碱度渣能提高 MgO 的溶解度，容易渗入方镁石晶界，促进晶粒分离和溶出。因此，在这种条件下使用镁碳质耐火材料会导致镁砂损毁严重。此外，由于操作温度高，炉渣中 CaO/SiO_2 和总铁含量低，难以在工作面附近形成致密的 MgO 层，使 MgO 与 C 的反应在砖内进行，导致组织劣化。

在冶炼不锈钢时，镁碳质耐火材料的损毁是炉渣引起的镁砂溶解与溶出，以及由 MgO 引起的碳氧化导致的组织劣化共同作用的结果，损毁速率显著增加。用镁钙碳质耐火材料取代上述操作条件和吹炼方法中使用的镁碳质耐火材料具有如下优点：砖中的 CO 溶解于炉渣中，在工作面形成高熔点和高黏度的渣层，起到保护作用；同时，由于 CaO 比 MgO 更能稳定地与 C 共存，因而减少了内部反应引起的组织劣化。

尽管 CaO 与 MgO 都是碱性耐火氧化物，但二者的抗渣性不同。CaO 对酸性渣（如 SiO_2）的抵抗性较强，因为 CaO 与 SiO_2 反应生成高熔点的 C_2S，同时提高了 CaO 工作面附近渣的碱度，增加了渣的黏度，降低了渣的侵蚀作用。因此，镁钙碳质耐火材料对低碱度渣的抗侵蚀性比镁碳质耐火材料更好；而在抗铁渣的能力方面，MgO 比 CaO 强。在转炉冶炼过程中，炉渣对耐火材料的侵蚀可分初期（主要是 SO_2，酸性渣）和后期（主要是 Fe_2O_3、CaO）两个阶段。对于初期渣，CaO 的存在可降低熔渣对耐火材料的侵蚀，缓解渣的渗透速率，因此 CaO 的抗侵蚀性优于 MgO；而在后期渣中，MgO 的抗侵蚀性优于 CaO。当渣中氧化铁含量低于 10% 时，镁钙碳质耐火材料同样表现出良好的抗渣性能。

7.3.2 镁钙碳质耐火材料的生产工艺要点及应用

1. 镁钙碳质耐火材料的生产工艺要点

镁钙碳质耐火材料的生产工艺因所用结合剂不同而有所差异。当沥青用作结合剂时，生产工艺流程如图 7-11 所示；当无水树脂作结合剂时，生产工艺流程与镁碳质耐火材料基本相同。

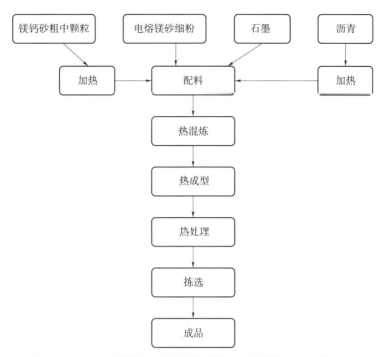

图 7-11　沥青用作结合剂时镁钙碳质耐火材料的生产工艺流程

1）骨料与基质

为了提高镁钙碳质耐火材料的抗水化性，通常采用含游离 CaO 的原料作为骨料，基质部分则采用电熔镁砂和石墨，这样可增强制品的抗渣性能和抗水化性能。

2）结合剂

由于 CaO 易水化，故结合剂应尽量少含结合水或游离水。适用的结合剂有煤沥青、石油重质沥青、高碳结合剂和无水树脂。

3）石墨的加入量

石墨的加入量应根据实际用途及操作条件确定。

（1）当低 CaO/SiO_2 比且高总铁渣含量时，石墨的加入量不宜过多，因为铁的氧化物和石墨反应会加速制品的损毁。

（2）当低 CaO/SiO_2 比且低总铁渣含量时，石墨的加入量越高，耐火材料的抗渣性越好，但耐磨性会变差，不适合钢水流动剧烈的部位。

（3）当高 CaO/SiO_2 比且高总铁渣含量时，增加石墨含量有利于减少制品的熔损量。

4）混炼与成型

当无水树脂作为结合剂时，其混炼与成型工艺与镁碳质耐火材料相同。使用沥青作结合剂时，通常采用热态混炼与成型。为提高制品的体积密度和碳结合强度，已压制的制品可以进一步经焦化处理，并用焦油沥青浸渍，以显著提升性能。

5）泥料配制

典型的镁钙碳质耐火材料泥料配比如表 7-1 所示。

表 7-1 典型的镁钙碳质耐火材料泥料配比   单位:%

含游离 CaO 原料			电熔镁砂	石墨	添加剂	结合剂
5~8 mm	1~5 mm	<1 mm	<0.088 mm	LG100-96[①]		
25~35	25~35	10~15	15~25	10~20	2~3	2.5~6

① 高碳石墨，粒径为 100 μm，固定碳含量为 96%。

6）制品坯表面处理

为了防止成型好的坯体中 CaO 的水化和提高防滑性能，通常需要进行表面处理。表面处理剂可以使用稀释后的无水树脂或石蜡、沥青等进行浸渍。

7）热处理

镁钙碳质耐火材料的热处理工艺与镁碳质耐火材料相同。

生产镁钙碳质耐火材料时，为防止和减少 CaO 的水化，须将白云石砂用作粗颗粒，镁砂用作细粉，尤其要使用无水树脂作为结合剂（如煤焦沥青、特殊改性的酚醛树脂），热处理温度在 150~250 ℃。配料中不宜加入 Al 和 Si 粉，这是因为虽然它们能提高耐火材料的抗氧化性，但也会加速熔损，降低耐用性。

为了制得高体积密度的耐火材料坯，需要采用高成型压力。但在高成型压力下，颗粒尤其是粗颗粒会被破碎，产生许多未被结合剂膜包裹的新生表面，这些新生表面在大气环境下极易水化，无法长时间存放。为解决这一问题，我们可采用焦油结合白云石质耐火材料和镁质耐火材料生产中的某些方法：一是对砖坯进行热处理，使沥青重新分布，覆盖断裂的白云石颗粒表面；二是采用低压振动成型，因为成型压力低，故白云石颗粒不会被破碎，能被沥青膜包裹，从而提高抗水化能力。

2. 镁钙碳质耐火材料的应用

镁钙碳质耐火材料主要用于转炉、电炉和炉外精炼钢包作内衬，或者与镁碳质耐火材料综合砌筑使用，其中镁碳质耐火材料用于易损部位，镁钙碳质耐火材料用于其余部位。

7.4 铝碳质耐火材料的生产及应用

铝碳（Al_2O_3-C）质耐火材料是以氧化铝和碳素为主要原料，并常常添加其他材料如 SiC、金属 Si 和 Al 等，通过沥青或树脂等有机结合剂黏结而成的碳复合耐火材料。广义上，以氧化铝和碳为主要成分的耐火材料均称为铝碳质耐火材料。

7.4.1 铝碳质耐火材料的性质

氧化铝在抵抗酸性和碱性炉渣、金属和玻璃熔液方面表现出色，它在高温下的氧化和还原气氛中均能被有效使用。而碳素原料，特别是石墨，具有高的热导率和低的线膨胀系数，并且与渣和高温熔液具有不湿润性。因此，铝碳砖具有如下特性：

（1）优异的抗渣性和抗热震性。相比镁碳质耐火材料，铝碳质耐火材料对碱性（如 Na_2O）和 TiO_2 渣的侵蚀具有更好的抵抗力。

（2）对于烧成铝碳质耐火材料，由于硅与碳在高温下反应生成碳化硅，使其形成双重结合系统，即碳结合和陶瓷结合。因此，烧成铝碳质耐火材料具有高力学性能，不仅在连铸中充当传统的耐火材料，还可作为一种功能结构材料使用。

7.4.2 铝碳质耐火材料的生产工艺要点及应用

1. 铝碳质耐火材料的生产工艺要点

1）原料的选择

铝碳质耐火材料按其生产工艺的不同，分为不烧铝碳质耐火材料和烧成铝碳质耐火材料。前者常用的原料有刚玉、莫来石、一等和二等高铝矾土熟料、鳞片状石墨、SiC、Si 粉等。与后者相比，它由于不用烧成、油浸及干馏热处理，因此工艺简单，但强度偏低，气孔率偏高。

铝碳质耐火材料中的 Al_2O_3 组分主要选用电熔刚玉和烧结刚玉。这些原料价格昂贵，硬度大，加工磨平困难。因此，为降低成本并适当提高抗热震性和抗侵蚀性，可根据我国资源特点，选用特级或一级优质矾土熟料作为颗粒料，刚玉作为细粉。然而，对于连铸时间长、温度高等苛刻条件下使用的耐火制品，必须提高 Al_2O_3 含量，降低 SiO_2 含量，故应选用刚玉或锆刚玉为主要原料。

铝碳质耐火材料中的碳素原料以鳞片状天然石墨为主，也可采用热解高纯石墨，有时还加入碳黑。碳在铝碳质制品中的作用如下：

（1）在颗粒孔隙内或在颗粒之间形成脉状网络的碳链结构，形成"碳结合"，降低气孔率，提高高温强度。

（2）形成不受金属和熔渣侵蚀的表面，提高抗侵蚀能力和抗热震性。

（3）为铁、硅氧化物的还原创造条件，生成的气体能阻止渣向耐火材料内部渗透。

（4）提高导热性，避免因温度过高导致的剥落和断裂。

铝碳质耐火材料使用的抗氧化剂包括 Al 粉、Si 粉、SiC 粉、B_4C 粉。加入少量抗氧化剂可以延缓含碳层的氧化，从而延长制品的使用寿命。

铝碳质耐火材料常用的结合剂包括树脂、焦油和沥青。采用热固性酚醛树脂结合剂及乌洛托品 [$(CH_6)N_4$] 硬化剂，能生成不溶解、不熔融的固化物，并在高温下保持残余碳量，确保其优良的使用性能。

2）生产工艺要点及流程

铝碳滑板砖是一种连铸用功能耐火材料，被广泛应用于电炉、转炉、炉外精炼钢包和连铸中间包等滑动水口系统中。作为控制钢水流量和流速的开关，要求其具有较高的高温强度、优良的抗侵蚀性、抗冲刷性和抗热震性，同时要求尺寸精度高。

目前，国内外大、中型钢包主要使用烧成铝碳质滑板，而小型钢包多使用不烧制品，而中间包滑板基本上以铝锆碳质耐火材料为主。图 7-12 和图 7-13 分别为铝碳质滑板及铝碳质连铸三大件的生产工艺流程。

（1）铝碳质滑板。

在铝碳质滑板的配料中，通常采用两种或多种碳素原料，总碳含量波动在 5%~15%。成型设备多为大型摩擦压砖机。由于成型过程中，不可避免地存在一定量的气孔和微裂纹，在烧成时，各固相成分的线膨胀系数不一致及液相数量很少，因此无法消除这些气孔和微裂纹，这些分布不均匀的气孔和微裂纹将影响制品的抗热震性能。当与钢水接触时，气孔部位

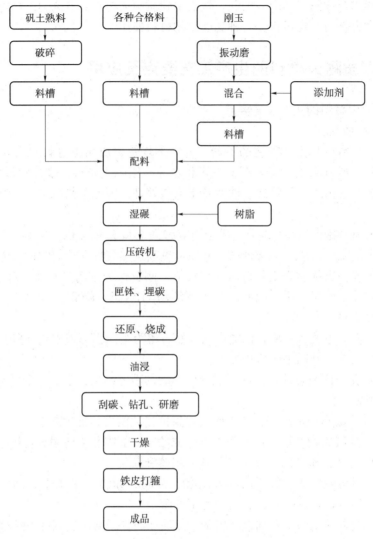

图 7-12　铝碳质滑板的生产工艺流程

首先遭到侵蚀，导致制品加速损坏。为克服这些缺点，可以用中温沥青浸渍处理，使沥青充填气孔，进一步提高制品的碳含量，从而增加制品的强度和抗侵蚀性能。

为提高滑板砖在铸孔边缘的抗侵蚀和抗冲刷性能，滑板砖应整块成型，并在烧成后用金刚石钻头钻出所需大小的铸孔，以确保铸孔周边密度均匀。钻孔后进行浸渍处理，也可以在铸孔处套上 ZrO_2 或 ZrO_2-C 环，来提高其抗侵蚀性能，满足特殊钢种的需要。此外，还可以在滑板的铸口部位与周边区域使用不同的一次成型材料，以提高使用寿命并降低成本。

成型后的坯体，经埋炭还原烧成、真空油浸处理、热处理和机加工后即得成品。在烧成铝碳质滑板过程中，有机结合剂在还原烧成中碳化结焦，形成碳结合；在 1 300 ℃还原烧成时，加入的 Si 与碳素反应生成 β-SiC，同时可能发生部分烧结，从而在砖体内形成陶瓷结合。因此，烧成铝碳质耐火材料中存在着两种结合系统，使其强度显著提高。即使在使用中碳素燃尽，由于陶瓷结合的存在仍能保持足够的残余强度。另外，为防止滑板砖在使用时破裂或裂纹扩大，可在滑板周围用铁皮打箍，以提高使用安全性。

图 7-13　铝碳质连铸三大件的生产工艺流程

（2）铝碳质连铸三大件。

铝碳质长水口（以下简称长水口）通常在钢包移至中间包上方时套装使用，多数情况下是在未经预热或预热不充分的情况下直接接上钢包的，因此要求长水口具有优良的抗热震性。为此，长水口的含碳量设定较高，一般为 20%~40%。

铝碳质浸入式水口（以下简称浸入式水口）是连铸工艺中的关键部位，对连续浇铸时间和钢材质量有重要影响。因此，在铝碳质连铸三大件（以下简称连铸三大件）中，浸入式水口是研究得最多的部件，其含碳量一般在 30% 左右。浸入式水口在使用前都需要进行预热处理，保证在使用时不易产生裂纹。然而，渣线部位的侵蚀、Al_2O_3 沉积导致的铸口堵塞及铸口损坏，是影响其寿命的致命因素。通常在浸入式水口渣线的外壁镶嵌 ZrO_2-C 层，来提高其抗渣性；内衬则采用 CaO-ZrO_2-C 质材料，可防止因 Al_2O_3 沉积造成的铸口堵塞。铝碳质整体塞棒的使用条件与长水口相同，但在使用前与浸入式水口同时预热，因此受热震影响较小。塞棒头部的冲刷蚀损是其主要损毁原因，可通过加入添加物、降低临界粒径、控制烧成温度和加入钢纤维等措施来改善。配料中 C+SiC 的含量一般控制在 30% 左右。

由于外形特殊，长水口、浸入式水口和整体塞棒的成型设备一般采用冷态等静压机（Cold Isostatic Press，CIP）。CIP 的工作原理是将配合料放入一个橡胶或塑胶模型，再将模型与料一起放置到密闭容器中，通过液压方式向制品施加各向同等的压力，使制品在高压的作用下得以成型及致密化。由于整体塞棒、长水口及浸入式水口的形状细长，配料中刚玉颗粒与石墨的密度相差较大，易导致颗粒与成分偏析，造成制品组成与结构的偏差。因此，在加料之前需要进行造粒，通过树脂等结合剂将刚玉与石墨混合制成小球，保证成分均匀与良好的颗粒流动性，使坯体的成分与密度均匀一致。

此外，由于对这类制品性能的稳定性要求很高，而树脂等结合剂的性质受气温及湿度的影响很大，所以生产连铸三大件的车间要求恒温恒湿。长水口及浸入式水口烧成后（或在烧成前）需用车床加工至需要的尺寸。为防止制品在使用时迅速氧化脱碳，应在制品表面涂一层防氧化涂料。

2. 铝碳质耐火材料的应用

不烧铝碳质耐火材料属于碳结合型耐火材料，已被广泛应用于高炉、铁水包等铁水预处理设备中。烧成铝碳质耐火材料属于陶瓷结合或双重结合型耐火材料，由于其具有高强度、优良的抗侵蚀和抗热震性能，因而被大量应用于连铸滑动水口系统中的滑板砖、钢包上下水口、中间包水口及连铸三大件中。

所谓连铸三大件，即长水口（Ladle Shroud）、浸入式水口（Submerged Nozzle）和整体塞棒（Monoblock Stopper）。如图7-14所示，这些部件在连铸系统中占据重要位置，其质量的好坏对于连铸过程乃至整个钢厂生产的连续性与稳定性具有重要意义。

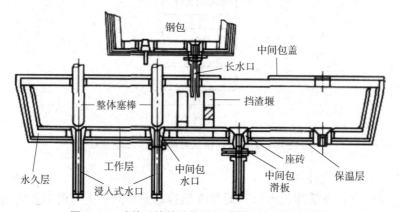

图 7-14　连铸系统的结构及铝碳质耐火材料的应用

7.5　铝碳化硅碳质耐火材料的生产及应用

铝碳化硅碳（Al_2O_3-SiC-C）质耐火材料的主要原料包括电熔刚玉（或烧结刚玉、特级铝矾土熟料、红柱石）、含固定碳90%～95%的鳞片状石墨、结合剂（热固型酚醛树脂）、碳化硅、抗氧化添加剂（Al 粉、Si 粉等复合剂）。铝碳化硅碳质耐火材料的生产经配料、混炼、成型和热处理等工序组成。另外，在基质中加入一定量的电熔镁砂，可以在使用过程中形成尖晶石，并产生残余膨胀性，从而提高耐火材料的热态强度，增强抗侵蚀性。加入适量 β-Si_3N_4，有助于增加在脱磷条件下耐火材料的化学稳定性，同时提高耐冲击性、热态强度和耐磨性。

铝碳化硅碳质耐火材料的主要原料为氧化铝，原料中应尽量减少 SiO_2 等杂质的含量。

研究表明：SiO_2含量越高，耐火材料的熔损速率越快。SiO_2含量低于6%的铝碳化硅碳质耐火材料内部不易产生裂纹。熔损由骨料晶界控制，电熔骨料晶粒大，晶界少，而烧结刚玉晶界多，渣容易渗入，造成晶粒流失，二者蚀损率分别为8%及35%，因此，选用电熔刚玉是最理想的。

石墨原料对铝碳化硅碳质耐火材料的抗渣和抗热震性能起重要作用。因此，在选择石墨时，应优先选择杂质（SiO_2、CaO、Fe_2O_3）含量低的石墨。同时，由于砖中气孔较多，使用小于150目的石墨有助于提高高温强度，其均匀分布有利于抑制基质部分的氧化及渣的渗透。

SiC能抑制碳的氧化，与CO反应生成致密的SiO_2保护层，填充气孔，使砖致密。SiC具有高热导率和强抗渣能力，但Na_2O易与SiC反应形成低熔物（$2Na_2O+SiC \Longrightarrow 4Na+C+SiO_2$），SiC的氧化生成物与$CaO$、$CaF_2$也易形成低熔物，如黄长石或玻璃相。因此，SiC的含量需根据不同部位进行适当选择。在粒径小于60 μm的SiC中引入铝碳化硅碳质耐火材料，在1 300 ℃左右温度下进行热处理可抑制氧化。SiC粒径越小，抗氧化效果越明显；粒径越大，抗热震性能越好。

在工艺方面，应注意配合料的混合顺序，通常是先将骨料、中间颗粒和预热后的树脂充分混合后，再加入预混合细粉及外加剂。配料误差要小，特别是对于加入量小于50%的组分，其配料误差应控制在0.2%以内。混炼应使用强制混合机，确保有足够的混合时间，以使骨料、细粉与树脂结合剂充分均匀混合；成型采用大吨位的摩擦压砖机或液压机；热处理窑的温度制度要便于控制。铝碳化硅碳质定形耐火材料制品主要用于鱼雷式混铁车、铁水罐等铁水预处理设备的内衬；而铝碳化硅碳质不定形耐火材料主要用于高炉出铁沟及高炉炮泥。下面将分别介绍这两种材料。

1. 铝碳化硅碳质定形耐火材料

在20世纪80年代中期以前，铁水罐主要用于存储铁水，内衬通常采用黏土砖和叶蜡石砖，这些材料在当时表现出良好的使用效果，因为铁水对耐火材料没有显著的化学侵蚀。然而，自从采用铁水预处理技术后，铁水包及鱼雷式混铁车内衬的使用寿命大幅度下降。主要原因是耐火材料受到了脱硫、脱磷和脱硅剂的严重侵蚀。常用的脱硫剂是CaO与CaC_2，脱磷剂是$CaO-FeO_n-CaF_2$系统，脱硅剂是铁系氧化物，这些粉剂在处理时的喷吹速率很高，可达600 kg/min。因此，鱼雷式混铁车和铁水罐的内衬需要具有优良的抗侵蚀性、抗热震性及良好的抗冲刷和耐磨损性。

高铝质耐火材料虽然对石灰质熔剂的侵蚀不敏感，但容易剥落。因此，鱼雷式混铁车和铁水罐的内衬材料中必须含有石墨和SiC，以改善其抗剥落性能。石墨赋予耐火砖高导热性，并能阻止渣的渗透；SiC则可在砖中生成气态SiO或SiO_2，保护石墨不被氧化。因此，铝碳化硅碳质耐火材料具有优异的抗侵蚀性、抗热震性及良好的抗冲刷和耐磨损性，是目前铁水预处理容器最理想的内衬材料。

2. 铝碳化硅碳质不定形耐火材料

铝碳化硅碳质不定形耐火材料主要应用于高炉铁沟及炮泥。在20世纪50年代以前，铁沟及炮泥主要以焦炭、黏土熟料及生黏土为原料，以焦油或纸浆作结合剂，经过人工捣打成型。自20世纪60年代起，由于冶炼条件的不断强化，铁沟及炮泥用耐火材料需要承受更为苛刻的使用条件，进而开发出了铝碳化硅碳质含碳捣打料，它以磷酸盐、焦油（或树脂）为结合剂，表现出优异的抗剥落性和抗侵蚀性。自20世纪70年代后期以来，开发出的适应不同要求的铝碳化硅碳质浇注料，已被广泛用于国内外的铁沟及炮泥中。

7.6 铝镁碳质耐火材料的生产及应用

铝镁碳（Al_2O_3-MgO-C）质耐火材料是以氧化铝、氧化镁（或镁铝尖晶石）和碳素为主要原料，通常还会加入其他原料（如金属 Al 粉），并使用沥青或树脂等有机结合剂黏结而成的不烧碳复合耐火材料。广义上，以氧化铝、氧化镁和碳为主要成分的耐火材料均可称为铝镁碳系耐火材料。按其主成分的不同，可分为：以氧化铝为主成分的制品，常用 AMC 表示；以氧化镁为主成分的制品，常用 MAC 表示。

在高温使用过程中，铝镁碳质耐火材料中的基质镁砂细粉与高铝细粉发生化学反应，生成镁铝尖晶石，导致体积膨胀，有助于提高制品的致密性和抗渣性能。然而，过度膨胀可能导致开裂和钢包变形。因此，可以在基质中引入适量的预合成尖晶石，减少镁砂与高铝粉的反应，从而控制膨胀。

7.6.1 铝镁碳质耐火材料的性质

铝镁碳质耐火材料是在高性能的镁碳和铝碳质耐火材料的基础上发展起来的，是用在钢包衬的高铝质和白云石质耐火材料的替代产品。这种由碱性和酸碱两性耐火氧化物组成的耐火材料，不仅具有优良的化学和热力学稳定性，而且具有优异的热学和力学性能。

1. 钢水渗透能力高

铝镁碳质耐火材料在使用过程中，由于氧化铝和氧化镁之间的尖晶石化反应，导致耐火炉衬整体的膨胀，可有效阻止钢水从衬砖间的接缝处渗透到砖内部。

2. 抗渣性能优良

除石墨的作用外，铝镁碳质耐火材料使用过程中形成的尖晶石能吸收渣中的 FeO 形成固溶体，而 Al_2O_3 与渣中的 CaO 反应形成高熔点 CaO-Al_2O_3 系化合物，起到堵塞气孔并增加熔体黏度的作用，从而抑制渗透。

3. 机械强度高

相对于镁碳质和铝碳质耐火材料而言，铝镁碳质耐火材料的石墨含量较少，一般在 6%~12%，因此其体积密度大、气孔率低、强度高。

典型的铝镁碳质耐火材料理化指标如表 7-2 所示。

表7-2 典型的铝镁碳质耐火材料理化指标

指标	LMC65	LMC70
MgO 含量/%	≥10	≥10
Al_2O_3 含量/%	≥65	≥70
C 含量/%	≥7	≥7
体积密度/($g \cdot cm^{-3}$)	≥2.95	≥3.00
显气孔率/%	≤8	≤8
常温抗压强度/MPa	≥40	≥45

7.6.2 铝镁碳质耐火材料的生产工艺要点及应用

铝镁碳砖的生产工艺流程与镁碳砖相似。其生产过程中使用的含氧化铝原料包括特级高铝矾土熟料、一级高铝矾土熟料、电熔刚玉和烧结刚玉；含氧化镁原料可用电熔镁砂或烧结镁砂；碳素原料主要为鳞片状天然石墨；结合剂通常采用合成酚醛树脂，并添加一定量的SiC 和 Al 粉作抗氧化剂。

尽管上述含氧化铝原料均可用，但由于矾土中含有较多氧化硅，故不利于制品的抗渣性。相比之下，烧结刚玉的结晶细小且晶界较多，用其制得的铝镁碳砖的抗渣性不如用电熔刚玉制得的铝镁碳砖的抗渣性。含氧化铝原料一般占配料总量的 80% ~ 85%，以颗粒状和粉状形式存在。含氧化镁原料主要有电熔镁砂和烧结镁砂。电熔镁砂结晶粗大，体积密度大，抗渣能力强，因此，在不烧铝镁碳砖中通常加入电熔镁砂，并且主要以细粉形式加入，加入量在 15% 以内。加入过多的电熔镁砂会导致制品在使用过程中生成过多的尖晶石，产生过大应力和裂纹，削弱强度；适量加入电熔镁砂时，尖晶石化的体积效应有利于堵塞气孔。碳素原料一般以鳞片状天然石墨为主，为了避免实际使用过程中碳素材料的低温氧化及因石墨高热导率引起的热损耗过大，石墨的加入量一般控制在 10% 以内。结合剂与其他含碳材料相似，一般采用合成酚醛树脂，其加入量根据成型设备选择，一般在 4% ~ 5%。

随着连铸及炉外精炼技术的发展，钢包中的钢水温度不断升高，停留时间也不断延长，以前使用的黏土砖、高铝砖或焦油白云石砖内衬已无法满足要求。不烧铝镁碳砖在这种背景下于20 世纪 80 年代后期得以发展，主要用于钢包内衬。其使用寿命比传统耐火砖内衬提高 2~5 倍，成为 20 世纪 90 年代初钢包内衬的主流产品，并且至今仍被广泛应用于钢包包衬材料中。

7.7 铝锆碳质耐火材料

7.7.1 铝锆碳质耐火材料的性质

铝锆碳质耐火材料的开发主要是为了满足连铸工艺对多炉连铸滑板的需求，解决铝碳质耐火材料因强度增加而抗热震性下降的问题。铝锆碳质耐火材料是在铝碳质耐火材料中配入一定量的 ZrO_2，通过添加低膨胀系数的锆莫来石和优良的抗侵蚀性能的锆刚玉制成的碳复合耐火材料。

这种材料以烧结刚玉、含锆原料（主要是锆莫来石与锆刚玉）、石墨（或不定形碳）及添加剂为原料，使用酚醛树脂作为结合剂，经烧成（或不烧）加工而成。它具有高强度、优良的抗侵蚀性和抗热震性。

影响铝锆碳质耐火材料的使用寿命的主要原因是热应力作用导致的各种裂纹。为提高其使用寿命，应采用低膨胀系数的材料。碳素材料的线膨胀系数低，通过增加碳含量可以提高材料的抗热震性，但同时增加了被氧化的风险。一旦被氧化，制品的抗冲刷和抗侵蚀能力就会下降。莫来石的膨胀系数低于刚玉，添加莫来石也可以提高铝锆碳质耐火材料的抗热震性，但随着莫来石含量的增加，会导致抗侵蚀能力下降。

在不影响抗渣性能的情况下提高铝碳质耐火材料的抗热震性，可以添加锆英石和碳化硅。

但随着锆英石含量的增加，氧化硅含量也在增加，不利于耐火材料的抗渣性；增加碳化硅含量，可以提高抗氧化性，但碳化硅被氧化后会增加制品内的氧化硅含量，从而影响抗渣性。

因此，提高铝碳质耐火材料抗热震性最有效的方法是在配料中加入锆莫来石或 AZTS（Al_2O_3-ZrO_2-TiO_2-SiO_2），有时为了提高制品的抗渣性，还可加入脱硅锆。

在铝碳质耐火材料中加入锆莫来石，不仅能发挥莫来石的作用，还能利用 ZrO_2 在 1 000 ~ 1 200 ℃下由单斜相转变为四方相时伴随的 7% ~ 9% 体积收缩，使耐火材料在高温下的膨胀系数降低，抗热震性增强。另外，ZrO_2 具有优良的抗侵蚀性，因此，含锆莫来石的铝碳质耐火材料的抗侵蚀性和抗热震性优于含莫来石的铝碳质耐火材料和普通铝碳质耐火材料。

7.7.2　铝锆碳质耐火材料所用锆系原料及其性质

与铝碳质耐火材料相比，铝锆碳质耐火材料在配料中增加了 ZrO_2 系原料。

ZrO_2 有 3 种晶型变体：高温立方型（c-ZrO_2），密度为 6.27 g/cm^3；中温四方型（t-ZrO_2），密度为 6.10 g/cm^3；低温单斜型（m-ZrO_2），密度为 5.65 g/cm^3。这 3 种晶型变体的转变温度如下：

$$m\text{-}ZrO_2 \xrightarrow{1\,170\,℃} t\text{-}ZrO_2 \xrightarrow{2\,370\,℃} c\text{-}ZrO_2 \xrightarrow{2\,715\,℃} 液相\ ZrO_2$$

ZrO_2 由单斜相向四方相的晶型转变会产生 7% ~ 9% 的体积变化（升温时，单斜→四方晶型有明显收缩，反之呈膨胀，体积变化效应为 3% ~ 5%）。这种转变对 ZrO_2 制品的生产影响极大，具有以下特征：

1）结晶学特征

通过母相结构剪切形成新相，无扩散性，新相与母相维持共格关系，该相变也称马氏体相变。

2）相变速率

由于无扩散性，该转变属于非热激活转变，只要满足热力学条件 $\Delta G < 0$，相变即可发生。相变速率快，可达声速。

3）相变温度

马氏体相变没有确定的终了温度。晶粒尺寸减小，t-ZrO_2→m-ZrO_2 转变温度降低。当晶粒尺寸足够小时，t-ZrO_2 在室温下也可稳定存在。

由于 ZrO_2 的马氏体相变，故含锆材料在高温下具有低热膨胀率，如图 7-15 所示。其热膨胀率低于铝碳质耐火材料中常见的其他氧化物材料，这有利于提高其抗热震性。

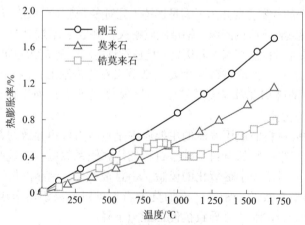

图 7-15　有关材料的热膨胀率

制备铝锆碳质耐火材料所用的 ZrO_2 系原料主要包括锆莫来石、锆刚玉和部分稳定 ZrO_2。引入 ZrO_2 系原料，除利用 ZrO_2 本身优异的抗侵蚀性及锆莫来石的低热膨胀率外，通过控制 ZrO_2 的马氏体相变还可以提高材料的韧性和抗热震性。

1）锆莫来石

锆莫来石是氧化锆-莫来石复合材料的简称，分为烧结锆莫来石和电熔锆莫来石。目前市场上销售的锆莫来石主要是电熔锆莫来石，其 ZrO_2 含量在 30%~35%，具有优良的热膨胀率和抗侵蚀性。电熔锆莫来石通过将工业氧化铝和锆英石在电弧炉中熔制而得，其反应式为：$2ZrSiO_4 + 3Al_2O_3 = 2ZrO_2 + 3Al_2O_3 \cdot 2SiO_2$。电熔锆莫来石的主要物相是莫来石和斜锆石，并伴有一定量的 t-ZrO_2 和刚玉相、玻璃相。理想的锆莫来石的显微结构应为共晶结构，ZrO_2 均匀分布于 AS_2 基晶内。然而，由于实际生产中冷却工艺的制约，难以获得全共晶结构。常见的锆莫来石的显微结构是 ZrO_2 以细微的针状或树枝状分散存在于莫来石晶体的内部或周边。ZrO_2 的晶粒尺寸在零点几微米至十几微米。ZrO_2 的均匀性与 t-ZrO_2 的含量及粒径对铝锆碳质耐火材料的性能有重要影响。

2）锆刚玉

锆刚玉是由工业氧化铝和氧化锆原料通过电熔或高温烧结制成，其主晶相为刚玉、斜锆石及少量四方 ZrO_2。ZrO_2 分散在刚玉晶内及晶界。ZrO_2 的粒径是零点几微米至数微米。与锆莫来石一样，理想的锆刚玉晶体结构也应为共晶结构。在实际应用中，ZrO_2 的含量常控制在 23%~25%。ZrO_2 的加入显著改善了耐火材料的性能。原因是弥散分布的 ZrO_2 在烧结过程中发生相变，在基质材料内形成一定数量的微小裂纹，从而提高材料的抗热震性。同时，ZrO_2 的加入也在一定程度上促进了刚玉质耐火材料的烧结。无论是烧结锆刚玉还是电熔锆刚玉，ZrO_2 的作用机理基本相同：当温度变化时，ZrO_2 发生相变并伴有体积变化，在其晶体周围产生微裂纹。这些微裂纹在裂纹尖端张应力的作用下成核并扩展，消散主裂纹尖端的能量，阻碍危险裂纹的扩展，从而提高耐火材料的抗热震性。

3）部分稳定 ZrO_2

工业上制备氧化锆主要有化学法、等离子法和电熔还原法。化学法又分为碱熔法、钙熔法和酸化法，主要原料为锆英石。通常将锆英石与烧碱或碳酸钠混合，熔融生成锆酸钠，然后加入酸或氨水生成氢氧化锆，煅烧后制得氧化锆，这种方法称为二碱二酸法。通过对氧化锆反复熔融提炼，可以得到高纯度产品。等离子法制备的氧化锆产品，其二氧化硅含量高，一般较少使用。其主要原理是利用等离子体的高温分解锆英石，得到氧化锆和二氧化硅的混合物，再通过碱熔融提纯。电熔还原法是将锆英石和碳素材料混合在电炉中加热到 2 000 ℃ 以上，得到氧化锆熔体，冷却后破碎即可得产品。

对于纯氧化锆，因在高温下会发生马氏体相变，导致体积变化较大，极易引起制品开裂。因此，需要添加稳定剂来稳定其晶型，在常温下保留部分四方相或立方相。这样既能降低因过大的体积变化带来的不利影响，又能通过适量的相变起到增韧作用。常用的稳定剂有 CaO、MgO、Y_2O_3 等，即生成所谓的 Ca-PSZ、Mg-PSZ、Y-PSZ。

7.8 小 结

碳复合耐火材料也称为含碳耐火材料，是目前钢铁冶金工业中应用最广泛的一类耐火材料。本章详细介绍了其在钢铁冶金三大系统中的应用情况。在炼铁系统中，它主要用于高炉炮泥、铁沟、渣线和鱼雷罐等部位，如 Al_2O_3-SiC-C、Al_2O_3-MgO-C 系列。在炼钢系统中，它主要应用于转炉和电炉，如 MgO-C、MgO-CaO-C 系列。在连铸系统中，它主要用于钢包、钢包滑板、水口、长水口、中间包滑板、浸入式水口和整体塞棒等，如 MgO-C、Al_2O_3-C、MgO-Al_2O_3-C 系列。

碳复合耐火材料是氧化物-非氧化物耐火材料中最重要和应用最广的一类。许多氧化物耐火材料都可以与碳复合，形成碳复合耐火材料。引入碳能提高耐火材料的抗渣性与抗热震性，但碳本身也有弱点，如抗氧化性差等。在氧化气氛下，碳会被氧化，形成气孔，降低耐火材料的抗渣性。此外，与氧化物相比，碳更容易溶入钢水，造成钢水增碳，这对于低碳钢与超低碳钢而言是一个严重问题。

因此，提高碳复合耐火材料的抗氧化性和减少碳向钢水中的溶解量，是未来的重要研究课题。

习　题

7-1　简述含碳耐火材料损耗的根本原因，并举例说明抗氧化剂的种类及其作用原理。

7-2　镁碳质耐火材料的生产工艺要点及影响制品性能的因素是什么？解释其在转炉和钢包中的应用情况。

7-3　镁钙碳质耐火材料有哪些性质？生产过程中如何解决其易水化的问题？

7-4　铝碳质耐火材料的生产工艺要点是什么？为什么它已经成为连铸系统中滑板及连铸三大件的主流材料？

7-5　铝碳化硅碳质耐火材料的主要原料有哪些？各自的作用是什么？这种材料主要应用于哪些地方？

7-6　铝镁碳质耐火材料的主要原料如何选择？其应用范围是什么？

7-7　什么是铝锆碳质耐火材料？影响其寿命的主要原因是什么？它的用途是什么？

第8章 不定形耐火材料

不定形耐火材料是一种经合理级配的粒状物料与结合剂共同组成，无须成型和烧成即可直接供应使用的耐火材料。不定形耐火材料的命名方式繁多，但主要以两种方式为主：一是根据其组成的成分（如黏土质、矾土质、高铝酸盐质和硅酸盐质等）来分类；二是通过结合剂种类的不同（如水泥类凝胶、水玻璃、硫磷酸盐等）来进行区分。根据不定形耐火材料的工艺特性，又可将其分为耐火混凝土（浇灌料）、耐火泥、捣打料、喷涂料、投射料等，这些材料具有生产时间短、供应快、成品率高、成本低等优点。目前，我国使用量最大的不定形耐火材料是以硅铝质耐火熟料作为骨料和细粉（即掺合料），以硅酸盐水泥、铝酸盐水泥、磷酸、水玻璃和硫酸铝等作为结合剂的不定形耐火材料。这类材料已在冶金、建材、石油、化工、电力等工业部门的热工设备上被广泛使用。

8.1 不定形耐火材料的含义

不定形耐火材料是指由耐火骨料（粒状料）和耐火粉料、结合剂和外加剂按一定比例共同组成的，不经成型和烧成而直接使用或加适当液体调配后使用的耐火材料，也称散状耐火材料（无固定外形，可制成具有流动性的浆状、泥膏状和松散状）或整体耐火材料（可制成无接缝的整体耐火材料）。

耐火骨料：指粒径大于 0.088 mm（200 目）的大颗粒原料，其构成了不定形耐火材料组织结构中的"筋骨"，是不定形耐火材料的力学和耐高温性能的关键，是决定材料品质及应用领域的重要依据之一。

耐火粉料：也称细粉，指粒径小于 0.088 mm（200 目）的细小颗粒，其作为不定形耐火材料组织结构中的基本原料之一，能够在高温的环境中起到类似于"肌肉"来连接骨料的作用。细粉能填充耐火骨料的间隙，进而改善不定形耐火材料的基本性能及致密度。

结合剂：也称黏结剂，其能使耐火骨料与耐火粉料充分地胶结起来并具有一定的强度。它是不定形耐火材料的关键原料之一，包括无机、有机及复合材料等各种材质的结合剂，常见的有水泥类凝胶、水玻璃、硫磷酸盐、树脂、软质黏土等。

添加剂：主要用于强化结合剂并提高组成相的物理性能。由于它是耐火骨料、耐火粉料和结合剂 3 类主要原料之外的材料，故也可称作外加剂。其代表的品种有增塑剂、促/缓凝剂、烧结助剂、发泡膨胀剂等。

8.2 不定形耐火材料的主要分类情况

不定形耐火材料的分类具体可按结合剂品种（见表 8-1）、施工制作方法（见表 8-2）及按耐火骨料品种（见表 8-3）进行分类。

表 8-1 按结合剂品种分类的不定形耐火材料

结合剂（黏结剂）			不定形耐火材料	
品种		示例	黏结形式	硬化工艺
无机物	水泥类	高铝 Al-80 水泥、Al-60 水泥、纯铝酸钙水泥、硅酸盐水泥等	水合	水硬性
	化合物类	水玻璃类、磷酸及磷酸盐、卤水化合物等	聚合	气硬/热硬
	黏土类	软质黏土及矾土	凝聚	气硬/热硬
	细粉	活性二氧化硅、高纯氧化铝	凝聚	气硬/热硬
有机物		纸浆废液、沥青、树脂	黏附	气硬
复合物		黏土与水泥复合料等	水合/凝聚	气硬

表 8-2 按施工制作方法分类的不定形耐火材料

名称	性质	施工方法	施工设备
浇注料	具有较好的振动流动性	浇注	振动台、振动器、人工
可塑料	具有较好的可塑性	捣打	捣固机、风镐、人工
捣打料	半干性	捣打	捣固机、风镐、人工
喷涂料	流动性、黏附性、快凝性	喷射	喷射（火法、湿法、半干法）
涂抹料	流动性、黏附性	涂抹	涂抹机、人工
投射料	黏附性、快凝性	甩砂、抛砂	甩砂机、抛砂机、人工
压入料	流动性、泵送性	压入	泥浆泵
火泥	流动性、黏结性	涂抹	人工

表 8-3 按耐火骨料品种分类的不定形耐火材料

耐火骨料		不定形耐火材料	
品种	材料举例	主要化学成分（质量分数)/%	主要矿物
高铝质	矾土熟料、刚玉	Al_2O_3 50~95	莫来石、刚玉
黏土质	黏土熟料、废砖	Al_2O_3 30~55	莫来石、刚玉
半硅质	硅质黏土	$SiO_2 \geq 65$，$Al_2O_3 \leq 30$	方石英、莫来石
硅质	硅质、废硅砖	$SiO_2 > 90$	鳞石英、方石英

耐火骨料		不定形耐火材料	
镁质	镁砂	MgO>87	方镁石
其他	碳化硅	SiC>50	碳化硅矿石
	铬粉	$Al_2O_3 \geqslant 75$，$Cr_2O_3 \geqslant 8$	铬铝矿
	熟料	$Al_2O_3 \geqslant 40$	莫来石、石英石

8.3　不定形耐火材料的基本特点和制备工艺流程

8.3.1　不定形耐火材料的基本特点

不定形耐火材料的优点：工厂占地面积小，投资少，能耗低；生产过程简便，劳动强度低；供货周期短；适用性强，可制成任何形状的构筑物；施工简便，可直接使用或调配后使用；使用方便，可进行在线或离线修补。

不定形耐火材料的缺点：体积稳定性较差，气孔率较高，抗侵蚀能力一般，质量波动较大，使用后拆卸困难，现场须配备专用施工设备等。

不定形耐火材料的基本特点可以从工艺流程、产品性能、技术经济、开发应用及使用性能等多方面进行总结，具体如表 8-4 所示。

表 8-4　不定形耐火材料的基本特点

考察项目	优点	缺点
工艺流程	流程短、成品率高、供应及时、热耗低、劳动强度低	标准缺乏、检验方法不全
产品性能	整体性好、抗热震性强	性能易波动
技术经济	投资少、建设期短、占地少、见效快	技术附加值暂时偏低
开发应用	周期短、更新快	高新产品研发不足
使用性能	适应性强、能处理复杂结构、便于修补	不便于拆毁

8.3.2　不定形耐火材料的制备工艺流程

不定形耐火材料是一种形状不固定，由骨料、粉末、黏结剂和外加剂组成的耐火材料，其主要特点是可直接使用而无须烧制，包括反应原料→初检→粗破碎→细破碎→筛分→次检→配料仓→混炼→终检→发货运输等主要流程。主要不定形耐火材料的生产工艺流程大致相近，如耐火浇注料的生产过程包括原料拣选、煅烧、原料分级、破破碎、科学配料、混炼、质检与包装发货；预制件的直接混炼→浇注成型→脱模→养护→烘烤→干燥→查验→包装发货。而耐火可塑料的生产过程与耐火浇注料的生产过程有所不同，主要包括混炼、挤泥、切坯、包装和储存等。因此，需增加挤泥机和切砖机等加工设备。

混炼主要采用强制式搅拌机，采用的混炼方式为湿混。混炼时，为了耐火骨料颗粒相互包裹均匀，应先加颗粒料和部分结合剂湿混，当颗粒料表面全部被润湿后，再加耐火粉料、软质黏土和外加剂，并添加余下的结合剂，湿混约 15 min。混炼好的均匀料，可以直接进行挤泥、切坯和包装，并且一般是连续进行的。

挤泥机是生产耐火可塑料的专用设备，有时也采用压砖机压坯。均匀料经过挤压揉搓作用后，其黏性、塑性和均一性得到增强，从而可提高其施工性能。从挤泥机挤出的条状料块，经过切坯后每 5 块需用塑料布严密包装起来，并装进箱中用胶带封严，置于仓库中避光储存。

在混炼和挤泥工序之间，建议增加一道困泥工序，即将拌和料堆放在一起，用塑料布盖严，保持至少 24 h，使泥料塑化并充分排除气体。这将有利于可塑料性能的显著提高，从而确保耐火可塑料的 3~6 个月的保存期。在保存期内，耐火可塑料应具有符合要求的黏塑性，以确保在耐火行业施工顺利。不定形耐火材料的生产工艺流程如图 8-1 所示。

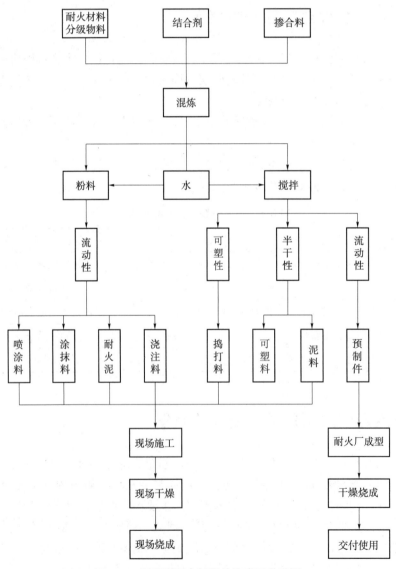

图 8-1 不定形耐火材料的生产工艺流程

8.4 不定形耐火材料的物料构成

不定形耐火材料的原料分为耐火骨料、耐火粉料、结合剂和外加剂。采用不同性质的原料，可配制成不同的性能、使用温度和使用范围的不定形耐火材料。现代的不定形耐火材料一般采用复合的原料，充分发挥其各自的性质，以便获得最佳的理化性能，提高产品的耐用程度。因此，可以归纳出不定形耐火材料的物料构成关系，如图8-2所示。

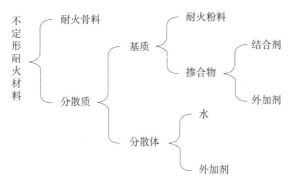

图8-2 不定形耐火材料的物料构成关系

8.5 耐火骨料和耐火粉料

8.5.1 主要作用与基本要求

不定形耐火材料的物料构成中，耐火骨料用量为60%~70%，起"筋骨"作用，能显著影响其性能；耐火粉料用量为15%~40%，起填充骨料空隙和改善施工等重要作用。有些耐火粉料，如紫木节黏土和超微粉等，也是良好的黏结剂。其理想的物料级配是粗骨料所形成的空隙被细骨料填满，二者间的微小空隙又被耐火粉料填充，达到最大的堆积密度，以便获得最佳性能。

耐火骨料分为粗骨料和细骨料。一般粒径尺寸大于 5 mm 的颗粒为粗骨料；尺寸在 0.088~5 mm 的颗粒称为细骨料。耐火骨料的临界粒径可根据施工方法的不同而确定，如表8-5所示。目前，耐火骨料的临界粒径有减小的趋势，一般采用 8 mm 或 5 mm，泵送料为 3 mm 为宜。

表8-5 耐火骨料的临界粒径

成型方法	振动	喷涂	捣打	泵送料
临界粒径/mm	>10	5~10	5~10	3~5

8.5.2　几种常见的耐火骨料简介

1. 氧化铝质耐火骨料

表 8-6 列出了几种氧化铝质耐火骨料的主要性能。刚玉由莫氏硬度为 9 的 α-Al_2O_3 组成，熔点为 2 050 ℃。刚玉具有高导热性和电绝缘性，化学稳定性好，耐还原剂作用。它是通过烧结或电熔氧化铝或铝土矿而产生的。利用工业氧化铝进行电熔可获得 Al_2O_3 含量超过 98.5% 的白刚玉；使用铝土矿作为原料，可以得到普通的刚玉，Al_2O_3 含量为 91%~93%。添加铁屑时，可以生产棕色刚玉；加入锆，得到锆刚玉。刚玉可分为烧结刚玉和熔融刚玉两种，也可分为白刚玉、棕色刚玉、氧化锆刚玉和铬刚玉等。

表 8-6　氧化铝质耐火骨料的主要性能

骨料种类	组成、性能							
	Al_2O_3/%	Fe_2O_3/%	TiO_2/%	CaO/%	SiO_2/%	Na_2O+K_2O/%	体积密度/$(g \cdot cm^{-3})$	总气孔率/%
烧结刚玉	99.5	0.1	0.09	0.08	0.05	0.13	3.6	10
片状刚玉	99.8	0.05	—	0.05	0.1	0.42	3.58	8
棕刚玉	93.8	1.4	0.9	0.5	2.7	—	3.5	8
电熔棕刚玉	93.2	1.0	3.0	1.3	1.1	0.35	3.7	5
白刚玉	99.3	0.16	0.14	—	0.08	0.25	3.6	8
矾土熟料	88.5	1.6	4.0	0.4	5.5	0.30	3.4	9
烧结莫来石	72.1	0.5	0.03	0.03	23.4	0.28	2.75	12

电熔矾土刚玉以矾土为原料，通过电熔还原脱出 SiO_2、Fe_2O_3、TiO_2 等杂质而制得。其成本低，组织结构致密，体积密度高，显气孔比较少，关键是在成型时骨料间的移动阻力相对小，表现出良好的流动性。与电熔白刚玉相比，电熔矾土刚玉结构致密，晶粒粗大，晶界少，并且晶界处分布着一定量的含钛碳氮化合物，这类非氧化物的存在有利于阻止 CaO-SiO_2-FeO 系熔渣的渗透及渣的反应。用该材料制备的浇注料在高碱度熔渣环境下，采用电熔矾土刚玉制得的浇注料表现出优良的抗侵蚀性和渗透性。

实践表明：采用电熔矾土刚玉和白刚玉制得的浇注料均有较好的微膨胀性。高温阶段，以电熔矾土刚玉制得的浇注料的体积密度重新增大，显气孔率明显下降，强度显著增大。表明同白刚玉相比，电熔矾土刚玉能促进高温烧结，主要原因是电熔矾土刚玉的熔制过程中会残留少量杂质。

棕色片状刚玉：一种呈棕色片状的刚玉（BTA），位于高纯度白色刚玉和低纯度烧结氧化铝之间。它是唯一一种通过高温液相烧结控制分子基体微观结构的产品。与棕色电熔氧化铝的性能对比，其骨料化学纯度高，抗腐蚀性高，孔隙度低，抗热冲击能力高，体积稳定性好。此外，其微观结构控制良好，抗渣和化学腐蚀，如表 8-7 所示。

表 8-7　棕色片状刚玉与棕色电熔氧化铝的性能对比

名称	体积密度/ (g·cm⁻³)	显气孔 率/%	熔锥比值 (标准)	重烧线变化 率/% (1 580 ℃×1 h)	Al_2O_3/ %	SiO_2/ %	Fe_2O_3/ %	光学显微分析	颗粒 大小/ μm
棕色片 状刚玉	≥3.5	≤3.0	≥38	+1.5	≥94	1.6	≤1.3	主要为中等棕色刚 玉晶体及微量玻璃	25
棕色 电熔 氧化铝	≥3.6	≤2.0	≥38	-0.5	≥95	1.3	≤0.8	大刚玉晶体及大量 空隙，玻璃相和内部 颗粒之间有空隙	>100

片状刚玉：具有片状结晶结构，含有小孔和许多封闭孔，其孔隙度大致相当于熔融的氧化铝。它具有高纯度，良好的体积稳定性和最小的压缩速率，可用于生产耐火材料或铸造材料（美国铝业公司）。它具有良好的热层稳定性和高温加工后的弯曲强度，但价格高于其他氧化铝材料。

烧结刚玉：一种氧化铝，在 1 750～1 800 ℃ 的温度下烧结，然后转变为氧化铝。其纯度略低于片状刚玉，体积密度高，孔隙度低，在高温下具有优异的抗热震性、抗渣性和耐热性，粒径强度高。烧结刚玉的强度取决于氧化铝含量、烧结温度和微观结构，这些都会影响烧结晶体的孔隙度和杨氏模量。

电熔刚玉：晶体结构均匀，刚玉晶体发育良好，熔点高，阻燃性高，高温化学性能稳定，耐磨性好，收缩孔隙度高。由于外部因素和其他问题，玻璃材料的微观结构在胚胎最初结晶后变得不均匀。电熔刚玉玻璃基体使晶体易碎，因此不适合需要高温冲击性能的应用。

烧结棕刚玉：作为烧结刚玉的一种异构体，通过液相烧结来控制微观结构。它具有高硬度和导热性，对矿渣侵蚀的抵抗力略低于烧结刚玉。由于孔隙率低，因此它的横向弯曲和断裂强度提高。其烧结后晶体的强度也会增加，烧结后晶体强度的增加与小晶体的孔隙度有关，这种不均匀的微观结构缺陷提高了耐热性。通过过热和改变这些颗粒是有用的，因为它在高温下提供了良好的体积稳定性。

矾土熟料：通过在 1 400～1 800 ℃ 的温度下烧制天然铝土矿制成。国家冶金工业局对高铝矾土熟料的质量要求，如表 8-8 所示。高铝矾土原料丰富，价格低廉；铝土矿中碱性物质、二氧化钛和铁含量的不同影响其烧结及最终产品的收缩性和抗渣性。高莫来石含量和低玻璃相成分的氧化铝具有良好的耐热性。玻璃和莫来石的比值会影响产品的膨胀和收缩。高杂质含量导致矾土熟料制品对矿渣侵蚀的抵抗力差，出现矿渣和金属边界严重脱落的现象。

表 8-8　国家冶金工业局对高铝矾土熟料的质量要求

等级		指标				
		化学成分（质量分数）/%			耐火度/℃	体积密度/(g·cm⁻³)
		Al_2O_3	Fe_2O_3	CaO		
特级高铝		>85	≤2.0	≤0.6	≥1 790	≥3.00
一级高铝		>80	≤3.0	≤0.6	≥1 790	≥2.80
二级高铝	甲	70～80	≤3.0	≤0.8	≥1 790	≥2.65
	乙	60～70	≤3.0	≤0.8	≥1 770	≥2.55
三级高铝		50～60	≤2.5	≤0.8	≤1 770	≥2.45

莫来石：通常是人工合成的，具有纯度高、密度高、微观结构好、蠕变速率低、热膨胀小、耐化学腐蚀性强等优点。在不定形耐火材料中，次生莫来石有望提高其高温性能。莫来石合成的过程包括烧结和电熔两种方法。烧结莫来石是通过在 1 600~1 700 ℃的温度下烧结氧化铝熟料和铝硅酸盐而形成的。由于内部相互交织的菱形晶体的存在，它的热膨胀是最小的。该材料常被用于需要良好的抗热震性和体积稳定性的领域。

2. 黏土质耐火原料

黏土质耐火原料，即指耐火黏土，其 Al_2O_3 含量为 20%~50%，耐火度大于 1 580 ℃。按 Al 含量的不同，其可分为高岭土和膨润土。蒙脱石（$Al_2O_3 \cdot 4SiO_2 \cdot nH_2O$）是膨润土的主要组分，对于塑性材料，可以使用高蒙脱石含量的黏土，因为它具有良好的可塑性；为了喷洒和密封材料，工厂现在使用低安装率的黏土。黏土原料在塑料、填料、喷雾材料和耐火悬浮液中起着重要作用。这些黏土可提供加工性、黏附性和耐火性。有时，使用蓝色硅酸盐原料来调整成分的组成，可以抵消黏土燃烧造成的收缩。黏土熟料也称为焦宝石熟料，是通过混合高岭土与低品质铝矾土，经过煅烧形成的高级致密颗粒。这些颗粒具有高密度、低气孔率和优良的耐火性能，氧化铝含量介于 47%~70%，气孔率在 3%~6%。在生产过程中，必须确保产品中不含石灰石、黄土或其他含有高钙、高铁的杂质，同时要避免欠烧料的存在。

基于黏土在水中的分散程度及其塑性的差异，我们可以将黏土划分为硬质黏土和软质黏土两大类，而位于这二者之间的被称作半软质黏土。

硬质黏土：主要由高岭石单一矿物构成，常伴有水云母等矿物，其在水中的分散性较差，并且可塑性不强。这类黏土通常需经过高温煅烧，转变为黏土熟料后才能投入使用。

软质黏土：以高岭石为主要成分，易于在水中分散，具有较好的可塑性和黏结性，在高温下展现出良好的烧结性质。软质黏土通常无须煅烧，经过干燥、破碎处理后即可使用。它不仅作为硅酸铝质砖的结合剂，也是不定形耐火材料中优质的结合剂之一，因此得名结合黏土。

半软质黏土：同样属于高岭石类型，与软质黏土相比，其含有较多的氧化铝，颗粒较大，分散性和可塑性相对较差。此类黏土主要用作黏土熟料的原料，或者在细磨后作为结合剂使用。

3. 硅质耐火原料

在耐火材料领域，不定形硅质耐火原料以二氧化硅为主，涵盖石英、硅砂、硅藻土及熔融石英等多种形式。硅砂最初被应用于承载铁水与钢水的容器中。目前，二氧化硅被广泛应用于钢包引流砂、耐火泥浆及特定类型的可塑料，如出铁口炮泥。而熔融石英主要被用于焦炉的浇注料和泵送料，同时含有熔融石英的低水泥浇注料预制件也常用于焦炉的修复工作。这种材料在物理和热力学性能上优于硅砖，表现出更高的强度、更低的热膨胀率和更高的荷重软化温度。

碳化硅俗称金刚砂，是在电弧炉中通过焦炭和纯度大于 99.4%的硅砂混合生成的，有时还会添加锯末和盐或其他结合剂。碳化硅的另一种生产方法是将硅气相沉积在加热的石墨或碳表面上。碳化硅的分子量为 40.1，比重为 3.2，分解温度约为 2 500 ℃，具有高熔点、高硬度、高强度、高热导性、低膨胀性及对中性至酸性炉渣的抗性，是一种优质的耐火材料原料。

商品碳化硅的成分主要包括 SiC，含量为 90%～99.5%，其颜色因杂质种类而异，呈现出绿色、黑色或黄色。当纯度达到 99.8% 时，碳化硅呈现出浅绿色；纯度降至 99% 时，颜色变为深绿色；纯度进一步降至 98.5% 时，则变为黑色。纯度超过 99.5% 的碳化硅主要被应用于磨料和耐火材料行业。高纯度绿色碳化硅则被广泛应用于高性能陶瓷和加热元件制造。

在不定形耐火材料的应用中，碳化硅的纯度根据不同领域需求而有所差异。在高炉出铁场这一常见应用领域，通常使用纯度为 90% 的低纯度碳化硅。而在热电厂，使用纯度较高的碳化硅（97%～98%）来制备捣打料、喷补料和可塑料。对于浇注料和泵送料而言，碳化硅中的金属杂质在应用过程中会释放气体是一个主要问题。因此，在应用这两种材料前，通常会检测碳化硅中的金属杂质含量。

硅灰是生产硅铁和硅产品过程中产生的副产品。硅和硅铁是在超过 2 000 ℃ 的高温下，在大型电炉中通过还原石英和碳（如煤炭、焦炭和木屑）生成的。在生产硅铁的过程中，还需要添加铁原料。

生产硅铁的反应式如下：

$$SiO_2+2C+xFe = Fe_xSi+2CO \tag{8-1}$$

然而，实际的化学反应过程远比上述反应复杂，其中发生的两个重要副反应如下：

$$SiO_2+2C = Si+2CO \quad (T>1\ 520\ ℃) \tag{8-2}$$

$$2SiO_2+SiC = 3SiO+CO \quad (T>1\ 800\ ℃) \tag{8-3}$$

也可以认为，碳化硅和不稳定的一氧化硅在生产过程中起着重要的媒介作用。因此，硅灰的反应式如下：

$$2SiO+O_2 = 2SiO_2 \tag{8-4}$$

硅灰与硅微粉便是这一概念的体现。在混合物中，加入 10%～20% 的石英并经过蒸发，最终形成二氧化硅，即所谓的硅灰。肉眼所见，硅灰是一种色泽不一的细小粉末，颜色从纯白到深灰，这种颜色的变化与硅灰中碳的含量密切相关。碳元素可以以多种形态存在，如焦炭、煤炭、碳化硅、焦油及碳黑（这些可能是原料中碳氢化合物分解后的产物）。硅灰的颗粒大多呈球形，平均直径在 0.15 μm 左右，粒径为 0.02～0.45 μm，具有 15～20 m²/g 的比表面积。硅灰的化学组成如表 8-9 所示。

表 8-9　硅灰的化学组成

元素/化合物	由硅金属生产/%	由 75% 硅铁生产/%
SiO₂	94～98	85～95
C	0.2～1.5	0.8～2.5
K	0.2～0.7	0.5～3.5
Na	0.1～0.3	0.2～1.5
Mg	0.1～0.4	0.5～2.5
Ca	0.05～0.3	0.1～0.5
Al	0.05～0.2	0.1～1.0

元素/化合物	由硅金属生产/%	由75%硅铁生产/%
Fe	0.01~0.3	0.1~2.5
Ti	0.00~0.01	0.03~0.1
P	0.01~0.1	0.02~0.1
S	0.1~0.2	0.05~0.5

通常情况下，常规硅灰的密度范围为 $150\sim250$ kg/m³，而某些硅灰的密度可达 $500\sim700$ kg/m³。高密度的硅灰有助于减少运输成本，同时所需存储空间相对较小。然而，这种致密硅灰在应用过程中也可能遇到一些问题，例如在混合时，致密团块难以分解为单个粒子，从而影响了预期的流变性质。

在过去十年，市场对硅灰的需求急剧增长，部分产品已从副产品转变为主要产品。硅灰的颜色通常为白色，具有较高的纯度和稳定的化学成分。这种硅灰的成本较普通硅灰更高。由于表面缺乏杂质，故该类硅灰表现出良好的流变性质，尤其是在自流态浇注料的配方中表现优异。

4. 镁质耐火材料

原料中的镁质材料包括镁砂、白云石、镁橄榄石和蛇纹石等，这些材料均呈现碱性特征，因此被誉为碱性耐火材料。镁砂根据其生产方法可分为烧结镁砂和电熔镁砂，进一步可细分为常规镁砂和高级镁砂；根据来源的不同，又可区分为镁石、海水提取和盐湖提取的镁砂。

镁砂的生产是通过煅烧精选的菱镁石矿物（$MgCO_3$）得到的，或者从海水及卤水中进行化学合成而得。天然的菱镁石通常伴生有白云石、滑石、氯化物、蛇纹石、云母、黄铁矿和磁铁矿等矿物质。海水或卤水中提取镁砂的关键步骤是在含有镁盐的溶液中加入强碱性物质（如烧结石灰石或烧结白云石），以促使氢氧化镁沉淀的形成。沉淀的氢氧化镁经过洗涤、浓缩、过滤和烧结过程，最终制得镁砂。镁砂的另一种生产方法是将浓缩的氯化镁（$MgCl_2$）注入热反应室内，热气体将其转变为氧化镁和氯化氢，随后氧化镁与水反应形成氢氧化镁泥浆，再经过过滤和烧结处理制得。

烧结镁砂根据煅烧的程度可划分为轻烧镁砂和重烧镁砂两种类型。在耐火材料的使用上，重烧镁砂是主要选择。天然的重烧镁砂含有较多的二氧化硅和三氧化二铁，而通过化学反应合成的镁砂能够控制二氧化硅和氧化钙的含量，并获得更高的密度。

电熔镁砂是在超过 2 750 ℃的高温下，在电弧炉中熔融镁砂而制成的。与烧结镁砂相比，电熔镁砂具有更高的纯度，晶粒结构更为粗大且直接接触，因而具有优异的抗渣性和抗热震性，是高级含碳不烧砖和不定形耐火材料的理想原料。

在众多应用中，不定形耐火材料使用镁砂最为广泛，尤其是在碱氧转炉和电炉的喷补料中。近年来，中间包工作衬对镁砂的使用也日益增多。然而，这类应用通常不要求使用高品质的镁砂，因为镁砂往往与硅酸盐和黏土矿物混合以实现特定的性能要求，而且相对于其他应用，这类场合对杂质的容忍度较高。

镁橄榄石以其典型的橄榄绿色泽命名，其最终矿物形态包括镁橄榄石（$2MgO \cdot SiO_2$）与铁橄榄石（$2FeO \cdot SiO_2$），而蛇纹石（$3MgO \cdot 2SiO_2 \cdot 2H_2O$）是镁橄榄石含量不一样的另一种形态。镁橄榄石因其天然属性而适用于多种场合，具备以下特性：高达 1 800 ℃ 的熔点，较低的热导率，出色的隔热性能（相较于菱镁石降低 60% ~ 80%），耐火度极高（可达 1 760 ℃），不吸水（使用前无须烧结），化学惰性，莫氏硬度在 6.5 ~ 7.0 之间，比重在 3.27 ~ 3.37 之间，体积密度为 1.5 ~ 2.0 g/cm³。它还具备环保性质（不含有害游离硅）、高化学与矿物学稳定性（由于镁橄榄石结合紧密）及抗多种金属溶液的渗透性（包括碱性及酸性富氧化铁渣、碱性氧化物、硫酸盐、碳酸盐和氯化物）。

在价格方面，镁橄榄石具有竞争力，能够完美替代化学成分相似但价格较高的材料。特别是在与镁砂的竞争中，镁橄榄石作为浇注料和中间包内衬的耐火原料表现突出。在焚烧炉耐火材料的应用中，镁橄榄石在技术性能上优于其他材料，尤其是在处理炉渣、温度变化和剥落等方面。

5. 碳质耐火原料

自然界中存在的碳质矿物之一便是天然石墨。这种物质通常呈现灰黑色，并带有一定的光泽，其晶体结构展现六方晶系的菱形六面体对称性。天然石墨主要分为三种形态：非晶态、鳞片状及纯净晶体。此类石墨多在类似煤矿的地带被发现，其碳含量为 75% ~ 90%。通过化学分析得知，非晶态石墨的原料通常是常见的煤炭，主要产地包括墨西哥、韩国、中国及澳大利亚。

鳞片状石墨作为另一种天然石墨矿物，在主矿中分布均匀。其鳞片状的结晶构造使其易于与非晶态石墨区分开来。与后者相比，鳞片状石墨因其高结晶度和取向性而独具特色。这种石墨的石墨化程度可达 99.3%。而纯净晶体石墨的原料为原油，经过长时间在特定温度和压力作用下，原油转换为固态石墨。纯净晶体石墨主要在斯里兰卡被发现，在进行 X 射线衍射相分析时，它常常作为其他石墨形态的比对标准样本。

人造石墨通常以杂质含量较低的炭质原料（如石油焦）为骨料，以煤沥青等为黏结剂，经过配料、混捏、成型、炭化和石墨化等工序制得。石墨的理化指标，如表 8-10 所示。

表 8-10　石墨的理化指标

分类	非晶态石墨	鳞片状石墨	高结晶态石墨
C/%	81.0	90.0	96.7
S/%	0.1	0.1	0.7
真密度/(g·cm⁻³)	2.31	2.29	2.26
形态	粒状	鳞片状	片状、针状

鉴于结晶石墨（特别是鳞片状石墨）对流动性产生不利影响，非晶态石墨更常被应用于浇注料和泵送料中。其他不定形耐火材料中所采用的石墨的类型，则取决于其具体应用场景和成本考量。

沥青包括焦油沥青和石油沥青两种，它们均可作为不定形耐火材料的组成部分。尽管焦油沥青的残碳量相对较高，但二者均能够有效为耐火材料提供必要的碳元素。这些来源于煤焦油或石油的残碳，实际上是自然界中的无定形碳。根据不同的配方，它们可以被加工成细粉或颗粒形态使用。沥青的使用相较于石墨更具有优势，因沥青熔点较低，能够包裹颗粒，从而形成一层有效的抵抗渣侵蚀的保护层。

在高炉出铁口可塑料的应用中，煤焦油是主要的原料。它的性质使其能够满足这种应用的特殊性能需求，能够保证可塑料在长时间内保持其作业性。针对这一用途的煤焦油，通常会有严格的技术指标要求，例如在不同温度下的挥发物含量、残留沥青量、水分含量、二硫化碳的溶解度及残碳量等，这些技术指标会因不同生产商而有所差异。

6. 尖晶石质耐火原料

尖晶石族涵盖了一系列矿物相，其中包括铝尖晶石、铁尖晶石和铬尖晶石。狭义上，尖晶石特指镁铝尖晶石这一类别。镁铝尖晶石的化学组成可表示为 $MgO \cdot Al_2O_3$，其中 MgO 占 28.2%，Al_2O_3 则占 71.8%。近年来，铝镁尖晶石在高温耐火材料领域得到了广泛应用。其在定形及不定形耐火材料中的应用优势体现在以下几个方面：

（1）良好的抗热应力和机械应力性能。

（2）较低的热膨胀率。

（3）较高的环境适应性。

（4）含有较少的次要氧化物相，因而具有更高的耐火度。

（5）材料的高纯度，有利于制备无杂质的耐火材料。

铝镁尖晶石中氧化镁的含量存在差异，可能低于或高于理论值的 28.2%。氧化镁含量超过理论值的尖晶石常用于生产耐火砖，但并不适合作为不定形耐火材料的成分，可能引发两个问题：一是过量的 MgO 在加热过程中可能发生水化，导致裂纹的产生；二是高温下过量的 MgO 会形成尖晶石，引起不必要的体积膨胀。目前市场上流通的尖晶石产品，其 MgO 含量一般在 10%~33%。表 8-11 详细列出了常用铝镁尖晶石的性能。

铝镁尖晶石的生产主要是在电弧炉中通过烧结或熔融拜耳氧化铝与氧化镁来实现的。这种尖晶石具有极高的纯度，不含二氧化硅，但成本相对较高。此外，尖晶石也可以通过熔融或烧结铝矾土与镁砂的方法制得，这种方法生产的尖晶石含有少量的二氧化硅，其具体成分受铝矾土中二氧化硅含量的影响。

表 8-11　常用铝镁尖晶石的性能

性能		分类				
		铝镁尖晶石 1	铝镁尖晶石 2	铝镁尖晶石 3	铝镁尖晶石 4	铝镁尖晶石 5
化学成分（质量分数）/%	Al_2O_3	66.0	70.4	74.3	23.0	90.0
	MgO	33.0	28.5	25.0	76.0	9.0
	Fe_2O_3	<0.1	0.23	<0.1	<0.1	<0.1
	CaO	0.4	0.1	0.28	0.3	0.25
	SiO_2	0.09	0.22	0.25	0.06	0.05
体积密度/（g·cm^{-3}）		3.270	3.400	3.300	3.250	3.300
显气孔率/%		2.0	3.9	7.5	2.0	2.5
存在相（XRD）	主矿相	尖晶石	尖晶石	尖晶石	尖晶石	尖晶石
	次矿相	方镁石	方镁石	刚玉	无	刚玉

7. 轻质骨料

轻质骨料根据其性质，可分为空心球、多孔质熟料、陶砂、膨胀珍珠岩和膨胀蛭石等几种类型。空心球又可进一步细分为氧化铝质空心球、氧化锆质空心球及浮珠。

氧化铝质空心球：通过高温熔融工业氧化铝并吹塑成型的工艺生产而成。这些球状颗粒具有中空结构、白色外观及薄壁特点，能在高达 1 800 ℃ 的温度下长期使用。

氧化锆质空心球：由氧化锆在高温下熔融吹塑而成。其主要晶体成分为 ZrO_2，含量不低于 80%，能在 2 200 ℃ 的高温下使用。

浮珠：源自火力发电站的粉煤灰，是一种铝硅酸盐质玻璃珠。其外观为白色，壁薄且中空，表面平滑。浮珠的性能因煤炭质量和燃烧条件等因素而异，具有大于或等于 1 610 ℃ 的耐火度，粒径小于 200 μm，具有轻盈、坚固的壳体，导热性低，是优质的轻质耐火材料原料。

多孔质熟料：由硬度较高的黏土或铝土矿石经过加工和煅烧制成。其生产过程包括矿石粉末的磨制、添加剂的混合、使用水玻璃或硫酸铝溶液作为结合剂在成球盘上制球，以及料球在 1 350~1 460 ℃ 的温度下煅烧。多孔质熟料分为黏土质熟料和高铝质熟料两种，均作为耐火材料，其耐火度超过 1 670 ℃，可直接使用或破碎后分级使用。

陶砂：采用易熔黏土、页岩、粉煤灰及煤矸石等原料，经煅烧形成球状多孔颗粒。其表面呈粗糙陶瓷状，内部结构类似蜂窝，含有众多不连通的微细气孔。陶砂的特点是低体积密度、低热导率和高强度，是一种优秀的人造轻质骨料。根据原料的不同，陶砂可分为黏土陶砂、页岩陶砂、粉煤灰陶砂和煤矸石陶砂等；按粒径大小又可分为粗陶砂和细陶砂。

膨胀珍珠岩：通过对珍珠岩进行煅烧处理而得到的白色多孔颗粒。其表面平滑，壁薄，内部为蜂窝状结构，因而具有较小的体积密度和低热导率，耐火度在 1 280~1 360 ℃。

膨胀蛭石：由蛭石煅烧而成，其体积密度为 80~300 kg/cm³。膨胀蛭石的体积密度受煅烧质量、杂质含量和颗粒大小的影响。其颗粒由薄层状结构组成，层间充满空气，因此导热性低而吸水率高，耐火度为 1 300~1 370 ℃。

8.6　不定形耐火材料的结合剂

8.6.1　概述

为确保不定形耐火材料在常温条件下即可结合并具备初始强度，需要添加一种特殊的物质，这种物质称为不定形耐火材料的结合剂。由于不定形耐火材料在应用之前并未经过高温烧结处理，其颗粒之间并不具备传统烧结产品所具有的陶瓷型结合或直接结合。因此，它们主要依赖结合剂的作用来实现整体的结合，并为结构或制品提供必要的初期强度。在不定形耐火材料中，颗粒基本保持其固有性质；然而，一旦结合剂将其固定成结构或制品，其性能将极大程度地受到结合剂的影响。因此，结合剂是不定形耐火材料中不可或缺的组成部分。在使用不定形耐火材料时，应充分挖掘和利用结合剂的结合性质及其他优势，同时尽量减少其在高温下对材料性能的负面影响。因此，并非所有材料都适合作为不定形耐火材料的结合

剂。作为不定形耐火材料的结合剂，必须满足以下条件：

（1）在常温下能实现硬化，并能赋予结构或制品足够的强度，通常要求在 110 ℃烘干后的抗压强度超过 15 MPa。

（2）硬化过程中体积变化微小，体积变化率需低于1%。

（3）在高温条件下仍能保持一定的强度。

（4）不显著降低不定形耐火材料的整体性能。

（5）对人体和环境的危害小。

（6）成本较低，能够在市场上稳定供应。

根据化学性质，满足上述条件的不定形耐火材料的结合剂可以分为以下几类，具体如表 8-12 所示。

表 8-12　按化学性质分类的不定形耐火材料的结合剂

类型		代表产品
无机结合剂	水泥类别	高铝水泥、氧化铝水泥、白云石水泥、镁质水泥、锆酸盐水泥等
	硅酸盐类别	水玻璃（硅酸钾、硅酸钠）、硅酸乙酯等
	磷酸盐类别	磷酸、磷酸二氢铝、磷酸铝、磷酸镁、聚磷酸钠等
	硫酸盐类别	硫酸铝、硫酸镁等
	氯化物类别	氯化镁、聚合氯化铝等
	硼酸盐类别	硼酸、硼砂、硼酸铵等
	氯酸盐类别	氯酸钠、铝酸钙等
	溶胶类别	硅溶胶、铝溶胶等
	天然料类别	软质黏土、氧化物超微粉 SiO_2、Al_2O_3、Cr_2O_3 等
有机结合剂	树脂类别	酚醛树脂、聚丙烯等
	天然结合剂类别	糊精、淀粉、阿拉伯胶、糖蜜等
	黏结剂与活化剂	CMC、PVAC、PVA、木质素、聚丙烯酸等
	石油及煤分离物	焦油沥青、蒽油沥青等

依照 Sychev 的分类体系，不定形耐火材料的结合剂可以细分为凝聚型、反应型、水合型及黏结型这四种主要类型。评价结合剂性能的关键指标在于其制成的产品的强度，具体包括在不同温度条件下的抗弯强度和抗压强度。此外，施工性能等其他因素同样不容忽视。进一步地，依据结合剂在特定温度范围内的结合效果，不定形耐火材料的结合剂还可以被划分为暂时性结合剂和永久性结合剂（如碳素结合剂、各种水泥、无机盐结合剂等）两大类别。

8.6.2　暂时性结合剂

所谓暂时性结合剂，指的是在常温或较低温度下发挥结合作用的材料。这类结合剂通常由有机物质构成，无法在高温下转变为碳素结合物。在高温环境下，它们会因分解、挥发或燃烧而失去结合功能，因此常作为不定形耐火材料的辅助结合剂。根据应用方式，暂时性结合剂可分为水溶性结合剂和非水溶性结合剂两大类。

1）水溶性结合剂

水溶性结合剂是一类具有较大分子量、能溶解于水的有机化合物。尽管它们的化学组成和结构各异，但都含有极性基团，能够吸引极性的水分子，形成水化膜。这些化合物在水中或某些有机溶剂中能形成黏性溶液，对耐火材料颗粒具有优秀的润湿性和较高的结合力，能够将颗粒紧密地黏合在一起。干燥过程中，水分的蒸发使水合物黏度增加，从而增强结构物的结合强度。常见的水溶性高分子化合物包括：糊精、CMC、木质素磺酸盐、PVAC、PVA、聚丙烯酸及异丁烯二酸等。

这类结合剂通常不会与耐火材料发生化学反应，并且具有较好的保水性能，不会导致混合物工艺性质随时间变化。其中一些结合剂还能作为表面活性剂，有助于稀释或改善混合料的可塑性，便于施工，并赋予制品密实的结构。水溶性结合剂在混合料中的比例通常较低，仅占 2% ~ 3%，不会增大颗粒间的间隙，也不会在干燥、烧结或使用过程中造成严重的收缩或裂纹。由于这些结合剂主要由碳、氢、氧元素组成，在加热时会发生分解、挥发或燃烧，因此，除少数有机盐可能留下少量灰分外，一般不会对耐火材料的高温性能产生负面影响。

2）非水溶性结合剂

非水溶性结合剂包括油溶性和热塑性有机物质，它们不溶于水。在处理易水化的耐火材料，如白云石骨料时，为防止发生水化反应，这类结合剂常常被选用。非水溶性结合剂主要包括硬沥青、石蜡、聚丙烯类及热塑性树脂等。它们在使用时可通过加热软化成液态，或者溶解于有机溶剂中形成液态进行施工，有时也以高度分散的细粉形式直接使用。加热软化后，结合剂能够润湿耐火材料颗粒表面，形成吸附膜，从而实现结合。冷却至常温后，结合剂固化，制品便具有了较高的强度。若采用溶剂溶解方式，则一般在常温下混拌和成型，溶剂在加热过程中挥发，结合剂随之固化。直接使用细粉时，通常也是在热态下混拌和成型。部分在室温下能流动的结合剂还可以用于常温下的干压成型。常见非水溶性结合剂的物质形态如表 8-13 所示。

表 8-13　常见非水溶性结合剂的物质形态

化学名称	聚乙烯类别	沥青类别	聚异丙烯类别	香豆酮树脂	石蜡树脂	氨基甲酸乙脂（液态固化型）
形态	固态	半固态	液态-半固态	固态	固态	液态

8.6.3　碳素结合剂

作为一种典型的长期稳定性结合材料，碳素结合剂属于永久性结合剂的一种。这类结合剂在常温和高温环境下都能有效发挥其结合效能，在不定形耐火材料的制造中占据重要地位。常见的永久性结合剂种类繁多，包括碳素、水泥、硅酸盐、磷酸盐、氯化盐及硫酸盐等。碳素结合剂由大量含碳量较高的有机物质构成，特别是那些残碳含量丰富的成分。这些物质共同作用，使不定形耐火材料在高温下仍能保持结合效果，这主要得益于其中丰富的碳素残留。鉴于碳素结合剂的诸多性质，其在不定形耐火材料中的应用已经历久弥新，例如，焦油沥青在白云石质捣打料的生产中已有长期的使用记录。尽管焦油沥青在使用过程中会对环境产生不良影响，但近期仍然被广泛采用。此外，随着有机高分子材料的进步，碳素结合剂的种类和数量也在不断扩展，酚醛树脂便是其在耐火材料领域应用的一个典型例子。

碳素结合剂在常温下大多表现为固态或半固态形态，而在加热至特定温度区间时，展现出热塑性。这种热塑性特质使其能够与不定形耐火材料充分混合，形成均匀的混合物料。通过适当的施工技术，这些混合物料可被加工成高密度的结构物或产品。随着温度的升高，结合剂经历分解、架桥、脱水和缩聚过程，最终转变为碳素结合状态，赋予结构物或产品在冷热状态下显著的高强度。与常规热塑性树脂相比，碳素结合剂在加热过程中的强度演变具有独特性质。不同类型的结合剂在维持热塑性的温度区间及固化性质上也有所区别。通常情况下，结合剂中的碳素含量越高，其在耐火材料表面形成的碳素浓度及在孔隙中残留的碳素就越多，从而使结构物或产品的结构更加紧密，强度也相应增加。焦油沥青、酚醛树脂及其他有机物的理论残碳率如表 8-14 所示。

表 8-14　常见有机物的理论残留碳含量数据

结合剂类型	残碳率/%	结合剂类型	残碳率/%
焦油沥青	52.5	硬质沥青	16.4
酚醛树脂	52.1	聚丁二烯树脂	12.1
呋喃树脂	49.1	ABS 树脂	11.6
聚丙烯腈	44.3	聚醋酸乙烯酯	11.7
松香树脂	28.1	密胺树脂	10.2
改性聚丙烯腈	21.5	尿素树脂	8.2

一般热塑性树脂的碳素含量较低，在常温下具有一定强度，但随着温度的升高会逐渐软化，在高温下强度降低，因此不适合作为永久性结合剂。

焦油沥青含有较高的碳素，常温下具有一定强度，加热后会软化，并在较宽的温度范围内保持塑性。随着温度的升高，焦油沥青会发生缩聚和焦化，大约在 500 ℃时强度达到峰值。

酚醛树脂碳含量较高，在常温下的强度与焦油沥青及一般热塑性树脂相似。加热后，酚醛树脂同样会软化，但保持塑性的温度范围较窄。在升温过程中，酚醛树脂在远低于焦油沥青硬化温度的情况下迅速硬化，展现出较高的热态结合强度。酚醛树脂硬化速率快、强度高的性质归因于其在加热过程中产生的 CO、CO_2、H_2、CH_4 及 H_2O 等气体较少，因此结构更加致密。由于这些性质，酚醛树脂不仅被用于定形制品，在不定形耐火材料中也得到了广泛应用。

因此，对于不定形耐火材料，尤其是含碳不定形耐火材料，使用酚醛树脂类结合剂是完全可行的。在实际应用中，捣打料等多种酚醛树脂配制的方案也相当丰富。

8.6.4　铝酸盐水泥

1. 铝酸钙水泥

铝酸钙水泥是通过烧结或熔融工艺生产的铝酸钙熟料，经精细研磨后形成的一种水硬性胶凝材料。该材料以快速硬化、高强度、耐高温及抵抗硫酸盐侵蚀能力强的性质而著称。

铝酸钙水泥的凝结性质主要归功于铝酸钙的水化作用。由于水泥的化学成分有所差异，故其内部矿物组成不尽相同。在铝酸钙水泥中，可能出现的矿物及其耐火性和水化性质如表 8-15 所示。

表 8-15 铝酸钙水泥矿物性质概览

名称	化学组成	简式	熔点/℃	水化速率	含量上限
铝酸一钙	$CaO \cdot Al_2O_3$	CA	1 605	快速	
二铝酸钙	$CaO \cdot 2Al_2O_3$	CA_2	1 770	缓慢	
七铝酸十二钙	$12CaO \cdot 7Al_2O_3$	$C_{12}A_7$	1 450	极快	
铁铝酸四钙	$4CaO \cdot Al_2O_3 \cdot Fe_2O_3$	C_4AF	1 410	弱，早强	≤7%
钙黄长石	$2CaO \cdot Al_2O_3 \cdot SiO_2$	C_2AS	1 590	难水化	
$\alpha\text{-}Al_2O_3$	Al_2O_3	A	2 050	凝聚态	
镁铝尖晶石	$MgO \cdot Al_2O_3$	MA	2 130	不参与水化	
硅酸二钙	$2CaO \cdot SiO_2$	C_2S	2 130	较慢	

2. 铝酸盐水泥

铝酸盐水泥的强度来源于其片状、针状水化产物与胶态 AH_3 的交织，这种结构将耐火材料紧密地结合在一起，形成一个坚固的整体。铝酸盐水泥水化产物的性质如表 8-16 所示。其中，不同水化矿物强度大小依次为 $CAH_{10} > C_2AH_8 > C_3AH_6$。

表 8-16 铝酸盐水泥水化产物的性质

水化产物类别	晶体结构	晶体形态	稳定性	相对密度
CAH_{10}	六方晶系	片状针状	亚稳态	1.72
C_2AH_8	六方晶系	片状针状	亚稳态	1.95
C_3AH_6	立方晶系	颗粒状	稳定相态	2.52
AH_3	胶体结构	无定形态	亚稳态	2.42

注：本书的相对密度均以水在 4 ℃时的密度（1 g/cm^3）作为参考。

在加热水合物时，它们将依次经历相变，并连续失去水分。在这一相变过程中，由于密度不同，各水合物将出现体积上的变动，特别是在水分蒸发阶段，会伴随显著的体积缩小。这种体积效应有可能导致不定形耐火材料的强度出现下降。为了缓解水合物转变期间的体积变化及脱水产生的收缩，一个主要策略是减少水泥的使用量，这也是低水泥和超低水泥浇注料被开发应用的重要原因之一。

在浇注料的塑造与养护过程中，温度因素对其性能的优劣起着决定性作用。养护过程中，相较于高温养护条件下，较低的温度会导致产品使用寿命的减少。从下面所示的反应机理中可以看出，确保浇注料在适当的养护温度下进行养护是必要的。具体反应式如下：

$$CA + 10H \xrightarrow{<20\ ℃} CAH_{10} \tag{8-5}$$

$$2CA + 9H \xrightarrow{20 \sim 30\ ℃} C_2AH_8 + AH \tag{8-6}$$

$$3CA+8H \xrightarrow{\geqslant 35\ \text{℃}} C_3AH_6+2AH \qquad (8-7)$$

在 5 ℃条件下养护的浇注料中，$CaO \cdot 6Al_2O_3$ 晶粒展现为大尺寸且结构较为粗糙；而在 30 ℃条件下养护的浇注料，$CaO \cdot 6Al_2O_3$ 晶粒呈现小尺寸且结构较为致密。这种晶粒尺寸和结构的差异，可能会导致其抗腐蚀性能的差异，进而影响其使用寿命的长短。

3. ρ-Al_2O_3

ρ-Al_2O_3 结合剂是过去十年研发的创新型材料。其生产所采用的原料为水合氧化铝 $[Al(OH)_3 \cdot nH_2O]$，主要包括三水铝石、拜尔石及一水硬铝石等晶态。在制备过程中，采用的煅烧方法包括真空加热分解、悬浮加热分解及回转窑加热分解等，煅烧温度控制在 450~900 ℃，物料接触时间保持在 5~30 s。经过这一过程后，迅速冷却，即可生产出 ρ-Al_2O_3。ρ-Al_2O_3 的独特性在于，当其与水接触时，能够进行水化反应，形成三羟基铝石和勃姆石溶胶。其水化过程可以表示为：

$$\rho\text{-}Al_2O_3+2H_2O \Longrightarrow Al(OH)_3+AlOOH \qquad (8-8)$$

换言之，ρ-Al_2O_3 的水化产物展现出黏结和固化的性质。在特定的工艺流程中，它能够赋予耐火浇注料一定的强度。因此，ρ-Al_2O_3 作为结合剂的固化机理可以归结为水化作用下的结合。尽管 ρ-Al_2O_3 属于水硬性结合剂，但其水化活性却并不显著。它的水化程度会受到养护温度、水灰比等条件的制约。当结合剂的成分和性质确定时，若在 5 ℃的温度下养护，其反应速率将相对缓慢；而在 30 ℃的温度下养护，反应则会迅速进行。此外，加入碱金属盐可促进水化过程的加速；而添加有机羧酸的样本，在 30 ℃的温度下养护，可以抑制三羟基铝石的形成，同时大幅促进勃姆石溶胶的生成，从而显著提升强度。因此，当使用 ρ-Al_2O_3 作为结合剂时，为了加速反应并提高强度，添加外加剂和助结合剂显得尤为重要。综上，ρ-Al_2O_3 适合作为刚玉、莫来石等材质的浇注料结合剂。

4. 钡铝酸盐水泥与白云石水泥

钡铝酸盐与水的反应能产生类似水泥的性能。该材料理论上的组成比例为 BaO 62% 与 Al_2O_3 38%，并且具有 1 815 ℃的高熔点。罗马尼亚生产的钡铝酸盐水泥的化学成分如表 8-17 所示。

表 8-17　罗马尼亚生产的钡铝酸盐水泥的化学成分（质量分数）　　单位:%

BaO	Al_2O_3	SiO_2	Fe_2O_3
58~63	29~39	0.7~6	0.3

该材料在高温下的性能与纯铝酸钡相似，特别适合用于碱性骨料的环境中，并在原子反应堆领域扮演着关键角色。由钡铝酸盐水泥制成的产品，在施工及干燥过程中往往会出现形变和裂缝，尤其是当水分含量增加时，这一现象更为突出。钡铝酸盐水泥制品的脱水表现如表 8-18 所示。

表 8-18　钡铝酸盐水泥制品的脱水表现

水/%	产物	晶体结构	脱水对制品的影响	表现结果
>0.6	BAH_6-5	单斜晶系	急剧变化为非晶质，体积收缩	变形，开裂
<0.6	BAH_4	等轴晶系	无上述现象	无大的变化

白云石水泥是通过将白云石与氧化铝粉末进行高温烧结，并进一步对熟料进行精细研磨制成的。该水泥的主要矿物成分包括 CA、CA_2 和 MA。在化学成分上，它主要由 Al_2O_3（含量为 66%～76%）、CaO（含量为 14%～19.5%）、MgO（含量为 8.5%～13%）及杂质（含量为 0.1%～0.5%）组成。此类型水泥具备优良的耐碱性渣、耐铁鳞侵蚀及抗碱性腐蚀性能，同时拥有较高的荷重软化温度。

8.6.5　硅酸盐结合剂

1. 水玻璃

水玻璃是指由锂、钠、钾的硅酸盐混合而成的物质。在这些混合物中，钾和钠的硅酸盐成分可能会对耐火材料的高温性质产生削弱效果。然而，它们卓越的黏结性能、低成本、无毒性及对环境无害的性质，以及它们在高温下促进耐火材料烧结的能力，使它们在不定形耐火材料的生产中得到了广泛的应用。当采用钾水玻璃作为结合剂时，其表现出的优势包括耐火材料具有较低的收缩率、较高的强度和稳定性，以及较少的风化现象。而使用锂硅酸盐作为结合剂，虽然可以制备出收缩率低、密实性高的耐火材料，但锂硅酸盐较高的成本限制了其应用，通常仅在特殊场合中使用。

水玻璃在常温下的凝结和硬化过程相对缓慢，但是，在添加某些外加剂后，由于水玻璃与这些外加剂的化学反应，因此可以在常温下实现硬化。多种物质可用作水玻璃的硬化剂，如 Si、Na_2SiF_6、CaO、$Al(H_2PO_4)_3$、$2CaO \cdot SiO_2$、RCOOR、CHC、$AlCl_3$、H_3PO_4、Zn、Pb、Fe、Mg 的磷酸盐等。这些硬化剂的作用原理是与水玻璃中的碱性成分发生中和反应，从而加速硅酸钠的水解过程，促进硅酸凝胶的形成与凝聚。以下展示了氟硅酸钠与水玻璃的反应过程：

$$Na_2O \cdot nSiO_2 + Na_2SiF_6 + H_2O \rightarrow NaF + Si(OH)_4 \tag{8-9}$$

2. 硅酸乙酯

硅酸乙酯作为一种清亮的水白色流体，不含任何悬浮颗粒，并且具有 165 ℃ 的沸点。然而，它并不能直接促使耐火材料颗粒之间形成稳固的连接。为了达到这一目的，必须首先对其执行水解处理，以产生硅酸盐络合物和乙醇，随后通过缩合反应形成凝胶，从而赋予其黏结耐火材料颗粒的能力。在酸性介质中，硅酸乙酯的水解及凝胶化速率相对缓慢；而在碱性介质中，通过调整添加物的浓度，可以有效控制凝胶的形成速率。常用的添加剂包括氧化镁、氨水和强有机碱。使用氧化镁时，难以获得均匀混合物，因为凝胶速率难以控制。将氧化镁分散于甘油与水的混合液中，可以有效解决这一问题。通过调整氧化镁或甘油的比例，即可调控凝胶速率。可添加的有机碱包括脂肪族或杂环族胺类，如单乙醇胺、环乙胺、二环乙基胺、对氧氮乙环和氧杂环己烷等。由于胺类与硅酸乙酯具有良好的混溶性，因此可以预先将少量胺类添加至硅酸乙酯中，搅拌均匀，形成所谓的改性硅酸乙酯。这种改性溶液一旦与水或水蒸气接触，便会迅速凝固。但必须注意，硅酸乙酯仅能在使用前与水混合。调整凝胶时间的方法包括：

（1）调整水与乙醇溶液的比例。

（2）改变胺类的添加量。

（3）向改性硅酸乙酯中加入稀释剂，如异丙醇。

在制备不定形耐火材料的混合料时，若硅酸乙酯快速完全水解和凝固，则难以形成密实结构，从而难以获得满意的结合强度。因此，应采取逐步水解的方法，在混合料制备前仅加入部分水分，剩余水分在制品养护过程中从潮湿环境中获取。

在干燥过程中，当温度升至 200 ℃时，乙醇等挥发性物质被排出，制品强度显著提高。随着温度的升高，由于挥发性物质的逸出，制品会有一定程度的收缩，但这不会显著影响其强度。在高温下，由于无溶剂作用，因此制品能够形成大量陶瓷结合，从而具备优异的高温强度和抗热震性能。

硅酸乙酯适用于生产刚玉质、硅线石质、莫来石质、氧化锆质、锆英石质及碳化硅质不定形耐火材料，可用于浇注、捣打或振动成型。在泥浆浇注过程中，需要使用石蜡或硅酮作为脱模剂。

3. 硅溶胶

硅溶胶是一种乳白色的溶胶，带有负电性，其制备方法主要包括酸法、离子交换法和电渗析法。作为结合剂，硅溶胶具有以下性质：

（1）胶粒微小，凝胶后的氧化硅活性高，能与无机盐和氧化物反应生成硅酸盐，具有卓越的黏结性能。

（2）具备优异的渗透性能，能够与表层下物质进行有效反应。

（3）能与多种高分子聚合物良好混溶，具备优异的分散性和润湿性。

（4）钠离子含量较低，无论是在低温还是高温状态下，均展现出较高的强度。

（5）能与铝溶胶相溶，形成莫来石溶胶，可用作与铝硅系材质相匹配的黏结剂。

8.6.6 磷酸及磷酸盐结合剂

1. 磷酸

正磷酸在磷酸家族中的稳定性最高，能够与水以任意比例混合。在低浓度下，它以单磷酸的形式出现；而在高浓度下，呈现为多种聚磷酸的混合状态。当磷酸浓度达到 100%时，大约 12.7%的 P_2O_5 会形成焦磷酸。单独的正磷酸并不具备黏结能力，只有与耐火材料接触并发生化学反应后，才能展现出优异的黏结性质。在作为不定形耐火材料结合剂的过程中，耐火材料的性质对黏结速率和最终强度有重要影响。

正磷酸本身无黏结特性，当它与耐火材料接触后，由于二者之间的反应，才使其表现出良好的黏结特性。使用磷酸作为不定形耐火材料的结合剂时，耐火材料的性质对黏结作用的形成速率和形成整体强度有较大的影响。

在常温条件下，磷酸与某些氧化物剧烈反应，导致凝结速度过快，无法形成有效的黏结，这些氧化物包括 CaO、SrO、BaO、MnO。然而，与某些死烧氧化物反应，则能形成良好的黏结效果，如 Nb_2O_3、La_2O_3、MgO、ZnO、CdO。而与一些轻烧氧化物反应，则能生成胶结效果，如 V_2O_5、Fe_2O_3、Mn_2O_3、NiO、CuO。正磷酸适用于多种不定形耐火材料的黏结，如硅质、半硅质、莫来石质、刚玉质、SiC 质、ZrO_2质和锆英石质材料及其复合材料。在使用正磷酸作为结合剂时，其浓度和添加量是关键因素。通常，适宜的浓度为 30%～60%，添加量为 7.0%～15%。具体添加量取决于骨料的孔隙率和物料的堆积密度。

2. 磷酸二氢铝

磷酸二氢铝的化学式为 $Al(H_2PO_4)_3$，在常温下易溶于水。当与耐火材料混合且未添加促凝剂时，混合物能长时间保持可塑性，而制成的产品通常不会硬化。

在制品经过一定温度的热处理后，磷酸二氢铝将转变为焦磷酸二氢铝和偏磷酸铝，并伴随聚合反应。在 400~500 ℃的高温下，形成偏磷酸铝聚合物 $[Al(PO_3)_3]_n$，随着聚合度的增加，不定形耐火材料具备更佳的黏结性和强度。同时，聚合过程中释放的 P_2O_5 与耐火材料中的 Al_2O_3 反应，生成 $AlPO_4$，这一反应也有助于提升材料的强度。

在磷酸铝硬化过程中，当 P_2O_5 完全挥发后，耐火材料的高温性能不再受磷酸铝影响，而主要由物料本身的性质决定。然而，P_2O_5 挥发产生的活性 Al_2O_3 分布，对制品的烧结具有促进作用，进而增强制品的强度。概括而言，以磷酸铝为结合剂的不定形耐火材料具备以下特点：

（1）中温强度较高，但在高温下的热态强度较低。

（2）耐火度较高。

（3）抗侵蚀性良好。

（4）抗渣性较强。

3. 磷酸钠和聚磷酸钠

该类结合剂在碱性不定形耐火材料领域被广泛采用，特别是聚合磷酸盐对氧化镁展现出卓越的黏结效果。此外，它在水中的溶解度适中，有利于施工过程的顺利进行。

表 8-19 的数据显示，除三聚磷酸钠和六偏磷酸钠之外，其他磷酸盐的硬化速度均未达到正常水平。然而，通过调整条件，我们可以改变不同磷酸盐的硬化速度。对于硬化速率过快的磷酸盐，可以通过增加加水比例、降低水温等措施进行调节；而对于硬化速率较慢的磷酸盐，可以通过提升水温、增强碱性材料的活性或添加一定比例的活性物质来进行调整。

表 8-19　磷酸盐结合镁质耐火材料的凝固情况

结合剂	硬化时间/min	硬化状态	结合剂	硬化时间/min	硬化状态
NaH_2PO_4（结晶）	31.3	软	KH_2PO_4	—	硬化
NaH_2PO_4（无水）	9.20	软	$NH_4H_2PO_4$	4.20	快速硬化
无水磷酸钠	41.3	软	$CaHPO_4$（无水）	>10	软
无水磷酸三钠	<10	快速硬化	$Ca(H_2PO_4)_2$	12.10	不硬化
酸性焦磷酸钠	6.35	软	酸性焦磷酸钠	—	不硬化
三聚磷酸钠	25.5	硬化	焦磷酸钙	—	不硬化
六偏磷酸钠	3.40	硬化	$MgHPO_4$（结晶）	—	快速硬化
四聚磷酸钠	30.20	透	$MgHPO_4$（无水）	<10	快速硬化
焦磷酸钠	29.0	软	磷酸镁（无水）	<10	不硬化

磷酸钠与碱性耐火材料结合通常展现出优异的高温性能。值得一提的是，磷酸钠与 CaO 的化学反应生成的产物具有许多卓越性质，这些性质有助于耐火材料的牢固结合。在约 800 ℃的温度下，这种牢固的结合能够持续至高温范围。

8.7 不定形耐火材料的添加剂

8.7.1 概述

在不定形耐火材料和结合剂之外添加的，用于改善制品性能的，含量不足 5% 的物质，统称为不定形耐火材料的添加剂。对于掺量超过 5%，主要作用是补偿耐火材料性能，如结合性能、施工性能和整体性能，即使通常被当作复合材料的物质，也仍称为添加剂。

1. 不定形耐火材料添加剂的分类

按功能可以对不定形耐火材料的添加剂进行分类，如表 8-20 所示。

表 8-20 不定形耐火材料添加剂的功能

功能	内容	举例
流变剂	改善易和性、流动性等	塑化剂、减水剂、引气剂
调凝剂	调整固化时间	分散剂、早强剂、促凝剂
膨胀剂	改善施工体缺陷	缓凝剂、保存剂、减水剂
性质剂	赋予性质，改善缺陷	抗爆剂、消泡剂、纤维剂等

其中，流变剂和调凝剂是不定形耐火材料中普遍和经常使用的添加剂，并且这些添加剂本身兼有其他一些功能。但膨胀剂经常用来弥补不定形耐火材料的干燥和烧成收缩。而特定性质的添加剂是在不定形耐火材料容易引起膨胀或要求快速加热时需使用的物质。

2. 不定形耐火材料用添加剂的添加方法和要求

1）干粉先掺法

干粉先掺法是指在湿炼或湿混之前，将添加剂与某一种细粉或几种细粉预先混合。最常用的是共磨法和机械搅拌法，并且以共磨法效果最佳。这种方法大多限于添加剂和细粉均是干料的情况。

2）溶液同掺法

溶液同掺法是指将添加剂预先溶解于水、液体或液态的结合剂中，然后按耐火材料混炼时的加料顺序混炼或混合。

3）滞水法

滞水法是指在已经湿炼或湿混的物料中加入干粉添加剂或液体添加剂。这对于易失效的添加剂或易引起失效的添加剂是必须的，并且是在施工前一切准备就绪的情况下才添加的。此外还有气孔扩散法等方法。

3. 应用添加剂的注意事项

（1）用量要准确。

（2）施工前必须准备妥当。

（3）不同材料所用添加剂的品种和数量必须有实验探索。

8.7.2 减水剂

1. 减水剂的意义及作用机理

在不损害易拌性的基础上，能有效降低不定形耐火材料的水分需求；或者在保持水分用量不变的情况下，能增强不定形耐火材料的易拌性。具备上述任一或二者性质的添加剂，我们称为减水剂，也称为分散剂。不定形耐火材料中减水剂的作用机理包括以下几个方面：

1）调整粉体的物理化学性质——固体粒子对溶液及溶质的吸附作用

将固体粒子（如水泥、黏土、超细微粉）作为分散相，水作为分散介质，添加剂作为溶质进行处理。在此系统中，粒子表面具有表面能，它们倾向于从溶液中吸附电解质和表面活性剂以降低表面能，从而使系统保持稳定。正是由于粉体对减水剂离子的选择性优先吸附，才使水等物质更易在其表面分散。

2）界面活性效应

减水剂因这种效应而在液体-气体、液体-固体等界面上吸附，降低界面能量，破坏粒子的团聚作用，减少粒子间的摩擦阻力，从而显著提升泥料的流动性。

3）改变界面电动性质

在加水搅拌和凝聚硬化过程中，固体颗粒因异性电荷的吸引或溶液中的热运动导致的颗粒碰撞、吸附及范德华力作用而形成絮状结构，这些结构会包裹大量水分。添加减水剂后，其憎水基团会在颗粒团表面定向吸附，亲水基团则指向溶液，形成单分子或多分子膜，使粒子-水体系保持相对稳定的悬浮状态，分解絮状结构，释放出游离水。

4）胶体粒子的胶溶作用

通过将胶体粒子从絮凝状态转变为溶胶状态，减少泥浆的流动阻力，增强流动性。这一过程只需添加适量的电解质或减水剂即可实现。

因此，对于不定形耐火材料而言，减水剂、界面活性物质，或者含有界面活性成分的材料，以及那些能够与材料表面产生化学反应从而改变其表面性质的物质，均扮演着关键角色。在减水剂这一类别中，它们必须同时具备憎水性和亲水性的功能基团。

2. 减水剂的分类

以结合剂种类为依据，减水剂可细分为针对黏土的、针对水泥的、凝胶溶胶专用的、超细微粒的及磷酸盐或硅酸盐体系的。

在性能分类上，减水剂分为标准型、延时凝固型、快速凝固型、产生气泡型等。

在化学属性上，减水剂可归纳为负离子表面活性剂、正离子表面活性剂、中性表面活性剂、聚合物表面活性剂和无机盐表面活性剂。

8.7.3 铝酸盐水泥结合用的减水剂

铝酸盐水泥用的减水剂有很多，但常用的有以下七大类：木质素类、萘系、水溶性树脂类、烃基羟酸盐及变体和衍生物的盐类、烷类、芳香磺酸盐类、无机盐及聚合物类。

实验结果显示，在铝酸盐基耐火浇注料中引入 MF、木钠、烷基磺酸盐等添加剂，可以显著降低水的需求量，然而这会导致严重的缓凝现象，进而影响其早期强度的发展。

而单独使用酒石酸、柠檬酸及三聚磷酸钠等物质，虽然可以增加材料的密实度，减少水分的渗透，但对于降低水的需求量帮助不大。因此，理想的减水剂应该结合多种成分复合使用。

对于铝酸盐水泥耐火浇注料，由于水泥品种的不同，所适用的添加剂及其添加量也各有差异，通常需要通过实验来确定最佳方案。在维持铝酸盐水泥耐火浇注料基本性能的同时，通过添加减水剂可以适量减少水泥的用量，这不仅节约了资源，也降低了成本。由于减少了低熔点物质的引入，这也有利于提高材料的使用性能。

在低水泥耐火浇注料中，常用的添加剂包括高效减水剂和分散剂，如 NNO（亚甲基双萘磺酸钠）、MF（甲基萘磺酸钠的甲醛缩合物）、NF（亚甲基二萘磺酸钠）、SM（苯乙烯–马来酸酐共聚物），以及腐植柠檬酸、酒石酸及其盐类、三聚磷酸钠、六偏磷酸钠和硼酸等，其用量通常在 0.03%～1.0%。在选择添加剂时，需要考虑其与超微粉的相容性，以及原料的获取难易、使用便捷性和成本效益。一般来说，有机添加剂在减水和分散方面的效果要优于无机添加剂。此外，为了使低水泥耐火浇注料在高温下具有微膨胀性质，还会加入如蓝晶石和硅线石等材料。

实践中，减水剂对提高浇注料的性能很有好处，但在使用时应注意以下几点：

（1）用量标准，否则会产生材料分离、气泡。

（2）注意减水剂质量。

（3）应用后掺法，提高使用效果，同时易被水泥吸附。

（4）搅拌过程中浇注料既要混匀，又要引气少，二者需协调。

（5）掺添加剂后应调整水泥用量及用水量。

8.7.4 其他不定形耐火材料用分散剂

镁碳耐火材料结合剂用分散剂最好的是六元醇。六元醇具有渗透性、润湿性等性质，它能使石墨那样细而轻的粉体致密，同时能使其与镁砂颗粒或细粉的坯料结合良好，达到最紧密的充填效果。但其在实际应用中还有待进一步研究。

由于水玻璃的粒子较大，它在耐火材料表面形成的保护层较为致密且多孔，这可能会对浇注料的性能造成不利影响。向水玻璃溶液中引入适量的添加剂，能够生成改良型水玻璃。这些添加剂包括糠醇、盐酸苯胺、NNO（亚甲基二萘树脂）及三聚磷酸钠等。在加入添加剂之后，必须迅速且彻底地搅拌，以促进水玻璃溶液的均匀分布，避免出现絮凝现象。

耐火可塑料的添加剂主要包括塑化剂、增强剂、保存剂和抑制剂等，其种类涵盖草酸、酒石酸、纸浆、糠蜜和木质素磺酸盐等，一般使用量不超过 1.0%。此外，还会添加蓝晶石等膨胀剂和膨润土、锂辉石等烧结剂，这些添加剂有助于提升耐火可塑料的可塑性、保存期限及高温下的性能。

在耐火可塑料中，软质黏土不仅作为结合剂使用，还兼具增塑剂和烧结剂的功能。它对可塑料的可塑性、保水性、施工性及常温与高温下的耐火性能均产生显著影响。因此，在选择用于配制耐火可塑料的软质黏土时，应确保其具有良好的可塑性、吸湿性、适当的黏性、耐火性和烧结性。

耐火可塑料用的添加剂种类有很多，除表 8-21 所述外，还可选用聚乙烯醇、糊精、淀粉、羧甲基纤维素、柠檬酸、葡萄糖酸及硅酸乙酯等材料。通常情况下，这些添加剂的添加量不超过 1%；当添加量超出 1% 时，同时具备结合剂的功能。另外，还包括如红柱石、硅线石、锆英石和氧化铝粉等外加物质，它们的添加量通常在 3% 以上。

表 8-21　耐火可塑料不同添加剂技术要求

添加剂名称	技术指标	加入量/%
亚硫酸纸浆废液	相对密度为 1.15~1.25	1~5
糖蜜、木糖浆	相对密度为 1.10~1.25	1~4
草酸、酒石酸、甘油	工业级	0.5~2.0
邻苯二甲酸二丁酯	工业级	0.08~0.12
木质素磺酸盐	木质素含量为 24%~30%	0.2~1.6
淀粉	工业级	0.5~1.5
锂辉石、锂云母	<0.09 mm	2~4
蓝晶石	<0.2 mm	12~20
硅质	<0.2 mm	1~3

对于磷酸类耐火可塑料的配比，耐火骨料通常占 50%~60%，耐火粉料则占 25%~35%，软质黏土占 10%~15%，化学结合剂占 9%~13%。在制造过程中，若使用磷酸作为结合剂，首先需将 60% 的结合剂与耐火骨料、耐火粉料和软质黏土进行混合，然后进行瞬料处理。在第二次混合时，加入添加剂和剩余的结合剂，充分混合后便可进入下一道工序。当使用复合化学结合剂时，一般先用硫酸铝溶液进行混合，瞬料后再与磷酸盐结合剂进行混合。需要注意的是，二次拌料时的称重应以干料质量为标准，以避免由于添加剂的添加导致的误差。

8.7.5　不定形耐火材料用促凝剂和缓凝剂

1. 基本概念

促凝剂是缩短不定形耐火材料由可塑状态变为凝固状态的时间的添加剂。缓凝剂是增加不定形耐火材料由可塑状态变为固体状态的时间的添加剂。

促凝剂和缓凝剂是改变凝固时间的添加剂，它们在实际中具有很重要的意义，在喷射成型或修补炉的时候，我们希望不定形耐火材料能在较短时间内凝固并建立起一定的强度；而当现场条件不足，远距离搅拌或因施工速率慢时，总希望凝结时间适当长一些，以免拌好的料失效。

促凝剂和缓凝剂是一个矛盾的两个对立面，它们依据的内部规律是一样的，只是采用某些措施促使过程向两个相反的方向发展。

不定形耐火材料的凝固速度随结合剂的不同而不同，也随结合剂与耐火材料的反应性能的不同而不同。

常用的促凝剂和缓凝剂按化学性质分类如表 8-22 所示。

表 8-22　常用的促凝剂和缓凝剂按化学性质分类

无机盐	$FeSO_4$、Na_3PO_4、K_3PO_4、H_2SO_4、ZnO、PbO、CdO
	氯化物、硫酸盐、硝酸盐、碳酸盐、氢氧化物、硅酸盐、偏铝酸盐、氟硅酸盐
有机物	含糖木质素磺酸盐及其衍生物、改性物
	羟基羧酸盐及其改性物
	含糖碳水化合物
	糖和淀粉的庚糖化合物、无机和有机物的混合物
高分子化合物	明胶、聚丙烯酰胺、聚乙烯等

2. 硅酸盐结合用促凝剂

在凝结硬化的过程中，水玻璃通过水解反应形成了一种不稳定的硅酸凝胶，该凝胶随后发生凝聚现象。常温下，其凝结作用缓慢，因此，不存在缓凝的问题，一般是要加促凝剂使其具有一定的早期强度。

可以从以下三个基本出发点来选择促凝剂：

（1）加速水解，这就必须造成酸性环境。要使水解进行得充分，可以用酸或含金属离子但水溶液呈现酸性反应的添加物。

（2）夺取硅酸钠中的 Na_2O，使其朝着生成硅胶的方向移动。

（3）加入发热物质，使反应快速进行。

3. 黏土结合用促凝剂

黏土结合不定形耐火材料时，其凝结硬化主要是加热硬化，形成陶瓷结合。一般这类不定形耐火材料主要为耐火可塑料和耐火捣打料，而近年来，人们也开始制备黏土结合浇注料。但是，通常的黏土结合浇注料往往凝结时间太长，因此，寻找促凝剂使其具有一定的早期强度是必要的。

黏土粒子分散在水中所形成的浆液，在电解质作用下有溶胶的稳定性，而细粉散的粒子又有聚集降低表面能的趋势，所以泥浆是一种相对稳定的体系。黏土结合凝结缓慢的另一原因是粒子间容易形成触变结构，其内部有大量"包裹水"，使黏土难于硬化。因此，黏土的促凝可以采用以下一些途径：

（1）夺取游离水，使黏土凝结硬化，如加入铝酸盐水泥、硅酸盐水泥、ρ-Al_2O_3 等。

（2）加入解胶剂，使胶体产生聚沉。解胶剂包括电解质、高分子化合物和聚合磷酸盐。使用电解质时，其一是加入与分散剂相同的物质，使电解质过量产生聚沉；其二是加入与泥浆中胶体离子异号的电解质，并且化合价越高越好，当只能选低价离子时，应选离子半径及水合半径小的离子，使其容易接近胶粒，如 $AlCl_3$。

同样加入发热物或使水分解的物质也会促进促凝。使用高分子化合物时，除要用异号离子外，还要注意过速凝结造成结构疏松。当同时用高铝水泥和黏土时，加入磷酸盐和聚丙烯酸盐等既可起分散作用，又能络合 Al^{3+}、Ca^{2+} 等离子，使其具有一定的安定时间，这样获得的制品质地均匀且致密。

本书涉及的电解质富含碱土金属离子，能够令黏土泥浆失去流动状态并导致絮凝，因此这类化合物被称为絮凝剂，也称促凝剂。值得强调的是，在制备黏土基耐火浇注料时，分散剂与促凝剂往往同时被引入，但部分促凝剂可能会削弱或消除分散剂的分散能力，从而导致浇注料无法保持施工所需的流动性，甚至无法进行施工作业。因此，选择具有延迟作用的促凝剂至关重要。在混合和塑形过程中，分散剂的作用得以发挥，而延迟型促凝剂不会对分散效果造成干扰，也不发挥促凝功能。只有在塑形完成后，促凝剂才开始展现絮凝效果，并促进浇注料的固化。具备此类性质的材料，一般选用水泥作为代表。水泥中含有的 Ca^{2+} 须经过水化过程才能释放。常见的促凝剂种类包括高铝水泥、铝-60 水泥、烧结或电熔氧化铝水泥、快硬高铝水泥及硅酸盐水泥等。

4. 磷酸盐结合剂用促凝剂与缓凝剂

磷酸本身无黏结性，当它与耐火骨料和细粉接触后，如果有与其反应的物质，就会因反应而产生结合。对于一些酸性、弱酸性及中性耐火材料，用磷酸不能产生硬化；即使使用磷酸铝，常温硬化也比较缓慢。这时，应当加入促凝剂以加速硬化过程。促凝剂可以是碱性化合物或它们的混合物，如 ZnO、MgO、Al(OH)$_3$ 和各种水泥等。在磷酸耐火浇注料和原料配合比一定的情况下，只要能满足施工要求，无论用何种促凝剂，其用量越少越好。不同 MgO 含量对磷酸系结合剂的硬化作用如表 8-23 所示。

表 8-23　不同 MgO 含量对磷酸系结合剂的硬化作用

名称	MgO 含量/%	粒径	硬化时间
海水	91~93		7~9 h
电熔 1	98	76 μm	6~8 h
电熔 2	98	390 μm	3 d
电熔 3	94	23 μm	1.5~2 h
分析纯	<99	10.5 μm	1 min
海水	94	12 m^2·g^{-1}	1 min
MgO	—	12 m^2·g^{-1}	<1 min

注：粒径为 10.5 μm 时，表面积为 8.9 m^2/g。

在磷酸铝耐火浇注料体系内，类似于磷酸盐耐火浇注料的情况，加热过程中 $AlPO_4$ 晶型的转变会产生中温强度降低的现象。引入以二价金属离子或金属氧化物为成分的促凝剂，能够在热处理过程中有效遏制磷酸铝三维网络结构的扩展，并形成熔点较低的化合物，这会削弱基质的结合强度，从而影响其中温强度。促凝剂的选择及其添加量对磷酸铝耐火浇注料的性能有着显著影响。通常情况下，推荐使用铝酸盐水泥作为促凝剂，在满足常温强度要求的前提下，应尽量减少促凝剂的添加量。同时，磷酸铝溶液的浓度及其用量是影响材料性能的关键因素。在磷酸铝或磷酸高铝质耐火浇注料中掺入一定比例的石墨和碳化硅等材料，可以制备出含碳耐火浇注料，这类材料能够显著提升抗热震性、抗渣性和导热性。这类耐火浇注料已成功被应用于高炉和出铁沟等高温热工设备中，并取得了显著的应用成效。聚磷酸盐用促凝剂主要有各种铝酸盐水泥、CaO 等，如表 8-24 所示。

表 8-24　聚磷酸钠加 CaO（搅拌时 25 ℃）后的凝结时间和料温

CaO/%	凝结时间	料温/℃
0	10 min	26
1	12 min 20 s	32
2	4 min 30 s	37
3	2 min 20 s	40
4	2 min 35 s	42
5	2 min	41

5. 磷酸和磷酸铝结合的缓凝剂

在某些情况下，需要在磷酸和磷酸铝结合不定形耐火材料中加入一定的缓凝剂，以延长作用时间，使混合料可以储存一段时间而不失效。要缓凝就必须阻止 $AlPO_4 \cdot nH_2O$ 的形成及 H_3PO_4 与 Al_2O_3 的反应，也就是说应加入与 Al^{3+} 能形成稳定络合物的化合物，或者加入物虽能与 H_3PO_4 反应，但形成的产物可以在料表面与 H_3PO_4 之间形成致密膜，以阻止 H_3PO_4 的进一步反应。可以提供络阴离子的物质如草酸、柠檬酸、酒石酸、水杨酸、葡萄糖酸等。此外，乙酰丙酮、糊精也能阻止不溶于水的 $AlPO_4$ 的生成，Cr_2O_3 和 ZrO_2 等则可与磷酸反应形成保护膜。

在生产捣打料和可塑料中，习惯在送交用户之前即刻制备这种材料，而不是事先制成这种材料并在成型之前储存一个时期。但这样的生产安排不是最有效的，却是必要的，因为这类混合料会发生硬化而不可能延长保存期。在实验室及高铝砖的生产中取得的经验表明，草酸是阻止这类混合料早凝的一种有效的抑制剂。保存期可以由调整草酸与磷酸的比值来改变。加速实验说明，使用等量的草酸和磷酸可以使保存期超过 6 个月。

8.8　不定形耐火材料的性质

常规不定形耐火材料的基本性质涵盖多个方面，包括其孔隙率、密度、真实密度，以及抗弯与抗压强度等。这些特性有助于预测材料在高温工作环境中的表现。另一部分特性，如耐火温度、荷重软化温度、热冲击耐受性、抗侵蚀性和高温体积稳定性等，则是在高温条件下进行测试的；这些数据揭示了材料在特定高温状态下的特性表现及其与外部环境互动的响应。

关于耐火材料的特性评估，国际上存在多种标准化测试方法，其中包括美国材料与实验协会（American Society for Testing Materials，ASTM）、英国标准协会（British Standards Institution，BSI）、德国标准化学会（Deutshes Institu für Normung，DIN）及日本工业标准（Japanese Industrial Standards，JIS）的标准。我国则遵循国家标准（GB）进行检验。尽管这些测试方法是在实验室控制条件下进行的，与实际应用场景可能存在差异，但它们依旧被广泛认为是评价耐火材料质量的可靠方法。分类评估不定形耐火材料特性的指标如表 8-25 所示。

表 8-25　不定形耐火材料的特性

施工性质	冷态性质	热态性质
颗粒组成	线收缩率	高温抗折强度
堆比重	体积密度	高温抗压强度
湿度	气孔率	抗热震性
可塑性	吸水率	导热性
用水量	常温抗折强度	热膨胀性
黏度	常温抗压强度	荷重软化温度
工作性质	耐磨性	蠕变性
黏附性质和黏结性质	弹性模量	耐火度
施工时间	透气度	CO 实验
凝固性	化学组成	抗渣性
耐磨性	耐酸碱性	各种气氛反应性

8.9　不定形耐火材料在冶金行业中的应用

几乎在每一个应用领域，不定形耐火材料的市场份额都呈现稳定上升的趋势。近些年来，这种材料不仅被用于打造创新的不定形耐火内衬，同时大规模地用于现有耐火内衬的修复与保养。数据显示，2021 年全球不定形耐火材料市场的增长速率高达 60% 以上。其中，以高炉冷却壁热面浇注技术为代表的先进浇注料的开发与应用，更加符合绿色、低碳、环保的生产理念，应该予以大力扶持。

8.9.1　在高炉上的应用

在冶金领域，高炉作为核心设备，扮演着至关重要的角色。传统的炉体结构以钢板为外壳，内部则用耐火砖进行衬砌，这些建筑材料通常包括高铝水泥和磷酸盐基的耐火浇注料预制块，通过吊装方式砌筑而成。而现代高炉在建设时，倾向于使用以树脂为结合剂的铝碳不烧砖。对于大型高炉而言，其水冷壁通常采用碳化硅（SiC）浇注料，炉底垫层和周边砖缝则使用氮化硅材料进行填充。此外，炉墙的施工也普遍采用浇注料耐火材料，这一做法在行业内取得了显著成效。例如，日本福山钢管厂的 2 号高炉采用的氧化铝（Al_2O_3）材料，在连续六年的时间里未出现大面积的剥落现象。目前，氧化铝-碳化硅-碳（ASC）质及莫来石-SiC-C 质的耐火材料，已成为国内外高炉出铁沟的常用不定形耐火材料。在日本，高炉的建设多采用 ASC 浇注料，而西方工业国家普遍使用 SiC-C 质的捣打料，我国冶金行业则主要使用以碳化硅为主要成分的钢玉材料。

浅析不定形耐火材料的应用与发展

河南华西科技集团专注于炼铁高炉耐材技术研究，针对高炉各个部位不同的工况环境，分析高炉各部分耐材受侵蚀的原因，有针对性地研发出高炉内衬上部喷注料和下部喷注料。尤其是用于风口、炉腹、炉腰和炉身下部的喷注料，除具备优越的抗渣侵蚀性和抗热震性外，还具备优异的导热性，可以在开炉后很快形成渣皮，达到自保护、延长寿命的目的。鉴于传统冷却壁镶砖易脱落，与冷却壁本体弥合不紧密，存在铸体和砖衬热冷膨胀系数不一致，存在很大内应力、易折断破损等问题，河南华西科技集团与中冶赛迪集团有限公司、北京科技大学联合研发出了一种高炉冷却壁热面浇注技术（专利号：ZL201811449733.8）。该技术巧妙结合了金属与非金属材料的突出性质，呈现出一系列优异性能，包括易于形成稳定的渣皮层，以及在现场安装与使用过程中的便捷性和高效性。对于冷却壁的热面，该技术能够很好地形成渣皮，提高对冷却壁的保护性能，大幅提高冷却壁的使用寿命。

图 8-3 为河南华西科技集团承揽的日照钢铁新建 3 000 m³ 大型高炉。6~11 段冷却壁采用冷却浇注施工的方式，使用碳化硅质预挂渣皮浇注料，以高纯碳化硅为主，增加复合钢纤维及致密电熔刚玉，浇注体导热性好、韧性大、强度高、抗碱性金属侵蚀、易形成渣皮，并与高炉形成的渣皮结合牢固。12~18 段冷却壁采用高铝质预挂渣皮浇注料，以致密电熔刚玉为主，增加金属复合钢纤维，浇注体耐机械磨损、强度高、韧性好。基于材料的优化选择及工艺的持续创新，高炉冷却壁热面浇注技术可以广泛应用于高炉维修项目及新建高炉项目。该技术既可以实现冷却壁本身设计的燕尾槽、锚固件之间的完美结合，又可以保证冷却壁本体与热面浇注料形成一个整体，使其整体强度高、结合牢固，从而达到延长冷却壁使用寿命的目的。

(a)　　　　　　　　　　　　(b)

(c)　　　　　　　　　　　　(d)

图 8-3　日照钢铁新建 3 000 m³ 大型高炉成功应用冷却壁浇注技术

(a) 新建 3 000 m³ 大型高炉；(b) 安装锚固件；(c) 浇注料养护；(d) 冷却壁浇注完成

应用实例包括：柳钢防城港 3 800 m³ 高炉、日钢新建 3 200 m³ 高炉、临沂钢投新建 2 800 m³

高炉、安钢 2 280 m³ 高炉、山西通才新建 1 580 m³ 高炉、河北敬业 1 500 m³ 高炉、山东石横 1 350 m³ 高炉等。

不定形耐火材料在窑炉保养过程中发挥着不可或缺的作用，主要是因为其能在极短的停炉时间内完成大规模修复，甚至在运行中实施修补。通过对内衬的系统维护，可以显著提高窑炉的使用期限。采用不定形耐火材料作为内衬，其铺设快速（得益于创新型黏结剂）及较短的干燥与升温时间，均带来了显著的优势。在众多实例中，原料成本占据了成品成本的主要部分，有时甚至高达 60%，这主要是因为原料的品质直接关系到产品性能，因此需排除掉使用低质原料的可能。

8.9.2　在钢包上的应用

随着出钢温度的攀升和钢包内钢水停留时间的增加，传统的定形耐火材料正逐步被不定形耐火材料取代。这一变革基于钢包的不定形性质，有助于实现生产的自动化，从而提升生产效率和经济效益。实际操作中，采用不定形耐火材料的钢包侧墙能减少大约 40% 的维护时间；而当整个钢包都使用不定形耐火材料时，劳动力节省效果能超过 70%。目前，众多钢铁企业选择使用 Al_2O_3-尖晶石浇注料作为钢包的耐火材料，因为它具有良好的抗腐蚀性，在高温条件下对结构的影响较小，并能显著延长热工设备的使用寿命。然而，这种材料的使用性能依然会受到出钢温度和钢水停留时间的影响。为了克服这一技术挑战，一系列新型材料，如：日本研发的 Al_2O_3-MgO 浇注料、铝镁碳质耐火浇注料及镁质耐火材料相继问世。这些新型材料在强度和抗渗透性方面都有显著提升，并在钢包的实际应用中表现出更佳的效果。

8.9.3　在加热炉上的应用

高温热处理炉在钢材生产中主要用于将钢坯加热至约 1 400 ℃的高温，其炉顶及内衬结构通常由浇筑材料或塑性材料构成。在规模较大的步进式加热炉中，内衬往往选用具有高可塑性的耐火材质，其耐用期限一般可维持在 12~15 年。对于高速线材生产线的步进式加热炉，由于炉体规模庞大且对耐火性能有更高的要求，因此适宜采用黏土质浇筑材料。这种材料易于机械化施工，并且在脱模过程中不会形成蜂窝状缺陷，保证了良好的流动性和满足热加工设备对作业环境的严格要求。

8.10　冶金行业中不定形耐火材料的发展趋势

不定形耐火材料在耐火材料总构成中的份额，已成为评判一个国家耐火材料技术发展水平的重要指标。现阶段，全球工业领先国家纷纷将研发重点放在新型不定形耐火材料上，这一举措促进了冶金领域耐火材料向高性能浇注材料、全干振动材料及火焰喷涂修补材料等新型材料的演变，显示出不定形耐火材料在将来市场中的广泛应用前景。

8.10.1　材质的发展方向

首先，在过往的不规则耐火材料领域，中性或酸性氧化物是主要的原料选择，但这些材料制成的产品在耐高温和抗腐蚀方面，已不能满足更为严苛的冶金要求。与此相对，基于碱性氧化物和氧化物与非氧化物复合材料的耐火产品能够更有效地解决这些问题，反映了当前冶金行业对不定形耐火材料发展要求的新趋势。以高级氧化铝纤维和特定耐火填料为主要成分的涂抹料为例，它显示出卓越的耐风化、耐高温、防裂及抗烧蚀和化学侵蚀性能；能够抵抗高达 80 m/s 的热气流，承受 1 700 ℃ 的高温，并且在高温下长期使用不会产生裂纹；同时，该材料支持热修补，适用于大面积喷涂作业。

其次，在现代不定形耐火材料的生产中，优质的人工合成耐火材料得到了更广泛的运用。不定形耐火材料已经从单一的浇注料发展至包括压注料在内的多样化产品，并在传统材料的基础上开发出了如喷补料等新型材料。例如，采用精选轻质骨料、耐火粉料、结合剂和添加剂配制的轻质浇注料，具有更低的导热性、更高的保温性及更佳的抗热震性，广泛用于工业炉窑和热工设备的保温部位。耐火材料的创新研发，为提高冶金作业效率和增强工业经济性做出了重要贡献。

8.10.2　结合方式的发展方向

不定形耐火材料的构造主要由连续性的黏结部分和非连续性的骨料部分共同构成，由于骨料部分的颗粒强度较高，黏结部分因此成为决定其结构强度的主要因素，这一特征直接关联到结合剂的功能表现。在冶金工业中，不定形耐火材料的结合方式经历了由水合、化学键合、水合+凝聚键合向聚合键合的转变，并正向凝聚集合的技术方向发展。这一发展轨迹体现了结合剂纯度的逐步提升，从高杂质含量到低杂质含量，最终达到无杂质状态。近年来，高炉技术的显著提升对不定形耐火材料的性能要求也更为严格。为了降低高炉的损害并增加冶金行业的经济效益，不定形耐火材料的结合技术由高水分、低水分向无水分转变，并逐步向高密度结构发展，从而在整体上提升冶金行业不定形耐火材料的表现。

不定形耐火材料展现出定形耐火材料所不具备的独特优势，成为现代冶金业高质量发展的关键支柱。尽管存在些许缺陷，但其整体发展势头正盛。随着技术革新不断推进，新型不定形耐火材料在创新研发中崭露头角，预计将助力冶金行业的深入变革。在实现碳中和和碳达峰的背景下，新型不定形耐火材料的深入研究、施工技术的革新及预制技术的应用，均有望维持这一发展态势。不定形耐火材料无须高温烧结，可采用低温处理，更符合绿色、低碳、环保的生产要求。新型绿色耐火材料需求的扩大及碳中和"30/60"目标的追求，将成为未来几十年最为明确且影响深远的趋势之一，必然引发一场全面而深刻的经济社会变革。

8.11 几种常见的不定形耐火材料

8.11.1 耐火混凝土

耐火混凝土由精选的耐火骨料、耐火粉末和特定混合物按精确比例配合而成。在搅拌均匀（确保水泥结合剂与适量水分充分混合）后，通过模具成型和适当的养护，即可作为耐高温的建筑材料投入使用。作为耐火混凝土的基石，耐火骨料对其在高温环境下的物理和力学表现至关重要。这类材料的种类丰富，任何适用于制作耐火砖的原料均能作为耐火骨料的来源。添加耐火材料能够优化水泥结合剂的性能，减少水泥的用量，同时增强耐火混凝土在常温状态下的力学强度和结构密实性，从而提升其整体耐火性能。结合剂负责将耐火骨料和耐火粉末牢固地结合，形成具备特定性能的耐火混凝土。各类外加剂，如促凝剂、减水剂、矿化剂和膨胀剂等，通常以小剂量添加，旨在进一步改善和提升耐火混凝土的性能，确保其能够满足施工和实际应用的需求。

1. 铝酸盐耐火混凝土

铝酸盐耐火混凝土采用通用铝酸盐水泥、矿渣型铝酸盐水泥及耐高温的铝酸盐水泥作为结合剂，结合耐高温骨料和细粉混合制备，适用于不超过 1 200 ℃ 的中低温耐火场合。其优势在于原料获取便捷、成本经济，适用于制作整体性的承重结构及炉衬。在热力设备的基础层和底板、烟道衬里、烟囱内部构造及热能存储槽等工程实践中，此类混凝土的应用尤为广泛。

1）矾土水泥和低钙铝酸盐水泥的化学组成性质

矾土水泥和低钙铝酸盐水泥均以精选高铝矾土及石灰为主要原料，依照特定比例混合并经高温煅烧制成熟料，最终磨细成粉末，形成了一种水硬性的黏结材料。这两种水泥在制备过程中，高铝矾土与石灰的比例需要进行科学调整，从而使它们在化学构成、矿物成分、耐高温性及水硬性质等方面表现出各自的特点，如表 8-26 所示。

表 8-26 矾土水泥和低钙铝酸盐水泥的化学组成性质

名称	化学组成（质量为数）/%		重要矿物成分	耐火度/℃	水硬速率
	Al_2O_3	CaO			
矾土水泥	35~55	35~45	$CaO \cdot Al_2O_3$	1 420~1 500	快
低钙铝酸盐水泥	65~75	15~25	$Ca \cdot 2Al_2O_3$	1 650~1 700	慢

2）铝酸盐耐火混凝土的硬化

在铝酸盐水泥耐火混凝土的固化阶段，铝酸盐水泥经过水化反应生成的硅酸盐晶体起到了将混凝土内的骨料和混合料紧密包裹并相互黏结的作用，进而促使混凝土硬化成一个具有显著强度的整体结构。我国生产的铝酸盐水泥耐火混凝土大多数以矾土水泥作结合剂，由于矾土水泥的结合性能好，早期强度高，故有利于提高浇灌施工和预制块的生产率。

3）铝酸盐耐火混凝土的生产工艺要点

（1）原料的技术要求及加工。生产铝酸盐耐火混凝土常用的原料是黏土熟料、高铝矾土熟料及相应的耐火砖废砖，采用矾土水泥作结合剂。铝酸盐耐火混凝土的原料的技术要求如表8-27所示。

表8-27　铝酸盐耐火混凝土的原料的技术要求

原料名称	技术要求
黏土熟料	Al_2O_3含量大于30%，耐火度不低于1 610 ℃，吸水率≤5%
黏土废砖	Al_2O_3含量大于30%，耐火度不低于1 610 ℃，清除熔渣物
高铝矾土熟料	Al_2O_3含量大于50%，耐火度大于1 770 ℃，CaO≤0.8%，吸水率≤7%
高铝废砖坯	Al_2O_3含量大于48%，耐火度大于1 750 ℃，清除熔渣物
矾土水泥	水泥标号须大于C25

（2）配合比。配合比是指水泥、掺合料、骨料的配合比例。矾土水泥是矾土水泥耐火混凝土制品获得强度的主要因素。其加入量不仅直接影响制品的机械性能，也影响制品的高温性能，其用量为10%~15%。掺合料是为了减少水泥用量，提高耐火混凝土的堆积密度和荷重软化温度，以及改善制品的抗渣性等其他高温性能，其用量为10%~20%。

骨料的颗粒级配应根据"两头大，中间小"的紧密堆积原则，这样有利于提高耐火混凝土的体积密度、强度及荷重软化温度。其配比用大、中两极，粗颗粒占45%~55%，泥料混合时，水的加入量为6%~10%。

（3）搅拌和成型。耐火混凝土的搅拌与普通建筑混凝土工艺相似。其加料顺序及混合时间一般为：骨料（掺合料和矾土水泥先混合）→干混1~2 min→加水湿混8~10 min，总混合时间不少于10~12 min。生产中矾土水泥耐火混凝土的成型方法及配料比如表8-28所示。

表8-28　生产中矾土水泥耐火混凝土的成型方法及配料比

成型方法	配料比/%			矾土水泥/%	水/%
	骨料		掺合料		
	5~15 mm	<5 mm	<0.088 mm		
振动成型	30~40	30~40	10~20	10~20	9~12
捣打成型		60~80	10~20	10~20	6~9
机压成型		60~80	10~20	10~20	5.5~7

铝酸盐耐火混凝土制品的性能要求如表8-29所示。

表 8-29 铝酸盐耐火混凝土制品的性能要求

性能要求	振动成型			机压成型
	ZFL-60	ZFN-42	ZFN-30	JFN-42
Al_2O_3 含量/%	≥60	≥42	≥30	≥42
耐火度/℃	≥1 000	≥1 650	≥1 650	≥1 650
0.2 MPa 荷重软化温度/℃	1 320	1 300	1 250	1 300
烧后线变化率（1 200~1 400 ℃，2 h）/%	<1	<0.7	<0.7	<0.7
常温抗压强度/MPa	>20	>20	>20	>25
使用时最高温度/℃	1 400	1 350	1 300	1 350

（4）脱模。

在制品固化成型后，通常需要一定的期限才能进行脱模操作。脱模所需的时间会受到温度、成型时的含水率及制品的结构差异的影响。在现实生产过程中，矾土水泥耐火混凝土的脱模时间大致遵循表 8-30 所示的规律。

表 8-30 矾土水泥耐火混凝土的脱膜时间

时间	振动面型	捣打成型
冬季	6~8 h	5~6 h
夏季	4~6 h	3~4 h

脱模后的矾土水泥耐火混凝土制品，为了使其继续硬化提高强度，需要在一定条件下进行养护，养护温度为 15~25 ℃，时间为 3~7 天，甚至更长。

2. 磷酸盐耐火混凝土

磷酸盐耐火混凝土的特点是以磷酸为其特有的结合剂，利用耐火骨料和掺合料混合制成的一种热硬（或称火硬）性耐火混凝土。

1）磷酸盐耐火混凝土的硬化过程

目前，我国生产的以磷酸为结合剂的耐火混凝土，多以黏土熟料、高铝熟料等作骨料和掺合料。这种磷酸盐耐火混凝土的硬化过程主要是混凝土中的掺合料与磷酸发生化学反应，生成磷酸盐化合物，并发生聚合作用和黏附作用，使混凝土硬化。其反应和硬化过程如下：

开始混凝土中的 Al_2O_3 与正磷酸发生反应，生成磷酸二氧铝：

$$Al_2O_3 + 6H_3PO_4 = 2Al(H_2PO_4)_3 + 3H_2O \qquad (8-10)$$

在加热干燥时：

$$2Al(H_2PO_4)_3 \xrightarrow{273\ ℃} Al_2(H_2P_2O_3)_3 + 3H_2O \qquad (8-11)$$

偏磷酸铝 $Al(PO_3)_3$ 在加热到 500 ℃以上时，由于 P_2O_5 升华作用而转变为磷酸铝，其反应式如下：

$$Al(PO_3)_3 \xrightarrow{500~900\ ℃} AlPO_4 + P_2O_5 \uparrow \qquad (8-12)$$

$Al(PO_3)_3$ 高温性能很好，因此，以磷酸作结合剂时，通常多生产高铝质耐火混凝土。即便采用黏土质熟料作为填料的耐火混凝土，其混合材往往在常温环境中固化。一般情况下，为了加速凝固过程，会掺入少量的矾土水泥（占 1%~3%）作为促凝剂。

2）磷酸盐耐火混凝土的生产工艺要点

（1）原料要求。制造磷酸盐耐火混凝土通常采用浓度为 85% 的工业磷酸（H_3PO_4），用水稀释成 45%~55% 浓度的磷酸溶液作为结合剂。

（2）混合和成型。磷酸盐耐火混凝土在生产时，一般都要进行两次搅拌混合和一次晾料，即第一次搅拌：骨料粉料→干混 1 min→加入部分磷酸→湿混 2~3 min→晾料 16 h 以上。第二次拌料：将晾好的料加入促凝剂（矾土水泥）→搅拌 1~2 min→加入磷酸→搅拌 1~2 min。其中晾料的目的主要是排出混合物中含铁质氧化物与起反应而产生的气体。磷酸盐耐火混凝土的成型主要有振动成型、机压成型和捣打成型三种方法。

磷酸盐耐火混凝土的成型方法和配料比如表 8-31 所示。

表 8-31　磷酸盐耐火混凝土的成型方法和配料比

成型方法	配料比/%				促凝剂（矾土水泥）外加/%
	骨料		掺合料	磷酸浓度 40%~50% 外加/%	
	5~15 mm	<5 mm	<0.088 mm		
振动成型	30~40	30~40	25~35	13~15	≤3
机压成型		60~75	25~40	8~9	0~2
捣打成型		60~75	25~40	9~10	0~2

（3）脱模和养护。

脱模与养护阶段对磷酸盐耐火混凝土至关重要，其脱模时机的选择很大程度上取决于气候。一般规定为，对于采用振动或捣打方法成型的混凝土，按以下时间原则：在夏季条件下，脱模时间应控制在 2~3 h；而在冬季条件下，则需延长至 6~8 h（振动成型）或 5~6 h（捣打成型）。

注意：假如是未加促凝剂的磷酸盐耐火混凝土（除机压成型制品外），应烘干后脱模。磷酸盐耐火混凝土的养护温度不低于 20~25 ℃，养护时间为 3~7 天，还可采用烘干养护的方法。磷酸盐耐火混凝土的性能要求如表 8-32 所示。

表 8-32　磷酸盐耐火混凝土的性能要求

性能要求	振动成型	机压成型	振动成型	机压成型	振动成型	机压成型
	ZLL-75	JLL-75	ZLL-60	JLL-60	ZLL-45	JLL-45
最高使用温度/℃	1 650		1 500		1 450	
Al_2O_3 含量/%	>75		>60		>45	
耐火度/℃	≥1 770		≥1 730		≥1 710	
0.2 MPa 荷重软化变形 4% 温度/℃	>1 400	>1 450	>1 400	>1 450	>1 320	>1 350
烧后线变形化率（1 200~1 400 ℃，2 h）/%	<0.7		<0.7		<0.7	
常温抗压强度/MPa	>150	>200	>150	>200	>150	>200

3. 硅酸盐耐火混凝土

硅酸盐水泥作为结合剂，是制备硅酸盐耐火混凝土的关键材料。此类混凝土一般采用黏土熟料作为其骨料及混合料，目前已广泛用于高炉基础、隧道窑预热带内衬、热风炉下部烟道及炉体等工作环境在1 200 ℃以下的热工设备。

由于制造硅酸盐水泥耐火混凝土中不得掺有石灰类的混合材料，水泥标号不低于32.5号，其用量为13%~15%。生产工艺流程和特点与制造低钙铝酸盐水泥耐火混凝土基本相同。因此，采用振动成型方法制造的硅酸盐水泥耐火混凝土的性能如下：Al_2O_3含量不小于30%，0.2 MPa荷重软化变形4%温度不低于1 200 ℃，水玻璃溶液中同时存在着由硅酸钠水解反应生成的NaOH和Si(OH)$_4$，NaOH对硅胶起着胶溶作用。

$$2Na_2O \cdot nSiO_2 + 2(n+1)H_2O \Longrightarrow 4NaOH + nSi(OH)_4 \qquad (8-13)$$

经过水玻璃分离过程产生的硅胶，围绕掺合材料形成一层包裹层，并牢固覆盖在骨料粒子的外层。随着硅胶的进一步浓缩，它在粒子表面形成紧密的黏结层，有效连接各个粒子，使其成为一个统一的整体。

4. 水玻璃耐火混凝土的生产工艺

1）原料要求

要求用来配制水玻璃耐火混凝土的钠水玻璃模数不低于2.2，一般规定为2.4~3.0，比重一般为1.33~1.40。促凝剂采用氟硅酸钠，其加入量为水玻璃的10%~12%。若用硅酸盐水泥作促凝剂，则用量为水玻璃的8%~12%，耐火掺合料的加入量为30%左右。

2）配料和混料

实际生产中，常用水玻璃耐火混凝土的配料比及混合制度如表8-33和表8-34所示。

表8-33 常用水玻璃耐火混凝土的配料比

成型方法	配比/%			
	骨料	掺合料	水玻璃	促凝剂 Na$_2$Si（后加入）
振动成型	30~40	30~40	25~30	13~16	为水玻璃用量的10%~12%
机压成型		60~75	25~40	7~9	

表8-34 常用水玻璃耐火混凝土的混合制度

混合设备	加料顺序及混合时间
强制式搅拌机	骨料、掺合料、促凝剂→干混 1~2 min→加入水玻璃 湿混 2 min→总混合时间不小于 3 min
湿碾机	同上，总混合时间不小于 15 min
1-2 搅拌	掺合料、促凝剂→干混→骨料→加水玻璃混合均匀

3）成型、脱模、养护

在混合水玻璃耐火混凝土时，通常使用强制性搅拌器或湿式碾磨机。混合步骤包括先将骨料、混合材料和促凝剂干拌 1~2 min，随后将水玻璃加入混合。对于强制性搅拌器，搅拌时间应控制在 3~4 min；而湿式碾磨机中的总混炼时长应超过 15 min。成型后，4~8 h 即可脱模。水玻璃预制块的制作过程和设备选择与矾土水泥预制块的制作原则类似。考虑到水玻璃耐火混凝土属于气硬性材料，脱模后的预制块不能通过浇水或浸泡的方式进行养护，而是需要在 70 ℃的湿度环境下养护 7~14 天，或者进行高温干燥。完成干燥和养护的预制块应在干燥条件下储存，以避免受潮影响其性能。

4）水玻璃耐火混凝土的性能和应用

水玻璃耐火混凝土具有随温度升高其机械强度逐渐增大的性能，并且有较好的耐酸性。该材料应用于硅钢片退火炉的炉膛、炉台及其他工业炉的衬里，适用于工作温度最高不超过 1 300 ℃的环境。此外，该材料也适用于焦炉及遭受酸液（氢氟酸盐除外）或酸性气体腐蚀的热工设备。但是注意，不宜将其应用于经常接触水或水蒸气的部位。水玻璃耐火混凝土的性能要求如表 8-35 所示。

表 8-35　水玻璃耐火混凝土的性能要求

性能要求	振动成型	机压成型
	ZBN-40	JBN-40
最高使用温度/℃	1 000	1 300
Al_2O_3 含量/%	≥40	≥40
耐火度/℃	—	≥1 650
0.2 MPa 荷重软化变形 4%温度/℃	—	≥1 300
烧后线变化率/%（1 000 ℃保温 2 h，1 300 ℃保温 2 h）	<0.7	<1
常温抗率强度/MPa	≥200	≥300

8.11.2　耐火泥

耐火泥是一种由细粒耐火原料与结合剂混合而成的，用于调配泥浆的不定形耐火材料。根据耐火泥的成分，可以将其分为黏土质、高铝质、硅质及镁质等不同类型的耐火泥，其粒径根据使用要求常控制在 1 mm 以下。耐火泥主要用于黏结热工设备砌体的接缝，但在选用时必须与所砌材质一致（或相当）。常用的耐火泥有：黏土质耐火泥、高铝质耐火泥、硅质耐火泥和镁质耐火泥。

1. 黏土质耐火泥

黏土质耐火泥是以黏土熟料（或用黏土废砖来取代部分黏土熟料）和结合黏土为原料生产的制品，按其颗粒组成分为粗粒、中粒、细粒。该耐火泥主要用于砌筑黏土质制品。

生产黏土质耐火泥所用原料的质量要求，主要是根据其质量指标及使用要求来确定。

2. 高铝质耐火泥

高铝质耐火泥的生产工艺过程与黏土质耐火泥相同，只是在选用原料时，将高铝矾土熟料全部或部分代替黏土原料，主要用于砌筑高铝质制品。

3. 硅质耐火泥

硅质耐火泥是用硅质和废硅砖为原料制作而成的，生产中一般不加入结合剂。它是一种瘠性材料，主要用来砌筑硅质耐火制品。在具体的施工实践中，经常在拌和砌筑砂浆时掺入适量的水玻璃作为结合剂，这样做的目的是赋予砌筑砂浆以黏合力，进而在经过加热固化过程后，使用该砂浆砌筑的硅砖能够紧密相连，形成一个坚固的整体结构。

4. 镁质耐火泥

镁质耐火泥是以烧结镁砂和烧结镁砂碎料（0～2 mm 及 0～10 mm）为原料进行加工而成的。其生产过程与硅质耐火泥大体一致，主要区别在于省略了原料的水洗步骤。此耐火泥主要用于构建镁质耐火构件，并作为碱性冶金炉炉衬的修补材料。在实际应用中，鉴于其瘠性性质，通常使用水玻璃或氯化镁（俗称卤水）作为结合剂，以制备砌砖用泥浆或调配炉衬修补材料。

8.12　小　结

本章主要围绕不定形耐火材料的含义、生产工艺方法、原料属性及其特点进行详细的探讨。不定形耐火材料是由精选的耐火骨料、耐火粉末、结合剂及必要时的额外添加剂，按照既定比例混合而成的复合材料。该材料可不经加热处理直接使用，或者通过添加适量液体进行调配后应用。这种新型耐火材料以其耐火度不低于 1 580 ℃ 的耐高温性能而备受关注。不定形耐火材料的归类主要基于结合剂的种类、施工技术及所选用的耐火骨料类型。其生产的关键工序涉及原料筛选、高温烧结、分级筛选、破碎和研磨、精确配比、混合搅拌、质量检验及包装出厂等环节。该材料的原料构成可细分为耐火骨料、耐火粉末、结合剂和各类添加剂。

该材料的基本属性包括化学成分、矿物结构、力学性能、热学性能及高温应用性质。常温下测定的性能包括孔隙率、体积密度、真密度、抗折强度和抗压强度；而高温性能如耐火度、荷重软化温度、抗热震性、抗渣性和高温体积稳定性，需在高温环境下测试。

本章还深入探讨了不定形耐火材料在冶金行业中的应用现状和发展趋势，并对常见的耐火混凝土和耐火泥这两种不定形耐火材料的性质进行了简要介绍，尽可能地为不定形耐火材料行业提供有价值的技术参考。

习　题

8-1　不定形耐火材料主要包括哪几类？各有什么特点？

8-2　什么是不定形耐火材料的抗渣性？影响抗渣性的因素有哪些？

8-3　耐火混凝土按照化学成分可以分为哪几类？各有什么功能和特点？

8-4　硅砖矿化剂的主要作用是什么？

8-5　简述耐火浇注料的制备工艺步骤及关键控制因素。

8-6　不定形耐火材料的结合剂都有哪几种类型？各有什么优缺点？

8-7　耐火泥的种类有哪些？其制备工艺特点包括哪几个方面？

8-8　简述硅酸盐水泥耐火混凝土的性质。

8-9　概括镁质耐火泥的性能要求，并说明其颗粒组成的特点。

8-10　请查阅最新资料，简述不定形耐火材料的应用及未来发展方向。

第9章　其他几种常见耐火材料

9.1　轻质耐火材料

9.1.1　基本性质要求

轻质耐火材料是指气孔率很高而体积密度很低（一般小于 1.3 g/cm³）的低导热性耐火材料。

耐火材料虽然在一些高温炉中得到了广泛的应用，但也存在一些不足，主要是其砌筑的热工设备热量的有效利用率很低。部分热工设备的热效率如表 9-1 所示。

表 9-1　部分热工设备的热效率

热工设备	热效率/%
高炉	25~27
平炉	10~20
陶瓷工业炉	16~37
蒸气锅炉	60~80
锻造炉	6~10

造成工业窑炉热量损失的因素主要有：

（1）砖砌体蓄热所产生的热量损失；

（2）通过周边环境与窑炉及燃烧室壁面之间的对流和辐射作用，导致的能量损耗；

（3）废气排出带走的热量损失。

应用轻质耐火材料的任务是为了解决热量损失占工业窑炉使用消耗 24%~25% 的砖砌体蓄热损失和炉体表面的散热损失，以保证热工设备的经济效益，降低热能消耗，保证窑炉的操作温度、加速窑炉的周转期。为了有效减少能量损耗，关键因素包括窑炉的体积大小、炉壁材料的热容能力、热传导效率、炉壁的厚度，以及烧制工艺中的温度设定与持续时间。与此同时，对窑炉结构的合理性、选用适宜的耐火材料及其砌筑工艺等方面也需给予同等的关注。

工业窑炉的节能是一个永恒的研究课题。为此，要进行窑炉结构改革或发展新炉型，就要积极采用轻质耐火材料，并尽快在工业窑炉上推广使用。

轻质耐火材料按原料组成分为黏土质、高铝质、硅质、白云石质及高纯氧化物质等；其制造方法有烧尽加入物法、泡沫法、化学法、空心球骨料法等。我国生产轻质耐火材料已有多年的历史，轻质耐火材料在国内发展很快，品种多、质量好，广泛用于各种窑炉。除粉状及块状轻质耐火材料，以及水硬性轻质耐火水泥制品外，我国还研制成功了以空心球为骨架的块状优质隔热耐火材料。

轻质耐火材料的主要性质包括以下几个：

（1）体积密度：体积密度作为轻质耐火材料的核心性能参数之一，与其热容量及导热性能紧密相关，充当了评估其隔热效果的关键指标。总之，轻质耐火制品热导率小、体积密度小、抗压强度较大，被认为是优质轻质耐火材料。

（2）最高使用温度：轻质耐火材料的主要性能之一，它可以明确某种轻质耐火制品的使用场合，同时为其提供安全使用的依据（一般使用温度比烧成温度低 50~100 ℃）。

（3）荷重软化温度：表示制品在高温下载重（通常为 0.2 MPa）的抵抗性能。轻质耐火制品需能在许多使用场合载重，在一定的温度环境作业，但使用事实指出没有一种轻质砖是在使用温度下由承受重量而损毁的。因此，只要在它允许的温度范围内使用是不会产生事故的。

9.1.2　轻质耐火制品的使用

轻质砖的应用范围非常广泛，并且使用气体法制造的轻质砖的使用量正在逐步增加。在使用这种耐火材料时，除关注其其他性能外，还需要特别注意其抗渣性能较为薄弱的特点。由于轻质耐火制品的机械强度低，耐磨性、抗渣性差，故一般不用于与炉料直接接触或机械振动大的部位，而多数被用作工业窑炉的隔热层。

9.2　轻质耐火材料的生产工艺

9.2.1　烧尽加入物法

1. 加入物的选择

在制备轻质耐火材料的过程中，对于所选添加物的要求包括易于充分燃烧、对成型过程干扰较小，并且能形成细微且分布均匀的气孔结构。在常规选择中，我们倾向于使用如锯木屑、木质素、无烟煤、木炭和焦炭及其他灰分含量较低的可燃物质。

锯木屑：最好采用硬质木材的木屑。其优点是易烧尽，缺点是具有一定弹性，会强烈地瘠化泥料、降低砖坯料的黏结性，使坯体不易成型；当用可塑法成型后，制品强度低。

木质素：此种加入物不会膨化，成型性能比锯木屑好。用半干法成型，烧成后挥发物达70%，只有30%的残留物，是一种理想的加入物。

无烟煤：这种加入物成本低、来源广，可用半干法成型，只是烧成过程中不易烧尽。

木炭和焦炭：此加入物不具有弹性，可用半干法成型，制品总收缩小、强度高。但烧成过程中不易烧尽，制品易产生较大的残余收缩。

在实际生产中，常常用两种可燃物同时加入的方法：锯木屑为 2~3 mm，木炭和焦炭为 1.5~2.0 mm，其重量比为 1:7~1:5，加入量为 15%~35%。

2. 配料及成型

生产轻质耐火材料时，为了提高气孔率和降低制品体积密度，可采用多孔熟料，但由于生产工艺和成本方面的原因，通常用致密熟料。泥料中熟料颗粒的加入量一般为 15%~25%，其临界粒径通常控制在 1~1.5 mm，其中小于 0.5 mm 的细颗粒的含量为 25%~40%；结合黏土应破碎至 0.5 mm 以下，其水分随可燃加入物的用量而定，一般波动于 25%~35%。通常还要往泥料中加入一定数量的纸浆废液。泥料混好并经过两个昼夜的睏料后经机压或手工成型。

3. 干燥及烧成

轻质耐火材料由于成型出来的砖坯含水率高，因此在干燥时需要特别小心。通常含锯木屑的泥料制成的砖坯，干燥后残余水分应在 3%~5%；而当用不含锯木屑的泥料制成的砖坯，干燥后其残余水分应低一些（3%以下）。

鉴于轻质砖的坯体强度不高，其烧结过程中会出现 5%~10%（总体收缩率为 9%~15%）的收缩。为防止烧结过程中的形变，应将其放在顶上面 4~7 层并侧装。为保证加入物在成品烧制时能完全烧尽，当温度升至 500~1 000 ℃时应保持窑内处于氧化性气体氛围。烧制的最终温度为 1 250~1 350 ℃，并在此温度下保持 4 h（材质不同，烧成温度也不同）。

以上所述的是一种传统的轻质耐火制品的制造方法，它适用于制造黏土质、高铝质和硅质轻质耐火材料。

9.2.2　泡沫法

用泡沫法工艺可以制造体积密度小于 0.8 g/cm^3 的轻质耐火制品和体积密度小于 0.4 g/cm^3 的超轻质耐火制品。采用此种方法生产的轻质耐火材料，具有工艺简单、易于掌握、设备费用低、来源较广、可以批量生产的优点。

1. 泡沫剂的选择

泡沫剂是能促进液体形成泡沫的物质（即表面活性物质）。泡沫是空气在液相中的分散体系，在这个体系中空气为分散相，液体是使气泡分离的分散物质，气泡之间由细微的液体薄膜隔开。在实际生产中，我们所用的泡沫剂是由钾肥皂、钠肥皂、皂素、蛋白质、动物胶、硫酸铝等配制成的水溶液。

2. 泡沫的制备

用泡沫法生产时多采用松香皂，其组成为松香 43%、苛性钠 7%、水分 50%。这种混合物加热至完全皂化后，先用盐水后用清水洗涤 4~5 次即可加固定剂制备泡沫。固定剂常用木胶（或骨胶）、石膏或钾铝明矾。把松香皂 12%、木胶 17%、水 71%调成乳浊体放入打泡机搅拌，就可得到容量为 0.04~0.06 g/cm^3 的泡沫状液体。打拌机与圆筒桨叶搅拌器相似，其搅拌器由金属网制成。通常认为理想的泡沫应具有沉陷量和泌水量小，即持久性好、发泡数大的性质。

3. 泥浆制备

泥浆由 60%~85% 的熟料和 15%~40% 的黏土，加 25%~30% 水分调制而成。熟料用量多是为了防止制品收缩变形和产生网状裂纹。熟料颗粒要细，因为粗粒会破坏泡沫的稳定，使泥浆分层。为了增加泥浆的稳定性常加入 3%~5% 的电解质。浆料最后的水分控制在 55%~60%，体积密度为 1.49 g/cm³ 左右。当泥浆和泡沫混合后（按泥浆∶泡沫 = 1∶1.0~1∶0.75）其体积密度应控制在 0.6~0.85 g/cm³ 的范围。

4. 成型

将浆料与泡沫液分别注入打泡机内搅拌几秒，经混合均匀并测定其体积密度达到要求后，用铝模进行浇注成型。

5. 干燥与烧成

成型后的砖坯连同铝模一起在低温干燥 18~20 h 后脱模，再进行干燥（80~95 ℃），干燥后坯体残余水分应小于 4%。

泡沫轻质耐火制品装窑时应放在顶上面 2~3 层，烧成温度为 1 160~1 350 ℃。成品出窑后一般不够规整，因此可用砂轮进行加工磨平。此方法适用于黏土质、高铝质轻质耐火制品。

9.2.3　化学法

化学法是在坯料中加放能够由于化学作用产生气体的物质，利用化学反应来获得泡沫。采用白云石和固定剂半水石膏经配比在螺旋搅拌器中混合，先加入硫酸溶液，再迅速加入干料，经过 15~20 min 后，将泥浆注入木制模型，注放量只需为木制模型容量的一半。经过 10~15 min 后，除去模型进行干燥。烧成时砖坯应装在顶上面几层，其烧成温度为 1 240~1 300 ℃，烧成后的制品可进行磨光加工。

此种方法生产出来的制品的使用温度在 1 200 ℃ 左右，抗渣性较差，所以只能用于火焰接触的夹层中。

9.3　碳化硅质耐火材料

碳化硅质耐火材料的制备涉及将 SiC 耐火黏土、水玻璃及多种有机结合剂（包括亚硫酸纸浆废液、有机硅化合物、蔗糖等成分）混合，经过高温烧结过程，形成一种耐高温的耐火产品。碳化硅质耐火制品主要分为黏土结合的碳化硅质耐火制品和再结晶碳化硅质耐火制品两种。

9.3.1　碳化硅

在自然环境中，碳化硅是通过将高纯度石英砂（其 SiO_2 含量不低于 97%）与含碳量较高的焦炭或无烟煤混合，并在电炉内进行加热处理制备而成的，反应式为：

$$SiO_2 + 3C = SiC + 2CO\uparrow \tag{9-1}$$

原料混合时，根据 SiC 的化学构成来确定配比，碳元素的含量可以适度超出标准。同时，混合物中需加入 5%～10% 的细微锯末和 1%～2% 的食盐。加热过程中，锯末会燃烧并转变为 CO_2，从而赋予混合物必要的孔隙度，并便于挥发性成分的排放。食盐（NaCl）在高温作用下与铁质及杂质反应，形成易挥发的氯化物，进而从混合物中逸出并得到移除。晶态碳化硅含有 27.7%～30.4% 的 C 和 69.1%～69.8% 的 Si，比重为 3.17～3.23。在无定形碳化硅中含有 13%～14% 的氧化硅，以及约 7% 的碳和 1.5% 的碱。

9.3.2 碳化硅质耐火制品的生产工艺

1. 黏土结合的碳化硅质耐火制品

在碳化硅耐火制品的制造中，以塑性良好的黏土作为核心结合介质。这些制品中 SiC 的比重会依据其具体应用需求进行调整，一般波动范围在 20%～85%，当结合黏土用量很少（在 15% 左右）时，为了改善泥料的结合性能，需加入有机物（糊精、糖蜜、焦油、塑料、亚硫酸纸浆废液、含硅的有机化合物等）。

配料中结合黏土的用量通常为 10%～35%，水玻璃为 4% 以下。其颗粒径要求为：1～2 mm 颗粒占 2%～3%；0.5～0.2 mm 颗粒占 60%～70%；小于 0.2 mm 颗粒占 25%～30%。搅拌后的泥料水分控制为：可塑成型为 18%～20%；半干成型为 3%～6%。泥料使用前最好晒料 2～3 天，干燥后的砖坯在倒焰窑或隧道窑中经 1 450～1 550 ℃ 烧成。

2. 再结晶碳化硅质耐火制品

在无定形碳化硅的基础上，再结晶碳化硅制品的制造过程无须添加任何无机结合剂，便展现出其结晶化的性质。即便是在极高的温度及长时间的持续影响下，仍然能正常进行碳化与再结晶反应，并具有致密的结构。再结晶碳化硅质耐火制品所用泥料中含有 95%～99% 的碳化硅和有机结合剂，因此，制品必须在电炉中经 2 200 ℃ 左右烧成。

9.3.3 碳化硅质耐火材料的性质及应用

碳化硅质耐火制品的主要组成部分是 SiC-人造金刚砂，这类制品的导热性高，热稳定性强，耐火度高，硬度为 9.5～9.75，荷重软化温度为 1 750～1 850 ℃，常温抗压强度高达 70 MPa，抗磨性好。碳化硅材料主要用来生产耐高温砖块、隧道窑内的马弗套、焦炉的炉衬及匣钵等制品，也可作为各类产品的防护涂料。近年来，该材料在电气领域得到了广泛应用，尤其在电炉制造中用作高欧姆电阻体，即我们常说的硅碳棒电阻发热元件。

9.4 硅酸铝纤维及其制品

近年来，热工技术和热工设备的高度发展对轻质耐火材料的使用性能（导热性、抗震性、热稳定性、热容性等）提出了更高的要求，因此出现了一系列新型轻质耐火材料，硅酸铝纤维（俗称耐火棉或陶瓷纤维）就是其中的一种，由其制成的轻质耐火制品已获得较为广泛的应用。

9.4.1 硅酸铝纤维的制备工艺

制造硅酸铝纤维的主要原料是一级或特级硬质黏土熟料（焦宝石），熟料经加工后为 3 mm 以下的颗粒粉料，为了降低熔融物料的黏度，在配料内可加入质量分数为 0.5% ~ 1.0% 的硼砂（B_2O_3）。

目前，我国主要采用熔融喷吹法制造硅酸铝纤维，其制备工艺流程如图 9-1 所示。硅酸铝纤维制品湿法制备工艺流程如图 9-2 所示。

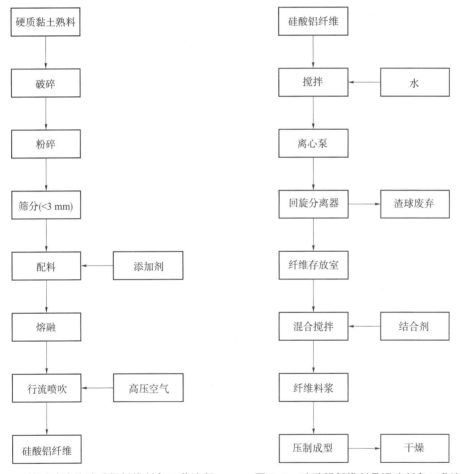

图 9-1　熔融喷吹法硅酸铝纤维制备工艺流程　　图 9-2　硅酸铝纤维制品湿法制备工艺流程

9.4.2 硅酸铝纤维制品的生产工艺

制造硅酸铝纤维制品的方法有湿法和干法两种。湿法是将散状硅酸铝纤维加入少量结合剂和水，经搅拌成纤维料浆后压制成各种形状的毡制品，通过干燥后就可使用；干法是采用与毛毡、地毯相仿的制造方法。

目前我国生产硅酸铝纤维制品均采用湿法，首先将散状纤维棉在搅拌筒内加水搅拌成棉浆（质量分数在 0.5% 以下），然后用离心泵打入回旋分离器清除纤维棉内的渣球，经处理后的洁棉浆放入池内备用，需要使用时可加入少量结合剂进行搅拌混合均匀，经压制成型后，再进行干燥成制品。

9.4.3 硅酸铝纤维及其制品的性质

硅酸铝纤维及其制品与普通轻质耐火制品相比具有如下特点：

（1）耐火度高（1 790 ℃以上），在 1 260 ℃以下可以长期使用，最高使用温度为 1 500 ℃左右。

（2）体积密度为 0.1~0.13 g/cm³，热容量小，约为隔热砖的 25%。

（3）隔热性能好，其热导率比最好的隔热砖还低 35% 左右。

（4）具有弹性和柔性，因此具有良好的抗震和抗弯曲性。

硅酸铝纤维及其制品可以是纤维毡、纤维纸、纤维绳等多种形状，故被广泛应用于冶金、石油化工、宇航、原子能和国防等多种工业的热工设备上。

9.5 磷酸盐结合的高铝质耐火砖

磷酸盐结合的高铝质耐火砖通常称作磷酸盐耐火砖，是目前业界公认的水泥窑炉中卓越的耐磨损、耐火衬里材料。在水泥立窑的喇叭口盐砖显示出卓越的化学稳定性和高温热稳定性，并且具备良好的冲击和磨损抵抗力。实际应用表明，作为立窑高温带衬里材料，其使用寿命是高铝砖的 1~2 倍。

磷酸盐耐火砖采用优质高铝矾土熟料作为主要骨料及细粉，具备 3.4% 的低吸水率和 3.12 g/cm³ 的较高体积密度。针对不同应用场景的需求，适量添加石墨粉末和工业硅等材料，以磷酸或磷酸铝作为结合剂，通过半干法进行成型，并在 400~600 ℃ 的温度范围内进行热处理，从而形成具有高铝成分的耐火材料，实现化学结合。

磷酸盐耐火砖的理化性能如表 9-2 所示。

表 9-2 磷酸盐耐火砖的理化性能

项 目		指标			
		P		PA	
		一等品	合格品	一等品	合格品
化学成分	Al_2O_3/%	>75	>75	>77	>77
	Fe_2O_3/%	≤3.2	≤3.2	≤3.2	≤3.2
	CaO/%	≤0.6	≤0.6	≤0.6	≤0.6
常温抗压强度/MPa		≥70	≥60	≥75	≥65
体积密度/kg·m⁻³		≥2 700	≥2 650	≥2 750	≥2 700
荷重软化温度 $T_{0.6}$/℃		≥1 350	≥1 300	≥1 300	≥1 250
耐火度/℃		≥1 780			

该类耐火材料根据结合剂的差异划分为以下几种类型：

（1）磷酸盐耐火砖，其代号标记为 P，而拼接砖以 PC 表示。该类砖所使用的结合剂为磷酸溶液，浓度为 42.5%~50%。

（2）磷酸铝结合的高铝质耐磨损砖（简称耐磨损砖），代号标记为 PA。其结合剂由工业氢氧化铝与工业磷酸混合而成的磷酸铝溶液构成。耐磨损砖的耐磨性能比普通磷酸盐耐火砖更佳，在条件允许的情况下，立窑内衬应优先选用耐磨损砖。

例如，某厂生产磷酸盐耐火砖的生产工艺过程介绍如下：

（1）将矾土熟料经颚式破碎机、对辊破碎机破碎后，用孔径为 15 mm、5 mm、1 mm 的三种筛分成不同粒级。特级矾土粉可用筛上料用球磨机细磨获得，细度要求小于 0.088 mm（筛下）大于或等于 95%。工业硅料用振动磨破碎到 0.088 mm 以下。石墨粉直接采用厂家提供的 L-195 石墨。结合剂预先在耐酸槽中配制好，待冷却后使用。

（2）本实验选用 750 型号行星式混合机进行物料混合，遵循以下加料步骤：首先投入骨料，进行干混约 1 min；随后加入结合剂总量的三分之二，继续混合 2~3 min；接着加入细粉，并混炼 5~6 min；最后在物料静止存放 24 h 后，再将剩余的三分之一结合剂加入其中，混炼 6~7 min 后完成出料。泥料的颗粒组成为：大于 5 mm 占 5%~20%；0.5~5 mm 占 10%~25%；0.088~0.5 mm 占 10%~25%；小于 0.088 mm 占 45%~55%；泥料水分控制在 3%~5%。

（3）成型时，喇叭口砖采用 260 t 摩擦压力机、窑体高温带耐火砖采用 630 t 摩擦压力机压砖。根据先轻后重的原则，先轻压 2~3 次，再重压 6~7 次，砖坯体积密度大于或等于 2.9 g/cm³。

（4）成型的砖坯可直接码垛推入隧道窑进行热处理。隧道窑全长 21 m，烧成带有两对燃煤火箱，整条窑可以容纳 14 车砖。第六车位温度为 220 ℃；第八车位温度控制在 480~520 ℃；第十车位温度控制在 330~350 ℃；每隔 4 h 推一车，确保每车砖在 500 ℃保温不少于 8 h。

（5）产品出厂后，在使用 18 个月以后无一损坏。实践表明：制品中添加石墨、工业硅，可以极大改善产品的理化性能，提高制品对高温环境的适应性和延长立窑窑衬的使用寿命。

9.6　小　结

本章重点介绍了轻质耐火材料、碳化硅质耐火材料、硅酸铝纤维及其制品，以及磷酸盐结合的高铝质耐火砖的主要性质与工艺。其中，轻质耐火材料是指高气孔率、低体积密度（一般小于 1.3 g/cm³）及低导热性耐火材料。轻质耐火材料的原料组分包括黏土质、高铝质、硅质、白云石质及高纯氧化物质等，其制造方法有烧尽加入物法、泡沫法、化学法等。碳化硅质耐火材料是指主要由 SiC、耐热黏土、硅酸盐溶液及有机结合剂（如亚硫酸纸浆废液、有机硅化合物、蔗糖等）混合制备而成，并在高温环境下烧结成型的耐火制品。这类碳化硅耐火制品大致可分为两类：一类是黏土结合的碳化硅制品，另一类是再结晶碳化硅制品。制造硅酸铝纤维制品的方法有湿法和干法两种。湿法是将散状硅酸铝纤维加入少量结合剂和水，经搅拌成纤维料浆后压制成各种形状的毡制品，通过干燥后就可使用；干法是采用与毛毡、地毯相仿的制造方法。硅酸铝纤维及其制品与普通轻质耐火制品相比，具有耐火度高、隔热性能好以及具有弹性和柔性等优点。磷酸盐结合的高铝质耐火砖按结合剂的不同分为磷酸盐砖和磷酸铝结合的高铝质耐磨损砖。目前磷酸铝结合的高铝质耐磨损砖被公认为是水泥窑炉优质耐火、耐磨衬里之一，是水泥立窑的喇叭口、高温带首选的耐火材料。

习　题

9-1　轻质耐火材料主要包括哪几类？各有什么特点？

9-2　碳化硅质耐火材料的性质有哪些？其中影响抗渣性的因素有哪些？

9-3　碳化硅质耐火材料按照化学成分可以分为哪几类？各有什么特点？

9-4　硅砖中加入碳元素有什么作用？

9-5　简述硅酸铝纤维的制备工艺步骤及关键控制因素。

9-6　轻质耐火材料的应用及未来发展方向是什么？

9-7　磷酸盐结合的高铝质耐火材料的种类与制备工艺特点包括哪几个方面？

第二篇

玻璃工艺篇

第 10 章　玻　　璃

本章将主要介绍玻璃的含义、组成、结构与性质等基础理论知识。生活中，人们通常所说的玻璃（Glass），是指由硅酸盐熔融物冷却得到的非晶态固体，一般是采用多种无机矿物（如石英砂、硼砂、硼酸、重晶石、长石、石灰石、纯碱等）为主要原料，通过加入少量辅助原料而制成的，其主要成分为 SiO_2 和其他氧化物。

10.1　玻璃的含义通性与分类

10.1.1　玻璃的含义

玻璃在生活中的应用非常普遍，是玻璃态材料的统称。随着社会的进步，玻璃的定义也在被不断地完善，有狭义和广义之分。狭义的玻璃定义为：在熔融时能形成连续网络结构的氧化物（如氧化硅、氧化硼、氧化磷等），其熔融体在冷却过程中黏度逐渐增大并硬化而不结晶的硅酸盐无机非金属材料。广义的玻璃定义为：一类非晶态材料。

10.1.2　玻璃的通性

玻璃材料具有很多的性质。从组成结构和应用来看，其最显著的四个特性为：各向同性、无固定熔点、介稳性、渐变性与可逆性。

此外，玻璃材料还具有一些特殊性能，如高离子电导性、特殊色散性、耐辐射稳定性等。

10.1.3　玻璃的分类

玻璃的分类方式多样，其分类方式如下：
按性能特点划分有以下四种。
（1）钢化玻璃：具有高强度、安全性好的特点，破碎后呈无锐角的小碎片。

玻璃的四项
基本通性

（2）夹层玻璃：由两片或多片玻璃之间夹一层或多层有机聚合物中间膜而形成，具有良好的抗冲击性和安全性。

（3）中空玻璃：由两片或多片玻璃以有效支撑均匀隔开并周边黏结密封而形成，使玻璃层间形成有干燥气体的空间，具有良好的隔热、隔音性能。

（4）镀膜玻璃：通过在玻璃表面镀上一层或多层金属、合金或金属化合物薄膜，来改变玻璃的光学性能，具有良好的节能效果，如低辐射镀膜玻璃（Low-E 玻璃）。

按化学成分划分有以下三种。

（1）钠钙玻璃：最常见的玻璃类型，成本较低，化学稳定性较好。

（2）硼硅玻璃：具有良好的耐热性和化学稳定性，常用于实验室器具和耐热玻璃制品。

（3）铅玻璃：含有氧化铅，具有较高的折射率和密度，常用于光学仪器和防辐射材料。

按用途划分有以下四种。

（1）建筑玻璃：用于建筑物的门窗、幕墙等。

（2）汽车玻璃：包括挡风玻璃、车窗玻璃等。

（3）光学玻璃：用于制造光学仪器的透镜、棱镜等。

（4）器皿玻璃：如玻璃杯、玻璃碗等。

按制造工艺划分有以下两种。

（1）浮法玻璃：锡液面漂浮法制作而成，使用比较广泛，生产出的玻璃平整度好、质量高。

（2）吹制玻璃：通过人工或机械吹制而成，可制作出各种形状的玻璃制品。

下面主要介绍四种常见玻璃。

1. 建筑玻璃

建筑玻璃（Architectural Glass）是指用于建筑物外立面、家具装饰及室内装饰等玻璃的总称。

实际生活中，玻璃最主要的物理性质就是其透明性。同时玻璃制品的物理化学性质十分稳定，在空气中不易氧化变质，保证了其可供长期使用。以上这些优点，使玻璃成为一种建筑材料而被广泛应用于建筑、家具装饰及室内装饰等行业。

建筑玻璃的主要特点就是透光、保温、隔声、耐磨、耐气候变化和材质稳定等。随着玻璃技术的不断发展，现代建筑中的玻璃早已不仅仅是一种采光材料，而是已发展成为一种具有控制光线、调节温度、防止噪声和提高建筑艺术装饰效果等功能的结构材料和装饰材料。

建筑玻璃的种类与具有代表性的组成及应用如表 10-1 所示。

表 10-1　建筑玻璃的种类与具有代表性的组成及应用

种类	组成	应用
平板玻璃	$Na_2O-CaO-SiO_2$ 系统	建筑物外墙窗户、门窗
建筑安全玻璃	$Na_2O-CaO-SiO_2$ 系统	地下室、橱窗、天窗
建筑装饰玻璃	$Na_2O-CaO-SiO_2$ 系统	墙面、柱面装饰
节能型玻璃	$Na_2O-CaO-SiO_2$ 系统	冰箱、冰柜面板

2. 瓶罐玻璃

瓶罐玻璃（Bottle Glass）是指用于生产制造瓶罐玻璃的总称。它是生活中比较常见的一类普通工业玻璃，因其一般具有良好的气密性，一定的热稳定性和机械强度，易洁净，良好的化学稳定性（不与内装物发生反应，对内装物无污染）等特点而能被可靠使用。此外，瓶罐玻璃因具有透明或多彩的特点，因此能起到美化包装的作用，有利于提高商品的档次。瓶罐玻璃被广泛应用于食品、酒类、饮料和医药等行业的产品包装。

瓶罐玻璃的种类与具有代表性的组成及应用如表 10-2 所示。

表 10-2　瓶罐玻璃的种类与具有代表性的组成及应用

种类	组成	应用
食品包装瓶玻璃	Na_2O-CaO-SiO_2 系统	酒瓶、饮料瓶、牛奶瓶等
药品包装瓶玻璃	Na_2O-B_2O_3-SiO_2 系统	药剂瓶、试剂瓶等
化妆品包装瓶玻璃	Na_2O-CaO-SiO_2 系统	杳水瓶、发油瓶等
文教用品玻璃	Na_2O-CaO-SiO_2 系统	文具收纳筒、标本瓶等

3. 仪器玻璃

仪器玻璃（Instrument Glass）是指用于制造实验室器具、管材和装饰的玻璃。它不仅具有良好的抗化学侵蚀性及抗冲击性、较高的机械强度、较低的脆性，而且具有较高的软化温度和良好的工艺性能。仪器玻璃良好的化学稳定性能，主要是指较好的耐酸、碱和水的侵蚀抵抗性。此外，还可通过选择不同成分的玻璃及制造工艺以满足不同的使用需求。

仪器玻璃的种类与具有代表性的组成及应用如表 10-3 所示。

表 10-3　仪器玻璃的种类与具有代表性的组成及应用

种类	组成	应用
输送和载流装置玻璃	Na_2O-CaO-SiO_2 系统	玻璃接头、接口、阀门、塞等
容器玻璃	Na_2O-B_2O_3-SiO_2 系统	烧杯、烧瓶、试管等
基本操作仪器玻璃	B_2O_3-Al_2O_3-SiO_2 系统	蒸发皿、冷凝管、蒸馏瓶等
测量器具玻璃	Na_2O-CaO-SiO_2 系统	量器、滴管、注射器等
分析仪器玻璃	Na_2O-CaO-SiO_2 系统	培养皿、显微镜附件等

4. 器皿玻璃

广义的器皿玻璃（Ware Glass），是指用于制造日用器皿、装饰品和艺术品等的玻璃的总称。狭义的器皿玻璃（Tableware Glass），是指用于制造盛装食品和饮料等用具的玻璃。器皿玻璃一般具有一定的光透性和较高的折射率。此外，为了满足丰富多彩的装饰和艺术设计效果的要求，也有加入各种着色剂后制得的有色玻璃器皿，以及加入乳浊剂后制得的乳浊玻璃器皿。而在高温加热的条件下（例如咖啡壶等制品），多采用热膨胀系数低、耐温度急变性强的耐热硼硅酸盐玻璃。

器皿玻璃的种类与具有代表性的组成及应用如表 10-4 所示。

表 10-4　器皿玻璃的种类与具有代表性的组成及应用

种类	组成	应用
酒具器皿玻璃	Na_2O-CaO-SiO_2 系统	高脚酒杯、五脚酒杯、甜酒杯、威士忌酒杯等
水具器皿玻璃	Na_2O-B_2O_3-SiO_2 系统	水杯、凉水杯、冰桶、饮料杯等
餐具器皿玻璃	B_2O_3-Al_2O_3-SiO_2 系统	碟、缸、盘、碗、调料瓶等
杂件器皿玻璃	Na_2O-CaO-SiO_2 系统	烟灰缸、储物器皿等
炊具器皿玻璃	Na_2O-B_2O_3-SiO_2 系统	咖啡壶、平底煎锅、电磁炉面板等

10.2　硅酸盐玻璃的组成、结构与性质

10.2.1　硅酸盐玻璃的组成

硅酸盐玻璃（Silicate Glass）是以 SiO_2 为主要成分的玻璃，也是生活中使用量最大的玻璃品种。根据玻璃组成所起的作用，可将其分为三类：玻璃形成体、玻璃中间体及玻璃调整体（或称网络外体）。这些化合物的不同比例形成了具有不同性能的玻璃品种。玻璃中常用氧化物按不同作用的分类如表 10-5 所示。

普通硅酸盐玻璃的化学组成一般是在 Na_2O-CaO-SiO_2 三元系的基础上，适量引入 Al_2O_3、B_2O_3、MgO、BaO、ZnO 及 Li_2O 等，以改善玻璃的性能，防止析晶及降低熔化温度。

表 10-5　玻璃中常用氧化物按不同作用的分类

玻璃形成体	玻璃中间体	玻璃调整体
B_2O_3	Al_2O_3	MgO
SiO_2	Sb_2O_3	Li_2O
GeO_2	ZrO_2	BaO
P_2O_5	TiO_2	CaO
V_2O_5	PbO	SrO
As_2O_3	BeO	Na_2O
TeO_2	ZnO	K_2O

10.2.2　硅酸盐玻璃的结构

1. 玻璃结构学说

玻璃，一种看似简单的物质，却有着非比寻常的内部结构。与晶体不同，玻璃的原子并非井然有序地排列在空间中，而是像液体一样呈现出短程有序的排列方式。这使玻璃能够保

持固定的外形，而不像液体那样轻易流动。

那么，什么是玻璃结构呢？简单来说，就是玻璃内部的离子或原子在空间中的排列方式及它们所形成的结构形式。深入理解玻璃结构对我们来说至关重要。它可以帮助我们根据所需的玻璃性质，精确地调整玻璃的成分和配方，从而指导玻璃工业的生产实践。

多年来，科学家们对玻璃结构进行了深入研究，提出了各种各样的假说。然而，由于玻璃微观结构的复杂性和研究方法的局限性，至今尚未有一个完全统一的结论。目前较为主流的玻璃结构假说包括晶子学说和无规则网络学说。

1）晶子学说

1921 年，列别捷夫提出了著名的"晶子学说"，用于解释玻璃的结构。他在研究硅酸盐光学玻璃退火过程中发现了一个有趣的现象：玻璃的折射率随着温度变化而变化，但在 520 ℃ 附近出现了突变。他认为，这种突变是由于玻璃中存在着石英的"微晶"，并在 520 ℃ 时发生了同质异变。

2）无规则网络学说

1932 年，沃尔特·休斯·扎哈里森（W. H. Zachariasen）借鉴维克多·莫里斯·戈德施密特（V. M. Goldschmidt）提出的离子结晶化学原理，并结合晶体结构的知识，对玻璃结构进行了深入研究。他将离子结晶化学原理和晶体结构知识推广应用于玻璃态物质，提出了著名的"无规则网络学说"。该学说认为，玻璃内部的原子排列并非像晶体那样具有周期性，而是呈一种无规则的网络结构。

晶子学说
基本内容

晶子学说认为，硅酸盐玻璃是由无数"晶子"组成的。"晶子"的化学性质取决于玻璃的化学组成，它不同于一般微晶，而是带有晶格变形的有序区域，在其中心质点排列较有规律，越远离中心则变形程度越大。"晶子"分散在无定形介质中，从"晶子"部分到无定形部分的过渡是逐步完成的，二者间无明显界限。晶子学说的核心是结构的不均匀性及近程有序性，但"晶子"的尺寸、含量、化学组成未得到合理确定。无规则网络学说则认为，玻璃的结构与相应的晶体结构相似，也是由一个三维空间网络构成的。玻璃的网络是由离子多面体（四面体或三角面体）构筑起来的，但多面体的重复没有规律性。无规则网络学说强

无规则网络
学说基本内容

调了玻璃中离子与多面体相互间排列的均匀性、连续性及无序性等，这可以解释玻璃的各向同性、内部性质的均匀性及随成分变化时玻璃性质变化的连续性。

2. 玻璃结构的影响因素

玻璃性质的变化规律和玻璃的结构有直接关系。这些结构因素主要有以下几个方面：

1）Si-O 骨架的结合程度

对于硅酸盐系统玻璃，SiO_2 以各种 $[SiO_4]^{4-}$ 的形式存在，系统中存在"桥氧"和"非桥氧"。因二者的比例不同，各种玻璃的物理化学性质也就相应发生变化，即 $[SiO_4]^{4-}$ 四面体的性质，首先与 Si-O 骨架的结合程度（键合度）有关。

Si-O 骨架的结合程度采用 Si 数量与 O 数量之比，即硅氧比（f_{Si}）或其倒数（R_O）来表征，其数学表达式如下：

$$f_{Si} = N_{Si}/N_O \qquad \text{或} \qquad R_O = N_O/N_{Si} \qquad (10-1)$$

式中，f_{Si}——硅氧比，表征 Si-O 骨架结合程度的系数；

N_{Si}——Si-O 骨架中 Si 原子的数量；

N_O——Si-O 骨架中 O 原子的数量；

R_O——氧硅比，即 f_{Si} 的倒数。

随着二氧化硅含量的降低和碱金属氧化物含量的增加，玻璃结构中的桥氧数量减少，非桥氧数量增多。这导致 Si-O 骨架的连接程度下降，网络结构逐渐从"架状"转变为"层状""链状""组群状"，最后演变为"岛状"。玻璃的物理性质也随着网络结构的变化而发生相应的改变。

2）阳离子配位状态

在玻璃中，电场强度（E）较大的阳离子，其离子半径较小且电荷较高，形成的配位多面体结构较为稳定。当由于各种原因导致阳离子配位数发生改变时，玻璃的某些性质也会随之变化。在玻璃物理化学研究领域，目前对阳离子配位数变化的研究较为深入，其中包括硼效应、铝效应，以及相应的硼铝效应和铝硼效应等。

3）离子的极化程度

在玻璃结构中，氧离子（O^{2-}）受到中心阳离子的吸引，会发生一种称为"内极化"的现象。这种极化会使氧原子与周围原子团中的其他原子（如 R）之间的键（R-O 键）变得更加牢固，键距减小，甚至键的性质也会发生改变。然而，当同一个氧离子同时受到来自原子团外的另一个阳离子的影响时，情况就会发生改变。这种来自外部的极化作用称为"外极化"，它会使 R-O 键的间距增加。在极端情况下，这种"二次极化"甚至会导致原子团的解裂。

4）离子堆积的紧密程度

在石英玻璃与硅酸盐玻璃中，原子之间存在大量空穴，大多数硅酸盐具有类方石英结构。斯蒂维尔斯，将硅酸盐玻璃分为以下两类：

（1）当 $R_O = N_O/N_{Si} > 3.9$ 时，为"正常"玻璃；

（2）当 $R_O = N_O/N_{Si} < 3.9$ 时，为"不正常"玻璃。

也就是说，采用 O^{2-} 堆积来描述玻璃结构中离子堆积的紧密程度。玻璃的混合碱效应（或双碱效应）与离子堆积的紧密程度有关。

10.2.3　硅酸盐玻璃的性质

玻璃的性质是指它在受到热、电、光、机械力、化学介质等外部影响时表现出的反应。这些性质与玻璃的化学组成和结构密切相关，决定了其在不同领域的应用。我们可以将玻璃的各种性质分为以下两类：

第一类性质：这类性质与玻璃的化学组成之间存在简单的"加和关系"，主要与玻璃中离子的迁移有关。

（1）电导率和电阻率：反映了玻璃传导电流的能力。

（2）黏度：指玻璃在流动时的抵抗力，影响玻璃的成型和加工。

（3）介电损耗：指玻璃在电场中储存能量的能力。

（4）离子扩散速度：描述了离子在玻璃中的迁移速率。

（5）化学稳定性：衡量玻璃抵抗化学侵蚀的能力。

第二类性质：这类性质与玻璃的化学组成之间的关系较为简单，一般可以通过"加和法则"进行推算。

（1）折射率：指光线在玻璃中传播时发生偏折的程度，影响玻璃的光学性能。

（2）分子体积：反映了玻璃的密度。

（3）色散：指白光在玻璃中传播时被分解成不同颜色的光的程度，影响玻璃的颜色。

（4）弹性模量：指玻璃抵抗形变的能力。

（5）硬度：指玻璃抵抗刻划或压痕的能力。

（6）热膨胀系数：指玻璃在温度变化时体积变化的程度，影响玻璃的耐热性。

（7）介电常数：指玻璃储存电能的能力。

1. 玻璃溶体的工艺性质

1）黏度

黏度，或称黏度系数，是量度流体黏滞性大小的物理量，用符号 η 表示，单位为 $Pa \cdot s$。

黏度的物理意义：根据流体流动的基本特征，可以将流动着的液体看作许多相互平行移动的液层。在相距单位距离的两平行液层间，使单位面积液层维持单位速率梯度运动时所施加的切应力，即为液体的黏度（$\eta = 1\ Pa \cdot s$）。

根据牛顿对流体黏度的定义，其数学表达式（即牛顿公式）如下：

$$\tau = \eta \frac{dv}{dx} = \eta D \tag{10-2}$$

式中，τ——使液层维持一定的速率梯度运动而施加的切应力；

D——切变速度，即液层的速率梯度（dv/dx）；

η——液体的黏度。

符合牛顿公式的流体称为牛顿流体，其黏度（η）只与温度（T）有关，与切变速度（D）无关，τ 与 D 成正比例关系。

不符合牛顿公式的流体称为非牛顿流体，$\tau/D = f(D)$，以 η_a 表示一定 τ/D 下的黏度，称为表观黏度。

没有阻力对抗剪应力的流体称为理想流体或无黏流体。

黏度与物质的化学组成和性质有关，若质点间相互作用力越大，则黏度越大。当物质的化学组成不变时，固体和液体的黏度随着绝对温度的上升而降低（但气体相反）。

黏度与温度的关系可近似采用下式表示：

$$\eta = \eta_0 \exp(E_a/KT) \tag{10-3}$$

式中，η_0——常数；

E_a——活化能；

K——玻尔兹曼常数，$K = 1.38 \times 10^{-23}\ J/K$；

T——绝对温度。

黏度是流体内部结构的外在表现，是玻璃熔体的重要性质。黏度对玻璃的熔制、澄清、均化、成型、加工和退火等各个阶段都有重要影响。

在硅酸盐玻璃中，玻璃的黏度首先取决于硅氧四面体（$[SiO_4]^{4-}$）网络的结合程度，即玻璃的黏度 η 随着氧硅比 R_0 的上升而下降。

硅酸盐玻璃的黏度（η）–温度（T）曲线如图 10-1 所示。

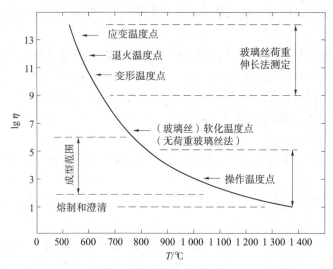

图 10-1　硅酸盐玻璃的黏度（η）–温度（T）曲线

高温时，玻璃液的黏度变化不大；随着温度的降低，黏度的变化慢慢变大；待到低温时，黏度急剧增加。

对玻璃而言，化学组成不同的同一黏度值所对应的温度值不同，但它所处的状态及物理性能基本相同。因此，通常以黏度来表征玻璃的某些特征点。

黏度是玻璃生产工艺中的重要参数。常见的黏度参考点如下：

（1）应变温度点：相当于黏度（η）为 $10^{13.6}$ Pa·s，玻璃中的应力可在几小时内消除。

（2）转变温度点：相当于黏度（η）为 $10^{12.4}$ Pa·s，玻璃的体积开始迅速膨胀。

（3）退火温度点：相当于黏度（η）为 10^{12} Pa·s，玻璃中的应力可在几分钟内消除。

（4）变形温度点：相当于黏度（η）为 $10^{10} \sim 10^{11}$ Pa·s，玻璃有明显的变形。

（5）软化温度点：相当于黏度（η）为（$3 \sim 15$）$\times 10^6$ Pa·s，玻璃有极大的变形。

（6）操作温度点：相当于黏度（η）为 $10^3 \sim 10^6$ Pa·s，可进行玻璃的成型操作。

（7）熔化温度点：相当于黏度（η）为 10 Pa·s，可进行玻璃的熔制操作。

（8）供料温度点：相当于黏度（η）为 $10^2 \sim 10^3$ Pa·s，可进行自动供料机的供料操作。

化学键强度也对玻璃熔体的黏度产生影响。在其他条件相同的前提下，黏度（η）随着阳离子与 O^{2-} 的化学键强度的增大而增大。例如，+2 价金属离子对增大玻璃熔体的黏度（η）的影响，由大到小的排序，如式（10-4）所示：

$$Mg^{2+} > Ca^{2+} > Sr^{2+} > Ba^{2+} \tag{10-4}$$

对于 CaO 和 ZnO，其表现较为复杂。在低温时，CaO 和 ZnO 均会增加玻璃熔体的黏度。高温时，当 CaO 含量 $w(\text{CaO}) < 10\%$ 时，会降低玻璃熔体的黏度；当 CaO 含量 $w(\text{CaO}) > 12\%$ 时，会增大玻璃熔体的黏度。高温时，ZnO 会降低玻璃熔体的黏度；SiO_2、Al_2O_3 和 ZrO_2 等会提高玻璃熔体的黏度。

离子之间的相互极化作用，对玻璃熔体的黏度也有显著影响。ZnO、CdO 和 PbO 等会降低玻璃熔体的黏度。此外，在一定条件下，玻璃结构的对称性对玻璃熔体的黏度发挥重要作用。根据玻璃的化学组成，可以利用奥霍琴经验公式，对玻璃熔体的黏度进行近似计算。

2）表面张力

在多相体系中，相之间存在着界面（Interface）。习惯上人们仅将气-液、气-固界面称为表面（Surface）。表面张力（Surface Tension）是指液体表面任意两相邻部分之间垂直于它们的单位长度分界线相互作用的拉力。表面张力的形成原因是液体表面层由于分子引力不均衡而产生了沿表面作用于任一界线上的张力。

玻璃的表面张力指的是，在恒温恒容条件下，玻璃与另一种物质的接触界面上增加一个单位面积所需要的能量。这个能量被称为表面功，用符号 σ 表示，单位为牛/米（N/m）或焦/平方米（J/m^2）。

在玻璃制造过程中，表面张力扮演着至关重要的角色。气泡和晶体的形成及长大，本质上是气相或固相从液相中析出的过程。当物质的表面自由能（Surface Free Energy，用符号 Y 表示）较低时，更容易发生这种析出现象，从而导致气泡和晶体的生成。

玻璃中条纹的消失和均匀性的改善，与玻璃熔体的表面张力息息相关。如果熔体的表面张力低于母体玻璃，则条纹更容易散开并消失。当母体玻璃中含有较多的氧化铝（Al_2O_3）和碱金属氧化物（RO）时，其表面张力会较高，导致玻璃呈现不均匀的状态。

配合料与玻璃的反应也受固液界面间的表面张力影响。玻璃的耐水性与润湿性密切相关。含有大量铅离子（Pb^{2+}）的玻璃，由于铅离子易极化，难以被水润湿，因此玻璃的耐水性较强。

降低玻璃熔体的表面张力有助于消除小气泡。例如，加入澄清剂可以降低玻璃熔体的表面张力，使小气泡可增大和合并，最终消除。

玻璃熔体的表面张力对玻璃的成型也有重要作用。近代浮法玻璃生产原理就是基于玻璃熔体表面张力的作用。

玻璃溶体的表面张力，一般随温度的升高而减小，但也有出现正温度系数的玻璃。玻璃熔体的表面张力会在玻璃的熔制、成型和封接中发挥重要作用。

2. 固体玻璃的性质

1）密度

密度（Density）是指物质每单位体积内的质量，用符号 ρ 表示，单位为 kg/m^3。

密度的物理意义：密度（ρ）是物质的一种性质，不随质量（m）和体积（V）的变化而变化，只随物态的温度（t）和压强（p）的变化而变化。

玻璃的密度主要取决于构成玻璃的原子的质量，也与原子堆积的紧密程度及其配位数有关。它是表征玻璃结构的一个重要的物理量。

玻璃密度的测定已越来越广泛地作为控制玻璃生产和玻璃化学组成恒定性的有效手段。常用的测定密度的方法有称量法、沉浮法和密度瓶法等。其中，又以利用称量法（常温下）的密度天平的应用最为方便，准确率高。

玻璃的密度与玻璃的化学成分的关系十分密切。平板玻璃和瓶玻璃的密度约为 $2.5×10^3 kg/m^3$，硼硅酸盐玻璃的密度为 $（2.2 \sim 2.3）×10^3 kg/m^3$，石英玻璃的密度为 $（2.0 \sim 2.1）×10^3 kg/m^3$。

玻璃的密度还与其温度有关。若温度升高，则玻璃的密度下降。对于一般工业玻璃，自室温到 1 300 ℃范围内，其密度下降为 6% ~ 12%。

2）热学性质

热学性质指的是材料在不同温度下所展现出的不同热物理性质。对于玻璃来说，温度的变化会直接影响它的形状和一些物理量的变化，这就是玻璃的热学性质。

玻璃的热学性质主要包括热膨胀系数、热导率、比热容和热稳定性等。其中，热膨胀系数是最重要的基本性质之一。

热膨胀系数，简单来说就是玻璃在温度变化时体积变化的程度。它就像玻璃的"敏感度"，决定了玻璃在加热或冷却时的反应。在玻璃制作、退火、热处理，以及与金属、陶瓷的封接等过程中，热膨胀系数扮演着至关重要的角色。

玻璃的热膨胀系数（α）随化学组成的变化，取决于各种阳离子与 O^{2-} 之间的吸引力（f）。吸引力的数学表达式如下：

$$f = \frac{2z}{a^2} \qquad\qquad (10-5)$$

式中，z——阳离子化合价；

a——阳离子与阴离子的中心间距。

一般，若 f 越大，则 a 越小；若 f 越小，则 a 越大。Si-O 的化学键强度较大，石英玻璃的热膨胀系数（α）最小。RO 的化学键强度弱小，随着 R_2O 的引入和 R^+ 的离子半径的增大，f 不断减弱，α 不断增大。RO 对 α 的影响与 R_2O 类似。

R_2O 与 RO 对增大玻璃的热膨胀系数的作用，由大到小的排序，如式（10-6）和式（10-7）所示：

$$Rb_2O > Cs_2O > K_2O > Na_2O > Li_2O \qquad\qquad (10-6)$$

$$BaO > SrO > CaO > CdO > ZnO > MgO > BeO \qquad\qquad (10-7)$$

玻璃的网络骨架对热膨胀系数也发挥着重要影响。一般来说，在比较玻璃中各种化学组成对热膨胀系数的影响时发现，若增强网络的化学组成，则可使 α 降低；若减弱网络的化学组成，则可使 α 升高。R_2O 和 RO 主要使网络发生断裂，"断网作用"是主要的，"积聚作用"是次要的，使 α 上升；高电荷离子主要起积聚作用，使 α 下降；对于中间体氧化物，若有足够的"游离氧"，则也使 α 下降。

玻璃的热历史是指玻璃在从高温冷却过程中，经过转变温度区域和退火温度区域的热经历，包括在此间的停留时间和降温速率。玻璃的物理和化学性能在很大程度上取决于它的热历史。玻璃的热历史对其热膨胀系数有着重要影响。

玻璃的热膨胀系数，可利用"加和法"作近似计算。

玻璃的热稳定性是指玻璃经受剧烈的温度变化而不被破坏的性能。其大小用采用的玻璃试样在保持不破坏条件下所能经受的最大温度差来表征。对玻璃的热稳定性影响最大的因素是玻璃的热膨胀系数。玻璃的热稳定性也是玻璃的一个重要的热学性质。

玻璃的其他热学性质如比热容（C）和热导率（λ）等，这里不再详述。

3）电学性质

材料在电场作用下的反应，例如其介电性能、导电能力、耐电击穿能力，以及与其他材料接触或摩擦时产生的静电现象，统称为电学性质。玻璃的电学性质是其重要物理性质之一，主要包括导电性、介电性和半导体性等。作为一种高电阻率的绝缘材料，玻璃在各个领域早已得到广泛应用。

玻璃的导电性质与它的组成密切相关。根据导电方式的不同，玻璃可分为绝缘体、半导体和快离子导电体。

钠硼硅等硅酸盐玻璃属于绝缘体，它们主要以离子导电为主。这意味着在电场作用下，玻璃中的离子可以长距离移动，从而产生电流。

钒磷玻璃、钠铁硼硅玻璃则具有半导体性质，它们主要以电子导电为主。

一些特殊的氧化物、卤化物、硫化物及它们的复合系统形成的玻璃，具有快离子导电性质。这类玻璃的电导性质介于半导体与导体之间。以钠钙硅玻璃为例，其导电主要是由钠离子（Na^+）的移动产生的，钙离子（Ca^{2+}）对电流的贡献可以忽略不计，而硅（Si）和氧（O）构成了玻璃的骨架，在常温下基本保持静止。简而言之，玻璃的导电机制取决于它的组成和结构，不同的玻璃材料会表现出不同的导电性质。

在二元碱硅酸盐或碱硼酸盐玻璃中，当一种碱性氧化物被另一种碱性氧化物逐渐取代时，其电阻率的变化并非呈线性关系。有趣的是，当两种碱金属的含量（摩尔分数,%）接近相等时，电阻率会呈现出显著的极大值。这种现象称为中和效应，也称作双碱效应或混合碱效应。

如果在玻璃中用碱土金属氧化物（如 CaO 或 MgO）替代碱金属氧化物（如 Na_2O 或 K_2O），一般会导致电导率下降。这是因为碱土金属离子带有多个电荷，它们在玻璃结构中难以迁移，反而会将碱金属离子包围并禁锢起来，这种现象称为压制效应。此外，玻璃的热历史也会对它的电导率或电阻率产生影响。

4）力学性质

材料的力学性质是指材料在不同环境下（如温度、介质和湿度）承受各种外加载荷（如拉伸、压缩、弯曲、扭转、冲击和交变应力等）时所表现出的力学特征。玻璃的力学性质主要包括脆性、硬度、弹性和强度等。

（1）脆性。

脆性（Brittleness）是指材料在外力作用下（如拉伸和冲击等）仅产生很小的形变即发生断裂破坏的性质。

玻璃的最大弱点是其脆性大。人们对玻璃的弹性、强度、硬度、弹性模量、脆性等力学性质进行了多方面的研究，以力求改善玻璃的脆性。多数非晶态金属（Amorphous Alloy）呈现塑性变形，而玻璃、陶瓷和微晶玻璃等呈现脆性，其根本原因在于材料内部原子之间化学键的性质不同。材料内部原子之间，若以金属键（Metallic Bond）结合，则呈现塑性（Plasticity）；若以共价键（Coordination Bond）和离子键（Ionic Bond）结合，则呈现脆性。玻璃的脆性是由其结构特点决定的。玻璃的远程无序性，使其没有屈服极限（Yield Limit）阶段；而玻璃的近程有序性，使其在低温下发生裂纹扩展而不产生塑性变形，呈现典型的脆性。在一定条件下，裂纹因其尖端处产生较大拉应力而出现脆性断裂。脆性，即缺少塑性的性能。一般来说，随着强度或硬度的增加，脆性的趋势提高。

石英玻璃的脆性很大。当玻璃中掺加 R_2O 和 RO 氧化物时，其脆性更大，并随着所掺加离子的半径的增大而增大。含硼的硅酸盐玻璃，B^{3+} 处于三角体时比处在四面体时的脆性要小。因此，应当在玻璃中引入阳离子半径小的氧化物，如 Li_2O、MgO 和 B_2O_3 等组分。

此外，热处理对玻璃的脆性也有较大影响。

（2）硬度。

硬度（Hardness）是指材料局部抵抗硬物压入其表面的能力。固体对外界物体入侵的局部抵抗能力是比较各种材料软硬的指标。

硬度是材料的弹性、塑性、强度和韧性等力学性能的综合指标。硬度的测试方法可分为静压法［如布氏硬度（HB）、洛氏硬度（HRA、HRB、HRC 和 HRD）和维氏硬度（HV）等］、划痕法（如莫氏硬度）、回跳法［如肖氏硬度（HS）］显微硬度法［如维氏显微硬度（HV）和努普显微硬度（HK）］、高温硬度法等多种方法。

玻璃的硬度取决于玻璃的化学成分。石英玻璃和含有 10%～12% B_2O_3 的硼硅酸盐玻璃的硬度最大，含铅或碱性氧化物的玻璃的硬度较小。各种氧化物组分对提高玻璃的硬度的作用由大到小的排序如式（10-8）所示：

$$SiO_2 > B_2O_3 > (MgO、ZnO、BaO) > Al_2O_3 > Fe_2O_3 > K_2O > Na_2O > PbO \qquad (10-8)$$

一般来说，网络生成体离子使玻璃具有高硬度，而网络外体离子使玻璃硬度降低。

一般玻璃的硬度值为莫氏硬度 5~7。

（3）弹性。

弹性（Elasticity）是指材料在外力作用下发生形变，而当外力除去以后能够恢复到发生形变前形状的性质。

玻璃的弹性主要采用弹性模量（E，杨氏模量）、剪切模量（G）、泊松比（μ）和体积压缩系数（K）来表征。

玻璃的弹性模量与玻璃的化学组成、温度和热处理有关。玻璃的弹性模量直接与其内部化学组成质点间的化学键强度有关，若化学键强度越强，则其变形越小。

各种氧化物对提高玻璃的弹性模量的作用由大到小的排序如式（10-9）所示：

$$CaO > MgO > B_2O_3 > Fe_2O_3 > Al_2O_3 > BaO > ZnO > PhO \qquad (10-9)$$

在玻璃中，若引入离子半径大、电荷量低的 Na^+、K^+、Ba^{2+} 等的氧化物，则不利于提高玻璃的弹性模量；若引入离子半径小、极化能力强的 Li^+、Mg^{2+}、Al^{3+} 等的氧化物，则往往能提高玻璃的弹性模量。在钠硼硅系统玻璃中，弹性模量随着 B_2O_3 的加入，会出现"硼反常"现象。

（4）强度。

强度（Strength）是指在力学上，材料在外力作用下抵抗破坏（发生断裂或超过容许限度的残余形变）的能力。

材料的强度，按所抵抗外力的作用形式可分为抵抗静态外力的静强度、抵抗冲击外力的冲击强度和抵抗交变外力的疲劳强度等；按环境温度可分为常温下抵抗外力的常温强度、高温或低温下抵抗外力的热（高温）强度或冷（低温）强度等；按外力作用的性质可分为屈服强度、抗拉强度、抗压强度和抗折强度等。

通过原子之间的最大结合力可以计算材料的理论强度，它是分离原子或离子所需的最小应力。按照 Orowan 的假设，计算出玻璃的理论抗折强度为 117.6×10^8 Pa，而实际上窗玻璃和瓶玻璃的抗折强度只有 68.6×10^5 Pa，与理论强度相差 2~3 个数量级。Griffirh 对此进行了研究，认为可能是由于玻璃中的微裂纹引起应力集中而使其在低得多的作用应力下断裂。他提出了断裂发生的条件：当裂纹扩展所释放出来的形变能等于或大于裂纹扩展所需要的能量时，裂纹将扩展。

影响玻璃强度的主要因素有玻璃的化学组成、温度、内应力和缺陷等。

5）光学性质

光学性质（Optical Property）是指材料与光相互作用时产生的各种性能。例如，光的反射、吸收、折射和透射等。玻璃是一种高度透明的物质，具有一定的光学常数，显示出一系列重要的光学性质。

（1）光吸收。

光吸收（Light Absorption）是指当光入射到玻璃上时，玻璃中的各组分以不同方式吸收紫外光、可见光、近红外光和红外光的能量而转移至高能态。前 3 种光的吸收使玻璃组分的电子能级发生变化；红外光的吸收伴随离子振动能级的变化。

无色透明基质玻璃的光吸收，存在紫外光吸收极限。颜色玻璃的光吸收突出表现为在可见光范围内的选择性吸收。玻璃的光吸收可以采用透过率、光密度和消光度等来表征。

（2）折射率。

折射率（Refractive Index）是指光在真空（因为在空气中与在真空中的传播速率差不多，所以一般用在空气中的传播速率）中的速率与在该材料中的速率的比值。材料的折射率越高，使入射光发生折射的能力越强。

玻璃的折射率（n）可以理解为电磁波在玻璃中传播速率的降低。这是由于光通过玻璃时，光波（Optical Wave，波长 λ 为 $0.3 \sim 3$ μm 的电磁波）引起玻璃内部质点的极化形变，光波损失部分能量，使光速降低。

（3）色散。

色散（Dispersion）是指材料的折射率（n）随入射光的频率（f）的减小［或波长（λ）的增大］而减小的性质。

6）化学稳定性

化学稳定性（Chemical Stability）是指物质在化学因素作用下保持原有物理化学性质的能力。玻璃的化学稳定性，即玻璃抵抗表面变质或破坏的能力，取决于玻璃的化学组成结构、热历史、表面状况、侵蚀介质的性质，以及侵蚀时的温度、压力、时间和侵蚀状态等。

玻璃与各种侵蚀介质作用都是在水的参与下，在玻璃表面产生一种物理化学过程。其中，化学反应过程起决定性作用，反应结果使硅酸盐玻璃在 $0 \sim 200$ nm 的表面的组成和结构发生变化。

水对硅酸盐玻璃的侵蚀，始于玻璃中的碱离子与水溶液中的 H^+ 的交换。其反应式如下：

$$\equiv Si-O-Na+H^+ \Leftrightarrow \equiv Si-O-H+Na^+$$
$$\text{（玻璃）（溶液）} \quad \text{（玻璃）（溶液）} \tag{10-10}$$

在硅酸盐玻璃的表面形成了 SiO_2 保护膜以后，侵蚀的速度变得特别慢。

普通硅酸盐玻璃在受酸侵蚀时，与水侵蚀的初始阶段类似。其中，H^+ 的扩散速度取决于 Na_2O 在酸中的浸出速度。

硅酸盐玻璃一般不耐碱，其侵蚀是通过 OH^- 破坏 $Si-O$ 骨架，使 $Si-O-Si$ 键断裂，增加了非桥氧的数目，被破坏的 SiO_2 骨架溶解到溶液中。其反应式如下：

$$\equiv Si-O-Si \equiv +OH^- \rightarrow \equiv Si-O-H^+-O-Si \equiv \tag{10-11}$$

玻璃被侵蚀的过程不仅与 OH^- 的浓度有关，而且受阳离子种类的影响。

大气对玻璃的侵蚀，实质上是水蒸气（H_2O）、CO_2 和 SO_2 等作用的总和。玻璃受潮湿大气的侵蚀过程，首先始于玻璃表面。玻璃表面某些离子吸附大气中的水分子，水分子以 OH^- 基团形式覆盖在玻璃表面，这些原子团不断吸附水分子或其他物质，形成一薄层。若玻璃中 K_2O、Na_2O 和 CaO 的含量少，则薄层不再继续发展；若玻璃中含碱性氧化物较多，则被吸附的水膜成为碱金属氢氧化物溶液，并进一步吸收水分，使玻璃表面受到破坏。

实践证明，水蒸气比水溶液有更大的侵蚀性。玻璃的组成及结构对其化学稳定性的影响甚大。当 CaO、MgO、Al_2O_3、TiO_2、ZrO_2、BaO 和 ZnO 等取代部分 Na_2O 以后，对于改善玻璃的化学稳定性的作用由大到小的排序如式（10-12）和式（10-13）所示：

耐水性：

$$ZrO_2>Al_2O_3>TiO_2>ZnO>MgO>CaO>BaO \qquad (10-12)$$

耐酸性：

$$ZrO_2>Al_2O_3>ZnO>CaO>TiO_2>MgO>BaO \qquad (10-13)$$

当玻璃中同时存在两种碱金属氧化物时，玻璃的耐水性存在"混合碱"效应。当玻璃的化学组成中氧化物对玻璃网络的完整致密化有利时，例如，SiO_2 含量高、碱金属氧化物含量低，其化学稳定性高。玻璃在通常炉气中退火，其化学稳定性随着退火时间延长、退火温度提高而增加，这是众所周知的"硫霜化"现象。退火玻璃由于网络结构比较紧密，故其化学稳定性比淬火玻璃高。硼酸盐玻璃由于退火过程中发生分相（Phase Separation），有时退火玻璃反而比淬火玻璃的化学稳定性低。

10.3 普通玻璃配合料的制备

10.3.1 玻璃组成的设计与确定

玻璃的科学研究，尤其是玻璃性质与组成之间关系的研究，为我们设计玻璃的组成提供了重要的理论基础。设计并确定合适的玻璃组成，需要遵循以下原则：

（1）性能导向：我们需要根据玻璃组成结构与性质之间的关系，设计出能够满足预定性能要求的玻璃组成。换句话说，我们需要根据想要得到的玻璃性质，如硬度、透明度、耐热性等，选择合适的原料比例。

（2）成玻与析晶：我们需要借助相图和形成图来设计玻璃组成，确保玻璃的成玻倾向大，析晶倾向小。这意味着我们需要选择合适的原料，让它们在熔融状态下更容易形成玻璃态，并且尽可能避免形成结晶。同时，要考虑不同的成型工艺，如吹制、压延等，选择合适的玻璃组成以确保成型顺利。

（3）性能调整：在初步设计的基础上，我们需要进行必要的性能调整。这可能涉及改变原料比例、加入一些助熔剂或稳定剂等，以进一步优化玻璃的性能。

（4）反复实验：我们需要进行反复的实验和性能测试，最终确定合理的玻璃组成。这个过程需要不断地进行调整和优化，直到得到满足所有要求的玻璃。

通过遵循以上原则，我们可以科学地设计出满足特定需求的玻璃组成，为玻璃的应用开拓更广阔的领域。

10. 3. 2 玻璃配合料的计算

1. 玻璃配合料计算的重要工艺参数

在设计玻璃时，我们需要根据目标玻璃的成分和所选用的原料进行精确的配合料计算。计算时，我们假设原料中的气体物质在加热过程中完全分解逸出，分解后的氧化物全部转变为玻璃成分的一部分。随着玻璃制品质量要求的不断提升，我们需要考虑各种因素对玻璃成分的影响。在玻璃配合料（配方设计）计算过程中，几个重要的工艺参数如下：

1）纯碱的挥散率

纯碱的挥散率 w（纯碱），是指纯碱中未参与反应的碱的挥发和飞散量（m_2）与纯碱总量（m_1）的比值。其数学表达式如下：

$$w(纯碱) = \frac{m_2}{m_1} \times 100\% \tag{10-14}$$

w（纯碱）是一个实验值，与加料方式、熔化方法、熔制温度和纯碱的本性（重碱或轻碱）等有关。池窑中纯碱的挥散率一般为 0.2%~3.5%。

2）芒硝的含率

芒硝的含率 w（芒硝），是指由芒硝（$Na_2SO_4 \cdot 10H_2O$）引入的 Na_2O 的量（m_1）与由芒硝引入的 Na_2O 的量（m_1）和由纯碱引入的 Na_2O 的量（m_2）之和的比值。其数学表达式如下：

$$w(芒硝) = \frac{m_1}{m_1 + m_2} \times 100\% \tag{10-15}$$

芒硝的含率 w（芒硝）随着原料供应和熔化情况而改变，一般控制为 5%~8%。

3）煤粉的含率

煤粉的含率 w（煤粉），是指由煤粉引入的固定碳的量（m_1）与由芒硝引入的 Na_2SO_4 的量（m_2）的比值。其数学表达式如下：

$$w(煤粉) = \frac{m_1}{m_2} \times 100\% \tag{10-16}$$

煤粉的理论含率为 4.2%。可以根据火焰性质、熔化方法来调节煤粉的含率 w（煤粉），在生产上一般控制为 3%~5%。

4）萤石的含率

萤石的含率 w（萤石），是指由萤石引入的 CaF_2 的量（m_1）与原料的总用量（m_2）的比值。其数学表达式如下：

$$w(萤石) = \frac{m_1}{m_2} \times 100\% \tag{10-17}$$

萤石的含率 w（萤石）随着熔化条件和碎玻璃的储存量而变化，在正常情况下，一般控制为 18%~26%。

2. 玻璃配合料计算的步骤

（1）粗算：假定玻璃中全部 SiO_2 和 Al_2O_3 均由硅砂和砂岩引入；CaO 和 MgO 均由白云石和菱镁石引入；Na_2O 由纯碱和芒硝引入。在进行粗算时，可选择含氧化物种类最少或用量最多的原料开始计算。

（2）校正：例如，在进行粗算时，在硅砂和砂岩用量中没有考虑其他原料引入的 SiO_2 和 Al_2O_3，所以应进行校正。

（3）换算：将计算结果换算成实际配料单。

3. 玻璃配合料计算的实例（案例分析）

玻璃的设计成分如表 10-6 所示。

表 10-6　玻璃的设计成分（质量分数）　　　　　单位：%

SiO_2	Al_2O_3	Fe_2O_3	CaO	MgO	Na_2O	SO_3	总计
72.40	2.10	<0.20	6.40	4.20	14.50	0.20	100.00

各种玻璃原料的化学成分如表 10-7 所示。

表 10-7　各种玻璃原料的化学成分（质量分数）　　　　　单位：%

原料	含水率	SiO_2	Al_2O_3	Fe_2O_3	CaO	MgO	Na_2O	Na_2SO_4	CaF_2	C
硅砂	4.5	89.70	5.12	0.34	0.44	0.16	3.66	—	—	—
砂岩	1.0	98.76	0.56	0.10	0.14	0.02	0.19	—	—	—
菱镁石	—	1.73	0.29	0.42	0.71	46.29	—	—	—	—
白云石	0.3	0.69	0.15	0.13	31.57	20.47	—	—	—	—
纯碱	1.8	—	—	—	—	—	57.94	—	—	—
芒硝	4.2	1.10	0.29	0.12	0.50	0.37	41.47	95.03	—	—
萤石	—	24.62	2.08	0.43	51.56				—70.28	—
煤粉	—	—	—	—	—	—	—	—	—	84.11

玻璃配合料的工艺参数与所设数据如下：纯碱的挥发率为 3.10%；碎玻璃的掺加率为 20%；萤石的含率为 0.85%；芒硝的含率为 15%；煤粉的含率为 4.7%；玻璃的获得率为 82.5%；计算基础为 100 kg 玻璃液；计算精度为 0.01。试进行玻璃配合料的计算。

解：玻璃配方设计的具体计算过程如下。

1）萤石用量的计算

设玻璃原料的总用量为 x kg，根据玻璃的获得率，则：

$$x=\frac{100}{0.825}=121.21$$

设萤石的用量为 y kg，根据萤石的含率，则：

$$0.85\%=\frac{y\times70.28\%}{121.21}, \ y=1.47$$

由 1.47 kg 萤石引入的各种氧化物的量为：

$$m(SiO_2)=(1.47\times24.62\%-0.12)\ kg=0.24\ kg$$

$$m(Al_2O_3)=1.47\times2.08\%\ kg=0.03\ kg$$

$$m(Fe_2O_3)=1.47\times0.43\%\ kg=0.01\ kg$$

$$m(\text{CaO}) = 1.47 \times 51.56\% \text{ kg} = 0.76 \text{ kg}$$

$$m'(\text{SiO}_2) = -0.12 \text{ kg}$$

其中，$m'(\text{SiO}_2)$ 为 SiO_2 的挥发量，按如下反应式进行计算：

$$\text{SiO}_2 + 2\text{CaF}_2 \xrightarrow{\quad} \text{SiF}_4\uparrow + 2\text{CaO} \qquad (10-18)$$

设有 30% 的 CaF_2 与 SiO_2 反应，生成 SiF_4 而挥发。设 SiO_2 的挥发量为 z kg，SiO_2 的物质的量为 60.09 mol，CaF_2 的物质的量为 78.08 mol，则：

$$z = 60.09 \times 1.47 \times 70.28\% \times 30\% \times [1/(2\times78.08)] = 0.12$$

2）纯碱与芒硝用量的计算

设芒硝的用量为 x kg，根据芒硝的含率，则：

$$\frac{x \times 0.414\,7}{14.5} = 15\%,\ x = 5.24$$

由 5.24 kg 芒硝引入的各种氧化物的量如表 10-8 所示。

表 10-8　由 5.24 kg 芒硝引入的各种氧化物的量　　单位：kg

SiO_2	Al_2O_3	Fe_2O_3	CaO	MgO	Na_2O
0.06	0.02	0.01	0.03	0.02	2.18

设纯碱的用量为 y kg，则：

$$y = \frac{14.5 - 2.18}{0.579\,4} = 21.26$$

3）煤粉用量的计算

设煤粉的用量为 x kg，根据煤粉的含率得：

$$\frac{x \times 0.841\,1}{5.24 \times 0.950\,3} = 4.7\%,\ x = 0.28$$

4）硅砂和砂岩用量的计算

设硅砂的用量为 x kg，砂岩的用量为 y kg，则：

$$\begin{cases} 0.897x + 0.987\,6y = 72.4 - 0.24 - 0.06 = 72.1 \\ 0.051\,2x + 0.005\,6y = 2.10 - 0.03 - 0.02 = 2.05 \end{cases}$$

求解上述方程得：

$$\begin{cases} x = 35.60 \\ y = 40.68 \end{cases}$$

由硅砂和砂岩引入的各种氧化物的量如表 10-9 所示。

表 10-9　由硅砂和砂岩引入的各种氧化物的量　　单位：kg

原料	SiO_2	Al_2O_3	Fe_2O_3	CaO	MgO	Na_2O
硅砂	31.93	1.82	0.12	0.16	0.06	1.28
砂岩	40.18	0.23	0.04	0.06	0.01	0.08

5）白云石和菱镁石用量的计算

设白云石的用量为 x kg，菱镁石的用量为 y kg ，则：

$$\begin{cases} 0.315\ 7x+0.007\ 1y=6.4-0.76-0.03-0.16-0.06=5.39 \\ 0.204\ 7x+0.462\ 9y=4.2-0.02-0.06-0.01=4.11 \end{cases}$$

求解上述方程得：

$$\begin{cases} x=17.04 \\ y=1.34 \end{cases}$$

由白云石和菱镁石引入的各种氧化物的量如表 10-10 所示。

表 10-10　由白云石和菱镁石引入的各种氧化物的量　　　　单位：kg

原料	SiO_2	Al_2O_3	Fe_2O_3	CaO	MgO
白云石	0.12	0.03	0.02	5.38	3.49
菱镁石	0.02	—	0.01	0.01	0.62

6）校正纯碱的用量及其挥散量

设纯碱的理论用量为 x kg，挥散量为 y kg，则：

$$0.579\ 4x=14.5-2.18-1.28-0.08,\ x=0.61$$

$$\frac{y}{18.9+y}=0.031,\ y=0.61$$

7）校正硅砂和砂岩的用量

设硅砂的用量为 x kg，砂岩的用量为 y kg，则：

$$\begin{cases} 0.897\ 0x+0.987\ 6y=72.4-0.24-0.06-0.12-0.02=71.96 \\ 0.051\ 2x+0.005\ 6y=2.10-0.03-0.02-0.03=2.02 \end{cases}$$

求解上述方程得：

$$\begin{cases} x=34.96 \\ y=41.11 \end{cases}$$

8）玻璃原料的用量汇总

将上述计算结果汇总为"玻璃原料的用量"，如表 10-11 所示。

表 10-11　玻璃原料的用量

原料	用量/kg	质量分数/%	SiO_2	Al_2O_3	Fe_2O_3	CaO	MgO	Na_2O	SO_3	含水率	干基	湿基
硅砂	34.96	28.9	31.36	1.79	0.12	0.15	0.06	1.28		4.5	277.44	290.51
砂岩	41.11	34	40.60	0.23	0.04	0.06	0.01	0.08		1.0	326.4	329.69
白云石	17.04	14.1	0.112	0.03	0.02	5.38	3.49			0.3	135.36	135.76
菱镁石	1.34	1.1	0.02		0.01	0.01	0.62				10.56	10.56
纯碱	19.53	16.1						10.96		1.8	154.56	157.39

续表

原料	用量/kg	质量分数/%	SiO_2	Al_2O_3	Fe_2O_3	CaO	MgO	Na_2O	SO_3	含水率	干基	湿基
芒硝	5.24	4.3	0.06	0.02	0.03	0.02	0.02	2.18		4.2	42.24	44.09
萤石	1.47	1.47	0.24	0.03	0.76						11.52	11.52
煤粉	0.28	0.23								0.2	2.21	2.79
合计	120.97	100	72.4	2.1	6.4	4.2	4.2	14.5	0.2		960.29	982.34
碎玻璃												240
总计												1 222

9）玻璃的获得率的计算

设玻璃的获得率为 k，则：

$$k = \frac{100}{120.97} \times 100\% = 82.7\%$$

10）实际配料单的换算

已知条件：碎玻璃的掺加率为 20%；各种原料的含水率如表 10-11 所示；配合料的含水率为 4%；混合机容量为 1 200 kg（干基）。

实际配料单的换算过程如下：

设硅砂的干基用量为 x kg，则：

$$x = \left[1\ 200 - (1\ 200 \times 20\%) \right] \times 28.9\% = 277.44$$

设硅砂的湿基用量为 y kg，则：

$$y = \frac{277.44}{1 - 4.5\%} = 290.51$$

同理，可以进行其他原料的换算。

实际配料单的换算结果如表 10-11 所示。

设配合料的加水量为 z kg，根据配合料的水分含量为 4% 的要求，则：

$$加水量 = \frac{粉料干基量}{1 - 水分含量} - 粉料湿基量$$

$$z = \frac{1\ 200}{1 - 4\%} - 982.34 = 17.66$$

10.3.3 玻璃配合料的制备要求

1. 玻璃配合料的质量要求

配合料的质量对玻璃制品的性能和使用寿命至关重要。为了加速玻璃熔制过程并提高最终产品的质量，需要采取一些措施来防止质量缺陷的产生。不同的玻璃制品对配合料质量的要求有所不同，但都必须满足以下基本要求：

原料纯度：原料的纯度直接影响玻璃的透明度、颜色、耐化学腐蚀性等。

颗粒大小和均匀性：颗粒大小和均匀性影响熔制速率和均匀性，进而影响玻璃的内部结构和强度。

成分配比：精确的成分配比是保证玻璃性能和质量的关键。

水分含量：过高的水分含量会导致气泡产生，影响玻璃的透明度和强度。

总之，选择优质的配合料并严格控制其质量，是生产优质玻璃制品的必要条件。

1）颗粒组成

玻璃的颗粒组成至关重要，它直接影响着原料的混合均匀度、混合时间及最终玻璃液的均匀性。合理的颗粒组成能够确保配料的均匀性，缩短混合时间，提升玻璃液的品质。此外，还需要考虑不同原料之间的粒径比，以确保混合质量，防止原料在运输过程中发生分层。

为了促进难熔原料的溶解，需要适当减小粒径，以便更好地与其他原料混合，提高熔化效率。总而言之，科学合理的颗粒组成是保证玻璃生产顺利进行、生产出高质量玻璃产品的关键。

2）适量的水分含量

在生产过程中，将适量的水加入配合料，与干燥的物料相比，能够显著提升配合料的性能。首先，水分的加入能够增强颗粒表面的吸附性，这使配合料更容易混合均匀，有效减少物料在输送过程中的分层和粉尘飞扬，从而改善操作环境，延长熔窑的使用寿命。其次，配合料中适量的水分可以加速熔制过程中的固相反应，这将提高生产效率，并最终优化产品质量。添加适量的水分，可以有效提升配合料的性能，优化生产过程，并带来诸多益处。

3）配合料的均匀性

当配合料混合不均匀时，熔制过程中就会出现问题。富含易熔氧化物的区域会优先熔化，而富含难熔物质的区域难以熔化，最终导致玻璃制品出现条纹、气泡、结石等缺陷。因此，要生产出均匀的玻璃液和合格的玻璃制品，就必须确保配合料混合均匀。

4）避免金属和其他杂质的混入

在配合料的制备过程中，可能会混入各种金属杂质，例如，机器设备磨损产生的金属粉末，设备部件（如螺栓、螺母、垫圈等）的掉落，原料拆卸过程中的包装材料及其他不应有的氧化物原料等。这些杂质会严重影响配合料的熔制质量，导致以下问题：熔融玻璃难以澄清，影响透明度和光泽，制品色泽发生改变，影响美观和品质。因此，在配合料的制备过程中，务必严格控制杂质的混入，确保原料的清洁和纯净，从而保证熔制过程的顺利进行和制品质量的稳定。

5）选择适当的碎玻璃比率

碎玻璃配比合适、质量符合使用要求是保证配合料质量的重要环节。在配合料中加入适量的碎玻璃，无论从经济角度还是工艺方面都是有利的，但如果控制不当，也会对玻璃组成控制和制品质量带来不利的影响。

6）适量的气体率

为了有利于玻璃液的澄清和均化，配合料中需有适量的气体率。因此，配合料中必须含有适量的、在受热分解后释放出气体的原料，如碳酸盐、硝酸盐、硫酸盐和硼酸等。一般在计算配合料时，都对配合料的气体率进行计算。其数学表达式如下：

$$w_{(气体)} = \frac{m_1}{m_2} \times 100\% \tag{10-19}$$

式中，$w_{(气体)}$——配合料的气体率；

　　　m_1——配合料中逸出气体的质量；

　　　m_2——配合料的总质量。

对于钠钙硅酸盐玻璃，配合料的气体率 $w_{(气体)}$ 一般控制在 15%~20%。

2. 玻璃配合料的称量、混合及输送

1）玻璃配合料的称量

玻璃配合料的准确称量是生产合格玻璃的关键一步。现代生产中普遍采用带斗的自动称量器，这种称量器通常采用一次称量法和减量称量法两种称量方式。一次称量法：直接将所需重量的材料一次性加入称量斗；减量称量法：先将一定量的材料加入称量斗，然后根据需要减去部分材料，直至达到目标重量。无论采用哪种方式，称量过程都必须确保准确性，这样才能确保最终的玻璃产品符合质量要求。

2）玻璃配合料的混合

玻璃配合料的混合过程，是指在外部力的作用下，玻璃原料的运动速率和方向发生变化，从而使各种组分粒子均匀分布的过程。

混合均匀度的优劣取决于多种因素，主要包括以下几点：

（1）原料配比：不同原料的比例直接影响最终的混合效果。

（2）原料颗粒径：颗粒径越小，混合得越均匀，反之则越难混合均匀。

（3）原料密度：密度差异大的原料，更容易发生分离，影响混合均匀度。

（4）混合时间：混合时间越长，混合得越充分。

（5）配合料水分含量：水分含量过高会导致原料团聚，影响混合效果。

（6）混合机的结构：混合机的结构设计直接影响混合效果，如搅拌方式、搅拌速率等。

对于固体粉料来说，能否混合均匀的关键在于其粒径分布和不同组分之间平均粒径的匹配程度。粒径分布越集中，各原料平均粒径越接近，混合的均匀性就越好。以主要原料石英砂为例，理想情况下，90%~95% 的石英砂颗粒应该落在 0.1~0.5 mm 的粒径范围内。

在玻璃生产中，辅助原料（也称为小料）由于性质特殊，难以在混合过程中均匀分散。为了解决这个问题，可以将辅助原料与一种或几种其他原料预先混合，以提高它的分散程度。

除了预先混合，原料加入混合机的顺序也会影响最终的混合均匀性。一般建议按照以下顺序添加原料：首先加入石英原料，并加入适量水使其湿润，接着加入纯碱，然后加入长石，再加入石灰石，最后加入辅助原料。

这种加料方式的好处在于，石英原料表面会溶解一部分纯碱，在后续加热过程中，石英中的二氧化硅（SiO_2）与纯碱中的氧化钠（Na_2O）能更直接、快速地形成低共熔物，从而加速石英的熔化，有利于玻璃的熔制。

在玻璃生产中，添加碎玻璃是常见的工艺，但需要注意碎玻璃的添加方式。大多数混合机不允许将碎玻璃与配合料一起混合，因为碎玻璃会对混合机造成过度磨损，导致铁元素的引入，从而降低玻璃的透光率。因此，一般情况下，碎玻璃是在配合料输送到窑头料仓的途中添加的。常用的添加碎玻璃的方法是利用振动喂料器将碎玻璃从储料仓中加到正在运行的配合料层表面。这种方式能够有效避免碎玻璃对混合机的磨损，也能保证碎玻璃与配合料的均匀混合，提高玻璃产品的质量。

3）玻璃配合料的输送

玻璃配合料的输送方式多种多样，根据生产规模的不同而有所变化。对于大规模生产，通常采用皮带输送机或斗式提升机来输送配合料；而小批量生产可以选择料罐或小车进行输送。无论采用哪种输送方式，最重要的是确保配合料在运输过程中不会发生分层、漏料、粉尘飞扬及混入杂质等问题。其中，分层是导致配合料不均匀的重要原因。

10.3.4 玻璃的着色

1. 概述

在玻璃的制作过程中，添加着色剂可以赋予它丰富的色彩。经过高温熔融和热处理，这些着色剂与玻璃材料相互作用，最终呈现出各种各样的色调，创造出绚丽多彩的彩色玻璃。

彩色玻璃拥有悠久的历史，并在 20 世纪得到了快速发展和广泛应用。玻璃为何能够呈现不同的颜色？这要从光与物质之间的相互作用说起。当白光照射到透明物体时，如果所有光线都能顺利透过，那么我们看到的便是无色透明的物体；但如果物体吸收了某些波长的光线，而只让其他波长的光线透过，那么我们看到的便是与透过光线颜色相对应的物体；从物质结构的角度来看，物质之所以能够吸收光线，是因为原子中的电子，特别是价电子，在光能的激发下，会从能量较低的能级跃迁到能量较高的能级，也就是从基态跃迁到激发态。这个过程需要特定的能量差，而这个能量差正好对应可见光谱中的某个波段。当物质吸收了这个波段的光线，我们就会看到与剩余波长对应的颜色。换句话说，玻璃中添加的着色剂会改变玻璃的电子结构，从而改变其对特定波长光线的吸收和透射性质，最终展现出我们看到的各种彩色玻璃。

2. 玻璃的着色剂

玻璃的着色主要依靠添加着色剂来实现。常见的着色剂包括以下几种：

（1）离子着色剂：这类着色剂通常使用过渡金属离子（如铁、钴、镍等）或稀土金属离子（如铈、镨、钕等）。这些离子在玻璃中会吸收特定波长的光，从而呈现出不同的颜色。

（2）S 和 Se 及其化合物类分子着色剂：硫（S）和硒（Se）及它们的化合物，也能为玻璃带来颜色。它们在玻璃中以分子形式存在，并通过吸收特定波长的光来着色。

（3）金属胶体着色剂：金属胶体着色剂是将金属微粒分散在玻璃中形成的。这些金属微粒对光的散射和吸收作用会使玻璃呈现出不同的颜色。

不同的着色剂拥有不同的着色机理，最终呈现出的玻璃颜色也各不

玻璃的着色方法
及颜色测量

相同。例如，含有钴离子的玻璃通常呈现出蓝色，而含有铁离子的玻璃可能呈现出绿色或棕色。

3. 彩色玻璃的着色机理及其分类

根据着色机理的不同，彩色玻璃大致可以分为三大类：离子着色玻璃、金属胶体着色玻璃和硫硒化物着色玻璃。

10.4 玻璃制品的缺陷

玻璃制品是经过熔化、成型和退火等工序制成的。在生产过程中，生产工艺流程对玻璃制品的质量和性能至关重要，因此必须严格控制，最大程度地减少缺陷。玻璃制品的缺陷主要分为两类：气泡（气体夹杂物）和结石（结晶夹杂物）。

10.4.1 气泡

玻璃制品中出现的"气泡"，实际上是气体被包裹在玻璃内部形成的夹杂物。它们不仅会影响产品的外观，更重要的是会降低玻璃的透明度和机械强度。因此，气泡是一种需要引起重视的玻璃缺陷。

1. 气泡的大小与形状

根据尺寸的不同，气泡可以分为灰泡（直径小于 0.8 mm）和气泡（直径大于 0.8 mm）等。气泡的形状多样，包括球形、椭圆形和线状。在制品成型过程中，气泡容易发生变形。

2. 气泡的种类与成因

气泡主要分为一次气泡、二次气泡和耐火材料气泡等。

1）一次气泡

在玻璃熔制过程中，配合料的加入会带来一系列化学反应和挥发物的挥发，释放出大量气体，形成气泡。经过澄清过程，大部分气泡能够逸出，但部分气泡仍会残留在玻璃液中，形成一次气泡。

一次气泡的产生与多种因素有关，具体如下：

（1）配合料本身：配合料的粒径不均匀，会影响熔化速率，更容易产生气泡。

（2）澄清剂：澄清剂用量不足，则澄清效果不佳，气泡难以消除。

（3）投料温度：配合料和碎玻璃的投料温度过低，会延长熔化时间，增加气泡形成的机会。

（4）熔化和澄清温度：熔化和澄清温度过低，会导致气泡析出速率减缓，难以完全消除。

（5）澄清时间：澄清时间过短，气泡来不及完全逸出，就会残留在玻璃液中。

（6）窑内气体介质：窑内气体介质组成不当，会影响气泡的扩散和逸出。

因此，为了减少一次气泡的产生，需要严格控制配合料的质量、澄清剂的用量、投料温度、熔化和澄清温度、澄清时间及窑内气体介质组成。

一次气泡产生的主要原因是澄清不良。通过适当提高澄清温度、调节澄清剂的用量、降低窑内气体压强、降低玻璃与气体界面上的表面张力等，可促使气体逸出。

2）二次气泡

二次气泡也称为再生泡，是玻璃生产过程中的一种常见缺陷。它并非一开始就存在，而是由于物理和化学因素在玻璃冷却后再次升温时产生的。

物理原因：当玻璃液经过澄清后，处于气液平衡状态，这意味着它内部不再含有气泡。然而，如果降温后的玻璃液再次升温超过一定限度，原本溶解在玻璃液中的气体由于温度升高导致溶解度降低，就会析出。这些析出的气体形成无数个细小、均匀分布的气泡，也就是二次气泡。

化学原因：除物理因素外，玻璃的化学组成和使用的原料也会影响二次气泡的产生。某些化学成分在高温下更容易与气体发生反应，从而导致气体析出。

为了避免二次气泡的出现，需要采取以下措施：

（1）稳定熔制温度：严格控制熔制温度，避免温度波动过大，防止气体析出。

（2）逐步过渡：更换玻璃化学组成时，要采用逐步过渡的方式，避免突然改变成分，降低气体析出的可能性。

（3）控制窑内气氛与压强：合理的窑内气氛和压强可以抑制气体析出，降低二次气泡的产生率。

二次气泡的出现会严重影响玻璃产品的质量和外观。因此，控制二次气泡的产生是玻璃生产工艺中不可或缺的一部分。

3）耐火材料气泡

耐火材料气泡是指玻璃与耐火材料之间发生物理化学反应而产生的气泡。其产生原因主要有以下几个：

（1）耐火材料本身的气孔率：由于耐火材料本身存在一定的气孔率，当与玻璃液接触后，玻璃液会通过毛细管作用进入这些空隙。因此，原本存在于空隙中的气体会被挤出，并进入玻璃液，形成气泡。

（2）耐火材料的还原烧成或熔铸：当使用还原法烧成或熔铸耐火材料时，其表面会与空气中的碳素发生燃烧反应，产生气体，形成气泡。

（3）外界空气气泡：这类气泡源于配料和成型操作过程中的空气混入。金属铁也会导致气泡的产生。

为了避免耐火材料气泡的产生，需要采取以下措施：

（1）提高耐火材料质量：选择气孔率较低、质量可靠的耐火材料。

（2）合理选用窑炉成型部耐火材料：针对不同熔窑的工艺特点，选择合适的耐火材料。

（3）稳定熔窑作业制度：保持熔窑的稳定运行，避免温度和压力波动，减少气泡的产生。

（4）避免配料中混入金属铁：严格控制配料的质量，杜绝金属铁的混入。

（5）确保成型工具质量：尤其要保证浸入玻璃液的成型工具质量，防止空气进入玻璃液。

通过采取以上措施，可以有效降低耐火材料气泡的产生率，提高玻璃质量。

10.4.2　结石

玻璃，看似晶莹剔透，却也隐藏着一种危险的缺陷——结石。简单来说，结石就是玻璃中夹杂的晶体颗粒。这些微小的"石头"会严重影响玻璃的外观和性能，甚至带来安全隐患。

结石的存在会导致玻璃外观不均匀，光线穿透时产生扭曲或模糊，破坏了玻璃制品应有的光学效果。更重要的是，结石与玻璃基体的热膨胀系数不同，在温度变化时会产生局部应力，如同玻璃内部的"炸弹"。这种应力会大幅降低玻璃的机械强度和热稳定性，轻则导致玻璃制品易碎，重则可能发生自爆，造成安全事故。根据形成原因，结石可以分为以下三类：

1. 配合料结石

配合料结石（未熔化的颗粒）是指配合料中未熔化的颗粒组分，大多数情况下是石英颗粒，也有其他组分，如 Cr_2O_3、锡石（Cassiterite）、Al_2O_3 等。常见的结石是方石英（Cristobalite）和鳞石英（Tridymite）。

配合料结石的产生，与配合料的制备质量、熔制时的加料方式和熔制工艺制度有关。

2. 耐火材料结石

耐火材料结石是指耐火材料在高温环境中受到侵蚀、剥落，或者与玻璃液发生反应，导致其碎屑及反应生成的新矿物混杂在玻璃制品中形成的缺陷。此外，耐火材料的滴落物也可能夹带到制品中，形成结石。为了避免耐火材料结石的产生，需要采取以下措施：

（1）合理选择优质耐火材料：选择耐高温、抗侵蚀性能强的耐火材料，并确保耐火材料的纯度，避免引入杂质。

（2）控制熔化温度和助熔剂用量：避免熔化温度过高，减少助熔剂的用量，降低耐火材料与玻璃液的反应程度。

（3）避免易反应材料的组合：避免将容易发生化学反应的耐火材料砌筑在一起，如碱性耐火材料和酸性耐火材料。

通过采取以上措施，可以有效降低耐火材料结石的产生率，提高玻璃制品的质量。

为了避免耐火材料结石的产生，必须合理选择优质耐火材料，避免熔化温度过高、助熔剂用量过大，同时避免易反应的耐火材料砌筑在一起。

3. 析晶结石

析晶结石又称"失透"，是指玻璃在一定温度范围内由于本身析晶而产生的结石。

玻璃若长期停留在有利于晶体形成和生长的温度范围，则玻璃中化学组分不均匀的部分是使其产生析晶的主要因素。

设计合理的玻璃化学组成、制定合理的熔化制度、成型制度及熔窑结构，可以避免产生析晶结石。

常见的析晶结石有以下几种晶体：鳞石英和方石英（SiO_2）、硅灰石（$CaO \cdot SiO_2$）、失透石（$Na_2O \cdot 3CaO \cdot 6SiO_2$）、透辉石（$CaO \cdot MgO \cdot 2SiO_2$）和二硅酸钡（$BaO \cdot 2SiO_2$）等。

10.5　玻璃制品的加工

一般而言，玻璃制品在出厂后往往存在表面粗糙或杂质覆盖等问题，需要经过后加工才能满足使用需求。除了表面处理，玻璃制品加工还包含其他重要环节。例如，形状和尺寸精确加工：许多玻璃制品需要与其他部件连接、黏接或配合，对形状和尺寸要求严格，需要进行精密的研磨、抛光等工艺；性能改性：通过后期加工，可以提升玻璃制品的性能，如钢化处理和微晶化处理。

总体而言，玻璃制品的加工可分为以下三大类：

（1）冷加工：包括切割、磨边、钻孔、刻字等，在常温下进行。

（2）热加工：包括弯曲、成型、退火等，在高温下进行。

（3）表面处理：包括清洗、抛光、镀膜等。

这些加工方法旨在改善玻璃制品表面的光学性能、耐用性等。只有通过这些加工方法，玻璃制品才能更好地满足各种应用场景的需求，并在我们的生活中发挥更大的作用。

10.5.1 玻璃的冷加工

玻璃的冷加工是指通过机械方法改变玻璃制品的外形和表面状态，常见的加工方法包括研磨抛光、切割、喷砂、钻孔和切削。本小节将重点介绍研磨抛光加工。

通常，我们将普通平板玻璃、压延玻璃、特殊玻璃甚至夹丝玻璃作为原料，使用硅砂作为研磨材料，氧化铁或氧化铈作为抛光材料，在连续磨光机组上进行研磨、抛光加工形成磨光玻璃。磨光玻璃可以是单面磨光玻璃或双面磨光玻璃，其中双面磨光玻璃对两面平整度有特殊要求。磨光玻璃的透光率大于 84%，从任何方向透视或反射景物都不会发生畸变。它的厚度一般在 4~6 mm。磨光玻璃适用于光面装饰，常用于大型高级门窗、橱窗和制作镜子。

玻璃研磨的过程是利用磨料在磨盘压力和玻璃表面相对运动下，将玻璃的不平处磨去，使玻璃表面变得毛糙。粗颗粒磨料研磨的速率快，毛面较粗糙，因此通常使用多级磨料进行研磨。然后将抛光液加入抛光盘，对玻璃表面进行相对运动，最终得到光滑表面的玻璃，这就是抛光过程。通过冷加工，尤其是研磨抛光，我们可以赋予玻璃新的外观和功能，使其更加实用和美观。

10.5.2 玻璃的热加工

玻璃的热加工指的是在玻璃的转变温度和软化温度之间进行的一系列热处理过程。在这个过程中，玻璃的内部结构和性能会发生显著变化。例如，微晶玻璃的净化处理和钢化玻璃的钢化处理都是利用热加工改变玻璃状态，进而赋予其截然不同的性能。

热加工不仅能改善和提高玻璃的性能，更能深入揭示玻璃内部结构的变化规律。通过对热加工过程的深入研究，我们可以开发出更多性能优良的功能材料，为各个领域带来新的应用和突破。

玻璃制品的钢化简称玻璃钢化，它是指通过对玻璃进行特殊热处理，使其内部产生均匀分布的内应力，从而提高玻璃强度和热稳定性的过程。具体来说，玻璃钢化主要包括以下几个步骤：

（1）将玻璃加热至一定温度，使其处于软化状态。

（2）迅速冷却玻璃，使玻璃表面快速收缩，而内部仍保持高温。

（3）由于内外温差导致的热膨胀系数差异，因此玻璃内部形成巨大的内应力。

这种内应力就像是在玻璃内部施加了一层无形的"铠甲"，能够抵抗外部冲击和温度变化带来的压力，使玻璃更坚固、更耐热。

玻璃钢化的方法主要分为以下两种：

（1）物理钢化法：利用快速冷却的方式使玻璃产生内应力，例如常见的"水淬法"。

（2）化学钢化法：利用化学物质在玻璃表面形成一层高硬度薄膜，从而提高玻璃强度。

经过钢化的玻璃，其强度和热稳定性都有显著提高，被广泛应用于各种领域，如汽车挡风玻璃、建筑玻璃幕墙、手机屏幕等。

1）物理钢化法

玻璃的物理钢化是利用热处理改变玻璃内应力分布，从而增强其强度和热稳定性的一种技术。具体而言，首先将玻璃加热到低于其软化温度，但其黏度值要高于 10^7 Pa·s，然后进行快速均匀的冷却。由于外部冷却速率快，因此玻璃表面会迅速固化，而内部冷却速率相对缓慢。当内部继续收缩时，玻璃表面会产生压应力，而内部形成张应力。这种独特的应力分布，使玻璃整体强度和热稳定性显著提高。物理钢化的工艺流程如图 10-2 所示。

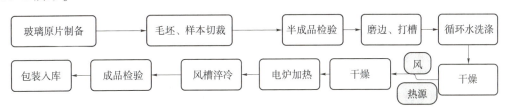

图 10-2　物理钢化的工艺流程

2）影响物理钢化的因素

（1）钢化温度。随着钢化温度的升高，玻璃内部产生的内应力也会随之增加。当温度升高到一定程度时，应力松弛现象不再明显，内应力趋于一个极限值，这个极限值称为钢化度。钢化度取决于钢化温度、冷却强度、玻璃厚度和化学成分等因素。

钢化度 Δ 与应力 σ 之间存在线性关系，其公式为：

$$\Delta = B \times 10^7 \sigma$$

式中，B——应力光学常数，约为 10^{-7} kgf/cm²。

（2）冷却强度。冷却强度是影响钢化强度的主要因素，它主要取决于风压、风温、喷嘴到玻璃的距离及玻璃厚度等因素。随着风压的提高、风温的降低、喷嘴与玻璃间距的缩小，冷却强度会增大。冷却强度越高，钢化程度越高。

（3）玻璃厚度。玻璃的钢化程度与它的厚度密切相关。越厚的玻璃，其内部产生的内应力越大，这主要是因为厚玻璃在钢化过程中，内部温度梯度更大。简单来说，就是厚玻璃更容易在表面冷却，而内部仍然保持高温，这种温度差会造成内部产生更大的压力，从而达到更高的钢化程度。因此，一般来说，3 mm 以上的平板玻璃更适合钢化，可以获得更好的钢化效果。对于非平板玻璃制品，在进行钢化时需要注意玻璃厚度的均匀性。如果玻璃厚度不均匀，那么就会导致内应力分布不均，从而造成玻璃在钢化过程中发生破裂。

（4）化学组成。玻璃的钢化强度与它的化学组成密切相关，主要与玻璃的热膨胀系数、弹性模量和泊松比有关。

热膨胀系数：玻璃的热膨胀系数越大，钢化强度越高。

弹性模量：弹性模量越高，钢化强度也越高。

泊松比：泊松比越小，钢化强度越高。

碱金属氧化物的加入可以提升玻璃的钢化程度。例如，在 R_2O-SiO_2 体系中，用 RO 代替 SiO_2，玻璃的钢化强度可增加约一倍。需要注意的是，如果玻璃的热膨胀系数较小，则其钢化程度也会相对较低。

3）化学钢化法

化学钢化是一种增强玻璃强度的技术，通过在高温下将玻璃中的碱金属离子与熔盐中的碱金属离子进行交换，在玻璃表面形成一层具有强压应力的层。这种方法能够显著提升玻璃的强度，但其生产成本高于物理钢化玻璃。化学钢化玻璃因其优异的性能，常用于制造眼镜片、飞机挡风玻璃等特殊领域。

化学钢化的主要原理是玻璃表面的离子交换。根据离子交换时的温度可分为低温型和高温型两种。低温型是以熔盐中半径大的离子（K^+）置换玻璃中半径小的离子（Na^+），使玻璃表面挤压产生压应力层，这种压应力的大小取决于交换离子的体积效应。这种"挤压"效应造成化学钢化玻璃沿板厚方向的应力分布如图 10-3（a）所示，物理钢化玻璃的应力分布如图 10-3（b）所示。高温型是在玻璃的转变温度以上，以熔盐中半径小的离子置换玻璃中半径大的离子，在玻璃表面形成热膨胀系数比主体玻璃小的薄层。当冷却时，因表面层与主体玻璃收缩不一致而在玻璃表面形成压应力。这种压应力的大小取决于二者的热膨胀系数。高温型所得压应力分布与低温型基本相似。化学钢化玻璃可以获得比物理钢化玻璃更大的压应力，但由于离子交换层的厚度很薄，故存在表面受伤后性能变差的缺点。

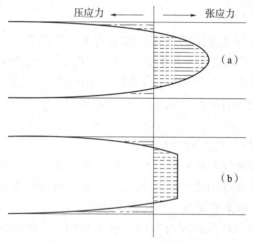

图 10-3　两种钢化玻璃的应力分布
(a) 化学钢化；(b) 物理钢化

离子交换层的厚度是化学钢化玻璃的关键参数，它与处理温度、时间、玻璃成分、形状和板厚密切相关。

（1）处理温度的影响：提高处理温度有利于促进离子交换反应的进行，从而加快离子交换层厚度的增加。

（2）时间的影响：离子交换层的厚度与处理时间的平方根成正比，也就是说，处理时间越长，离子交换层越厚。

（3）玻璃成分的影响：化学钢化玻璃的钢化效果与玻璃成分密切相关。添加一些特定元素，如 Al^{3+}、Ge^{4+}、Zr^{4+}、Ti^{4+} 和 Ca^{2+}，可以使玻璃更容易实现钢化。

（4）形状和板厚的影响：化学钢化效果还受玻璃形状和板厚的影响。对于形状复杂、尺寸小的制品，特别是厚度在 3 mm 以下的薄板，化学钢化尤为有效。

10.5.3 玻璃的表面处理

在现代科技的驱动下，玻璃已经超越了传统建筑领域的应用，逐渐融入我们日常生活的每一个角落。特别是在智能家居、电子设备及汽车工业等领域中，玻璃的表面处理技术显得尤为关键，它不仅关乎产品的耐用性，更直接决定了产品的功能和审美价值。玻璃的表面处理（Surface Treatment of Glass）可归纳为以下三大类：

（1）形成玻璃的光滑面或散光面，通过表面处理控制玻璃表面的凹凸。

（2）改变玻璃表面的薄层组成，改善表面性质，以得到新的性能。

（3）进行表面涂层。

1. 化学蚀刻

化学蚀刻也称酸蚀刻，是利用氢氟酸（HF）溶解玻璃表面的二氧化硅（SiO_2）薄膜，从而改变玻璃表面性质的一种技术。其最终得到的表面效果取决于蚀刻过程中生成的盐类性质、溶解度、结晶大小及是否容易被清除。当反应过程中产生的盐类被不断清除且腐蚀作用均匀时，就能获得光滑或有光泽的表面。如果反应产物溶解度较低，那么就会在表面形成粗糙的无光泽毛面，而较大的结晶也会导致表面呈现无光泽效果。玻璃的化学成分也会影响蚀刻后的表面质感，含铅玻璃（PbO）形成细粒的毛面；含钡玻璃（BaO）形成粗粒的毛面；含锌、钙或铬玻璃（ZnO、CaO、Cr_2O_3）形成中等粒状的毛面。总之，化学蚀刻为玻璃表面个性化设计提供了无限可能，通过控制蚀刻液、玻璃成分和工艺参数，可以创造出各种光滑、毛面、细粒或粗粒的表面效果，满足不同应用需求。

2. 化学抛光

化学抛光如同给玻璃进行"美容"，利用氢氟酸（HF）破坏其表面原有的硅氧膜，进而生成一层新的、光滑致密的硅氧膜。这使玻璃拥有更高的光洁度和透光度，如同水晶般闪耀。化学抛光主要分为以下两种方法：

（1）单纯化学侵蚀：这就像用酸液轻轻"刻蚀"玻璃表面，适用于玻璃器皿等相对简单的加工。

（2）化学侵蚀与机械研磨相结合：这种方法更像是"双管齐下"，在玻璃表面添加磨料和化学侵蚀剂，利用化学反应生成氟硅酸盐，再通过机械研磨将其去除。这大大提高了抛光效率，适用于平板玻璃等需要更高精度的加工。

影响化学抛光效果的因素有很多，主要有以下几个：

（1）玻璃的化学成分：铅晶质玻璃更容易抛光，而钠钙玻璃比较困难。

（2）氢氟酸（HF）和硫酸（H_2SO_4）的比例：需要根据玻璃的化学成分进行调整。

（3）酸液的温度：通常控制在 40~50 ℃，过高的温度会导致反应过于剧烈，造成玻璃制品缺陷，而温度过低会导致反应速率过慢，无法达到预期效果。

（4）处理时间：过短的处理时间会导致抛光不完全，而处理时间过长可能导致表面出现盐类沉淀。

通过科学控制这些因素，可以实现高效、安全的化学抛光，让玻璃拥有更加闪耀的光芒。

3. 表面着色

表面着色也称为扩散着色，是一种在玻璃表面进行着色的技术。其原理是在高温下，将着色离子金属、熔盐和盐类糊膏涂覆在玻璃表面，使着色离子与玻璃中的离子进行交换，扩散到玻璃表层，从而改变玻璃表面的颜色。对于某些金属离子，还需要将其还原为原子，并使原子聚集形成胶体，最终呈现出颜色。为了方便操作，通常将着色离子的盐类与填充剂（如氧化锆和黏土）和结合剂（如糊精、阿拉伯胶和松节油）混合，制成糊状物涂于玻璃表面，再放入马弗炉进行热处理。

电浮法是一种可以连续生产表面着色玻璃的方法。该方法是在浮法成型的熔融锡槽的高温玻璃上设置一个需要着色的熔融金属槽。通过在这两种熔融金属槽中通以直流电，将上面的金属离子扩散到玻璃中，进行离子交换，最终形成表面着色的玻璃或热反射玻璃。

除了表面着色，还可以利用表面金属涂层制造反射镜、热反射玻璃、膜层导电玻璃、保温瓶等。建筑玻璃需要进行深加工，以增强其性能和应用范围。建筑玻璃深加工产品主要包括以下几种：

（1）钢化玻璃：通过热处理增强玻璃强度。

（2）夹层玻璃：将两片或多片玻璃用合成树脂胶片黏合在一起，形成安全玻璃，即使破损也不会出现尖锐碎片。

（3）中空玻璃：通过在两片玻璃之间形成真空层，达到隔热、隔音和防止结露的效果。中空玻璃的生产方法包括胶接法、焊接法和熔接法。

（4）镀膜玻璃：在玻璃表面镀上一层薄膜，赋予玻璃特殊性能，如节能、隔热等。

（5）镜子玻璃：表面镀有金属反射层，用于反射光线。

（6）蒙砂玻璃：表面进行磨砂处理，使光线散射，达到遮蔽视线的效果。

（7）冰花玻璃：表面有类似冰花的图案，用于装饰。

（8）喷砂玻璃：表面进行喷砂处理，形成不规则的纹理，用于装饰或遮蔽视线。

（9）建筑玻璃深加工既有冷加工，也有热加工和表面处理等。深加工不仅增添了玻璃的性能和用途，也大幅提升了玻璃的价值。

10.6　小　结

本章主要介绍了玻璃的含义、分类、组成、玻璃配合料的计算及缺陷，对玻璃的工艺流程与配方设计计算进行了详细的介绍。玻璃的性质及良好的物理性能，使其被应用于各行各业，并进一步向高性能玻璃发展。

习　题

10-1　简述玻璃原料的种类及引入各种氧化物的原料。

10-2　对配合料的质量要求有哪些？试举例计算玻璃的配合料。

10-3　玻璃的熔制包括哪几个阶段？玻璃的主要成型性质有哪些？其对成型有什么影响？

10-4　如何确定玻璃的成型制度？玻璃的成型方法有哪些？试比较平板玻璃成型方法的优缺点。

10-5　简述玻璃退火和淬火的目的、包括的阶段及影响因素。

10-6　简述玻璃着色的机理和颜色玻璃的分类。

10-7　简述玻璃制品的加工方法。

10-8　简述特种玻璃与普通玻璃的区别及各自的种类，举例说明特种玻璃的应用及发展。

第三篇

水泥工艺篇

第 11 章　水　泥

水泥（Cement）是指掺加适量水后可以形成塑性浆体，既能在空气中硬化又能在水中硬化，能够将砂、石等材料牢固地胶结在一起的粉状的水硬性无机胶凝材料（Inorganie Cementing Material）。

水泥的种类有很多，按其用途和性能可以分为如下三大类：

（1）通用水泥（Common Cement）。

（2）专用水泥（Dedicated Cement）。

（3）性质水泥（Characteristic Cement）。

1. 通用水泥

通用水泥，即通用硅酸盐水泥（Common Portland Cement），是指以硅酸盐水泥熟料（Portland Cement Clinker）与适量的石膏及规定的混合材料（Admixture）制成的水硬性无机胶凝材料。通用硅酸盐水泥是一般土木建筑工程常采用的水泥，包括国家标准《通用硅酸盐水泥》（GB 175—2023）所规定的六大类品种：

（1）硅酸盐水泥（Portland Cement）；

（2）普通硅酸盐水泥（Ordinary Portland Cement）；

（3）矿渣硅酸盐水泥（Portland Blastfurnace Slag Cement）；

（4）火山灰质硅酸盐水泥（Portland Pozzolana Cement）；

（5）粉煤灰硅酸盐水泥（Portland Fly-ash Cement）；

（6）复合硅酸盐水泥（Composite Portland Cement）。

2. 专用水泥

专用水泥是指为满足特定应用需求而设计的特殊水泥种类。它们并非通用水泥，而是根据特定应用场景的特殊要求，在成分、性能方面进行了专门的调整的水泥。

3. 性质水泥

性质水泥是指拥有一定特殊性能的水泥种类，它们在建筑领域发挥着重要作用。常见的性质水泥包括以下几种：

（1）快硬硅酸盐水泥：这种水泥以其快速硬化著称，能显著缩短工程周期。

（2）抗硫酸盐硅酸盐水泥：这种水泥具有优异的抗硫酸盐侵蚀能力，特别适用于腐蚀性环境中的建筑工程。

（3）中热硅酸盐水泥：这种水泥在水化过程中产生的热量适中，适用于对温度敏感的工程项目。

（4）膨胀硫铝酸盐水泥：这种水泥能够在凝固过程中产生膨胀，可用于补偿混凝土收缩和改善密实度。

（5）自应力铝酸盐水泥：这种水泥在固化过程中产生内应力，能有效提高混凝土的强度和耐久性。

若按水泥所含的主要水硬性矿物进行分类，则又可分为：

（1）硅酸盐水泥（Portland Cement）；

（2）铝酸盐水泥（Aluminate Cement）；

（3）硫铝酸盐水泥（Sulphoaluminate Cement）；

（4）氟铝酸盐水泥（Fluoaluminate Cement）；

（5）以工业固体废弃物和地域性材料为主要组分的水泥。

目前，水泥的品种已达 100 多种。

11.1 硅酸盐水泥熟料的组成

硅酸盐水泥熟料（简称水泥熟料）是一种主要含 CaO、SiO_2、Al_2O_3、Fe_2O_3 的原料按适当配比，磨成细粉，烧至部分熔融所得的以硅酸钙为主要矿物成分的产物。

在水泥工业中，最常用的硅酸盐水泥熟料的化学成分主要为 CaO 和 SiO_2，以及少量的 Al_2O_3 和 Fe_2O_3。

硅酸盐水泥的
化学成分

11.1.1 水泥熟料的化学成分及矿物组成

1. 水泥熟料的化学成分

硅酸盐水泥熟料主要由 CaO（简式为 C）、SiO_2（简式为 S）、Al_2O_3（简式为 A）和 Fe_2O_3（简式为 F）四种氧化物组成，其含量的总和通常都在 95% 以上。若将主要氧化物的含量（w_C、w_S 和 w_A）换算成 100%，则硅酸盐水泥熟料的组成几乎落在 CaO-SiO_2-Al_2O_3 系统中的 C_3S-C_2S-C_3A 三角形区域内。CaO-SiO_2-Al_2O_3 系统中的水泥区如图 11-1 所示。

现代生产的硅酸盐水泥熟料，其各氧化物含量的波动范围为：$62\% \leqslant w_C \leqslant 67\%$；$20\% \leqslant w_S \leqslant 24\%$；$4\% \leqslant w_A \leqslant 7\%$；$2.5\% \leqslant w_F \leqslant 6.0\%$。

在某些情况下，由于水泥品种、原料成分及工艺过程的不同，故其氧化物含量也可能不在上述范围内。例如，在白色硅酸盐水泥熟料中，Fe_2O_3 的含量必须小于 0.5%（即 $w_F < 0.5\%$）；而 SiO_2 的含量可高于 24%，甚至可达 27%（即 $24\% \leqslant w_S \leqslant 27\%$）。除上述四种主要氧化物以外，硅酸盐水泥熟料通常还含有 MgO（简式为 M）、SO_3（简式为 S）、K_2O（简式为 K）、Na_2O（简式为 N）、TiO_2（简式为 T）、P_2O_3（简式为 P）等。

2. 水泥熟料的矿物组成

在硅酸盐水泥熟料中，CaO、SiO_2、Al_2O_3 和 Fe_2O_3 不是以单独的氧化物形式存在，而

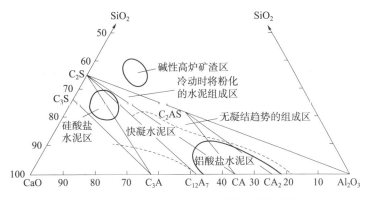

图 11-1　$CaO-SiO_2-Al_2O_3$ 系统中的水泥区

是由两种或两种以上的氧化物经高温化学反应生成的多种矿物的集合体。其结晶细小，尺寸一般为 30~60 μm。在硅酸盐水泥熟料中主要有以下四种矿物：

（1）硅酸三钙：$3CaO \cdot SiO_2$，简式为 C_3S。

（2）硅酸二钙：$2CaO \cdot SiO_2$，简式为 C_2S。

（3）铝酸三钙：$3CaO \cdot Al_2O_3$，简式为 C_3A。

（4）铁相固溶体：通常以铁铝酸四钙（$4CaO \cdot Al_2O_3 \cdot Fe_2O_3$）为代表，简式为 C_4AF。

此外，还有少量游离氧化钙（Free CaO，f-CaO）、方镁石（Periclase，f-MgO 晶体）、含碱矿物及玻璃体（Vitreous Humour）。

硅酸盐水泥熟料在反光显微镜（Reflected Light Microscopy）下的岩相（Lithic Facies）图像如图 11-2 所示。其中，黑色多角形颗粒为 C_3S 晶体；具有黑白双晶条纹的圆形颗粒为 C_2S 晶体；位于 C_3S 和 C_2S 晶体之间的是反射能力较强的白色中间相（浅色）——铁相固溶体（Ferrite Solid Solution）和反射能力较弱的黑色中间相（深色）——铝酸三钙（C_3A）。

图 11-2　硅酸盐水泥熟料在反光显微镜下的岩相图像

通常，硅酸盐水泥熟料中 C_3S 和 C_2S 的含量约占总量的 75%，称为硅酸盐矿物（Silicate Minerals）。C_3A 和 C_4AF 的理论含量约占总量的 22%。在硅酸盐水泥熟料的煅烧过程中，C_3A 和 C_4AF，以及 MgO 和碱（R_2O，即 K_2O 和 Na_2O）等，在温度为 1 250~1 280 ℃时会逐渐熔融成液相而促进 C_3S 的形成，故称为熔剂型矿物（Solvent Minerals）。

1）硅酸三钙

C_3S 是硅酸盐水泥熟料的主要矿物成分之一，其含量通常约为 50%，有时甚至高达 60% 以上。C_3S 的稳定性与温度密切相关。在 1 250~2 065 ℃，C_3S 保持稳定状态。但当温度超过 2 065 ℃时，C_3S 会发生不一致熔融，分解为氧化钙（CaO）和液相。另外，当温度低于 1 250 ℃时，C_3S 会分解为 C_2S 和氧化钙，不过这个反应速率很慢。因此，纯 C_3S 可以在室温下保持介稳状态。C_3S 有三种晶系七种变型：

$$R \xleftrightarrow{1\,070\,℃} M_{III} \xleftrightarrow{1\,060\,℃} M_{II} \xleftrightarrow{990\,℃} M_{I} \xleftrightarrow{960\,℃} T_{III} \xleftrightarrow{920\,℃} T_{II} \xleftrightarrow{520\,℃} T_{I}$$

其中，R 型为三方晶系，M 型为单斜晶系，T 型为三斜晶系。这些变型的晶体结构相近。在硅酸盐水泥熟料中，C_3S 通常不以纯的形式存在，因总含有少量 MgO、Al_2O_3 和 Fe_2O_3 等而形成固溶体（Solid Solution），通常称其为阿利特（Alite）或 A 矿，阿利特通常为 M 型或 R 型。在硅酸盐水泥熟料中，阿利特常以 C_2S 和 CaO 的包裹体存在。

纯 C_3S 呈现白色，其密度为 3.14 g/cm^3。其晶体截面呈现六角形或棱柱形。作为单斜晶系的阿利特单晶，其形状通常为假六方片状或板状。

C_3S 的凝结时间正常，水化速率较快，并伴随较高的放热量。因此，它在早期阶段展现出较高的强度，并且后期强度增长率也较高。在 28 天时，其强度可达到 1 年强度的 70%~80%。在四种矿物中，其 28 天强度和 1 年强度均为最高。然而，C_3S 的水化热较高，抗水性相对较差。

2）硅酸二钙

C_2S 在水泥熟料中的含量一般约为 20%，是硅酸盐水泥熟料的主要矿物之一。C_2S 在水泥熟料中并不是以纯的形式存在，而是与少量 MgO、Al_2O_3、Fe_2O_3 和 R_2O 等氧化物形成固溶体，通常称其为贝利特（Belite）或 B 矿。

纯 C_2S 在温度为 1 450 ℃以下时，有下列晶型转变：在室温下，α-C_2S、α'_H-C_2S、α'_L-C_2S 和 β-C_2S 等变型都是不稳定的，有转变为 γ-C_2S 的趋势；在水泥熟料中，α-C_2S 和 α'-C_2S 一般较少存在，在烧成温度较高、冷却速度较快的水泥熟料中，由于固溶有少量 MgO、Al_2O_3 和 Fe_2O_3 等氧化物，因此 β-C_2S 可以存在。通常所指的 C_2S 或 B 矿，即为 β-C_2S。α-C_2S 和 α'-C_2S 的强度较高，而 γ-C_2S 几乎无水硬性。

在立窑（Shaft Kiln）水泥生产中，若通风不良、还原气氛严重、烧成温度低、液相量不足和冷却较慢，则 C_2S 在温度低于 500 ℃时，易由密度为 3.28 g/cm^3 的 β-C_2S 转变为密度为 2.97 g/cm^3 的 γ-C_2S，因其体积膨胀 10% 而导致水泥熟料粉化。但是，若液相量多，则可使熔剂型矿物形成玻璃体而将 β-C_2S 晶体包围住，采用迅速冷却的方法使其越过 β-C_2S 向 γ-C_2S 转变的温度而保留下来。其晶型转变过程示意如下：

$$\alpha \xleftrightarrow{1\,450\,℃} \alpha'_H \xleftrightarrow{1\,160\,℃} \alpha'_L \xleftrightarrow{630\sim680\,℃} \beta \xleftrightarrow{<500\,℃} \gamma$$

（H——高温型；L——低温型；γ 在 780~860 ℃ 可以转变为 α'_L）

纯 C_2S 呈现洁白色，但当含有氧化铁（Fe_2O_3）时会呈现棕黄色。贝利特的水化反应速率较慢，在 28 天时仅水化约 20%。因此，其凝结硬化也相对缓慢，早期强度较低。然而，贝利特在后期强度增长速率较快，在一年后可以赶上阿利特。此外，贝利特的水化热较低，抗水性也较好。

3）中间相

在阿利特和贝利特之间存在着一种被称为"中间相"的物质。在煅烧过程中，中间相会熔融成液体状态；当冷却时，部分液体会结晶，而剩余的液体来不及结晶，便会凝固成玻璃态。

（1）铝酸三钙。

C_3A 是硅酸盐水泥熟料中的一种重要矿物成分，其结晶形态和性质对水泥的性能有着重要的影响。理想状态下，C_3A 以立方体、八面体或十二面体的形式存在。然而，在实际的生产过程中，C_3A 的结晶形态会随着冷却速率发生变化。当硅酸盐水泥熟料中 Al_2O_3 含量高且冷却速率慢时，C_3A 可以形成完整的大晶体；而在一般情况下，C_3A 会溶解在玻璃相中，或者以不规则的微晶形式析出。C_3A 在硅酸盐水泥熟料中的含量通常为 7%～15%。纯 C_3A 晶体为无色，密度为 3.04 g/cm^3，熔融温度为 1 533 ℃。在反光显微镜下观察，C_3A 在快速冷却时呈现点滴状，而在缓慢冷却时呈现矩形或柱状。由于其反光能力较弱，呈现暗灰色，因此被称为"黑色中间相"。C_3A 具有快速水化、放热量大、凝结速率快的特点。若不添加石膏等缓凝剂，C_3A 会导致水泥快速凝固、硬化，并在 3 天内达到较高的强度。然而，其绝对强度并不高，后期强度增长缓慢，甚至可能出现强度下降的情况。此外，C_3A 的干缩变形较大，抗硫酸盐性能较差。

（2）铁相固溶体。

在硅酸盐水泥熟料中存在着一种被称为"铁相固溶体"的特殊晶体，它位于阿利特和贝利特之间。这种晶体的含量约占硅酸盐水泥熟料总量的 10%～18%。铁相的成分较为复杂，不同的学者有不同的观点。有人认为它属于 C_2F-C_3A_3F 连续固溶体的一部分，也有人认为它属于 C_6A_2F-C_6AF_2 连续固溶体的一部分。不过，在大多数硅酸盐水泥熟料中，其成分接近于 C_4AF，因此通常用 C_4AF 来代表铁相的组成。C_4AF 又称才利特（Celite）或 C 矿。当硅酸盐水泥熟料中 w_A/w_F<0.64 时，可以生成具有一定水硬性的 C_2F。

C_4AF 的水化速率在早期阶段介于 C_3A 和 C_3S 之间，但后期发展不如 C_3S。其早期强度与 C_3A 类似，后期则能持续增长，类似于 C_2S。C_4AF 具有良好的抗冲击性能和抗硫酸盐性能，其水化热比 C_3A 低。但 C_4AF 含量过高的水泥熟料较难粉磨。总之，在道路水泥和抗硫酸盐水泥中，高含量的 C_4AF 具有优良的性质。它在水泥熟料的水化过程中扮演着重要角色，赋予水泥独特性能。

（3）玻璃体。

在水泥生产过程中，由于冷却速率较快，部分液相来不及结晶而形成过冷液体，也就是我们所说的玻璃体。玻璃体中质点排列无序，组成也不确定，主要成分为 Al_2O_3、Fe_2O_3 和 CaO，还包含少量 MgO 和 R_2O 等。

C_3A 和 C_4AF 在煅烧过程中会熔融成液相，这能够促进 C_3S 的顺利形成，是它们在水泥生产中的重要作用。如果物料中熔剂型矿物含量过低，那么就会发生生烧现象，导致 CaO 无法完全被吸收，水泥熟料中游离氧化钙（f-CaO）含量增加，从而影响熟料质量，降低窑的产量，并增加燃料消耗。相反，如果熔剂型矿物含量过高，则物料在窑内容易结块，在回转窑内形成结圈，在立窑内形成炉瘤，严重影响回转窑和立窑的正常生产。因此，控制熔剂型矿物的含量至关重要，要使其处于合理范围内，以保证水泥熟料的质量和生产效率。

4）游离氧化钙和方镁石

f-CaO 是指经高温煅烧后仍未与其他成分化合的氧化钙，也称为游离石灰。这种石灰经过高温处理后结构致密，水化速率较慢，通常需要 3 天后才能明显反应。水化反应生成氢氧化钙 [Ca(OH)$_2$]，体积会增加 97.9%，在硬化的水泥浆体中造成局部膨胀应力。随着 f-CaO 含量的增加，水泥的抗折强度会下降，甚至在 3 天后出现强度倒缩现象，严重时还会导致水泥安定性不良。因此，在水泥熟料煅烧过程中，严格控制 f-CaO 的含量至关重要。

在我国水泥工业生产中，对于回转窑生产的水泥熟料，通常控制 f-CaO 含量不超过 1.5%；而对于立窑生产的水泥熟料，控制在 3.0% 以下。这是因为立窑生产的熟料中，有一部分 f-CaO 并未经过高温死烧，其水化速率较快，对硬化水泥浆体的破坏力较小。总之，控制 f-CaO 的含量是保证水泥性能的关键因素之一。合理控制 f-CaO 含量，可以有效防止水泥强度倒缩、安定性不良等问题，从而提高水泥的质量和使用性能。

方镁石是指游离态的 MgO 晶体（f-MgO）。MgO 由于与 SiO$_2$ 和 Fe$_2$O$_3$ 的化学亲和力（Chemical Affinity）很小，因此在水泥熟料的煅烧过程中一般不参与化学反应。它以下列三种形式存在于水泥熟料中：

（1）溶解于 C$_3$A 和 C$_3$S 中形成固溶体。

（2）溶于玻璃体中。

（3）以游离态的方镁石形式存在。

前两种形式的 MgO 含量约为水泥熟料的 2%，它们对硬化水泥浆体无破坏作用。当以方镁石形式存在时，由于其水化速率很慢，要在 0.5~1 年后才明显开始水化，而且水化生成 Mg(OH)$_2$，体积膨胀 148%，因此，也会导致水泥的安定性不良。方镁石膨胀的严重程度，与晶体尺寸、含量均有关系。若晶体尺寸越大、含量越高，则其危害性越大。因此，在水泥熟料的生产中，应尽量采取快冷措施，以减小方镁石的晶体尺寸。

11.1.2 水泥熟料的率值

因为硅酸盐水泥熟料是由两种或两种以上的氧化物化合而成的，因此，在水泥生产中控制各氧化物含量之间比例关系的系数 [即率值（Modulus）]，比单独控制各氧化物的含量更能反映出对水泥熟料的矿物组成和性能的影响。因此，常用表示各氧化物之间相对含量的率值来作为生产控制的指标。

1. 石灰饱和系数

石灰饱和系数（Lime Saturation Coefficient）简称饱和比（Saturation Ratio），是表示在硅酸盐水泥熟料生产中 SiO$_2$ 被 CaO 饱和而形成 C$_3$S 的程度。在我国，石灰饱和系数主要采用符号 KH（俄文缩写）表示。

在硅酸盐水泥熟料的四个主要的氧化物中，CaO 为碱性氧化物（Basic Oxide），其余三个为酸性氧化物（Acid Oxide）。二者相互化合而形成四个主要的水泥熟料矿物：C$_3$S、C$_2$S、C$_3$A 和 C$_4$AF。不难理解，当 CaO 的含量一旦超过所有酸性氧化物化学反应的需求量时，其必然以 f-CaO 的形态存在。当其含量较高时，将会引起水泥的安定性不良而造成危害。因此，从理论上说，存在一个"极限石灰含量"。

学者古特曼（A. Guttmann）和杰耳（F. Gille）认为，硅酸盐水泥熟料中酸性氧化物所形成的碱性最高的矿物为 C_3S、C_3A 和 C_4AF，从而提出了他们的"石灰理论极限含量"的观点。

为便于计算，将 C_4AF 改写成 C_3A 和 CF，令此 C_3A 与 C_3A 的含量相加，则每 1% 酸性氧化物反应所需石灰（CaO）的含量分别如下：

1% SiO_2 反应形成 C_3S 所需 CaO 的含量为：

$$w''(CaO) = \frac{3M_r(CaO)}{M_r(SiO_2)} \times 1\% = \frac{3 \times 56.08}{60.09} \times 1\% = 2.8\% \tag{11-1}$$

1% Al_2O_3 反应形成 C_3A 所需 CaO 的含量为：

$$w(CaO) = \frac{3M_r(CaO)}{M_r(Al_2O_3)} \times 1\% = \frac{3 \times 56.08}{101.96} \times 1\% = 1.65\% \tag{11-2}$$

1% Fe_2O_3 反应形成 CF 所需 CaO 的含量为：

$$w'(CaO) = \frac{M_r(CaO)}{M_r(Fe_2O_3)} \times 1\% = \frac{56.08}{159.70} \times 1\% = 0.35\% \tag{11-3}$$

将每 1% 酸性氧化物反应所需石灰含量乘以相应的酸性氧化物含量，就可得到"石灰理论极限含量"的数学表达式：

$$w_C = 2.8w_S + 1.65w_A + 0.35w_F \tag{11-4}$$

学者金德和容克认为，在水泥工业实际生产中，Al_2O_3 和 Fe_2O_3 与 CaO 反应，始终能被 CaO 饱和，唯独 SiO_2 与 CaO 反应不可能被 CaO 饱和全部生成 C_3S，而存在一部分 C_2S。否则，水泥熟料中就会出现 f-CaO。因此，应在 SiO_2 的含量之前乘以一个小于 1 的系数，即 KH，从而可得如下数学表达式：

$$w_C = KH \times 2.8w_S + 1.65w_A + 0.35w_F \tag{11-5}$$

可将式（11-5）改写为：

$$KH = \frac{w_C - 1.65w_A - 0.35w_F}{2.8w_S} \tag{11-6}$$

从式（11-6）中可以看出，分子是 SiO_2 反应形成硅酸钙（$C_3S + C_2S$）所需 CaO 的含量，分母是理论上 SiO_2 全部反应形成 C_3S 所需 CaO 的含量。

因此，KH 的物理意义表示，水泥熟料中 SiO_2 与 CaO 反应，生成硅酸钙（$C_3S + C_2S$）所需的 CaO 含量与 SiO_2 理论上全部生成 C_3S 所需的 CaO 含量的比值。它反映了水泥熟料中 SiO_2 被 CaO 饱和而形成 C_3S 的程度。

式（11-6）适用于当 $w_A/w_F \geq 0.64$ 时的水泥熟料。

当 $w_A/w_F < 0.64$ 时，水泥熟料的矿物组成则为 C_3S、C_2S、C_4AF 和 C_2F。

同理，为便于计算，将 C_4AF 改写为 C_2A 和 C_2F，将此 C_2F 与 C_2F 的含量相加，则可得如下数学表达式：

$$KH = \frac{w_C - 1.1w_A - 0.7w_F}{2.8w_S} \tag{11-7}$$

因水泥熟料中还有 f-CaO（简式为 f-C）、f-SiO_2（简式为 f-S）和 $CaSO_4$（SO_3 简式为 S）存在，所以由式（11-6）和式（11-7）可得如下数学表达式：

$$KH = \frac{w_C - w_{F-C} - 1.65w_A - 0.35w_F - 0.7w_S}{2.8(w_S - w_{F-C})} \quad (w_A/w_F \geq 0.64) \tag{11-8}$$

$$KH = \frac{w_C - w_{F-C} - 1.1w_A - 0.7w_F - 0.7w_S}{2.8(w_S - w_{F-C})} \quad (w_A/w_F < 0.64) \tag{11-9}$$

KH 与水泥熟料的矿物组成之间关系的数学表达式如下：

$$KH = \frac{w(C_3S) + 0.883\,8w(C_2S)}{w(C_3S) + 1.325\,6w(C_2S)} \tag{11-10}$$

式中，$w(C_3S)$、$w(C_2S)$——水泥熟料中相应矿物组成 C_3S 和 C_2S 的含量（质量分数，%）。

由此可见：

当 $w(C_3S) = 0$ 时，$KH = 0.667$，即当 $KH = 0.667$ 时，水泥熟料中无 C_3S 而只有 C_2S、C_3A 和 C_4-AF；

当 $w(C_2S) = 0$ 时，$KH = 1$，即当 $KH = 1$ 时，水泥熟料中无 C_2S 而只有 C_3S、C_3A 和 C_4AF。

因此，实际上 KH 的取值范围为 $0.667 \sim 1$。

KH 实际上表示了水泥熟料中 C_3S 与 C_2S 含量（质量分数，%）的比值关系。若 KH 越大，则硅酸盐矿物中 C_3S 的比例越高，水泥熟料的强度就越高。因此，若提高 KH 值，则有利于提高水泥的质量。但是，若 KH 过高，则水泥熟料煅烧困难，必须延长煅烧时间，否则会出现 f-CaO；与此同时，水泥窑的产量低，热耗高，窑衬工作条件恶化。因此，在水泥工业的实际生产中，为了使水泥熟料顺利形成而又不产生过多的 f-CaO，通常 KH 的控制范围为 $0.87 \sim 0.96$。

值得注意的是，世界各国在水泥工业生产中用于控制石灰含量的率值不尽相同。

1）我国采用的率值

我国主要采用学者金德和容克提出的石灰饱和系数 KH。

2）国外采用的率值

国外（尤其是欧洲和美国等国家和地区）大多采用如下率值。

（1）英国采用李（F. M. Lea）和派克（T. W. Parker）提出的石灰饱和率（Lime Saturation Factor）LSF，其数学表达式为：

$$LSF = \frac{w_C}{2.8w_S + 1.18w_A + 0.65w_F} \tag{11-11}$$

（2）德国采用斯波恩（E. Spohn）提出并修正的石灰标准值（Lime Standard）$KS_t\,\mathrm{II}$，其数学表达式为：

$$KS_t\,\mathrm{II} = \frac{100w_C}{2.8w_S + 1.18w_A + 0.65w_F} \tag{11-12}$$

注：斯波恩提出的石灰标准值 $KS_t\,\mathrm{I} = 100w_C/(2.8w_S + 1.1w_A + 0.7w_F)$。

（3）日本采用米夏埃利斯（W. Michaelis）提出的水硬率（Hydraulic Modulus）HM，其数学表达式为：

$$HM = \frac{w_C}{w_S + w_A + w_F} \tag{11-13}$$

2. 硅率

硅率（Silica Modulus）又称硅酸率，是学者库尔（H. Kuhl）提出的表示硅酸盐水泥熟料中酸性氧化物之间关系的率值，即表示水泥熟料中 SiO_2 的含量（质量分数，%）与 Al_2O_3

和 Fe_2O_3 的含量之和的比值。硅率采用符号 SM 或 n（俄文，国际音标 [i:]）表示。其数学表达式为：

$$SM = \frac{w_S}{w_A + w_F} \tag{11-14}$$

通常，SM 的取值范围为 1.7~2.7。但是，对于白色硅酸盐水泥（White Portland Cement），其 SM 可高达 4.0，甚至更高。SM 除表示水泥熟料中 SiO_2 的含量（质量分数，%）与 Al_2O_3 和 Fe_2O_3 的含量之和的比值以外，还表示水泥熟料中硅酸盐矿物与熔剂型矿物的比例关系，相应地反映了水泥熟料的质量和易烧性。

在硅酸盐水泥熟料中，当 $w_A/w_F \geq 0.64$ 时，SM 与矿物组成之间的关系为：

$$SM = \frac{w(C_3S) + 1.325w(C_2S)}{1.434w(C_3A) + 2.046w(C_4AF)} \tag{11-15}$$

由此可见，SM 随着硅酸盐矿物与熔剂型矿物的含量（质量分数，%）之比的变化而变化。

若水泥熟料的 SM 过高，则由于高温液相量显著减少，水泥熟料煅烧困难，C_3S 不易形成。如果 CaO 的含量低，那么 C_2S 的含量过多而导致水泥熟料易粉化。

若水泥熟料的 SM 过低，则水泥熟料因硅酸盐矿物的量少而强度低，并且由于液相量过多，易出现结大块、结炉瘤和结圈等现象，影响水泥窑的操作。

3. 铝率

铝率（Alumina Modulus）又称铝氧系数（Alumina Coettleient）或铁率（Iron Modulus），是学者库尔提出的表示硅酸盐水泥熟料中酸性氧化物之间关系的率值，即表示水泥熟料中 Al_2O_3 与 Fe_2O_3 含量（质量分数，%）的比值。铝率用符号 IM 或 p（俄文，国际音标 [er]）表示。其数学表达式为：

$$IM = \frac{w_A}{w_F} \tag{11-16}$$

IM 通常的取值范围为 0.9~1.7。但是，对于抗硫酸盐硅酸盐水泥（Sulfate Resistance-Portland Cement）或低热硅酸盐水泥（Low Heat Portland Cement），其 IM 可低至 0.7。IM 表示水泥熟料中 Al_2O_3 与 Fe_2O_3 含量（质量分数，%）的比值，也表示水泥熟料中 C_3A 与 C_4AF 含量（质量分数，%）的比值，因而也关系到水泥熟料凝结的快慢，同时关系到水泥熟料中液相的黏度，从而影响水泥熟料煅烧的难易程度。

在硅酸盐水泥熟料中，当 $w_A/w_F \geq 0.64$ 时，IM 与矿物组成之间的关系为：

$$IM = \frac{1.15w(C_3A)}{w(C_4AF)} + 0.64 \tag{11-17}$$

由此可见，当 IM 较高时，水泥熟料中 C_3A 的含量较高，液相的黏度较大，物料较难煅烧，水泥凝结较快。但是，当 IM 过低时，虽然液相的黏度较小，液相中质点易扩散而对 C_3S 的形成有利，但烧结范围窄，水泥窑内易结大块，不利于水泥窑的操作。

我国目前采用的是 3 个率值：KH、SM 和 IM。为了使水泥熟料既能顺利烧成，又能保证质量，保持矿物组成稳定，应根据各企业的原料、燃料和设备等具体条件来选择这 3 个率值，使它们互相适当配合，而不能单独强调某一率值。一般来说，不能 3 个率值同时都高，或者同时都低。

11.1.3　水泥熟料矿物组成的计算方法

对于水泥熟料的矿物组成，既可以采用岩相分析（Petrographic Analysis）、X 射线衍射相分析（Phase Analysis of X-ray Diffraction）等方法测定，也可以根据化学成分进行计算，但是，其计算结果仅是理论上可能生成的矿物，称为"潜在矿物"组成。在生产条件稳定的情况下，水泥熟料的真实矿物组成与计算矿物组成有一定的相关性，这已能说明矿物组成对水泥熟料及水泥性能的影响，因此，在我国仍普遍使用。

通常采用的根据化学成分来计算水泥熟料的矿物组成的方法有两种，即石灰饱和系数法和鲍格法。

1. 石灰饱和系数法

石灰饱和系数法是指利用 KH 值计算水泥熟料的矿物组成的方法。

当 IM≥0.64 时，水泥熟料的矿物组成的计算过程如下：

为了计算方便，先列出有关矿物的摩尔质量（M）的比值：

C_3S 中，$\dfrac{M(C_3S)}{M(CaO)}=4.07$；　　　　　C_2S 中，$\dfrac{M(CaO)}{M(SiO_2)}=1.87$；

C_4AF 中，$\dfrac{M(C_4AF)}{M(Fe_2O_3)}=3.04$；　　　Al_3O_3 中，$\dfrac{M(Al_2O_3)}{M(Fe_2O_3)}=0.64$；

C_3A 中，$\dfrac{M(C_3A)}{M(Al_2O_3)}=2.65$；　　　　$CaSO_4$ 中，$\dfrac{M(CaSO_4)}{M(SO_3)}=1.7$。

设与 SiO_2 反应的 CaO 的量为 C_S，与 CaO 反应的 SiO_2 的量为 S_C，则：

$$C_S = w_C - (1.65w_A + 0.35w_F + 0.75w_S) = 2.8KH \cdot S_C \qquad (11-18)$$

$$S_C = w_S \qquad (11-19)$$

在一般煅烧情况下，CaO 与 SiO_2 反应先形成 C_2S，剩余的 CaO 再与部分 C_2S 反应生成 C_3S。则由该剩余的 CaO 的量（即 $C_S - 1.87S_C$）可以计算出 C_3S 的含量：

$$w(C_3S) = 4.07(C_S - 1.87S_C) = 4.07C_S - 7.60S_C$$
$$= 4.07(2.8KH \cdot S_C) - 7.60S_C$$
$$= 3.8(3KH - 2)w_S$$

因为：

$$C_S + S_C = w(C_3S) + w(C_2S) \qquad (11-20)$$

故：

$$w(C_2S) = C_S + S_C - w(C_3S) = C_S + S_C - (4.07C_S - 7.60S_C)$$
$$= 8.6S_C - 3.07C_S = 8.6S_C - 3.7(2.8KH \cdot S_C)$$
$$= 8.6(1 - KH)S_C$$

在计算 C_3A 的含量时，应先从总 Al_2O_3 的含量中扣除因形成 C_4AF 所消耗的 Al_2O_3 的含量，再由剩余的 Al_2O_3 的含量（即 $w_A - 0.64w_F$）便可以计算出 C_3A 的含量：

$$w(C_3A) = 2.65(w_A - 0.64w_F) \qquad (11-21)$$

对于 C_4AF 的含量，可以根据 C_4AF 与 Fe_2O_3 的摩尔质量的比值 $\left[即 \dfrac{M(C_4AF)}{M(Fe_2O_3)}=3.04\right]$ 计

算出：

$$w(C_4AF) = 3.04w(Fe_2O_3) \tag{11-22}$$

对于 $CaSO_4$ 的含量，可以直接由 SO_3 的含量计算出：

$$w(CaSO_4) = 1.7w_S$$

同理，当 IM<0.64 时，可以计算出水泥熟料的矿物组成。其数学表达式如下：

$$w(C_3S) = 3.8(3KH-2)w_S \tag{11-23}$$

$$w(C_2S) = 8.6(1-KH)w_S \tag{11-24}$$

$$w(C_4AF) = 4.766w_A \tag{11-25}$$

$$w(C_2F) = 1.7w_F - 2.666w_A \tag{11-26}$$

$$w(CaSO_4) = 1.7w_S \tag{11-27}$$

2. 鲍格法

鲍格（R. H. Bogue）法或称代数法，是指根据物料平衡列出水泥熟料的化学成分与矿物组成的关系式并组成联立方程组，然后解此方程组得到矿物组成的计算方法。其数学表达式如下。

当 IM≥0.64 时：

$$w(C_3S) = 4.07w_C - 7.6w_S - 6.72w_A - 1.43w_F - 2.86w_S \tag{11-28}$$

$$w(C_2S) = 8.6w_S + 5.07w_A + 1.07w_F + 2.15w_S - 3.07w_C \tag{11-29}$$

$$= 2.87w_S - 0.754w(C_3S)$$

$$w(C_3A) = 2.65w_A - 1.69w_F \tag{11-30}$$

$$w(C_4AF) = 3.04w_F \tag{11-31}$$

$$w(CaSO_4) = 1.7w_S \tag{11-32}$$

当 IM<0.64 时：

$$w(C_3S) = 4.07w_C - 7.60w_S - 4.47w_A - 2.86w_F - 2.86w_S \tag{11-33}$$

$$w(C_2S) = 8.6w_S + 3.38w_A + 2.15w_S - 3.07w_C = 2.87w_S - 0.754w(C_3S) \tag{11-34}$$

$$w(C_4AF) = 4.77w_A \tag{11-35}$$

$$w(C_2F) = 1.7(w_F - 1.57w_A) \tag{11-36}$$

$$w(CaSO_4) = 1.70w_S \tag{11-37}$$

若已知水泥熟料的率值，则可以采用同样的方法，求得如下计算化学成分的数学表达式：

$$w_F = \frac{\Sigma}{(2.8KH+1)(IM+1)SM + 2.65IM + 1.35} \tag{11-38}$$

$$w_A = IM \cdot w_F \tag{11-39}$$

$$w_S = SM(w_A + w_F) \tag{11-40}$$

$$w_C = \Sigma - (w_S + w_A + w_F) \tag{11-41}$$

式中，Σ——水泥熟料中 4 种主要氧化物 SiO_2、Al_2O_3、Fe_2O_3 和 CaO 的含量合计的估计值，一般为 97%~99%。

3. 水泥熟料的真实矿物组成与计算矿物组成的差异

硅酸盐水泥熟料的矿物组成的计算，通常假设熟料在冷却过程中达到平衡状态，并生成四种纯矿物：C_3S、C_2S、C_3A 和 C_4AF。然而，这种计算结果与实际水泥熟料的真实矿物组成并不完全一致，有时甚至存在较大差异。造成这种情况的原因主要有以下几个：

1）固溶体的影响

水泥中的矿物组成通常被简化为纯的 C_3S、C_2S、C_3A 和 C_4AF，但实际情况并非如此。真实的矿物是含有少量其他氧化物的固溶体，如阿利特、贝利特和才利特等。由于这种固溶现象，因此在计算矿物含量时需要考虑实际的化学式。另外，由于一部分 Al_2O_3 溶解进阿利特，导致 C_3A 的含量会相应减少。

2）冷却条件的影响

在硅酸盐水泥熟料的冷却过程中，冷却速率对最终矿物组成有显著影响。如果冷却速率缓慢，则液相能够充分结晶，几乎全部转变为 C_3A 和 C_4AF 等矿物。然而，在工业生产中，冷却速率较快，液相来不及完全结晶，部分甚至全部转变为玻璃体。这种情况下，实际测得的 C_3A 和 C_4AF 含量会低于理论计算值，而 C_3S 含量可能会增加，导致 C_2S 含量减少。

3）碱和其他微量组分的影响

水泥熟料的矿物组成对水泥的性能具有重要影响。在熟料煅烧过程中，碱金属氧化物（如 K_2O）可能与硅酸盐矿物反应形成 $KC_{23}S_{12}$，或者与 C_3A 反应生成 NC_8A_3，并析出 CaO，从而降低 C_3A 含量。碱金属氧化物还会影响 C_3S 的含量。此外，TiO_2、MgO 和 P_2O_5 等次要氧化物也会影响水泥熟料的矿物组成。

尽管矿物组成的计算值与实测值之间存在一定差异，但它依然能有效反映熟料煅烧过程及性能变化，并且是设计特定矿物组成熟料时计算生料配比的唯一可行方法。因此，矿物组成的计算方法在水泥工业中依然得到广泛应用。

11.2 硅酸盐水泥生料的配合

11.2.1 水泥熟料的配料方案设计

在水泥生产过程中，水泥熟料的配料方案设计，不仅直接决定了水泥熟料的矿物组成，而且决定了水泥熟料和水泥产品的品质。与此同时，对于水泥生产全过程，特别是作为水泥熟料煅烧装备——水泥窑的生产效率、能源消耗、耐火材料寿命、安全稳定运转、环境保护条件，以及生产成本和经济效益等各种技术经济指标，都有着重大的影响。

1. 水泥熟料的配料方案设计的目的

水泥熟料的配料方案设计，实际上就是确定水泥熟料生产控制的四个参数：水泥熟料单位质量热耗（q）、石灰饱和系数（KH）、硅率（SM）和铝率（IM）。其主要目的如下：

（1）在设计新水泥厂时，根据原料资源情况，确定矿山的可用程度，并尽可能地充分利用矿山资源。

（2）在设计新水泥厂时，根据原料、燃料性质和水泥品种等要求，决定原料和燃料种类、配比和选择合适的生产方法。

（3）在设计新水泥厂时，计算全厂的物料平衡，作为全厂工艺设计及主机选型的依据。

（4）在已生产的水泥厂中，原料资源和工艺、设备条件已确定，通过配料的计算，可经济合理地使用矿山资源，计算物料消耗定额，确定各种原料与燃料的正确配比，指导日常生产控制，以得到成分合乎要求且具有良好性能的水泥熟料，并为水泥窑和磨机创造良好的操作条件，保证工厂有较好的经济效益。

2. 水泥熟料的配料方案设计的基本原则

水泥熟料的配料方案的设计绝非易事，它需要综合考虑诸多因素，如原料性质、燃料种类、粉磨工艺、配料设备及控制系统、物料均化程度、熟料煅烧及冷却过程，以及最终水泥产品的品质要求等。一个科学合理的配料方案，能够产出优质的水泥熟料，从而实现生产的高效、低耗、安全稳定，最终达到事半功倍的效果。反之，如果配料方案设计不合理，则会导致生产效率低下、成本居高不下，甚至引发生产过程紊乱，最终难以获得理想的经济效益。因此，国内外水泥生产企业对于水泥熟料的配料方案的设计都十分重视。

水泥熟料的配料方案设计的基本原则可归纳如下：

（1）煅烧出的水泥熟料，应具有较高的强度和良好的物理化学性能及易磨性。

（2）配制的水泥生料，应易于粉磨和烧成。

（3）生产过程应易于控制和管理，便于生产操作，可经济和合理地利用矿山资源。

3. 水泥熟料的配料方案的发展历程

长期以来，我国水泥企业在生产实践中，对于水泥熟料的配料方案的设计积累了丰富的经验。针对过去我国大、中型水泥企业大多采用湿法、老式干法和半干法生产的特点，采用了"低硅率、高铝率、高石灰饱和系数"的配料方案。水泥熟料的 KH 为 0.91 ± 0.02，SM 为 2.0 ± 0.1，IM 为 1.2 ± 0.1，q 为 5 833~6 667 kJ/kg（湿法长窑）或 5 850~7 520 kJ/kg（老式干法窑）或 4 000~5 850 kJ/kg（半干法窑）。这种配料方案的热利用率较低，水泥熟料单位质量热耗很高。

20 世纪 70 年代，预分解窑的崛起及与之相配套的各种新工艺、新技术和新装备的相继问世，使水泥熟料的煅烧条件及技术控制条件发生了重大变化。为了适应这种新的情况，国外水泥企业对预分解窑的配料方案也进行了不断的探索研究，并优选出"高硅率、高铝率、中石灰饱和系数"的配料方案。水泥熟料的 KH 为 0.87 ± 0.02，SM 为 2.5 ± 0.1，IM 为 1.6 ± 0.1，q 为 3 200~3 480 kJ/kg。

20 世纪 80 年代中后期，我国针对当时预分解窑的工艺设备和管理等状况，也提出了预分解窑水泥熟料采用"高硅率、高铝率、中石灰饱和系数"的配料方案。水泥熟料的 KH 为 0.87 ± 0.1，SM 为 2.5 ± 0.1，IM 为 1.6 ± 0.1，q 为 3 300~3 580 kJ/kg。由于当时设备不够完善，运转率较低，因此水泥熟料单位质量热耗较高。

20 世纪 90 年代中期以来，我国新型干法水泥生产技术取得了很大进展，大型预分解窑生产线已达到国际水平，完全有能力生产质量更优的水泥熟料和水泥。预分解窑水泥熟料的配料方案也逐渐采用"高硅率、高铝率、高石灰饱和系数"的"三高"配料方案。水泥熟料的 KH 为 0.9 ± 0.2，SM 为 2.6 ± 0.1，IM 为 1.7 ± 0.1，q 为 2 920~3 200 kJ/kg。

水泥熟料采用"三高"配料方案：

（1）对于高硅率（SM），硅酸盐矿物多，水泥熟料的强度高；虽然熔剂型矿物少，但由于水泥窑内温度较高，因此实际液相量并不少。

（2）对于高铝率（IM），虽然液相的黏度高，但水泥窑内火焰温度较高，完全可以适应；相反，如果降低铝率，则液相的黏度过小，反而容易形成飞砂料，影响煅烧。

（3）对于高石灰饱和系数（KH），可增加 C_3S 含量，显著提高水泥熟料的强度；虽然煅烧难度增大，但由于预分解窑把许多新技术、新工艺和新装备应用于水泥熟料的煅烧过程，从而具备了煅烧条件，也为水泥熟料单位质量热耗的降低提供了条件。

4. 水泥熟料的配料方案的确定与优化

虽然"三高"配料方案（KH 为 0.9 ± 0.2，SM 为 2.6 ± 0.1，IM 为 1.7 ± 0.1，q 为 $2\,920 \sim 3\,200$ kJ/kg）是预分解窑水泥熟料的基本配料方案，但是，由于我国南北差异大，原料和燃料资源与质量分布不均衡，东西部资源和经济发展程度也不同。北方烟煤资源充裕，南方无烟煤和劣质煤较多；北方原料的碱含量高，而东部石灰石的品位偏低。因此，各水泥企业应根据原料和燃料的质量及所产水泥品种的质量要求，对水泥熟料的配料方案作出相应的控制、调整与优化，以达到预分解窑优质、高产、低消耗、节能环保和长期安全运转的要求。

当原料的碱含量较高，即石灰石中碱含量 $w(R_2O) \geqslant 0.60\%$ 或砂岩中碱含量 $w(R_2O) \geqslant 2.50\%$ 时，所配制的高碱水泥生料在预分解窑中煅烧时，会出现窑尾结皮、结圈和堵塞预分解系统管道及水泥熟料的 28d 抗压强度下降的现象。此时，应提高水泥熟料的 SM 和 IM，控制水泥熟料的硫碱比 $[n(SO_3)/n(R_2O)]$ 为 $0.6 \sim 0.8$，促使水泥熟料中的 R_2O 优先与 SO_3 反应而生成 R_2SO_4，溶于水泥熟料液相和冷却后残存在水泥熟料中，以减少 R_2O 在水泥窑内循环富集，减少 $KC_{23}S_{12}$、NC_8A_3 等矿物固溶体的生成量，提高水泥熟料的强度。控制水泥熟料的硫碱比，可使用高硫煤或在生料中掺入适量石膏，也可采取旁路放风技术措施，将窑尾的高碱气体旁路引出经冷凝后排碱放灰（旁路引出的窑尾高温含碱废气也可用于余热发电）。

当石灰石中 MgO 含量为 $2.5\% \sim 3.5\%$ 时，水泥熟料中的 MgO 含量可高达 $3.5\% \sim 4.5\%$，预分解窑煅烧时则会出现结圈、结大球及水泥熟料质量下降等现象。这主要是由于 MgO 可使水泥熟料的液相出现时的温度降低并增加液相量。MgO 的作用可视为与 Fe_2O_3 相似，故克服 MgO 的有害作用应提高 SM 和 IM，即减少 Fe_2O_3 含量，抵消 MgO 使液相量增加和降低液相黏度的不利影响。一般情况下，在使用高镁原料的配料方案设计上，水泥熟料的 3 个率值应控制为"高硅率、高铝率、中石灰饱和系数"，即 SM 为 $2.8 \sim 3.4$，IM 为 $1.8 \sim 2.0$，KH 为 $0.88 \sim 0.90$。这将比较有利于预分解窑的煅烧和操作，以及水泥熟料质量的提高。

当原料中含有较多粗晶石英时，会使水泥生料的易烧性变差，水泥熟料中的不溶物和 f-CaO 的含量上升而出现粉化料，C_3S 和 C_2S 的晶粒会变得粗大，水泥熟料的强度会下降。此时，应提高水泥生料的粉磨选粉效率，在避免水泥生料过粉磨的同时，控制出磨机的水泥生料经 0.2 mm 方孔筛的筛余量小于 0.5%。当水泥熟料中的 f-CaO 含量较高时，可适当降低水泥熟料的 KH 和 SM，以适度改善水泥生料的易烧性。

劣质煤 [灰分（Ash）含量 $w(A)$ 为 $32\% \sim 40\%$] 对水泥窑的煅烧和水泥熟料的质量会产生巨大影响，主要表现为窑头火焰温度下降，煤灰掺入量增加。煤灰不均匀地堆积在水泥熟料颗粒的表面而引起颗粒表面的 C_2S 含量上升、C_3S 含量下降。当煤粉因煤磨机能力不足而细度较粗时（经 80 μm 方孔筛的筛余量大于或等于 12%），粗颗粒煤粉在烧成带不能燃尽而延滞到窑尾部燃烧，将裹入窑尾水泥生料灼烧形成还原性黄心水泥熟料，从而降低水泥熟料的强度，因此应提高煤粉的细度，必要时对煤磨机进行技术改造以提高其粉磨能力；优化水泥熟料的 3 个率值，采取 "二高一中" 的配料方案（即水泥熟料的 KH 为 0.88~0.89，SM 为 2.5~3.0，IM 为 1.6~1.8）；优化窑头燃烧器的工艺参数，加大内风的旋流作用，提高火焰温度和煤粉燃烧速率及燃尽率。

当生产性质水泥或专用水泥时，应根据各品种水泥的性能要求，调整水泥熟料的配料方案。例如，中热水泥熟料的率值为，KH 为 0.86~0.90，SM 为 2.5~3.2，IM 为 0.65~1.00；低热水泥熟料的率值为，KH 为 0.68~0.76，SM 为 2.5~3.2，IM 为 0.65~0.89；G 级高抗硫酸盐油井水泥熟料的率值为，KH 为 0.88~0.92，SM 为 2.50~2.70，IM 为0.55~0.75。

11.2.2　水泥生料的配合比的计算方法

1. 基本概念

在水泥熟料的组成确定以后，即可根据所用原料进行配料计算，求出符合水泥熟料组成要求的原料配合比。配料计算的依据是物料平衡，即反应物的量应等于生成物的量。

在介绍配料计算前，先了解以下几个基本概念：

1）黑生料、半黑生料和白生料

黑生料（Black Meal）是指在制备水泥生料时将水泥熟料煅烧所需的全部燃煤，与原料一起按照一定配比配合并粉磨后所得的水泥生料。

半黑生料（Semi Black Meal）是指在制备水泥生料时只将水泥熟料煅烧所需燃煤的一部分，与原料一起按照一定配比配合并粉磨后所得的水泥生料。

白生料（White Meal）是指不含燃煤的水泥生料（煤从窑头加入）。

2）干燥基

干燥基（Dry Basis）是指在物料烘干以后处于干燥状态时，以干燥状态物料的质量作为一种计算基准。水泥生料的干配比及原料的化学成分，通常以干燥基表示。

3）灼烧基

灼烧基（Burning Basis）是指在物料去掉结晶水、二氧化碳和挥发物质等灼烧减量（Loss On Ignition，LOI）以后，水泥生料处于灼烧状态时，以灼烧状态物料的质量作为一种计算基准。如果不考虑物料再生产过程中的损失，则有如下计算关系式：

$$m(灼烧黑生料) = m(水泥熟料) \tag{11-42}$$

$$m(灼烧半黑生料) + m(掺加水泥熟料的煤灰) = m(水泥熟料) \tag{11-43}$$

$$m(灼烧白生料) + m(掺加水泥熟料的煤灰) = m(水泥熟料) \tag{11-44}$$

水泥生料的配料计算方法繁多，有代数法、图解法、尝试误差法（包括递减试凑法、累加试凑法）、矿物组成法、最小二乘法等。随着科学技术的发展，计算机的应用已逐渐普及到各个领域，市面上流行的 "水泥厂化验室专家系统" 软件中，已配置有成熟的智能化配料计算程序。下面主要介绍累加试凑法。

累加试凑法的计算原理：根据水泥熟料的化学成分要求，依次加入各种原料，同时计算所加入原料的化学成分。然后进行水泥熟料的化学成分的累计验算。若发现化学成分不符合要求，则再进行试凑计算，直至符合要求为止。现举例说明如下：

2. 配料计算的实例

【例11-1】假设用预分解窑以3种原料配合进行生产，所采用的原料和燃料的有关分析数据如表11-1和表11-2所示。要求水泥熟料的3个率值为KH=0.90，SM=2.60，IM=1.60，水泥熟料单位质量热耗 q 为3 260 kJ/kg，计算水泥生料的配合比。

表11-1　原料与煤灰的化学成分（质量分数）　　　　　　　　单位:%

名称	灼烧减量	SiO_2	Al_2O_3	Fe_2O_3	CaO	MgO	其他	合计
石灰石	42.66	2.42	0.31	0.19	53.13	0.57	0.72	100
黏土	5.27	70.25	14.72	5.48	1.41	0.92	1.95	100
铁粉	0.00	34.42	11.53	48.27	3.53	0.09	2.16	100
煤灰	0.00	61.52	27.34	4.46	4.79	1.19	0.70	100

表11-2　煤的工业分析（质量分数）

$M_{ad}/\%$	$V_{ad}/\%$	$A_{ad}/\%$	$FC_{ad}/\%$	$Q_{net,ad}/(kJ \cdot kg^{-1})$
0.60	22.42	28.56	49.02	20 930

解：1）计算煤灰的掺入量

100 kg熟料中的煤灰掺入量可以按下式近似计算：

$$G_a = \frac{PA_{ad}S}{100} = \frac{qA_{ad}S}{100Q_{net,ad}} = \frac{3\ 260 \times 28.56 \times 100}{100 \times 20\ 930}\ kg = 4.45\ kg$$

式中，G_a——熟料中煤灰掺入量；

q——水泥熟料单位质量热耗；

$Q_{net,ad}$——煤的空气干燥基低位发热量；

A_{ad}——煤的空气干燥基灰分含量；

S——煤灰的沉落率，可选择100%；

P——水泥熟料单位质量煤耗。

2）根据熟料率值估计水泥熟料的化学成分

已知KH=0.90，SM=2.60，IM=1.60，假设 Σ=97.5%，则水泥熟料的化学成分的计算过程如下：

$$w(Fe_2O_3) = \frac{\Sigma}{(2.8KH+1)(IM+1)SM+2.6IM+1.35} \times 100\% = 3.32\%$$

$$w(Al_2O_3) = IM \cdot w(Fe_2O_3) = 5.31\%$$

$$w(SiO_2) = SM \cdot [w(Al_2O_3) + w(Fe_2O_3)] = 22.43\%$$

$$w(CaO) = \Sigma - [w(SiO_2) + w(Al_2O_3) + w(Fe_2O_3)] = 66.44\%$$

3）累加试凑计算

水泥生料配合比的累加试凑计算过程（以100 kg水泥熟料为计算基准）如表11-3所示。

表 11-3　水泥生料配合比的累加试凑计算过程（以 100 kg 水泥熟料为计算基准）

计算步骤	SiO$_2$	Al$_2$O$_3$	Fe$_2$O$_3$	CaO	MgO	其他	合计	备注
设计水泥熟料化学成分/%	22.43	5.31	3.32	66.44			97.50	
煤灰 (+4.45 kg)	2.737 6	1.216 6	0.198 5	0.213 2	0.053	0.031 2		
石灰石 (+124 kg)	3.000 8	0.384 4	0.235 6	65.881 2	0.706 8	0.892 8		①
黏土 (+24 kg)	16.86	3.532 8	1.315 2	0.338 4	0.220 8	0.468		②
铁粉 (+3.2 kg)	1.101 4	0.369	1.544 6	0.113	0.002 9	0.069 1		③
累计水泥熟料化学成分/%	23.699 8	5.502 8	3.293 9	66.545 8	0.983 5	1.461 1	101.49	④
黏土 (-2.0 kg)	1.405	0.294 4	0.109 6	0.028 2	0.018 4	0.03 9		
累计水泥熟料化学成分/%	22.294 8	5.208 4	3.184 3	66.517 6	0.965 1	1.422 1	99.59	⑤
铁粉 (+0.4 kg)	0.137 7	0.046 1	0.193 1	0.014 1	0.000 4	0.008 6		
累计水泥熟料化学成分/%	22.432 5	5.254 6	3.377 4	66.531 7	0.965 5	1.430 7	99.99	⑥

① 石灰石：$\dfrac{66.44-0.213\,2}{0.531\,3}$ kg $\approx$ 124.00 kg。

② 黏土：$\dfrac{22.43-2.737\,6-3.000\,8}{0.702\,5}$ kg $\approx$ 24.00 kg。

③ 铁粉：$\dfrac{3.32-0.198\,5-0.235\,6-1.315\,2}{0.482\,7}$ kg $\approx$ 3.20 kg。

④ KH = 0.849，SM = 2.69，IM = 1.67。

⑤ KH = 0.910，SM = 2.66，IM = 1.64。

⑥ KH = 0.902，SM = 2.60，IM = 1.56。

$q = 100 \times 3\,260/99.99$ kJ/kg = 3 360.30 kJ/kg。

表中"累计水泥熟料化学成分"一行列出的数据，即为本次模拟所要配合的水泥熟料的化学成分。同时，"备注"一列中的 3 个率值 KH = 0.902，SM = 2.60，IM = 1.56，以及水泥熟料单位质量热耗 q = 3 360.30 kJ/kg，也分别对应着所要配合的水泥熟料的率值和单位质量热耗。通过将计算值与要求值对比可知，计算值已经十分接近水泥熟料配料方案的要求值。

需要注意的是，"累计水泥熟料化学成分"的总和不一定要精确地等于 100%。只要经过验算，水泥熟料的率值和单位质量热耗符合要求即可。然而，在这种情况下，水泥熟料的化学成分必须换算为质量分数（%）。

水泥熟料的生产需要三种原料：石灰石、黏土和铁粉，通过配比来满足其化学成分的要求。由于这三种原料的比例关系，因此我们只能在数学上满足水泥熟料两个指标的要求，而无法同时满足所有三个指标。如果第三个指标与水泥熟料的理想成分差距较大，则需要采取以下措施：

（1）更换原料：更换原料成分，以满足第三个指标的要求。

（2）调整其他指标：调整另外两个指标的大小，以兼顾第三个指标。

如果第三个指标与水泥熟料的理想成分的差距过大，无法通过以上两种方法调整，那么就需要使用校正原料。校正原料的引入相当于增加了一种原料，使我们能够在四种原料的配比中满足所有三个指标的要求。校正原料的配料计算过程和原理与之前的配比过程一致。

4）累加试凑计算配合比

由表 11-3 可得，配制 100 kg 水泥熟料所需的干原料（即水泥熟料的料耗）的质量如下：

$$m(石灰石) = \left(\frac{124}{99.99} \times 100\right) kg = 124.01 \ kg$$

$$m(黏土) = \left(\frac{24-2}{99.99} \times 100\right) kg = 22.00 \ kg$$

$$m(铁粉) = \left(\frac{3.2+0.4}{99.99} \times 100\right) kg = 3.60 \ kg$$

5）水泥生料的配合比计算：

$$w(石灰石) = \frac{124.01}{124.01+22.00+3.60} \times 100\% = 82.89\%$$

$$w(黏土) = \frac{22.00}{124.01+22.00+3.60} \times 100\% = 14.70\%$$

$$w(铁粉) = \frac{3.60}{124.01+22.00+3.60} \times 100\% = 2.41\%$$

注意：以上配合比为干原料的配合比。若原料含有水分，则可根据原料的水分含量进行换算。

11.3　硅酸盐水泥熟料的煅烧

硅酸盐水泥熟料的煅烧是水泥生产的关键环节。在水泥熟料的煅烧过程中，不同温度下经历的物理化学反应如表 11-4 所示。

表 11-4　硅酸盐水泥熟料煅烧的物理化学反应

温度	物理化学反应
<150 ℃	水泥生料中物理水蒸发
约为 500 ℃	黏土质原料释放出化合水，并开始分解出氧化物，如 SiO_2 和 Al_2O_3
约为 900 ℃	碳酸盐分解，生成 CO_2 和新生态 CaO

续表

温度	物理化学反应
900~1 200 ℃	黏土的无定形脱水产物结晶，各种氧化物之间进行固相反应
1 250~1 280 ℃	所产生的矿物部分熔融成液相
1 280~1 450 ℃	液相量增多，C_2S 通过液相吸收 CaO 而形成 C_3S，直至水泥熟料矿物全部形成
1 450~1 300 ℃	水泥熟料冷却

11.3.1　水泥生料的干燥与脱水

水泥生产工艺及
煅烧所需设备

1. 水泥生料的干燥

水泥生料中通常含有水分，这会影响水泥生产的效率和成本。新型干法窑生产的生料水分含量一般控制在1%以下，而立窑生产的生料水分含量在12%~15%。当生料进入煅烧系统后，其温度会逐渐升高。当温度达到100~150 ℃时，生料中的水分会完全蒸发，这个过程称为干燥过程。新型干法窑的干燥过程在预热器中进行，而立窑的干燥过程在窑体内部进行。由于每千克水分蒸发所需的相变潜热高达2 257 kJ，因此降低生料水分含量可以减少水泥熟料单位质量热耗，从而提高水泥窑的产量。

2. 黏土矿物的脱水

黏土矿物（Clay Minerals）是指层状构造的含水铝硅酸盐矿物，是构成黏土岩、土壤的主要矿物组分。

黏土矿物的化学结合水（Combined Water）有两种存在形式：一种以离子状态（OH⁻）存在于晶体结构中，称为晶体配位水；另一种以分子状态（H_2O）吸附在晶层结构之间，称为晶层间水或层间吸附水。晶层间水在大约100 ℃时即可脱去，而晶体配位水必须在高达400~600 ℃时才能脱去。

水泥生料在干燥以后，若继续被加热，则温度上升较快。当温度上升到500 ℃时，黏土中的主要组成矿物——高岭土将发生脱水分解反应。其反应式如下：

$$Al_2O_3 \cdot 2SiO_2 \cdot 2H_2O \Longrightarrow Al_2O_3 \cdot 2SiO_2 + 2H_2O \qquad (11-45)$$

高岭土在失去化学结合水时，其晶体结构会遭到破坏，转变为无定形的偏高岭土（简式为 AS_2）。这种脱水过程会提高高岭土的活性。当温度继续升高至970~1 050 ℃时，偏高岭土会进一步转变为晶体莫来石（简式为 A_3S_2），并伴随热量的释放。

蒙脱石和伊利石在脱水后依然保持着晶体结构，这使它们的活性比高岭土高。然而，伊利石在脱水过程中会发生体积膨胀，而高岭土和蒙脱石会收缩。因此，在使用立窑生产水泥时，不建议使用以伊利石为主的黏土原料。因为伊利石的膨胀会导致料球热稳定性下降，在入窑后容易发生炸裂，严重影响窑内通风。黏土矿物脱水分解是一个吸热过程，每千克高岭土在450 ℃时会吸收934 kJ 的热量。但由于黏土原料在水泥生料中的含量较低，因此其吸热反应并不显著。值得注意的是，新型干法窑系统中的脱水过程在预热器中进行，而立窑系统中的脱水过程在立窑内进行。

11.3.2 碳酸盐的分解

当温度继续升至大约 600 ℃时，水泥生料中的碳酸盐开始分解，主要是石灰石中的 $CaCO_3$ 与原料中夹杂的 $MgCO_3$ 发生分解反应。其反应式如下：

$$MgCO_3 \longrightarrow MgO + CO_2 \uparrow \tag{11-46}$$

$$CaCO_3 \longrightarrow CaO + CO_2 \uparrow \tag{11-47}$$

1. 碳酸盐分解反应的特点

1) 可逆反应

碳酸盐的分解反应是一个可逆反应，其进行程度受温度和周围环境中二氧化碳分压的影响。为了促进碳酸盐分解反应的进行，需要采取以下措施：

（1）提高反应温度：温度升高可以加快反应速率，有利于碳酸盐的分解。

（2）降低二氧化碳分压：降低环境中二氧化碳的浓度，可以抑制可逆反应的发生，从而促进正向分解反应的进行。

（3）减少二氧化碳浓度：减少二氧化碳浓度也能有效降低其分压，有利于分解反应的顺利进行。

2) 强吸热反应

碳酸盐的分解反应是强吸热反应。碳酸盐分解时需要吸收大量的热量，这是水泥熟料形成过程中消耗热量最多的一个工艺过程。其所需热量约占湿法窑生产总热耗的 1/3，约占悬浮预热窑或预分解窑生产总热耗的 1/2。因此，为保证碳酸盐的分解反应能完全地进行，必须供给其足够的热量。

3) 反应的起始温度较低

碳酸盐分解反应的起始温度并不高，大约在 600 ℃时，$CaCO_3$ 就会开始分解，但反应速率非常缓慢。当温度升至 894 ℃时，分解产生的二氧化碳分压达到 0.1 MPa，反应速率明显加快。而在 1 100～1 200 ℃的高温下，分解反应速率变得极快。实验表明，温度每升高 50 ℃，分解反应速率常数约增加一倍，而分解时间大约缩短 50%。

2. 碳酸钙的分解过程

$CaCO_3$ 的分解过程是一个多步骤的化学反应过程，包含以下五个步骤：

1) 传热过程

（1）热气流向颗粒表面传热：热气流携带热量，传递到 $CaCO_3$ 颗粒表面，使颗粒表面温度升高。

（2）热量传导至分解面：热量通过传导的方式，从 $CaCO_3$ 颗粒表面传递到内部，最终到达分解面，即 $CaCO_3$ 分解发生的地方。

2) 化学反应过程

$CaCO_3$ 分解成 CaO 和 CO_2：在分解面，$CaCO_3$ 发生分解反应，生成 CaO 和 CO_2。

3) 传质过程

（1）CO_2 从分解面扩散至颗粒表面：反应生成的 CO_2 从分解面扩散至颗粒表面。

（2）CO_2 从颗粒表面扩散至气流：颗粒表面的 CO_2 继续扩散至周围气流中。

$CaCO_3$ 分解是一个包含多步骤的复杂反应。这五个步骤包括传热、传质及一个化学反应。由于每个步骤的阻力不同，因此碳酸钙分解速率受到其中最慢的步骤控制。在传统回转窑中，物料呈堆积状态，导致传热面积非常小，传热系数也较低。因此，$CaCO_3$分解速率主要受到传热过程的限制。而在立窑和立波尔窑生产中，水泥生料需要成球，较大的球径会导致传热速率较慢，同时传质阻力较大。因此，$CaCO_3$分解速率受到传热和传质过程的共同影响。新型干法生产则采用了水泥生料粉悬浮于气流中的方式，这使传热面积增大，传热系数提高，同时传质阻力减小。因此，$CaCO_3$分解速率主要受到化学反应速率的控制。

$CaCO_3$的分解过程，对于预分解窑系统，主要在分解炉内进行；对于预热器窑系统，大部分在窑内进行，少部分在预热器内进行；对于立窑系统，均在窑内进行。

3. 影响碳酸钙分解反应的因素

1）石灰石的结构和物理性质

石灰石的结构决定了其分解反应的难易程度。结构致密、质点排列整齐、结晶粗大的石灰石，由于晶体缺陷较少，质地坚硬，因此分解反应较为困难。例如，大理石就属于这类石灰石。而质地松软的白垩和含有其他成分较多的泥灰岩，由于结构疏松，分解所需的活化能较低，因此分解反应更容易发生。

2）水泥生料的细度

水泥生料的细度决定着其比表面积的大小。当水泥生料细度较细，颗粒均匀，粗粒较少时，意味着其比表面积会较大。更大的比表面积意味着水泥生料与外界环境接触面积更大，从而加速传热和传质速率。这种加速的传热和传质速率有利于水泥生料的分解反应，进而提高生产效率。

3）分解反应的条件

分解反应的速率会随着温度的升高而加快，同时二氧化碳的扩散速率也会加快。另外，加强通风，及时排出分解反应产生的二氧化碳气体，也能加速分解反应的进行。

4）水泥生料的悬浮分散程度

采用新型干法生产时，如果水泥生料粉在预热器和分解炉内能够保持良好的悬浮分散状态，则将会带来以下优势：

（1）增加传热面积：悬浮分散良好的生料粉能够与热气流充分接触，增大传热面积，提高热量传递效率。

（2）减小传质阻力：悬浮状态下的生料粉颗粒之间的间隙更大，降低了气体和固体之间的传质阻力，有利于物质的交换。

（3）提高分解速率：通过以上两个优势，生料粉在预热和分解过程中能够更快地吸收热量并进行化学反应，从而提高分解速率。

5）黏土质组分的性质

黏土原料的矿物组成对$CaCO_3$的分解速率有着显著的影响。高岭土由于其具有较高的活性，可以与分解产物CaO直接进行固相反应，生成低钙矿物，从而加速$CaCO_3$的分解。蒙脱石和伊利石这两种矿物活性较差，因此会对$CaCO_3$的分解速率产生负面影响。石英砂由结晶SiO_2组成，反应活性最低，对$CaCO_3$的分解速率几乎没有影响。

11.3.3 固相反应

1. 反应过程

在水泥熟料的形成过程中，从$CaCO_3$开始分解起，物料中便出现了性质活泼的f-CaO，

它与水泥生料中的 SiO_2、Fe_2O_3 和 Al_2O_3 等，通过质点的相互扩散而进行固相反应（Solid State Reaction），从而形成水泥熟料矿物。固相反应的过程比较复杂，其过程大致如下：

（1）小于 800 ℃时：$CaO \cdot Al_2O_3$（简式为 CA）、$CaO \cdot Fe_2O_3$（简式为 CF）和 $2CaO \cdot SiO_2$（简式为 C_2S）开始形成。

（2）800~900 ℃：$12CaO \cdot 7Al_2O_3$（简式为 $C_{12}A_7$）和 $2CaO \cdot Fe_2O_3$（简式为 C_2F）开始形成。

（3）900~1 100 ℃：$2CaO \cdot Al_2O_3 \cdot SiO_2$（简式为 C_2AS）开始形成，以后又发生分解；C_3A 和 C_4AF 开始形成；所有 $CaCO_3$ 均发生分解；f-CaO 的含量达到最大值。

（4）1 100~1 200 ℃：C_3A 和 C_4AF 大量形成；C_2S 的含量达到最大值。

水泥熟料矿物 C_3A、C_4AF 和 C_2S 的形成是一个复杂的多级反应，其反应过程是交叉进行的。水泥熟料矿物的固相反应是放热反应。当采用普通原料时，固相反应的放热量约为 420~500 J/g。

固体物质内部的原子、分子或离子之间存在着强烈的相互作用力，这使固相反应的活性较低，反应速率通常比较缓慢。固相反应通常发生在不同固体物质的接触界面上，属于非均相反应。对于颗粒状的固体物质，反应首先从颗粒之间的接触点或接触面开始，然后反应物需要通过产物层进行扩散迁移才能继续反应。因此，固相反应一般包含两个重要过程：界面反应和物质迁移。

2. 影响固相反应的主要因素

1）水泥生料的细度与均匀性

细度（Fineness）是表征水泥颗粒的粗细程度的指标。若水泥生料越细，则其颗粒尺寸越小，比表面积（Specific Surface Area）越大，各组分之间的接触面积越大，同时表面的质点自由能越大，使反应和扩散能力增强，因此反应速率越快。但是，当水泥生料被粉磨到一定程度以后，若再继续粉磨，则对固相反应速率的增加不明显，而磨机的产量越会大大降低，粉磨电耗剧增。特别是采用预分解窑生产时，若水泥生料过细，旋风筒的分离效率会下降，从而造成物料在窑尾预热器与收尘器之间的外循环量增大，最终降低水泥窑的产量，增加水泥熟料单位质量热耗。因此，必须综合平衡，优化控制水泥生料的细度。对于预分解窑而言，水泥生料的颗粒大小应尽量均齐，尽量减少其 0.2 mm 方孔筛的筛余量，而 0.08 mm 方孔筛的筛余量可适当放宽。

水泥生料的均匀性（Homogeneity）是指水泥生料内各组分混合成为具有相同组成或相同结构的状态。若水泥生料的均匀性好，则可以增加各组分之间的接触，从而能加速固相反应。

2）温度与时间

固相反应是指在固体状态下发生的化学反应。由于低温下固体物质的化学活性较低，分子运动速率也较慢，导致反应速率很低。因此，固相反应通常需要在较高温度下进行，以提供足够的能量来克服反应所需的活化能，从而加快反应速率。

需要注意的是，即使在高温下，固相反应也需要一定的时间才能完成。这是因为反应物中的离子需要通过扩散和迁移才能相遇并发生反应，而这一过程需要一定的时间。因此，在进行固相反应时，需要保证足够的反应时间，以确保反应能够充分进行，达到预期效果。

3）原料的性质

当原料中含有结晶二氧化硅（如燧石、石英砂等）和方解石时，破坏它们的晶格结构较为困难，会导致固相反应速率显著下降。特别是当原料中含有粗粒石英砂时，这种影响会更加明显。

4）矿化剂

在水泥工业中，矿化剂（Mineralizer）是指能加速结晶化合物的形成而使水泥生料易烧的少量外加物。矿化剂可以通过与反应物形成固溶体而使晶格活化，从而增加反应能力；或者与反应物形成低共熔混合物（Eutectic Mixture），使物料在较低温度下出现液相，加速扩散和对固相的溶解作用；或者可促使反应物断键而提高其反应速率。因此，加入矿化剂可以加速固相反应。

11.3.4 水泥熟料的烧结

当物料的温度升高到 1 250～1 280 ℃ 时，即达到其最低共熔温度后，开始出现以 Al_2O_3、Fe_2O_3 和 CaO 为主体的液相，液相的组分中还含有 MgO 和碱（R_2O）等。在高温液相的作用下，物料逐渐烧结，并逐渐由疏松状转变为色泽灰黑、结构致密的水泥熟料，此过程伴随有体积收缩。同时，C_2S 与 f-CaO 都逐步溶解于液相中，Ca^{2+} 扩散并与 SiO_3^{2-} 反应，即 C_2S 吸收 CaO 而形成硅酸盐水泥熟料的主要矿物 C_3S。其反应式如下：

$$C_2S+CaO \xrightarrow{\text{液相}} C_3S \tag{11-48}$$

随着温度的升高和时间的延长，液相量增加，液相的黏度减小，CaO 和 C_2S 不断溶解和扩散，C_3S 不断形成，并使小晶体逐渐发育长大，最终形成几十微米的发育良好的阿利特晶体，完成水泥熟料的烧成过程。

1. 最低共熔温度

最低共熔温度（Minimum Eutectic Temperature）是指物料在加热过程中，两种或两种以上组分开始出现液相的温度。一些系统的最低共熔温度如表 11-5 所示。

表 11-5 一些系统的最低共熔温度

系统	最低共熔温度/℃
$C_3S-C_2S-C_3A$	1 450
$C_3S-C_2S-C_3A-Na_2O$	1 430
$C_3S-C_2S-C_3A-MgO$	1 375
$C_3S-C_2S-C_3A-Na_2O-MgO$	1 365
$C_3S-C_2S-C_3A-C_4AF$	1 338
$C_3S-C_2S-C_3A-Fe_2O_3$	1 315
$C_3S-C_2S-C_3A-Fe_2O_3-MgO$	1 300
$C_3S-C_2S-C_3A-Na_2O-MgO-Fe_2O_3$	1 280

由表 11-5 可知，组分的性质与数目都影响系统的最低共熔温度。硅酸盐水泥熟料由于含有 MgO、K_2O、Na_2O、SO_3、TiO_2、P_2O_5 等次要氧化物，因此其最低共熔温度为 1 250～

1 280 ℃。矿化剂和其他微量元素对降低共熔温度有一定作用。

2. 液相量

液相是指水泥熟料在煅烧过程中形成的熔融状态的物质。液相量的多少对水泥熟料的形成过程有着重要的影响。液相量增加能够促进 CaO 和 C_2S 的溶解，加速 C_3S 的形成。然而，液相量过多会导致煅烧过程中的结块现象，进而造成回转窑结圈、立窑炼边和结炉瘤等问题，影响正常生产。

液相量不仅与组分的性质有关，而且与组分的含量、水泥熟料的烧结温度等因素有关。在不同烧成温度下的液相量（P）的经验公式如下：

$$P = 2.95w_A + 2.2w_F (1\,400\,℃) \tag{11-49}$$
$$P = 3.0w_A + 2.25w_F (1\,450\,℃) \tag{11-50}$$
$$P = 3.0w_A + 2.6w_F (1\,500\,℃) \tag{11-51}$$

式中，w_A、w_F——水泥熟料中的 Al_2O_3 和 Fe_2O_3 的含量。

由于水泥熟料中还含有 MgO（简式为 M）、碱（K_2O 和 Na_2O，以 R_2O 表示，简式为 R）等其他成分，可以认为这些成分全部变成液相，因而计算时还需要加上 MgO 含量 w_M 与碱含量 w_R。例如：

$$P = 2.95w_A + 2.2w_F + w_M + w_R (1\,400\,℃) \tag{11-52}$$

一般水泥熟料在烧成阶段的液相量为 20%~30%，而白水泥熟料的液相量可能只有约 15%。

3. 液相的黏度

水泥熟料的液相黏度对 C_3S 的生成速率和晶体尺寸有着直接的影响。当液相黏度较低时，液相中的物质扩散速率加快，克服黏滞阻力更轻松，这有利于 C_3S 的形成和晶体生长。相反，如果液相黏度较高，则会阻碍 C_3S 的形成。水泥熟料液相的黏度会受到温度和组成的影响。温度升高会降低液相黏度，而铝率（IM）增加则会提高液相黏度。

4. 液相的表面张力

水泥熟料的烧结过程，很大程度上取决于液相的表面张力。表面张力越小，液相越容易润湿水泥熟料颗粒，促进固相反应和固液相反应，进而加速水泥熟料矿物，尤其是 C_3S 的生成。实验表明，温度升高会降低液相的表面张力。此外，水泥熟料中 MgO、R_2O 和 SO_3 等物质的存在，也会降低液相的表面张力，从而促进烧结。然而，过低的液相表面张力会导致水泥熟料的粒径变小。当粒径过小时，回转窑内会产生飞砂料，影响生产效率和产品质量。因此，控制液相的表面张力在合适的范围内，对于水泥熟料的烧结至关重要。既要保证足够的润湿性，促进矿物生成，又要避免过低的表面张力导致飞砂料的产生。

5. 氧化钙溶解于水泥熟料液相的速率

在水泥熟料的液相中，CaO 的溶解量及溶解速率对其与 C_2S 反应生成 C_3S 的速率有着至关重要的影响。这个溶解速率受 CaO 颗粒大小和煅烧温度的影响。如果原料中石灰石的颗粒尺寸较小，并且水泥熟料的煅烧温度较高，那么 CaO 的溶解速率就会较快。

6. 反应物存在的状态

在水泥熟料烧结过程中，CaO 和贝利特由于晶体尺寸较小，存在较多的晶体缺陷，处于新生的高活性状态。因此，在这种状态下，它们的活性高、活化能低，易溶于液相，从而表现出极强的反应能力，有利于 C_3S 的形成。实验表明，以极快的升温速度（600 ℃/min 以上）

可以使黏土矿物的脱水、碳酸盐的分解、固相反应及固液相反应几乎同时进行。这种快速升温方式能够使反应产物保持新生、高活性的状态，在极短时间内同时生成液相、贝利特和阿利特。

在水泥熟料的形成过程中，固液相反应始终占据主导地位。这种反应方式能够显著加快质点或离子的扩散速率，降低离子扩散的活化能，进而加快反应速率，最终促进阿利特的快速形成。

11.3.5 水泥熟料的冷却

通常我们所说的冷却过程，指的是水泥熟料在液相凝固之后（低于 1 300 ℃）的降温过程。然而，从严格意义上讲，当水泥熟料的煅烧过程达到最高温度 1 450 ℃后，就已进入冷却阶段。水泥熟料的冷却并非仅仅是温度下降，而是一个伴随着一系列物理化学变化的复杂过程，包括液相凝固和相变两个过程。

水泥熟料的冷却具有以下作用：

1. 提高水泥熟料的质量

水泥熟料在冷却时，所形成的矿物要进行相变。例如，在慢冷时，$\beta\text{-}C_2S$ 转变为 $\gamma\text{-}C_2S$，同时体积膨胀约 10%，使水泥熟料出现"粉化"。因 $\gamma\text{-}C_2S$ 几乎无水硬性，会使水泥熟料的质量下降。因此，如果采用快速冷却并固溶一些离子，则可以避免 $\beta\text{-}C_2S$ 向 $\gamma\text{-}C_2S$ 转变，从而获得较高的水硬性。

C_3S 在温度为 1 250 ℃以下时不稳定，会缓慢分解为 C_2S 与二次 f-CaO，使其水硬性降低。因此，提高冷却速率可防止 C_3S 的分解。

水泥的安定性受方镁石晶体大小的影响较大，晶体越大，影响越严重。如果采用快速冷却，则可使 MgO 来不及结晶而存在于玻璃体中，或者使结晶细小而分散，降低其危害性。

水泥熟料的快速冷却能够增强水泥的抗硫酸盐性能。在快速冷却时，C_3A 主要呈玻璃体，因而其抗硫酸盐溶液腐蚀的能力较强。

2. 改善水泥熟料的易磨性

快速冷却水泥熟料会导致其玻璃体含量增高，并产生内应力，同时使熟料矿物的晶体尺寸减小。然而，这种快速冷却方式能显著提升水泥熟料的易磨性。

3. 回收余热

水泥熟料在出窑时温度高达 1 100 ℃以上，而它从 1 300 ℃开始冷却。如果直接将其冷却至室温，每千克水泥熟料仍然蕴藏着约 837 kJ 的热量。这些热量可以利用二次空气回收，为水泥窑内的燃料燃烧提供助力，从而提升水泥窑的热效率。

4. 有利于水泥熟料的输送、储存和粉磨

为了确保输送设备的安全运转，则要使水泥熟料的温度低于 100 ℃。储存水泥熟料的钢筋混凝土圆形库，如果温度较高，则容易出现裂纹。为了防止水泥粉磨时因磨机内的温度过高而导致水泥发生"假凝"现象，以及因磨机内的研磨体产生"包球"现象而降低磨机的产量，还有因水泥的温度太高而导致水泥的包装袋破损，必须将水泥熟料冷却到较低的温度。

11.3.6 水泥熟料单位质量热耗

1. 水泥熟料单位质量热耗理论值的计算方法

水泥原料在加热过程中将发生一系列物理化学变化，包括吸热反应和放热反应。水泥熟料煅烧过程中各反应发生的温度和热量变化如表 11-6 所示。

水泥熟料在煅烧过程中经历着复杂的化学反应。当温度低于 1 000 ℃时，其主要发生的是吸热反应；当温度超过 1 000 ℃时，则以放热反应为主。因此，在整个煅烧过程中，大量的热能被用于预热水泥生料和分解生料中的成分，尤其是 $CaCO_3$ 的分解。值得注意的是，形成水泥熟料所需的矿物只需在 1 450 ℃的温度下保持一定时间，其化学反应就能完全进行。由此可见，确保水泥生料充分预热，特别是保证 $CaCO_3$ 完全分解，对于最终形成水泥熟料至关重要。

表 11-6　水泥熟料煅烧过程中各反应发生的温度和热量变化

温度/℃	物理化学变化	相应温度下物料的热量变化/$(kJ \cdot kg^{-1})$
100	游离水蒸发	吸热，2 249
450	黏土（高岭石）脱去结晶水	吸热，932
600	$MgCO_3$ 分解	吸热，1 421
900	黏土中无定形物（偏高岭石）转变为晶体	放热，259~284
900	$CaCO_3$ 分解	吸热，1 655
900~1 200	水泥熟料发生固相反应而生成矿物	放热，418~502
1 250~1280	水泥熟料生成部分液相	吸热，105
1 300	C_3S 的形成（C_2S 反应）	微吸热，8.6

注：（1）高岭石脱水所需热量在 450 ℃时为 932 kJ/kg，而在 20 ℃时为 606 kJ/kg。

（2）$CaCO_3$ 分解所需热量在 900 ℃时为 1 655 kJ/kg，而在 20 ℃时为 1 777 kJ/kg。

（3）$MgCO_3$ 分解所需热量在 600 ℃时为 1 421 kJ/kg，而在 25 ℃时为 1 354 kJ/kg。

【例 11-2】根据生产 1 kg 水泥熟料时水泥生料的消耗量的理论值，以及水泥生料在加热过程中发生物理化学变化时的热量变化，试计算生产 1 kg 水泥熟料时热耗的理论值。

解：假设生成 1 kg 水泥熟料时水泥生料的消耗量的理论值为 1.55 kg，则水泥熟料热耗的理论值（q_0）的计算步骤如表 11-7~表 11-8 所示。

表 11-7　水泥熟料热耗的理论值的计算步骤（水泥熟料 1 kg，20 ℃）

步骤	热量收入项目	热量收入 $q/(kJ \cdot kg^{-1})$
1	将原料由温度 20 ℃加热至 450 ℃	711
2	黏土在 450 ℃时脱水	167
3	将物料由 450 ℃加热至 900 ℃	815
4	$CaCO_3$ 在 900 ℃时分解	1 986

续表

步骤	热量收入项目	热量收入 q/(kJ·kg^{-1})
5	将分解后的物料加热至 1 400 ℃	523
6	热量支出合计（q_1）	4 307

表 11-8　水泥熟料热耗的理论值的计算步骤（水泥熟料 1 kg，20 ℃）

步骤	热量收入项目	热量收入 q/(kJ·kg^{-1})
1	脱水黏土的结晶放热	42
2	矿物组成的形成热	418
3	水泥熟料由 1 400 ℃冷却至 20 ℃	1 505
4	CO_2由 900 ℃冷却至 20 ℃	502
5	水蒸气由 450 ℃冷却至 20 ℃	84
6	热量收入合计（q_2）	2 551

水泥熟料热耗的理论值（q_0）为：

$$q_0 = q_1 - q_2 = (4\ 307 - 2\ 551)\ kJ/kg = 1\ 756\ kJ/kg$$

水泥熟料的化学成分决定了其在煅烧过程中的理论热耗，不同成分的熟料理论热耗值会有所差异，但通常在 1 670~1 800 kJ/kg。然而，实际生产过程中，存在物料损失、热量损失等因素，以及废气和熟料无法冷却到计算的基准温度（0 ℃或 20 ℃），因此，实际消耗的热量要高于理论值。为了衡量实际生产中的热量消耗（简称热耗），我们定义了"水泥熟料实际热耗"，也称为"熟料热耗"或"水泥熟料单位质量热耗"，它指的是每煅烧 1 kg 水泥熟料时，水泥窑内实际消耗的热量。

2. 影响水泥熟料单位质量热耗的因素

影响水泥熟料单位质量热耗的因素有很多，但概括起来主要有以下几个：

1）生产方法与窑型

水泥生料在煅烧过程中所需的热量会受到生产方法的影响。湿法生产需要蒸发大量水分，因此热量消耗巨大。而新型干法生产通过悬浮态受热，提升了热效率。因此，湿法生产的单位质量热耗通常高于新型干法生产，而新型干法生产的单位质量热耗低于传统干法生产中的中空窑。此外，水泥窑的结构和规格也会影响单位质量热耗。传热效率高的水泥窑，其单位质量热耗更低。

2）废气余热的利用

水泥熟料在冷却过程中会释放大量的热量，虽然这部分热量不可避免，但我们可以尽可能地对其回收利用。水泥熟料冷却过程中产生的废气可以作为助燃空气，提高煅烧设备的热效率。通过最大程度地降低窑尾排放废气的温度，可以减少热量损失，从而降低水泥熟料单位质量热耗。

3）水泥生料的组成、细度及其易烧性

若水泥生料的易烧性好，则水泥熟料单位质量热耗低。若水泥生料的易烧性差和颗粒较粗，则水泥熟料单位质量热耗高。

4）燃料不完全燃烧的热量损失

燃料的不完全燃烧，包括机械不完全燃烧、化学不完全燃烧。燃煤质量不稳定、质量较差、煤粒过粗或过细、操作不当等，均是引起不完全燃烧的因素。若煤燃烧不完全，则水泥熟料单位质量煤耗必然增大，故水泥熟料单位质量热耗也会增大。

5）窑体散热的热量损失

若水泥窑内衬的隔热保温效果好，则窑体散热的热量损失小。否则，窑体散热的热量损失大，水泥熟料单位质量热耗也会增大。

6）矿化剂及微量元素的作用

适量掺加矿化剂或合理利用微量组分，可以改善水泥生料的易烧性或加速水泥熟料的烧成，从而降低水泥熟料单位质量热耗。

此外，稳定煅烧过程的热工制度、提高煅烧设备的运转率和提高水泥窑的产量等，均有利于提高水泥窑的热效率，降低水泥熟料单位质量热耗。

如前所述，影响水泥熟料单位质量热耗的因素有很多，即使是对于采用同一种生产方法的不同企业，甚至同一企业的同一设备在不同生产时期，水泥熟料单位质量热耗都可能不一样。对于预分解窑，水泥熟料单位质量热耗通常为 2 920~3 200 kJ/kg；对于生产水平更为先进的设备，水泥熟料单位质量热耗则可达 2 721~2 930 kJ/kg。

11.4　硅酸盐水泥的制成与标准

硅酸盐水泥是所有以硅酸盐水泥熟料为基础的水泥的统称。简单来说，它就是由硅酸盐水泥熟料经过加工而成的。为了增强性能或降低成本，可以将其他材料加入硅酸盐水泥。例如，添加矿渣、火山灰或粉煤灰后，就分别形成了矿渣硅酸盐水泥、火山灰质硅酸盐水泥和粉煤灰硅酸盐水泥。硅酸盐水泥的生产过程，其实就是将硅酸盐水泥熟料、石膏及其他混合材料一起粉磨、储存并均匀混合，最终达到质量标准的过程。这个环节是水泥生产的最后一个步骤，也是决定水泥品质的关键环节。

11.4.1　混合材料

对于水泥生产所采用的混合材料，其品种有很多，分类方法也不尽相同。根据其来源，可分为天然混合材料和人工混合材料（主要是工业固体废弃物）。根据混合材料的性质（即其在水泥水化过程中所起的作用），将其分为两类：活性混合材料和非活性混合材料。

（1）活性混合材料：指具有火山灰性（Pozzolanicity）或潜在水硬性（Latent Hydraulic Property），以及兼有火山灰性和水硬性（Hydraulic Property）的矿物质材料。其主要品种有三类，即各种工业炉渣（粒化高炉矿渣、钢渣、化铁炉渣和磷渣等）、火山灰质混合材料和粉煤灰。它们的活性指标均应符合有关国家标准或行业标准。

所谓火山灰性，是指一种材料经粉磨成细粉后，其单独不具有水硬性，但在常温下与石灰一起加水拌和能够形成具有水硬性的化合物的性能；而潜在水硬性，是指材料单独存在时基本无水硬性，但在某些激发剂（Activator）的激发作用下，可呈现水硬性。常用的激发剂有两类：碱性激发剂，如硅酸盐水泥熟料和石灰等；硫酸盐激发剂，如各类天然石膏或以 $CaSO_4$ 为主要成分的化工副产品（如氟石膏和磷石膏等）。

（2）非活性混合材料：简单来说，它们就像水泥中的"填充剂"，虽然本身不具备活性，但可以帮助水泥更好地发挥作用。这类材料包括活性指标达不到活性混合材料要求的粒化性能的矿物质材料，如高炉矿渣、火山灰材料、粉煤灰，以及石灰石、砂岩、生页岩等。它们虽然不具备像活性混合材料那样提高水泥性能的性质，但其对水泥性能无害，可以保证水泥的质量和使用效果。

1. 粒化高炉矿渣

粒化高炉矿渣简称矿渣或水渣，是钢铁冶炼过程中的一种重要副产品。它诞生于高炉炼铁的熔融状态，主要成分为硅酸钙和铝酸钙。经高速冷却，原本熔融的物质转变为粒状固体，并因此获得"粒化"之名。

作为一种活性混合材料，粒化高炉矿渣在水泥工业中扮演着重要角色。它能显著提高水泥的强度、耐久性，同时能降低成本，因此成为国内水泥行业应用最广泛、质量最优的活性材料。需要注意的是，如果矿渣经过缓慢冷却，则会形成块状或细粉状，失去活性，不再属于活性混合材料。

除了常见的粒化高炉矿渣，还有来自锰铁冶炼的锰铁矿渣。它与普通高炉矿渣在成分和性能上基本一致，只是锰的含量更高。通常情况下，人们将锰铁矿渣也归类为粒化高炉矿渣。

粒化高炉矿渣的主要化学成分为 SiO_2、Al_2O_3、CaO、MgO、MnO、FeO 和 SO_3 等。此外，有些粒化高炉矿渣还含有微量的 TiO_2、V_2O_3、Na_2O、BaO、P_2O_3 和 Cr_2O_3 等。在粒化高炉矿渣中，CaO、SiO_2 和 Al_2O_3 的含量约为 90% 以上。

2. 火山灰质混合材料

凡是天然或人工的，以 SiO_2 和 Al_2O_3 为主要成分的，其本身经磨细加水拌和后并不硬化，但与石灰混合后再加水拌和，不但能在空气中硬化，而且能在水中继续硬化的矿物质原料，称为火山灰质混合材料。

1）火山灰质混合材料的分类

火山灰质混合材料按其成因可分为天然火山灰质混合材料和人工火山灰质混合材料两大类。

（1）天然火山灰质混合材料。

① 火山灰：火山喷发的细粒碎屑的疏松沉积物。

② 凝灰岩：由火山灰沉积而形成的致密岩石。

③ 沸石岩：凝灰岩经环境介质作用而形成的一种以碱或碱土金属的含水铝硅酸盐矿物为主要成分的岩石。

④ 浮石：火山喷出的多孔的玻璃质岩石。

⑤ 硅藻土和硅藻石：由极细致的硅藻介壳聚集、沉积而成的岩石。

（2）人工火山灰质混合材料。

① 煤矸石：煤层中炭质页岩经自燃或煅烧后的产物。

② 烧页岩：页岩或油母页岩经煅烧或自燃后的产物。

③ 烧黏土：黏土经煅烧后的产物。

④ 煤渣：煤炭燃烧后的残渣。

⑤ 硅质渣：由矾土提取硫酸铝后的残渣。

⑥ 硅灰：冶炼硅或硅铁合金过程中所获得的副产品。其 SiO_2 含量通常在 90% 以上，主要以玻璃态存在，颗粒平均尺寸约为 0.1 μm，具有非常高的火山灰活性。

2）火山灰质混合材料的化学成分与矿物组成

火山灰质混合材料的化学成分以 SiO_2 和 Al_2O_3 为主，其含量约为 70%，而 CaO 含量较低。火山灰质混合材料的矿物组成随其成因而变化较大。

3）火山灰质混合材料的火山灰性

火山灰质混合材料的活性，即火山灰性。其评定方法通常有两种：化学方法和物理方法。

3. 粉煤灰

粉煤灰（Fly Ash）是指从火力发电厂的煤粉炉烟道气体中收集的粉末。

粉煤灰不包括在以下情形时所收集的粉末：

（1）与煤一起煅烧城市垃圾或其他废弃物时；

（2）在焚烧炉中煅烧工业或城市垃圾时；

（3）循环流化床锅炉燃烧时。

粉煤灰可按煤种分为 F 类粉煤灰和 C 类粉煤灰。F 类粉煤灰是由无烟煤或烟煤煅烧所收集的粉煤灰；C 类粉煤灰是由褐煤或次烟煤煅烧所收集的粉煤灰，其 CaO 含量一般大于 10%。

火力发电厂利用煤炭燃烧发电，在这个过程中，高温燃烧后的煤粉会产生大量的灰烬。这些灰烬主要分为粉煤灰和炉底灰两种。

粉煤灰：占总灰烬的 70%~80%，呈粉末状，随烟气排出。为了防止污染环境，粉煤灰会被专门的收尘器收集。

炉底灰（或炉渣）：占总灰烬的 20%~30%，呈烧结状，落入锅炉底部。

粉煤灰是工业生产中最为常见的固体废弃物之一，数量庞大。粉煤灰的化学成分随着煤种、燃烧条件和收尘方式等因素的不同而在较大范围内波动，但是，其以 SiO_2 和 Al_2O_3 为主，并含有少量 Fe_2O_3 和 CaO。粉煤灰的活性取决于可溶性的 SiO_2、Al_2O_3 和玻璃体，以及它们的细度。此外，灼烧减量的高低（灼烧减量主要显示含碳量的高低，即燃烧的完全程度）也会影响其质量。

粉煤灰的粒径一般为 0.5~200 μm，其主要颗粒多数为 1~50 μm。其经 80 μm 方孔筛的筛余量为 3%~40%，质量密度为 2.0~2.3 g/cm^3，体积密度为 0.6~1.0 g/cm^3。

粉煤灰的放射性应符合 GB 6566—2010 中关于建筑主体材料规定的指标要求。粉煤灰的碱含量用 Na_2O 当量的计算值 $[w(Na_2O)+0.658w(K_2O)]$ 表示。当粉煤灰应用中有碱含量要求时，由供需双方协商确定。

对于采用干法或半干法脱硫工艺排出的粉煤灰，应检测其半水亚硫酸钙（$CaSO_3 \cdot 0.5H_2O$）含量，应为 $w(CaSO_3 \cdot 0.5H_2O) \leqslant 3.0\%$。

粉煤灰的均匀性以细度表征。单一样品的细度不应超过前 10 个样品细度平均值（当样品少于 10 个时，则为所有前述样品实验的平均值）的最大偏差。最大偏差范围由供需双方协商确定。

粉煤灰的需水量比采用 1 : 3 的水泥胶砂流动度进行测定计算。在对比水泥（GSB 14—1510—2018 中的基准水泥，不掺加任何混合材料，其强度等级大于 42.5 MPa 的硅酸盐水泥）砂浆中加入一定量水（通常水灰比为 0.5），使其流动度达到 145~155 mm。然后在实验水泥（对比水泥掺加 30%粉煤灰）砂浆中加入一定量的水，使其流动度达到对比水泥砂浆流动度的 ±2 mm 范围内，此时的加水量与对比水泥砂浆的加水量的比值，即为需水量比。

粉煤灰的强度活性指数按国家标准《水泥胶砂强度检验方法（ISO 法）》（GB/T 17671—2021）测定实验胶砂和对比胶砂的抗压强度（R_c），以二者抗压强度的比值来确定实验胶砂的强度活性指数。

实验胶砂的配比为：对比水泥 315 g、粉煤灰 135 g、标准砂 1 350 g、水 225 mL。

对比胶砂的配比为：对比水泥 450 g、标准砂 1 350 g、水 225 mL。

4. 其他混合材料

除国家标准中规定的粒化高炉矿渣、火山灰质混合材料和粉煤灰以外，还有许多工业固体废弃物也能作为水泥的混合材料。这些材料统称为"其他混合材料"。

通过合理使用其他混合材料，可以有效降低水泥生产成本，并减少工业固体废弃物的排放，从而实现经济效益和环境效益的双赢。

1）化铁炉渣

化铁炉渣（Cupola Furnace Slag）是钢铁厂化铁炉所排出的工业固体废弃物在熔融状态下经水淬急冷而形成的粒化铁矿渣。其矿物组成与粒化高炉矿渣类似，含有 C_2AS、CAS_2 和 CS 等矿物，以及少量 $C_3S_2 \cdot CaF_2$（枪晶石）和 CaF_2。其可用作水泥混合材料，也可与粒化高炉矿渣一样，用于生产无熟料和少熟料水泥或某些特种水泥。

2）粒化电炉磷渣

粒化电炉磷渣（Granulated Electric Furnace Phosphorous Slag）是采用磷矿石、硅质和焦炭在电炉内以电升华法制取黄磷时所获得的废弃物在熔融状态下经水淬冷而形成的工业固体废弃物，简称磷渣。

粒化电炉磷渣的化学成分与粒化高炉矿渣相似，其不同点是 CaO 和 SiO_2 含量稍高，Al_2O_3 含量稍低。此外，其尚含有少量的 P_2O_5 和 CaF_2。粒化电炉磷渣的活性稍次于粒化高炉矿渣。

当粒化电炉磷渣作为活性混合材料使用时，其质量应符合国家标准《用于水泥中的粒化电炉磷渣》（GB/T 6645—2008）的要求。掺加粒化电炉磷渣所制得的水泥，其性能特点是早期强度稍低，但后期强度增长率大，凝结较慢。

3）粒化高炉钛矿渣

粒化高炉钛矿渣，顾名思义，是在高炉冶炼生铁时产生的固体废弃物。它的原料是钒钛磁铁矿，经过高温熔炼后，形成了以钛的硅酸盐矿物和钙钛矿为主要成分的熔融渣。这种熔融渣经过快速冷却，便形成了颗粒状的固体，也就是我们所说的粒化高炉钛矿渣。

与其他类型的矿渣不同，粒化高炉钛矿渣中含有较高比例的二氧化钛（TiO_2），其含量一般超过 20%。这也使它的活性大大降低，不再像其他矿渣那样具有很强的化学活性。

从外观上看，粒化高炉钛矿渣呈黑褐色，有时混杂着少量的金属铁块。它具有较强的结晶能力，形成的玻璃质很少，基本上没有活性。因此，粒化高炉钛矿渣通常被用作非活性混合材料，用于水泥、混凝土等建筑材料的生产。

粒化高炉钛矿渣的质量应符合国家建材行业标准《用于水泥中的粒化高炉钛矿渣》(JC/T 418—2009) 的要求。

4) 粒化增钙液态渣

粒化增钙液态渣 (Granulated Calcium Enriched Liquid Slag) 是指火力发电厂的燃煤掺加适量石灰石经共同粉磨而制成煤粉,在炉内燃烧所获得的煤灰呈熔融状态排出,经淬冷而形成的粒化工业固体废弃物。

与粒化高炉矿渣相比,其 CaO 含量较低,Al_2O_3 含量较高。当 $w(CaO) > 25\%$ 时,其活性仅次于粒化高炉矿渣,而远远高于粉煤灰。经水淬而形成的粒化增钙液态渣含有 95% 以上的玻璃相,属于潜在水硬性材料,质量密度为 $2.7 \sim 3.0 \ g/cm^3$,体积密度为 $1.2 \sim 1.4 \ g/cm^3$。

粒化增钙液态渣的质量应符合国家建材行业标准《用于水泥中的粒化增钙液态渣》(JC 454—1992) 的要求。

5) 钢渣

钢渣是钢铁厂在炼钢过程中产生的固体废弃物,不同类型的炼钢炉会产生不同种类的钢渣,主要包括平炉后期渣、转炉渣和电炉还原渣。其中,平炉后期渣和转炉渣的化学成分与水泥熟料十分接近,但 CaO 和 Al_2O_3 的含量略低,Fe_2O_3 和 MgO 的含量略高。而电炉还原渣含有较高的 Al_2O_3,其 FeO 和 Fe_2O_3 的含量则较低,与粒化高炉矿渣类似。

值得一提的是,所有类型的钢渣都含有一定量的水硬性矿物,如 C_2S、CS 和 C_4AF 等,因此它们也具有水硬性。

由于钢渣自身性质,将其作为混合材料时,往往需要搭配其他材料。这样既能激发其潜能,又能防止水泥发生安定性不良的现象,从而达到更高的强度和性能。

钢渣的质量应符合国家冶金行业标准《用于水泥中的钢渣》(YB/T 022—2008) 的要求。

6) 沸腾炉渣

沸腾炉渣是指在沸腾锅炉或沸腾炉中燃烧低热值煤矸石时排出的灰渣。由于沸腾炉通常使用煤矸石或劣质煤作为燃料,因此产生的炉渣在化学成分、矿物组成和基本性质上与燃烧后的煤矸石和粉煤灰相似,属于火山灰质混合材料。

7) 窑灰

窑灰 (Kiln Dust) 是指水泥回转窑生产水泥熟料时从窑尾废气中收集下来的粉尘。窑灰可分为两类:一类为一般中空干法、湿法和半干法回转窑所排出的窑灰;另一类为预分解窑旁路放风所排出的窑灰。后者已经高温煅烧,f-CaO 含量极高,R_2O、SO_3 和 Cl^- 含量也高,在水泥工业中目前尚难以被充分利用。目前作为水泥混合材料组分之一的是前者。

窑灰的化学成分基本上界于水泥生料和水泥熟料之间。但是,随原料、燃料、煅烧设备、热工制度和收集装置的不同,其在化学成分上有较大差别。其中,灼烧减量为 $10\% \sim 25\%$,f-CaO 含量约为 10%,SO_3 含量主要取决于所用煤中的硫含量。

窑灰的矿物组成主要有 $CaCO_3$、K_2SO_4、Na_2SO_4、$CaSO_4$、烧黏土物质、水泥熟料矿物和煤灰玻璃球等。

窑灰既不属于活性混合材料,也不属于非活性混合材料,它是作为水泥组分之一的材料。但是,窑灰通常被视作混合材料在水泥中使用,理由如下:

（1）窑灰中含有一定量的水泥熟料矿物和具有火山灰性的烧黏土，这些矿物将随水泥一起水化，对水泥强度起到一定作用。

（2）窑灰中的 $CaCO_3$ 常以微粉状态存在，在水泥水化过程中能加速 C_3S 水化，与铝酸盐形成水化碳铝酸钙针状结晶，本身还起到填充密实的微集料作用，从而对早期强度有利。

（3）K_2SO_4 和 Na_2SO_4 组分可起到早强剂作用，而 $CaSO_4$ 起到石膏的缓凝作用。尽管窑灰中的 f-CaO 含量较水泥熟料高得多，但是，它主要是细分散状态的轻烧石灰，水化较快，对水泥的安定性不构成威胁，故相关国家标准规定，在水泥中可掺入一定量的窑灰。

窑灰的质量应符合国家建材行业标准《掺入水泥中的回转窑窑灰》（JC/T 742—2009）的要求。

11.4.2　通用硅酸盐水泥

国家标准对通用硅酸盐水泥的组分材料、强度等级、技术要求、检验分析方法等，均有严格的规定。以下将参照国家标准《通用硅酸盐水泥》（GB 175—2023）（包含 2009 年 1 号修改单、2014 年 2 号修改单、2018 年 3 号修改单）阐述通用硅酸盐水泥的定义、分类、组分材料、主要性能及技术要求。

1. 通用硅酸盐水泥的定义与分类

通用硅酸盐水泥是指以硅酸盐水泥熟料为主要成分，并添加适量石膏和特定混合材料制成的水硬性无机胶凝材料。它是一种常见的建筑材料，广泛应用于各种工程建设。

通用硅酸盐水泥按混合材料的品种和掺加量，可分为硅酸盐水泥、普通硅酸盐水泥、矿渣硅酸盐水泥、火山灰质硅酸盐水泥、粉煤灰硅酸盐水泥和复合硅酸盐水泥。

1）硅酸盐水泥

硅酸盐水泥（即国外通称的波特兰水泥）是指由硅酸盐水泥熟料、含量小于或等于 5% 的石灰石或粒化高炉矿渣和适量石膏，经共同磨细而制成的水硬性无机胶凝材料。硅酸盐水泥可分为以下两类：

（1）Ⅰ 型硅酸盐水泥，即不掺加混合材料的硅酸盐水泥，代号为 P·Ⅰ。

（2）Ⅱ 型硅酸盐水泥，即在硅酸盐水泥熟料粉磨时，掺加不超过水泥质量 5% 的石灰石或粒化高炉矿渣的混合材料，代号为 P·Ⅱ。

2）普通硅酸盐水泥

普通硅酸盐水泥简称普通水泥，是指由硅酸盐水泥熟料含量大于 5% 且小于或等于 20% 的混合材料和适量石膏，经共同磨细而制成的水硬性无机胶凝材料，代号为 P·O。当掺加活性混合材料时，其最大掺加量不得超过 20%。其中，允许用不超过水泥质量 5% 的窑灰或不超过水泥质量 8% 的非活性混合材料来代替。

3）矿渣硅酸盐水泥

矿渣硅酸盐水泥简称矿渣水泥，是指由硅酸盐水泥熟料、粒化高炉矿渣和适量石膏，经共同磨细而制成的水硬性无机胶凝材料。矿渣硅酸盐水泥可分为以下两类：

（1）A 型矿渣硅酸盐水泥，即粒化高炉矿渣的掺加量为大于 20% 且小于或等于 50% 的硅酸盐水泥，代号为 P·S·A。

（2）B 型矿渣硅酸盐水泥，即粒化高炉矿渣的掺加量大于 50% 且小于或等于 70% 的硅酸盐水泥，代号为 P·S·B。

矿渣硅酸盐水泥中粒化高炉矿渣的质量应符合国家标准《用于水泥中的粒化高炉矿渣》（GB/T 203—2008）或《用于水泥、砂浆和混凝土中的粒化高炉矿渣粉》（GB/T 18046—2017）的要求。其中，允许用不超过水泥质量 8% 的其他活性混合材料、非活性混合材料或窑灰中的任一种材料代替矿渣硅酸盐水泥。

4）火山灰质硅酸盐水泥

火山灰质硅酸盐水泥简称火山灰水泥，是指由硅酸盐水泥熟料、火山灰质混合材料和适量石膏，经共同磨细而制成的水硬性无机胶凝材料，代号为 P·P。

火山灰质硅酸盐水泥中火山灰质混合材料的质量应符合国家标准《用于水泥中的火山灰质混合材料》（GB/T 2847—2022）的要求，其掺加量大于 20% 且小于或等于 40%。

5）粉煤灰硅酸盐水泥

粉煤灰硅酸盐水泥简称粉煤灰水泥，是指由硅酸盐水泥熟料、粉煤灰和适量石膏，经共同磨细而制成的水硬性无机胶凝材料，代号为 P·F。

粉煤灰硅酸盐水泥中粉煤灰的质量应符合国家标准《用于水泥和混凝土中的粉煤灰》（GB/T 1596—2017）的要求，其掺加量大于 20% 且小于或等于 40%。

6）复合硅酸盐水泥

复合硅酸盐水泥简称复合水泥，是一种由硅酸盐水泥熟料、多种混合材料（至少两种）和适量石膏磨细而成的水硬性无机胶凝材料，代号为 P·C。它与普通硅酸盐水泥相比，在保持优良性能的同时，还具有以下特点。

（1）性能提升：掺加混合材料能够调节水泥的性能，例如提高抗压强度、降低水泥的热量释放、改善水泥的耐久性和工作性能等。

（2）成本降低：混合材料可以部分替代水泥熟料，降低生产成本，同时能有效利用工业废渣，促进资源循环利用。

（3）应用广泛：复合硅酸盐水泥被广泛应用于各种工程建设中，如房屋建筑、桥梁、水利工程等。

复合硅酸盐水泥中混合材料的掺加量一般在 20%~50%。其中，可以利用符合国家标准的窑灰代替部分混合材料，但窑灰的掺加量不能超过水泥质量的 8%。需要注意的是，当掺加粒化高炉矿渣时，混合材料的掺加量要考虑矿渣硅酸盐水泥的规定，避免重复掺加。

2. 通用硅酸盐水泥的组分材料

1）硅酸盐水泥熟料

硅酸盐水泥熟料中的硅酸钙矿物（$CaO·mSiO_2$）的含量应为 $w(CaO·mSiO_2) \geqslant 66\%$；$CaO$ 和 SiO_2 的质量比应为 $w(CaO)/w(SiO_2) \geqslant 2.0$。

2）石膏

天然石膏的质量应符合国家标准《天然石膏》（GB/T 5483—2008）中规定的 C 类或 M 类二级（含二级）以上的石膏或混合石膏。

工业副产石膏是指以硫酸钙（$CaSO_4$）为主要成分的工业副产物。在使用前，必须经过实验验证，确保其对水泥性能无害。

3）活性混合材料

活性混合材料是指符合国家标准的几种材料，具体如下：

粒化高炉矿渣：符合《用于水泥中的粒化高炉矿渣》（GB/T 203—2008）标准。

粒化高炉矿渣粉：符合《用于水泥、砂浆和混凝土中的粒化高炉矿渣粉》（GB/T 18046—2017）标准。

粉煤灰：符合《用于水泥和混凝土中的粉煤灰》（GB/T 1596—2017）标准。

火山灰质混合材料：符合《用于水泥中的火山灰质混合材料》（GB/T 2847—2022）标准。

这些材料在水泥生产中起到重要的作用，可以提高水泥的性能，降低生产成本。

4）非活性混合材料

非活性混合材料是指其活性指标低于相关国家标准要求的几种材料，具体如下：

粒化高炉矿渣：活性指标低于 GB/T 203—2008 标准要求。

粒化高炉矿渣粉：活性指标低于 GB/T 18046—2017 标准要求。

粉煤灰：活性指标低于 GB/T 1596—2017 标准要求。

火山灰质混合材料：活性指标低于 GB/T 2847—2022 标准要求。

石灰石：其中氧化铝含量需满足 w（Al_2O_3）$\leqslant 2.5\%$。

砂岩：活性指标无须满足相关标准要求。

5）窑灰

窑灰是指在水泥生产过程中从回转窑尾部排出的废气中收集的粉尘。这些粉尘的质量必须符合国家建材行业标准《掺入水泥中的回转窑窑灰》（JC/T 742—2009）的规定。

6）助磨剂

在水泥粉磨过程中，可以添加助磨剂，但助磨剂的添加量应控制在水泥重量的 0.5% 以内。同时，所使用的助磨剂的质量需符合国家标准《水泥助磨剂》（GB/T 26748—2011）的相关规定。

3. 通用硅酸盐水泥的主要性能

通用硅酸盐水泥的 3 项主要性能为凝结时间、安定性和强度。

1）凝结时间

水泥从加水开始到失去流动性，就好像从可塑的泥巴变成坚硬的石头，这个过程所需要的时间称为水泥的凝结时间。凝结时间可以分为两个阶段：初凝时间和终凝时间。初凝时间是指水泥从加水开始到初步失去可塑性，也就是开始变硬的时间；终凝时间是指水泥从加水开始到完全失去可塑性，也就是彻底变硬的时间。为了让水泥在使用过程中有足够的时间搅拌、运输和砌筑，水泥必须具有一定的初凝时间。但是，我们也希望水泥能够快速硬化，以便提高施工速率和缩短模板的使用时间。因此，水泥的终凝时间也不能太长。

水泥的凝结时间受多种因素影响，包括水泥熟料的矿物组成、石膏的种类和掺加量、碱含量、粉磨细度等。在硅酸盐水泥中加入适量的石膏，可以有效调节水泥的凝结时间并提高水泥的强度。但是，如果石膏掺加量过多，不仅会降低水泥的强度，还会影响水泥的安定性。因此，国家标准对 SO_3 的含量做出了严格的限制。水泥的凝结时间和强度之间存在着最佳平衡点，需要通过实验综合考虑各种因素，这样才能确定最合适的石膏掺加量。

2）安定性

水泥的安定性也称为体积安定性，是指水泥在凝固硬化过程中体积变化的均匀程度。简单来说，就是水泥在加水后逐渐硬化过程中水泥浆体能够保持一定的形状，不会出现开裂、变形或崩塌。通常情况下，除了膨胀水泥这类特殊水泥会在凝固硬化过程中体积略微膨胀，大多数水泥在这一过程中会发生轻微的收缩。但无论是膨胀还是收缩，都会在水泥完全硬化之前完成。因此，水泥石（包括砂浆和混凝土）的体积变化较为均匀，也就是安定性良好。然而，如果水泥中某些成分的化学反应没有在硬化前完成，而是在硬化后发生，并伴随体积变化，那么就会在已经硬化的水泥石内部产生有害的内应力。如果这种内应力过大，足以导致水泥石强度大幅下降，甚至出现裂缝崩塌，最终导致水泥制品损坏，那么就意味着水泥的安定性不良。

水泥的安定性不良，是由于水泥熟料中的游离氧化钙（f-CaO）、结晶氧化镁（即方镁石，f-MgO）或水泥中石膏的掺加量过多等因素造成的。

（1）水泥熟料中的 f-CaO 是一种最常见的、影响也最严重的因素。处于死烧状态的 f-CaO，其水化速率很慢，在硬化的水泥石中仍继续与 H_2O 反应而生成六方板状的 $Ca(OH)_2$ 晶体，其体积增大近 1 倍，因而产生膨胀应力（Expansion Stress），以致破坏水泥石。

（2）水泥熟料中的 f-MgO，相较于 f-CaO 而言，其水化速率更慢，在水化生成 $Mg(OH)_2$ 时体积膨胀 148%。但是，在急冷的水泥熟料中，因方镁石的结晶细小，故对水泥的安定性影响不大。

（3）若水泥熟料中 SO_3 含量过高，即石膏的掺加量过多，则多余的石膏在水泥硬化后仍继续与 H_2O 和 C_3A 反应而生成水化硫铝酸钙——钙矾石，其体积发生膨胀，因而产生膨胀应力而影响水泥的安定性。

对于不同因素引起的水泥的安定性不良，必须采用不同的实验方法进行水泥的安定性检验。

（1）对于 f-CaO 引起的水泥的安定性不良。由于 f-CaO 的水化速率相对较快，只需加热到 100 ℃即可在短时间内判断是否会引起水泥的安定性不良，所以可以采用沸煮法进行水泥的安定性检验。

（2）对于 f-MgO 引起的水泥的安定性不良。由于 f-MgO 的水化速率很慢，即使加热到 100 ℃也不能判断，必须在高温高压（215.7 ℃，2.0 MPa）条件下才能在短时间内得出结论，所以需要采用压蒸法进行水泥的安定性检验。但是，由于水泥熟料中的 MgO 不全是方镁石，而且方镁石的危害程度还与其结晶颗粒大小等因素有关，经实验证明，只要水泥熟料中的 MgO 含量符合要求，就可以确保其无害，因此不必采用压蒸法进行水泥的安定性检验。

（3）对于水泥中石膏的掺加量过多引起的水泥的安定性不良问题。大量的实验表明，只要控制水泥中的 SO_3 含量为 $w(SO_3) \leqslant 3.5\%$ ［对于矿渣硅酸盐水泥，$w(SO_3) \leqslant 4.0\%$］，就不会由于石膏的掺加量过多而出现水泥的安定性不良。若要判断高含量的 SO_3 是否会造成水泥的安定性不良，则由于钙矾石在高温下会分解，所以必须采用水浸法（20 ℃水中浸 28 天）进行水泥的安定性检验。

3）强度

水泥强度是衡量水泥质量的重要指标，也是设计混凝土配比的重要依据。高质量的水泥在水化硬化过程中，强度会逐渐增加。然而，如果水泥的安定性出现严重问题，则可能导致水泥在 3 天后强度降低，甚至崩溃无强度，这种现象称为强度倒缩。一般来说，我们将 3 天的强度称为早期强度，28 天及其以后的强度称为后期强度。有些学者也将 90 天以后的强度称为长期强度。由于水泥在 28 天后已基本发挥其强度，因此，我们使用 28 天强度来划分水泥的强度等级。符合某一强度等级和某一类型的水泥，必须同时满足相应指标。如果在任何一个水化时间段内，水泥的抗压强度（R_c）或抗折强度（R_f）达不到所要求的强度等级规定，则应根据该水化时间的强度值来确定该水泥的强度等级。

硅酸盐水泥的强度等级分为 6 个等级：42.5，42.5R，52.5，52.5R，62.5 和 62.5R。

普通硅酸盐水泥和复合硅酸盐水泥的强度等级，分为 4 个等级：42.5，42.5R，52.5 和 52.5R。

矿渣硅酸盐水泥、火山灰质硅酸盐水泥、粉煤灰硅酸盐水泥的强度等级分为 6 个等级：32.5，32.5R，42.5，42.5R，52.5 和 52.5R。

其中，R 型水泥属于快硬型，对其 3 天强度有较高的要求。

4. 通用硅酸盐水泥的技术要求

1）化学指标

对于通用硅酸盐水泥，其化学指标如表 11-9 所示。

2）碱含量（选择性指标）

对于通用硅酸盐水泥，其碱含量用 Na_2O 当量的计算值 $[w(Na_2O)+0.658w(K_2O)]$ 表示。若使用活性集料而用户要求提供低碱水泥时，水泥中的碱含量应为 $[w(Na_2O)+0.658w(K_2O)] \leqslant 0.60\%$，或者由供需双方商定。

3）物理指标

（1）凝结时间。

对于硅酸盐水泥，初凝时间为 $t_{初} \geqslant 45$ min；终凝时间为 $t_{终} \leqslant 390$ min。

对于普通硅酸盐水泥、矿渣硅酸盐水泥、火山灰质硅酸盐水泥、粉煤灰硅酸盐水泥和复合硅酸盐水泥，初凝时间为 $t_{初} \geqslant 45$ min；终凝时间为 $t_{终} \leqslant 600$ min。

表 11-9　通用硅酸盐水泥的化学指标　　　　　　　　　单位:%

品种	代号	$w(不溶物)$	$w(LOI)$	$w(SO_3)$	$w(MgO)$	$w(Cl^-)$
硅酸盐水泥	P·Ⅰ	≤0.75	≤3.0	≤3.5	≤5.0①	≤0.06③
	P·Ⅱ	≤1.50	≤3.5			
普通硅酸盐水泥	P·O	—	≤5.0			
矿渣硅酸盐水泥	P·S·A	—	—	≤4.0	≤6.0②	
	P·S·B	—	—			
粉煤灰硅酸盐水泥	P·F	—	—	≤3.5	≤6.0②	
火山灰质硅酸盐水泥	P·P	—	—			
复合硅酸盐水泥	P·C	—	—			

注：① 若水泥的压蒸安定性实验合格，则水泥中的 MgO 含量 $w(MgO)$ 允许放宽至 6.0%。

　　② 若水泥中的 MgO 含量 $w(MgO)>6.0\%$，则需进行水泥的压蒸安定性实验并达到合格。

　　③ 若有更低要求，则该指标由供需双方协商确定。

（2）安定性。

对于通用硅酸盐水泥，采用沸煮法进行水泥的安定性检验并必须达到合格。

（3）强度。

对于不同品种和不同强度等级的通用硅酸盐水泥各水化时间的强度，应符合国家标准。

（4）细度（选择性指标）。

水泥的细度是衡量水泥颗粒大小的重要指标，直接影响水泥的性能。细度标准根据水泥种类有所不同。硅酸盐水泥和普通硅酸盐水泥，其细度用比表面积表示，要求比表面积 $S \geqslant$ 300 m^2/kg；矿渣硅酸盐水泥、火山灰质硅酸盐水泥、粉煤灰硅酸盐水泥和复合硅酸盐水泥，它们的细度则以筛余量来表示。简单来说，水泥颗粒越细，比表面积就越大，水泥与水的接触面积就越大，有利于水泥的水化反应，从而提高水泥强度。

通用硅酸盐水泥在出厂时，必须对其化学指标 [w (不溶物)、w (LOI)、w (MgO)、w (SO$_3$) 和 w (Cl$^-$)] 和物理指标（凝结时间、安定性和强度）进行检验。只有当检验项目全部满足相关技术要求时，水泥才被判定为合格品；当检验项目有任意一项不符合相关技术要求时，水泥都将被判定为不合格品。

11.4.3　水泥的粉磨

1. 水泥粉磨的工艺流程

水泥粉磨的工艺流程有两种：开路系统的粉磨流程和闭路系统的粉磨流程。随着立式磨机和挤压粉磨技术的发展，水泥粉磨系统中新的粉磨流程（如终粉磨）正在应用推广当中。

1）开路系统的粉磨流程

水泥的生产是一个复杂的工艺过程，其中物料和气流的流动起着至关重要的作用。

物料流动：按照生产工艺要求，将各种水泥组成物料进行配比；这些物料由配料设备混合均匀后，通过喂料设备送入磨机进行粉磨；经过粉磨后，达到质量要求的水泥从磨机中排出，并由输送设备送入水泥库进行储存。

气流流动：在物料进入磨机进行粉磨的同时，气流也随之进入；气流与物料一起在磨机内部进行循环，最终从磨机尾部排出，进入收尘系统；经过收尘处理后的气流由排风机排入大气。

简而言之，水泥生产过程中的物料流动是将各种原料按照比例混合、粉磨并储存的过程；而气流流动是为了带动物料的运动，并最终将粉尘进行收集处理。这两个过程相互配合，共同完成水泥生产过程。

2）闭路系统的粉磨流程

在水泥生产过程中，需要根据生产工艺要求将不同比例的水泥原料进行配比。这些配好的原料会由喂料设备送入磨机进行粉磨，直到达到生产控制要求的细度。粉磨后的物料会由输送设备送到分级设备进行筛分。筛分过程中，未达到产品细度要求的物料会与进入磨机的原料一起再次被粉磨。而达到产品细度要求的合格水泥产品，会由输送设备送入水泥库进行储存。

2. 影响水泥粉磨产量和质量的因素

1）进入磨机的物料的粒径

进入磨机的物料的粒径，是影响磨机产量的主要因素之一。若进入磨机的物料的粒径小，则可显著提高磨机的产量，降低单位产品电耗。

2）进入磨机的物料的水分含量

进入磨机的物料的水分含量直接影响磨机的粉磨效率。如果物料的水分含量过高，则磨机内部会产生大量细粉，这些细粉会黏附在研磨体和衬板上，导致隔仓板算缝堵塞，阻碍物料和气流流动，最终降低粉磨效率。然而，物料也不能过于干燥。适量的物料水分可以降低磨机内部温度，减少静电效应，从而提高粉磨效率。因此，为了获得最佳的粉磨效果，进入磨机物料的平均水分含量一般控制在 0.5%~1.0%。

3) 进入磨机的物料的易磨性

物料的易磨性（或易碎性），表示物料本身被破碎的难易程度。水泥熟料的易磨性受多种因素影响，其中组成成分至关重要。

（1）矿物成分影响：C_3S 含量越高，水泥熟料越易磨；C_2S 和 C_4AF 含量越高，水泥熟料越难磨。

（2）煅烧情况影响：过烧或使用黄心水泥熟料，易磨性较差；快冷的水泥熟料，易磨性较好。

（3）混合材料影响：掺加的混合材料种类和含量不同，也会影响水泥熟料的易磨性。

总而言之，水泥熟料的易磨性是一个复杂的因素，需要综合考虑其矿物成分、煅烧情况及混合材料的影响。

4) 进入磨机的物料的温度

进入磨机的物料的温度对水泥的产量和质量都有重要影响。温度过高带来的负面影响有以下几个方面：

（1）影响磨机效率：高温物料进入磨机后，会使磨机内部温度升高，容易造成水泥粉末黏附在研磨体表面，形成"包球"现象，降低磨机粉磨效率，进而影响水泥产量。

（2）影响水泥质量：高温环境下，石膏会发生脱水反应，形成半水石膏甚至无水石膏，导致水泥出现"假凝"现象，降低水泥质量，影响其使用性能。

因此，将进入磨机的物料的温度控制在合理范围，对于提高水泥生产效率和保障水泥质量至关重要。

5) 产品的细度

粉磨过程中，物料所需的细度越高，其在磨机中的停留时间就越长。为了使物料充分粉磨达到所需的细度，需要减少物料的喂入量，降低物料在磨机内的流速。然而，细度越高，磨机内产生的细粉越多，细粉的缓冲作用增强，物料黏附现象也更加严重，这些都会导致磨机产量的下降。因此，在满足水泥品种、标号及原料性质和要求的前提下，需要确定经济合理的粉磨细度指标，以确保既能满足生产需求，又能提高生产效率。

6) 磨机的通风状况

磨机的通风状况直接关系到粉磨效率。良好的通风可以显著提升粉磨效率，并带来以下益处：

（1）减少"过破碎"现象：及时排出磨机内的微粉，降低粉末在磨机内过度研磨的可能性，避免不必要的能耗和物料损耗。

（2）减少黏附现象：及时排出水蒸气，防止粉末在磨机内因潮湿而黏附在一起，避免堵塞隔仓板的筛孔，保障磨机正常运行。

（3）降低磨机内部温度：有效散热，降低磨机内部温度，防止磨机头部冒灰，改善操作环境，延长设备使用寿命。

总之，加强磨机的通风是提高粉磨效率、减少能耗、延长设备寿命的重要措施。

7) 分级效率与循环负荷率

闭路粉磨系统的核心是选粉机，它扮演着"筛选"的角色，将合格的细粉与需要进一步粉磨的粗粉分离，从而改善磨机的粉磨条件，提高粉磨效率。然而，仅仅提高选粉机的分级效率，并不一定就能提高磨机的产量。

循环负荷率是衡量闭路粉磨系统效率的重要指标，它指的是回磨粉的量与成品量之比。回磨粉是指未达到细度要求的粉末，需要再次进入磨机进行粉磨。循环负荷率越高，表示进入磨机的物料总量越大。高循环负荷率虽然能够加快物料的流动速率，减少"过粉磨"现象，有利于提升磨机产量，但也存在一些弊端。首先，会增加设备的负荷；其次，会降低选粉机的分级效率。

因此，合理控制分级效率和循环负荷率是提高磨机产量的关键。我们需要在提高分级效率的同时，兼顾循环负荷率，避免出现过高或过低的状况，以达到最佳的粉磨效果，实现磨机产量的最大化。

8）球料比及磨机内物料的流速

磨机是矿物加工的重要设备，其工作效率与内部的球料比和物料的流速密切相关。

球料比指的是磨机内部研磨体（如钢球）的质量与物料质量之比。合理的球料比对粉磨效果至关重要。经验表明，在磨机第一仓，钢球应露出料面约半个球的高度；在第二仓，则应将研磨体埋入物料 $1 \sim 2$ cm。物料的流速是指磨机内物料移动的速率。它直接影响着磨机的产量、产品质量和能耗。如果物料的流速过快，则会导致"跑粗料"，难以满足产品细度要求；反之，物料的流速过慢则容易造成"过破碎"，增加粉磨阻力，降低粉磨效率。因此，在实际生产中，我们必须控制合适的物料流速。我们可以通过以下方式调节物料的流速：

（1）调整球料比：通过改变研磨体的数量和大小，调整球料比，可以影响物料在磨机内的运动速率。

（2）改变隔仓板的形状和位置：改变隔仓板的形状和位置，可以改变物料在不同仓室之间的流动路径，进而影响流速。

（3）改变算缝的形状及大小：算缝的形状和大小影响着物料的通过速率，进而影响流速。

（4）控制研磨体的级配和装载量：合理的研磨体级配和装载量可以确保物料在磨机内得到有效的粉磨，同时避免过度破碎。

11.4.4　水泥的储存与均化

当水泥输出磨机后，需送入水泥库进行储存和均化。

1. 水泥的储存

水泥的储存是生产过程中的重要环节，它发挥着不可替代的作用，主要体现在以下四个方面：

（1）保证生产的持续性：水泥库可以有效调节水泥粉磨车间的运行，确保水泥粉磨车间能够持续稳定地生产，同时保证水泥及时出厂，避免生产中断。

（2）提升水泥品质：水泥在储存过程中会吸收空气中的水分，使水泥中的 f-CaO 发生反应，从而改善水泥的安定性，提高水泥质量。

（3）满足多元化生产需求：水泥库的容量和数量，不仅要满足生产平衡的需求，还要满足生产多品种、多等级水泥的需要，以适应市场需求的变化。

（4）有利于水泥均化，稳定质量：水泥在储存过程中需要进行均化处理，确保出厂水泥的质量稳定，避免因不同批次水泥差异造成质量波动。

2. 水泥的均化

水泥的质量直接关系到土建工程的质量和人民生命财产的安全。因此，出厂水泥不仅要符合国家标准，更要保证所有批次水泥都具有足够的富余强度，即 28d 抗压强度至少比标准值高出 2.5 MPa。这可以弥补水泥在运输和储存过程中发生的强度损失。

然而，在实际生产中，由于原料和燃料质量波动、工艺设备限制、生料均化程度不足及操作管理水平等因素的影响，出厂水泥的质量往往难以保证稳定。为了确保出厂水泥的质量稳定，在生产过程中我们必须重视水泥的均化。

水泥的均化是在水泥储存过程中进行的，常见的方式包括多库调配、机械倒库和空气搅拌。通过这些方法，可以有效地将不同批次水泥混合，降低水泥质量的波动性，从而确保最终出厂的水泥质量稳定可靠。

11.4.5　水泥的包装与散装

水泥的包装与散装是水泥储运过程中的两种方式。

包装水泥，主要是每包 50 kg 的纸袋装水泥。这种纸袋装水泥，虽然具有在运输、储存及使用时不需要专用设施，便于清点和计量，部分纸袋可作旧袋回收再加工使用等优点。但是，纸袋装水泥存在以下严重缺点。

（1）装卸、使用时不便于实行机械化。

（2）储运过程中，纸袋容易破损，水泥损失较大，一般为 3%~5%。

（3）消耗大量纸袋，既耗费大量优质木材，又增加水泥成本。

除纸袋外，用于水泥包装的还有复合袋和覆膜塑编袋等。

与纸袋装水泥相比，散装水泥具有下述优点：

（1）改善劳动条件，提高劳动生产率。散装水泥不需要包装，便于实现水泥装卸、运输和储存机械化。

（2）节约包装费、降低水泥成本。水泥包装费用在整个水泥成本中占较大的比例，而水泥散装费用要便宜得多。

（3）减少水泥损失。纸袋装水泥由出厂到使用，一般要倒运多次，纸袋破损率高，用过的纸袋中又残存少量水泥，使水泥损失量大。散装水泥的损失量则低得多。

（4）确保水泥质量。散装水泥储存于中转库内，不易受潮变质。

11.5　硅酸盐水泥的水化

水泥与水混合后，会形成具有可塑性的浆体，但这种塑性会逐渐消失，最终凝结硬化成具有特定强度的石状体。在这个过程中，还会伴随着水化放热、体积变化和强度增长等现象，这些都表明水泥与水混合后发生了复杂的物理、化学及物理化学变化。

11.5.1 水泥熟料矿物的水化

1. 硅酸三钙的水化

在水泥熟料中，C_3S 含量约为 50%，有时高达 60%，因此，它的水化作用、水化产物及其所形成的结构，对硬化水泥浆体的性能有很重要的影响。

C_3S 在常温下的水化反应大体上可表示为：

$$3CaO \cdot SiO_2 + nH_2O \longrightarrow xCaO \cdot SiO_2 \cdot yH_2O + (3-x)Ca(OH)_2 \tag{11-53}$$

上式可简写为：

$$C_3S + nH \longrightarrow C-S-H + (3-x)CH \tag{11-54}$$

C-S-H 凝胶有时也被笼统地称为水化硅酸钙。C-S-H 凝胶的化学组成是不固定的，即其 $n(CaO)/n(SiO_2)$ 和 $n(H_2O)/n(SiO_2)$ 比值并不是一个固定的数值，将会随着一系列因素而在较大范围内变化。C-S-H 凝胶的组成与它所处液相中的 $Ca(OH)_2$ 浓度有关。C-S-H 凝胶与溶液之间的平衡关系如图 11-3 所示。

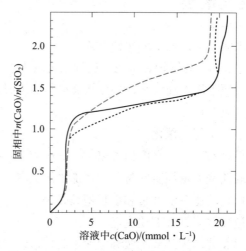

图 11-3　C-S-H 凝胶与溶液之间的平衡关系

（1）当溶液中 CaO 的浓度 $c(CaO) < 1$ mmol/L 时，生成 $Ca(OH)_2$ 和硅酸凝胶（$mSiO_2 \cdot nH_2O$）。

（2）当溶液中 CaO 的浓度 $c(CaO)$ 为 1~2 mmol/L 时，生成水化硅酸钙和硅酸凝胶。

（3）当溶液中 CaO 的浓度 $c(CaO)$ 为 2~20 mmol/L 时，生成水化硅酸钙，其 $n(CaO)/n(SiO_2)$ 比值为 0.8~1.5，其化学组成可采用 $(0.8~1.5)CaO \cdot SiO_2 \cdot (0.5~2.5)H_2O$ 表示，简式为 C-S-H(I)。

（4）当溶液中 CaO 的浓度达到饱和时［即 $c(CaO) \geqslant 20$ mmol/L］，生成碱性系数（M_0）更高的水化硅酸钙，其 $n(CaO)/n(SiO_2)$ 比值为 1.5~2.0，其化学组成可采用 $(1.5~2.0)CaO \cdot SiO_2 \cdot (1~4)H_2O$ 表示，简式为 C-S-H(Ⅱ)。

C-S-H(Ⅰ) 和 C-S-H(Ⅱ) 的尺寸都非常小，接近于胶体范畴，在显微镜下观察，C-S-H(Ⅰ) 为薄片状结构；而 C-S-H(Ⅱ) 为纤维状结构，像一束棒状或板状晶体，它的末端有典型的扫帚状结构。$Ca(OH)_2$ 是一种具有固定组成的六方板状晶体。

C_3S 在水化过程中的反应速率很快。其放热速率（Heat Release Rate，HRR）v、溶液中的 $c(Ca^{2+})$ 与水化时间 t 的关系如图 11-4 所示。

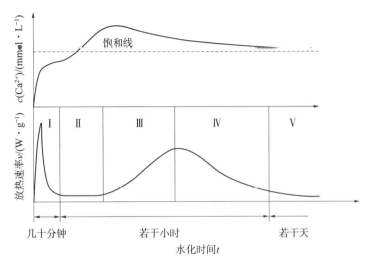

Ⅰ—初始水解期；Ⅱ—诱导期；Ⅲ—加速期；Ⅳ—衰减期；Ⅴ—稳定期。

图 11-4　C_3S 水化过程中的放热速率 v、溶液中的 $c(Ca^{2+})$ 与水化时间 t 的关系

根据图 11-4 所示的曲线，可将 C_3S 的水化过程分为以下五个阶段：

（1）初始水解期（Preinduction Period）：当加水以后立即发生急剧反应，与此同时迅速放热并出现第 1 个放热峰；Ca^{2+} 和 OH^- 迅速从 C_3S 粒子表面释放；溶液的 pH 值在几分钟内上升到 12 以上而具有强碱性。此阶段大约维持 15 min。

（2）诱导期（Induction Period）：又称静止期或潜伏期，水解反应很缓慢。这是硅酸盐水泥能在几小时内保持塑性的原因。此阶段维持 2~4 h。

（3）加速期（Acceleration Period）：反应重新加快，反应速率随着时间而增大，放热速率随着时间而增大并出现第 2 个放热峰；在放热峰的顶端达到最大反应速率，相应达到最大放热速率；然后开始早期硬化。此阶段维持 4~8 h。

（4）衰减期（Deceleration Period）：又称减速期，反应速率随着时间而下降。由于水化产物 $Ca(OH)_2$ 和 C-S-H 凝胶从溶液中结晶而在 C_3S 表面形成包裹层，故水化作用受水通过产物层的扩散控制而变得缓慢。此阶段维持 12~24 h。

（5）稳定期（Steady State Period）：反应速率很低，基本保持稳定。反应完全受扩散速率控制。此阶段大约维持若干天。

由此可见，在初始水解期，水化反应非常迅速，但反应速率很快就变得相当缓慢，这就进入了诱导期。在诱导期末，水化反应重新加速，生成较多的水化产物，然后反应速率即随时间的增长而逐渐下降。影响诱导期长短的因素较多，主要有水固比、C_3S 的细度、水化温度及外加剂等。诱导期的终止时间与初凝时间有一定的关系，而终凝时间大致发生在加速期的中间阶段。C_3S 水化过程中各阶段的变化示意如图 11-5 所示。

2. 硅酸二钙的水化

β-C_2S 的水化过程与 C_3S 相似，只不过水化速率较慢。C_2S 在常温下的水化反应大体上可表示为：

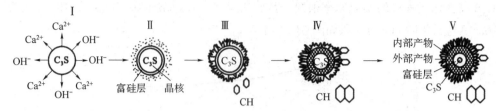

I—初始水解期；II—诱导期；III—加速期；IV—衰减期；V—稳定期。

图 11-5 C₃S 水化过程中各阶段的变化示意

$$2CaO \cdot SiO_2 + nH_2O \longrightarrow xCaO \cdot SiO_2 \cdot yH_2O + (2-x)Ca(OH)_2 \qquad (11-55)$$

上式可简写为：

$$C_2S + nH \longrightarrow C\text{-}S\text{-}H + (2-x)CH \qquad (11-56)$$

反应所形成的水化硅酸钙，在 $n(CaO)/n(SiO_2)$ 比值和显微形貌方面与 C_3S 的水化产物都无大的区别，故也称为 C-S-H 凝胶。但 CH 的生成量比 C_3S 的少，结晶也比 C_3S 的粗大。

3. 铝酸三钙的水化

C_3A 与 H_2O 反应迅速，放热速率快。其水化产物的组成和结构受液相中 CaO 浓度和温度的影响很大，在常温下的水化反应可表示为：

$$2(3CaO \cdot Al_2O_3) + 27H_2O \Longrightarrow 4CaO \cdot Al_2O_3 \cdot 19H_2O + 2CaO \cdot Al_2O_3 \cdot 8H_2O \quad (11-57)$$

上式可简写为：

$$2C_3A + 27H \Longrightarrow C_4AH_{19} + C_2AH_8 \qquad (11-58)$$

1 mol C_4AH_{19} 在相对湿度（Relative Humidity, RH）$\varphi < 85\%$ 时，会失去 6 mol 的结晶水而成为 C_4AH_{13}。

C_4AH_{19}、C_4AH_{13} 和 C_2AH_8 都是片状晶体，在常温下处于介稳状态，有向 C_3AH_6 等轴晶体转变的趋势。其反应式如下：

$$C_4AH_{13} + C_2AH_8 \Longrightarrow 2C_3AH_6 + 9H \qquad (11-59)$$

上述反应随着温度的升高而加速。当温度高于 35 ℃ 时，C_3A 会直接与 H_2O 反应而生成 C_3AH_6。其反应式如下：

$$3CaO \cdot Al_2O_3 + 6H_2O \Longrightarrow 3CaO \cdot Al_2O_3 \cdot 6H_2O \qquad (11-60)$$

上式可简写为：

$$C_3A + 6H = C_3AH_6 \qquad (11-61)$$

由于 C_3A 本身的水化热很大，而使 C_3A 颗粒的表面温度高于 135 ℃。因此，C_3A 在水化时往往直接生成 C_3AH_6。当液相中 CaO 浓度达到饱和时，C_3A 还可能继续进行水化。其反应式如下：

$$3CaO \cdot Al_2O_3 + Ca(OH)_2 + 12H_2O \Longrightarrow 4CaO \cdot Al_2O_3 \cdot 13H_2O \qquad (11-62)$$

上式可简写为：

$$C_3A + CH + 12H \Longrightarrow C_4AH_{13} \qquad (11-63)$$

在硅酸盐水泥浆体的碱性液相中，CaO 浓度往往达到饱和或过饱和，因此，可能产生较多的六方片状 C_4AH_{13}，足以阻碍粒子的相对移动。这是使浆体产生瞬时凝结的一个主要原因。当有石膏存在时，C_3A 水化的最终产物与石膏的掺加量有关。其最初的基本反应式如下：

$$3CaO \cdot Al_2O_3+3(CaSO_4 \cdot 2H_2O)+26H_2O \Longrightarrow 3CaO \cdot Al_2O_3 \cdot 3CaSO_4 \cdot 32H_2O$$

$$(11-64)$$

上式可简写为：

$$C_3A+3C\overline{S}H_2+26H \Longrightarrow C_3A \cdot 3C\overline{S} \cdot H_{32} \qquad (11-65)$$

C_3A 在有石膏存在时的水化产物如表 11-10 所示。

表 11-10 C_3A 在有石膏存在时的水化产物

实际参加反应的 $n(C\overline{S}H_2)/n(C_3A)$ 比值	水化产物
3.0	钙矾石（AFt）
1.0~3.0	钙矾石（AFt）+单硫型水化硫铝酸钙（AFm）
1.0	单硫型水化硫铝酸钙（AFm）
<1.0	单硫型固溶体[$C_3A(C\overline{S},CH)H_{12}$]
0	水化石榴子石（C_3AH_6）

对于 C_3A 在有石膏存在时水化反应所形成的高硫型水化硫铝酸钙晶体——钙矾石（Ettringite，$3CaO \cdot Al_2O_3 \cdot 3CaSO_4 \cdot 32H_2O$），习惯上称其为"三硫型水化硫铝酸钙"。

因三硫型水化硫铝酸钙中有一部分 Al^{3+} 可被 Fe^{2+} 置换，形成含有 Al^{3+} 和 Fe^{3+} 的三硫型水化硫铝酸盐相，而"三硫型"的英文为 trisulfur type，故常用简式 AFt 表示。

若石膏在 C_3A 完全水化以前已经消耗完毕，则钙矾石将与 C_3A 反应而转变为低硫型的水化硫铝酸钙晶体，习惯上称其为"单硫型水化硫铝酸钙"。其反应式如下：

$$3CaO \cdot Al_2O_3 \cdot 3CaSO_4 \cdot 32H_2O+2(3CaO \cdot Al_2O_3)+4H_2O \Longrightarrow$$
$$3(3CaO \cdot Al_2O_3 \cdot CaSO_4 \cdot 12H_2O) \qquad (11-66)$$

上式可简写为：

$$C_3A \cdot 3C\overline{S} \cdot H_{32}+2C_3A+4H \Longrightarrow 3(C_3A \cdot C\overline{S} \cdot H_{12}) \qquad (11-67)$$

因单硫型水化硫铝酸钙中有一部分 Al^{3+} 可被 Fe^{3+} 置换，形成含有 Al^{3+} 和 Fe^{3+} 的单硫型水化硫铝酸盐相，而"单硫型"的英文为 monosulfur type，故常用简式 AFm 表示。

如果石膏的掺加量极少，当所有钙矾石都转变为单硫型水化硫铝酸钙以后还有剩余的 C_3A，那么，就会形成 $C_3A \cdot C\overline{S} \cdot H_{12}$ 与 C_4AH_{13} 的固溶体。

4. 铁相固溶体的水化

水泥熟料中的铁相固溶体（Ferrite Solid Solution）可采用 C_4AF 作为代表，也可用简式 Fss 表示。铁相固溶体的水化速率比 C_3A 略慢，水化热较低，即使单独水化也不会引起快凝。其水化反应及其产物与 C_3A 很相似。其中，Fe_2O_3 基本上起着与 Al_2O_3 相同的作用，相当于 C_3A 中有一部分 Al^{3+} 被 Fe^{3+} 置换，生成水化铝酸钙与水化铁酸钙的固溶体。其反应式如下：

$$4CaO \cdot Al_2O_3 \cdot Fe_2O_3+4Ca(OH)_2+22H_2O \Longrightarrow 2[4CaO \cdot (Al_2O_3,Fe_2O_3) \cdot 13H_2O]$$

$$(11-68)$$

上式可简写为：

$$C_4AF+4CH+22H \Longrightarrow 2C_4(A,F)H_{13} \tag{11-69}$$

当温度为 20 ℃ 以上时,六方片状的 $C_4(A,F)H_{13}$ 要转变成 $C_3(A,F)H_6$。当温度高于 50 ℃ 时,C_4AF 直接水化生成 $C_3(A,F)H_6$。

当掺有石膏时,其反应也与 C_3A 大致相同。当石膏的掺加量足够时,形成有一部分 Al^{3+} 被 Fe^{3+} 置换过的钙矾石固溶体 $[C_3(A,F) \cdot 3C\overline{S} \cdot H_{32}]$。当石膏的掺加量不足时,形成单硫型固溶体。与此同时,同样存在两种晶型的转变过程。在石灰的饱和溶液中,石膏使反应的放热速率变得缓慢。

11.5.2 硅酸盐水泥的水化

硅酸盐水泥由多种水泥熟料矿物和石膏组成。当水与水泥混合后,石膏会迅速溶解,水泥熟料中的 C_3A 和 C_3S 也立刻开始与水发生反应。C_3S 在水化过程中会析出 $Ca(OH)_2$,因此水泥颗粒之间原本的液相不再是纯水,而是变成了充满 Ca^{2+} 和 OH^- 的溶液。水泥熟料中的碱性物质也会迅速溶解于水。

由此可见,水泥的水化过程从一开始就发生在充满 $Ca(OH)_2$ 和 $CaSO_4$ 溶液中,而 Ca^{2+} 的浓度取决于 OH^- 的浓度,OH^- 的浓度越高,Ca^{2+} 的浓度则越低。液相组成的变化会反过来影响水泥熟料中各个矿物的水化速率。

研究表明,石膏的存在会略微加速 C_3S 和 C_2S 的水化,并有一部分 SO_4^{2-} 进入 C-S-H 凝胶。更重要的是,石膏的存在改变了 C_3A 的反应过程,使其形成钙矾石。当溶液中石膏耗尽还有剩余的 C_3A 时,C_3A 会与钙矾石反应生成单硫型水化硫铝酸钙。

此外,碱的存在也会加速 C_3S 的水化,并使水化硅酸钙中 $n(CaO)/n(SiO_2)$ 增大。石膏还可以与 C_4AF 反应生成三硫型水化硫铝(铁)酸钙固溶体。如果石膏的掺加量不足,那么也可能会生成单硫型水化硫铝(铁)酸钙固溶体。

因此,水泥的主要水化产物是 $Ca(OH)_2$、C-S-H 凝胶、水化硫铝酸钙、水化硫铁酸钙、水化铝酸钙及水化铁酸钙等。

硅酸盐水泥水化过程中的放热速率 v 与水化时间 t 的关系如图 11-6 所示。图 11-6 所示的曲线与 C_3S 的基本相同。据此,可将硅酸盐水泥的水化过程简单地划分为以下三个阶段:

(1)钙矾石形成期:在水泥硬化过程中,水泥的主要成分 C_3A 首先与水发生反应,即水化。当石膏存在时,C_3A 与水化产物和石膏迅速反应生成钙矾石,这一过程释放大量热量,形成了水泥硬化过程中的第一个放热峰。

(2)C_3S 水化期:C_3S 会迅速与水反应,释放出大量的热量,形成第 2 个放热峰。有时,还会出现第 3 个放热峰,或者在第 2 个放热峰上出现一个“峰肩”。通常认为,这是由于钙矾石转变为单硫型水化硫铝(铁)酸钙引起的。当然,C_2S 和铁相也会不同程度地参与这两个阶段的反应,生成相应的其他水化产物。

(3)结构形成和发展期:放热速率很低并趋于稳定。各种水化产物随着水化时间而增多,填入原先由水所占据的空间,再逐渐连接并相互交织,发展成为硬化的浆体结构。硅酸盐水泥水化产物的形成和浆体结构的发展示意如图 11-7 所示。

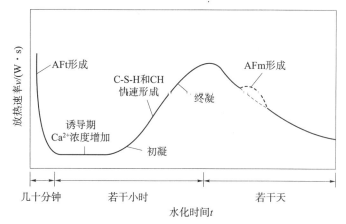

图 11-6 硅酸盐水泥水化过程中的放热速率 v 与水化时间 t 的关系

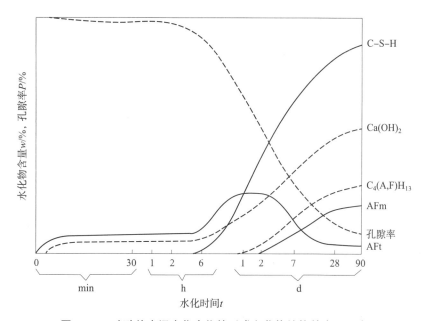

图 11-7 硅酸盐水泥水化产物的形成和浆体结构的发展示意

11.5.3 水化速率与凝结时间的调节

水泥的水化反应是其性能的关键所在。水化速率指的是水泥在单位时间内发生的化学反应程度,即水化程度的快慢。水化程度则表示已经水化的水泥占总量的比例。

水泥的水化反应会经历两个重要的阶段:凝结和硬化。

凝结是指水泥浆失去流动性,开始固化并获得一定塑性强度的过程。这个阶段标志着水泥浆从可流动状态转变为固态状态。硬化则是指水泥浆固化后,内部结构逐渐变得坚固,并获得一定机械强度的过程。硬化过程是水泥获得最终强度的关键。

水泥的凝结过程可以分为初凝和终凝两个阶段,分别代表着凝结过程的开始和结束。为了准确测量水泥的凝结时间,国家标准规定使用维卡仪进行测试。

影响水泥水化速率的因素有很多，主要有以下几个：

1. 水泥熟料的矿物组成

在水泥熟料中，四种主要矿物的水化速率 (v)，按其大小排序为：

$$v(C_3A) > v(C_3S) > v(C_4AF) > v(C_2S)$$

2. 水灰比

水灰比（Water Cement Ratio）是指水的用量与水泥用量的质量之比（w/c）。若 w/c 大，则水泥颗粒能高度分散，水与水泥的接触面积大，因此水化速率快。另外，当 w/c 增大时，可使水化产物有足够的扩散空间，有利于水泥颗粒继续与水接触而发生反应。但是，当 w/c 增大时，可使水泥凝结缓慢，强度下降。

3. 细度

水泥的细度对水化反应和强度具有重要影响。当水泥颗粒更细时，与水的接触面积更大，从而加速水化反应。此外，细度高的水泥更容易发生晶格扭曲和缺陷，同样有利于水化反应。一般而言，当水泥颗粒粒径小于 40 μm 时，其水化活性较高，同时在技术和经济方面比较合理。然而，如果水泥颗粒过细，虽然能够促进早期水化反应和强度的增加，但对后期强度提升效果有限。这表明，水泥的细度需要控制在一个合理的范围内，既要保证其活性，又要避免过细带来的负面影响。

4. 养护温度

水泥的水化反应也遵循一般的化学反应规律。当温度提高时，水化反应加快，特别是对水泥早期水化速率的影响更大。但是，水化程度的差别到后期逐渐减小。

5. 外加剂

水泥的外加剂是水泥生产和应用中不可或缺的一部分，主要包括促进水泥凝结的促凝剂、加速水泥硬化的促硬剂及延缓水泥凝结的延缓剂。绝大多数无机电解质都能加速水泥水化过程。最早应用的外加剂是氯化钙（$CaCl_2$），它通过增加 Ca^{2+} 浓度，加快 $Ca(OH)_2$ 的结晶，从而缩短水泥的诱导期。而大多数有机外加剂具有延缓水泥水化的作用，其中最常见的便是各种木质素磺酸盐。

水泥的凝结时间与水化速率息息相关，而影响水化速率的因素也会影响水泥的凝结时间。通常情况下，水泥熟料经过粉磨成细粉后，一旦与水接触就会迅速凝结，导致施工无法进行。为了解决这个问题，人们在水泥中添加了石膏。适量的石膏不仅可以调节水泥的凝结时间，便于施工，还可以改善水泥的综合性能，例如提高强度，增强耐蚀性、抗冻性、抗渗性，以及降低干缩变形。

然而，石膏对水泥凝结时间的影响并非是简单的线性关系，而是存在着突变。当石膏的掺加量超过一定限度后，即使少量增加石膏也会导致凝结时间发生明显变化。如果石膏添加得过少，则无法起到缓凝作用；而如果石膏添加得过多，则会导致水泥在水化后期继续形成钙矾石，从而在初期硬化的浆体中产生膨胀应力，降低强度，甚至造成水泥安定性不良的后果。

因此，国家标准对水泥中石膏的掺加量进行了严格限制，旨在确保水泥在保证性能的情况下，达到最佳的石膏掺加量。在实际生产中，通常采用同一批水泥熟料，掺加不同含量的石膏（SO_3 含量为 1%~4%），并将其粉磨至相同的细度。然后进行凝结时间、不同水化时间的强度等性能实验，绘制强度与 SO_3 含量的关系曲线。结合各水化时间的情况，综合考虑选择在凝结时间正常的情况下,能够达到最高强度的 SO_3 掺加量,这就是最佳的石膏掺加量。

11.5.4 水化热

水化热是指物质与水结合时释放的热量。对于水泥而言,这一过程被称为硬化热,因为它包含了水化、水解和结晶等一系列复杂反应。在冬季施工过程中,水化放热可以提高水泥浆体的温度,保证水泥正常凝固和硬化。然而,对于大型工程如基础和堤坝,由于其内部热量难以散失,混凝土内部温度会升高至 $20\sim40$ ℃,远高于表面温度,导致内部产生温度应力,最终可能造成裂缝。水泥水化放热是一个持续的过程,但大部分热量会在 3 天内释放。水化热的多少及释放速率主要取决于水泥熟料的矿物组成。其中,C_3A 的水化热和放热速率最高,C_3S 和 C_4AF 次之,而 C_2S 的水化热最低,放热速率也最慢。影响水化热的因素有很多,任何加速水泥水化的因素都会相应提高其放热速率。因此,在工程实践中,需要根据具体情况采取相应的措施,来控制水化热,防止因温度应力而产生裂缝,保证工程质量。

11.5.5 体积变化

水泥浆体在硬化过程中会发生体积变化,主要表现为固相体积的显著增加和总体积的轻微减缩。这种变化的根源在于水泥的水化反应。随着水化反应的进行,部分游离水被转变为水化产物的一部分,而反应前后反应物和生成物的密度并不相同。因此,水化产物形成后,其体积与原先的水泥和水体积并不完全一致。研究表明,硅酸盐水泥完全水化后,固相体积大约是原先水泥体积的 2.2 倍。也就是说,水化产物填充了原先体系中水所占据的空间,从而使水泥石变得致密,进而提高了其强度和抗渗性。然而,由于水泥浆体总体积的减缩,因此在体系中会产生一些微小的减缩孔。这些孔隙的存在虽然会略微降低水泥石的强度,但对水泥石的整体性能的影响相对较小。

实验结果表明,水泥熟料中各单矿物的减缩作用,无论就其绝对数值还是相对数值而言,其大小顺序均按 $C_3A>C_4AF>C_3S>C_2S$ 排列。因此,其减缩量的大小常与 C_3A 含量成线性关系。

11.5.6 水泥石的结构

水泥浆体硬化后形成一种非均质的复合材料。它由固相、液相和气相组成。固相包含了各种水化产物和未完全反应的水泥熟料,液相和气相则存在于孔隙中。因此,水泥石本质上是一个多孔的固液气三相体系。水泥石具有一定的机械强度和孔隙率,外观和性能也与天然石材相似。水化产物的化学组成和结构对水泥石的性能具有重要影响。然而,不同水化产物的形态和相对含量也直接影响着水泥石的结构强度。从力学性质来看,物理结构对水泥石性能的影响有时甚至超过化学组成。值得注意的是,即使水泥品种相同,通过调整水化产物的形成条件和发展状况,也能改变孔结构和孔分布,进而影响水泥浆体的结构和性能。

水泥石的总孔隙率、孔径大小的分布及孔的形态等，都是水泥石的重要结构特征。孔的分类方法有很多，其中的举例如表 11-11 所示。

表 11-11 孔的分类方法举例

类别	名称	直径	孔中水的作用	对水泥石性能的影响
粗孔	球形大孔	15~1 000 μm	与一般水相同	强度、渗透性
毛细孔	大毛细孔	0.05~10 μm	与一般水相同	强度、渗透性
	小毛细孔	10~50 nm	产生中等的表面张力	强度、渗透性、高湿度下的收缩
凝胶孔	胶粒间孔	2.5~10 nm	产生强的表面张力	相对湿度 $\varphi<50\%$ 时的收缩
	微孔	0.5~2.5 nm	强吸附水，不能形成新月形液面	收缩、徐变
	层间孔	<0.5 nm	结构水	收缩、徐变

水泥石中的水有不同的存在形式。按其与固相组成的作用情况，可以分为三种类型：结晶水（Crystalline Water）、吸附水（Absorbed Water）和自由水（Free Water）。

（1）结晶水又称化学结合水，根据其与晶体结合力的强弱，可分为以下两种类型：

① 强结晶水（晶体配位水）：以离子状态（OH^-）占据晶格上的固定位置，结合力强，脱水温度高。脱水过程会破坏晶格结构。例如，$Ca(OH)_2$ 中的化学结合水就以 OH^- 形式存在。

② 弱结晶水：以中性水分子形式占据晶格上的固定位置。其结合力不如晶体配位水牢固，脱水温度较低（在 100~200 ℃ 就可以脱水），脱水过程不会破坏晶格结构。当晶体为层状结构时，这种水分子常存在于层状结构之间，被称为层间水。

（2）吸附水包括以下两种类型：

① 凝胶水：包括凝胶微孔内所含水分子及胶粒表面吸附的水分子。胶粒表面吸附的水分子由于受到凝胶表面的强烈吸附而高度定向，属于不起化学反应的吸附水。

② 毛细孔水：存在于尺寸为几纳米到 0.01 μm 甚至更大的毛细孔中的水，结合力弱，脱水温度低。

（3）自由水又称游离水，是多余的蒸发水。它的存在会导致水泥浆体结构不致密，干燥后水泥石的孔隙增加，强度下降。为了研究工作的方便，经常人为地把水泥浆体中的水分为可蒸发水和非蒸发水。凡是经 105 ℃ 或降低周围水蒸气分压到 D-干燥（$6.67×10^{-2}$ Pa）的条件下能够被除去的水，称为可蒸发水。它主要是毛细孔水、自由水和凝胶水，还有水化硫铝酸钙、水化铝酸钙和C-S-H凝胶中一部分结合不牢固的结晶水。这些水的比容（Specific Volume）c 基本上为1 cm^3/g。凡是经 105 ℃ 或 D-干燥仍不能够被除去的水，称为非蒸发水。有人称这部分水为"化学结合水"，实际上它不是真正的化学结合水，而仅仅是代表化学结合水的一个近似值。由于它们已成为晶体结构的一部分，因此，其比容比自由水的小。对于完全水化的水泥来说，化学结合水的质量约为水泥质量的 23%，而这种水的比容只有 0.73 cm^3/g。化学结合水的比容比自由水的小，是水泥水化过程中体积减缩的主要原因。

由于水泥石主要由 C-S-H 凝胶组成，它一般只有几十至几百微米，故有巨大的固体内表面积。用水蒸气吸附方法所测得的 C–S–H 凝胶的比表面积约为 300 m^2/g。

11.6　掺有混合材料的硅酸盐水泥的水化和硬化

掺有混合材料的硅酸盐水泥的水化过程比纯硅酸盐水泥的水化过程更为复杂。通常情况下，水泥与水混合后，首先是硅酸盐水泥中的水泥熟料开始水化，并生成 Ca(OH)$_2$。随后，Ca(OH)$_2$ 会与混合材料发生反应，生成一系列新的水化产物。

此类水泥的密度（ρ）比硅酸盐水泥的小，火山灰质硅酸盐水泥的密度为 2.7~2.9 g/cm^3，矿渣硅酸盐水泥的密度为 2.8~3.0 g/cm^3。此类水泥的颜色均较淡。此类水泥的凝结时间一般比硅酸盐水泥的长。例如，矿渣硅酸盐水泥的初凝时间一般为 2~5 h，终凝时间为 5~9 h。水泥的标准黏度用水量取决于混合材料的种类。矿渣硅酸盐水泥的标准黏度用水量与普通硅酸盐水泥的相近，火山灰质硅酸盐水泥的标准黏度用水量较大，粉煤灰硅酸盐水泥和石灰石硅酸盐水泥的标准黏度用水量较小。温度对矿渣硅酸盐水泥、火山灰质硅酸盐水泥及粉煤灰硅酸盐水泥的强度发展很敏感。若温度低，则其凝结和硬化慢，所以不宜在冬季露天施工。其水化热比硅酸盐水泥的低。其耐水性比硅酸盐水泥的稍好，或者与硅酸盐水泥的相近。其耐热性较好，与钢筋的黏结力也强。其抗硫酸盐性能也优于硅酸盐水泥。除石灰石硅酸盐水泥的抗冻性与硅酸盐水泥的相当以外，其他几种水泥的抗冻性及抗大气稳定性比硅酸盐水泥的差，过早干燥及干湿交替对此类水泥的强度发展不利。矿渣硅酸盐水泥的泌水性大，而石灰石硅酸盐水泥有较好的和易性，泌水性小。火山灰质硅酸盐水泥由于标准黏度用水量大，因此干燥收缩率大。

11.6.1　矿渣硅酸盐水泥的水化和硬化

矿渣硅酸盐水泥的水化和硬化过程，不仅受到硅酸盐水泥熟料自身水化和硬化的影响，还与粒化高炉矿渣的活性、掺加量，以及它们与水泥熟料水化产物和石膏之间的相互作用密切相关。

1. 矿渣硅酸盐水泥的水化过程及其特点

矿渣硅酸盐水泥与水混合后，首先发生的是水泥熟料的水化反应。水泥熟料中的主要成分是 C$_3$A，它会迅速与石膏反应，生成针状晶体——钙矾石（AFt），其化学成分为三硫型水化硫铝酸钙。同时，C$_3$S 也会发生水化反应，生成 C–S–H 凝胶和 Ca(OH)$_2$，并伴随水化铁酸钙等副产物的生成。这些水化产物的性质与纯硅酸盐水泥水化时的产物基本相同。

由于 Ca(OH)$_2$ 的形成及石膏的存在，因此粒化高炉矿渣的潜在水硬性得到激发。Ca(OH)$_2$ 作为碱性激发剂，它能解离粒化高炉矿渣的玻璃体结构，使玻璃体中的 Ca^{2+}、AlO$_4^{5-}$、Al^{3+} 和 SiO$_4^{4-}$ 进入溶液，导致粒化高炉矿渣的分散和溶解；与此同时，Ca(OH)$_2$ 与粒化高炉矿渣中的活性 SiO$_2$ 和 Al$_2$O$_3$ 作用生成水化硅酸钙和水化铝酸钙。在 Ca(OH)$_2$ 与石膏的共同作用下，粒化高炉矿渣中的活性 Al$_2$O$_3$ 经反应形成水化硫铝酸钙。其反应过程如下：

$$Al_2O_3+3Ca(OH)_2+3(CaSO\cdot2H_2O)+23H_2O =\!=\!= 3CaO\cdot Al_2O_3\cdot3CaSO_4\cdot32H_2O$$

$$(11\text{-}70)$$

除此之外，该反应还可生成水化硫铁酸钙、水化铝硅酸钙（C_2ASH_8）和水化石榴子石等。

由于矿渣硅酸盐水泥中水泥熟料的相对含量较小，并且有相当多的 $Ca(OH)_2$ 与粒化高炉矿渣的活性组分作用，所以与硅酸盐水泥相比，其水化产物的碱性系数（M_0）一般较低，形成 C-S-H 凝胶的 $n(CaO)/n(SiO_2)$ 比值为 1.4~1.7。与此同时，其 $Ca(OH)_2$ 含量较少，而钙矾石含量增多。

2. 矿渣硅酸盐水泥的硬化性质

矿渣硅酸盐水泥与硅酸盐水泥一样，在与水接触后会同时发生水化和硬化反应。当矿渣硅酸盐水泥与水混合后，水泥熟料矿物的水化产物逐渐填补水所占据的空间，水泥颗粒逐渐靠近。由于钙矾石的针状、棒状晶体相互搭接，以及大量薄片状、纤维状的 C-S-H 凝胶交叉附着，原本分散的水泥颗粒和水化产物最终结合在一起，形成一个牢固且致密的立体结构。然而，由于矿渣硅酸盐水泥中水泥熟料矿物的含量相对较低（相比于硅酸盐水泥），而粒化高炉矿渣的潜在活性在早期尚未被充分激发，导致水化产物较少。因此，矿渣硅酸盐水泥的早期硬化速率较慢，表现为 3 天和 7 天的强度较低。

粒化高炉矿渣在水化过程中，其潜在活性被不断激发并发挥作用。虽然 $Ca(OH)_2$ 的含量逐渐降低，但同时形成了大量的新的水化产物，如水化硅酸钙、水化铝酸钙和钙矾石。与硅酸盐水泥相比，粒化高炉矿渣水泥中水泥颗粒与水化产物之间的结合更加紧密，结合强度更高，三维空间结构更加稳定。随着水化反应的进行，硬化体的孔隙率逐渐降低，平均孔径变小，强度不断提高。在 28 天后，粒化高炉矿渣水泥的强度甚至可以达到或超过硅酸盐水泥。

粒化高炉矿渣作为水泥混合材料的应用早已十分广泛。传统工艺中，矿渣与水泥熟料一起粉磨。然而，由于二者硬度和易磨性差异较大，导致混合粉磨后的水泥中，矿渣组分的平均粒度偏大，无法充分发挥其潜在活性。因此，为了提高矿渣的利用率，可以采用将矿渣与水泥熟料分别粉磨后再混合的工艺。这种方法能够显著提高矿渣粉磨细度，比表面积可达 350~450 m²/kg，进而显著提升矿渣硅酸盐水泥的强度，或者增加矿渣掺加量。此外，还可以将细磨的粒化高炉矿渣微粉（比表面积为 600~800 m²/kg）直接作为混凝土掺和料添加，用于配制高性能水泥混凝土。这不仅能提升混凝土的强度，还能改善混凝土的一系列性能。

11.6.2 火山灰质硅酸盐水泥的水化和硬化

火山灰质硅酸盐水泥与水混合后，首先发生的是水泥熟料的水化反应。在这个过程中，会生成水化硅酸钙、水化硫铝（铁）酸钙、水化铝（铁）酸钙及 $Ca(OH)_2$ 等物质。

随后，水泥熟料矿物水化反应释放出的 $Ca(OH)_2$ 与火山灰质混合材料中的活性组分 SiO_2 和 Al_2O_3 发生反应，该反应称为火山灰反应（Pozzolanic Reaction）。这种反应是指 $Ca(OH)_2$ 与火山灰质混合材料中的玻璃体所含的硅氧键（Si-O）和铝氧键（Al-O）微晶格发生作用，导致其崩溃和溶解，并与 Ca^{2+} 反应生成难溶于水的二次水化物，如一水化硅酸钙和水化铝酸钙。由于火山灰反应的存在，因此水泥熟料水化液相中的 $Ca(OH)_2$ 含量会降低，进而加速水泥熟料矿物中的 C_3S 和 C_3A 的水化反应。

火山灰质硅酸盐水泥的水化产物，大体上与硅酸盐水泥的相同，主要是以 C-S-H（Ⅰ）为主的低钙水化硅酸钙凝胶，其次是水化铝（铁）酸钙、水化硫铝（铁）酸钙及固溶体。若提高水化温度，则还可能生成水化石榴子石。由于火山灰反应的存在，因此水化产物中 C-S-H 凝胶的 $n(CaO)/n(SiO_2)$ 比值较低，一般为 1.0~1.6，同时 $Ca(OH)_2$ 的含量比硅酸盐水泥浆体中的要少得多，并且随看养护时间的延长而逐渐减少。甚至某些火山灰质硅酸盐水泥中由于所掺加的混合材料的量恰好能够吸收 $Ca(OH)_2$，故水化产物中没有 $Ca(OH)_2$。

11.6.3　粉煤灰硅酸盐水泥的水化和硬化

粉煤灰硅酸盐水泥的水化和硬化过程及其生成的产物，与火山灰质硅酸盐水泥非常相似。然而，由于粉煤灰的化学成分和结构状态与火山灰质混合材料存在着一定差异，导致粉煤灰硅酸盐水泥的水化和硬化过程，以及最终形成的硬化体结构也具有一定的特殊性。

粉煤灰硅酸盐水泥拌水后，首先发生的是水泥熟料的水化反应。随后，粉煤灰中的活性成分 SiO_2 和 Al_2O_3 会与水泥熟料矿物水化过程中释放的 $Ca(OH)_2$ 等水化产物发生反应。然而，由于粉煤灰的玻璃体结构较为稳定，表面致密，因此粉煤灰玻璃体被水泥熟料矿物水化产物 $Ca(OH)_2$ 侵蚀和破坏的速率非常缓慢，即火山灰反应速率较慢。在水泥水化 7 天后，粉煤灰颗粒表面几乎没有变化；直到水化 28 天，才能观察到表面初步水化，并出现少量凝胶状的水化产物；水化 90 天后，粉煤灰颗粒表面才开始生成大量的水化硅酸钙凝胶，这些凝胶相互交叉连接，最终形成高强度的黏结力。

粉煤灰硅酸盐水泥的水化产物与硅酸盐水泥的基本相同，主要有水化硅酸钙、水化硫铝（铁）酸钙、水化铝（铁）酸钙和 $Ca(OH)_2$，有时还可能存在少量水化石榴子石等。但是，水化产物 $Ca(OH)_2$ 的含量较少，并且水化产物大部分为凝胶相，C-S-H 凝胶中 $n(CaO)/n(SiO_2)$ 比值较低。

11.6.4　石灰石硅酸盐水泥的水化和硬化

石灰石硅酸盐水泥与水混合后，首先发生的是水泥熟料的水化反应，生成 C-S-H 凝胶和 $Ca(OH)_2$ 等水化产物。在这个过程中，细小的石灰石颗粒扮演着重要角色。它们提供了无数的晶核，促使 C-S-H 凝胶和 $Ca(OH)_2$ 在其表面大量生成，从而降低了液相中 Ca^{2+} 的浓度。这加速了水泥熟料中 C_3S 颗粒表面的粒子向溶液中迁移，进而加快了水化反应。另外，石灰石与水泥熟料中的 C_3A 发生反应，生成针状的碳铝酸钙（$C_3A \cdot 3CaCO_3 \cdot 32H_2O$ 和 $C_3A \cdot CaCO_3 \cdot 12H_2O$）。这种针状晶体促进了水泥石的连生，有利于水泥强度快速增加。此外，由于石灰石颗粒表面聚集了大量的水化产物，改善了其表面状态，使其更容易与水化后的 C_3S 颗粒结合，从而提高了水泥石的致密性。因此，石灰石硅酸盐水泥在早期阶段展现出较高的强度增长率。然而，在水化后期，由于石灰石本身不再发生水化反应，也无法像粒化高炉矿渣一样激发出潜在活性，因此对后期强度增长没有贡献。尤其是在石灰石掺加量较多的情况下，后期强度甚至会明显下降。

11.7 小 结

本章主要介绍了水泥的基本概念、分类、化学-矿物组成、熟料配料计算及熟料煅烧，并对水泥的工艺流程进行了详细的介绍。作为建筑三大基本材料之一，硅酸盐水泥的应用广泛，为人类生活提供了极大便利。因此，水泥材料的研究与开发仍然是发展的动力源泉，更是水泥强国的重要发展方向。

习 题

11-1 水泥如何分类？

11-2 为何要制定水泥的国家标准？

11-3 硅酸盐水泥的化学成分和矿物组成是什么？

11-4 水泥熟料各矿物具有什么性能？

11-5 为什么要制定水泥熟料的率值？各率值是如何得来的？

11-6 推导：当 IM<0.64 时，KH 值的计算公式。

11-7 某水泥熟料中 SiO_2 含量为 20%，已知与 SiO_2 化合的 CaO 含量为 50.4%，试计算该水泥熟料的 KH 值。

11-8 推导：当掺加矿化剂 $CaSO_4$ 和 CaF_2 时，水泥熟料 KH 值的计算公式。该水泥熟料的矿物组成为 C_3S、C_2S、C_4AF、$C_{11}A_7 \cdot CaF_2$ 和 C_4A_3S。

11-9 推导如下所示的验证公式：

$$KH = \frac{w(C_3S)+0.883\,8w(C_2S)}{w(C_3S)+1.325\,6w(C_2S)}$$

11-10 有哪几种方法可得到水泥熟料的矿物组成？

11-11 简述导致硅酸盐水泥熟料矿物组成的计算值与实测值不一致的主要影响因素。

11-12 在设计水泥熟料组成（配料方案）时，应考虑哪些因素？

11-13 配料计算的基本原理是什么？

11-14 水泥熟料在煅烧过程中都发生了哪些反应？影响这些反应的因素有哪些？

11-15 欲提高水泥生料的易烧性，应采取哪些措施？

11-16 说明水泥熟料粉化的原因。

11-17 水泥熟料的理论热耗如何计算？其大致的数据是多少？

11-18 水泥为什么会凝结和硬化？为什么会产生强度？

第四篇

陶瓷工艺篇

第 12 章　陶瓷工艺学

本章首先对陶瓷的基本概念和特点进行简明扼要地概述，使读者对陶瓷有一个初步认识。然后，系统地介绍陶瓷材料的制备工艺和原理，从主要原料的选择到陶瓷粉体的加工处理，再到陶瓷坯体的成型及陶瓷材料的烧成等四个关键环节进行详细阐述。这一系列介绍旨在帮助学生全面掌握制备高精度、高性能陶瓷制品与材料的常用方法和工艺原理。为了顺应材料科学的快速发展，特别是我国特种陶瓷工业的迅猛发展，本章不仅涵盖了陶瓷材料制备的基础知识，还融入了材料改性的先进知识体系。

此外，为了适应时代需求，本章还增加了关于先进陶瓷制备工艺及表面改性方法的介绍。在教学内容的安排上，我们既注重理论知识的基础性和前沿性，更强调其实用性。通过本章的学习，学生不仅能够掌握传统陶瓷、特种陶瓷及复合陶瓷材料的制备基础理论、方法及相关技术，还能为后续各类材料专业课程的学习提供必要的理论和技术支持。在课程设计上，本章还致力于培养学生的创新观念和创新思维。通过系统学习和实践，使学生可以初步具备独立进行陶瓷材料研发、制备和改良的能力，为陶瓷相关专业的人才培养提供支持。

12.1　概　　述

陶瓷作为一种历史悠久的传统材料，凭借其独特的物理和化学性能，历经数千年发展，至今仍保持着重要的地位。早在远古时期，人类祖先便开始利用石器作为基本工具，这可以视作陶瓷制品的雏形。追溯至约一万年前，中国的陶瓷制造技术开始崭露头角，至商代已出现原始瓷器。随着历史的推进，汉代迎来了瓷器时代的开端，而经过唐、宋、元、明等朝代的持续发展，陶瓷制造技术逐渐达到了巅峰。到了清代，陶瓷制造技术已经达到了极高的水平，其制品不仅具有实用价值，更成为高超的艺术品。它们精美华贵，形态各异，既满足了人们的日常生活需求，又成为收藏家争相追逐的珍品。近几十年来，随着科技的进步和陶瓷技术的不断创新，陶瓷制品的应用领域得到了极大的拓展。从传统的日用陶瓷、艺术陶瓷，到建筑陶瓷和特种陶瓷等系列，陶瓷的应用已经渗透到了人们生活的方方面面。陶瓷独特的显微结构和功能性质使其在高技术领域得到了广泛的应用，如信息、能源、环境等新型领域。此外，陶瓷材料的种类也得到了极大的丰富，从传统的氧化物系列，发展到氮化物、碳化物、硼化物及各类复合材料。这些新型陶瓷材料不仅具有优异的物理和化学性能，而且具有广泛的应用前景。

12.1.1 陶瓷的定义与分类

陶瓷（Ceramics）通常是普通陶瓷和特种陶瓷的总称，是一类在国民经济中具有许多重要用途的无机非金属材料。在专业领域中，传统陶瓷指的是以黏土类为主要原料，结合其他矿物原料，经过破碎、混合、成型及高温烧制等工艺流程所制成的产品。这些产品涵盖了多种类型，包括日常使用的日用陶瓷、卫生陶瓷，以及用于电工、化工和化学领域的传统陶瓷。随着科技进步和社会发展，特种陶瓷作为一种性能卓越的新型材料，逐渐崭露头角。这类陶瓷在电子、航空、航天及生物医学等多个高端领域中有着广泛的应用。其特殊的物理、化学及电气性能，使其成为满足现代科技发展需求的关键材料。因此，特种陶瓷的诞生与发展，无疑为现代工业和技术进步注入了新的活力。陶瓷主要有以下几种分类：

1. 按坯体致密程度分类

普通陶瓷按所用原料及坯体致密程度分为陶器、炻器和瓷器，如图 12-1 所示。从粗陶器、普通陶器、精陶器、炻器、普通瓷器到细瓷器。

（a）　　　　　　　　（b）　　　　　　　　（c）

图 12-1　普通陶瓷按所用原料及坯体致密程度分类
（a）陶器；（b）炻器；（c）瓷器

1）陶器

陶器是指吸水率大于 3% 的陶瓷制品，其种类繁多，包括粗陶器与精陶器。粗陶器主要用于制作盆、碗、砖瓦及各种陶管等，这些产品以其耐用性和实用性在建筑和日常生活中得到广泛应用。而精陶器更为精细，包括日用精陶、美术陶坯和釉面砖等，它们以其独特的艺术性和装饰性在市场上占有一席之地。

2）炻器

炻器的吸水率为 1%~3%。炻器制品涵盖了日用炻器、卫生陶瓷、化工陶瓷、低压电瓷、地砖、锦砖及青瓷等众多领域。这些产品以其优异的性能和广泛的应用范围，在各个行业中发挥着重要的作用。

3）瓷器

瓷器的吸水率小于 1%，是陶瓷制品中最为精细的一类。其中，细瓷是瓷器中的一种重要分类，包括日用细瓷（如长石瓷、绢云母瓷、骨灰瓷等）、美术瓷、高压电瓷和高频装置瓷等。这些细瓷制品以其高白度、高透明度和优良的机械性能，在各个领域中得到广泛应用。此外，特种陶瓷也是瓷器领域中的重要分支，包括高铝质瓷、压电陶瓷、磁性瓷和金属陶瓷等。这些特种陶瓷具有独特的物理、化学和机械性能，被广泛应用于高科技领域和特殊行业。

2. 按陶瓷的概念与用途分类

在陶艺领域中，根据其概念和用途的不同，陶瓷制品可以被划分为普通陶瓷与特种陶瓷两大类。普通陶瓷，即传统意义上的陶瓷，涵盖了各种类型和用途的陶瓷制品。依据其应用领域的差异，普通陶瓷可进一步细分为日用陶瓷、艺术陈设陶瓷、建筑卫生陶瓷、化学化工用陶瓷及电瓷等。这些陶瓷制品在原料选择和制作工艺上具有相似性，大多采用传统的陶艺制作技术。而特种陶瓷属于更广泛的陶瓷概念范畴内的材料和制品。它是现代工业和尖端科学技术中使用的先进陶瓷制品。与普通陶瓷相比，特种陶瓷在原料选择和工艺技术上已经有了显著的不同。特种陶瓷可以根据其性能和用途进一步分为结构陶瓷和功能陶瓷。结构陶瓷主要用于制造耐磨损、高强度、耐热、耐热冲击、高硬度、高刚性、低热膨胀性和隔热等结构材料。例如，各种氧化物陶瓷、氮化物陶瓷、碳化物陶瓷等，它们在机械、化工、航空等领域有着广泛的应用。功能陶瓷则是一类具有电、磁、光、声、热等多种功能的陶瓷材料。这些陶瓷材料具有独特的物理化学性质，可以用于制造电容器陶瓷、压电陶瓷、磁性陶瓷、半导体陶瓷及生物陶瓷等，它们在电子、通信、生物医疗等领域发挥着重要作用。

总的来说，无论是普通陶瓷还是特种陶瓷，都在各自的领域内发挥着不可替代的作用。它们不仅是我们日常生活中不可或缺的一部分，也是现代工业和科学技术发展的重要支撑。

12.1.2　我国陶瓷技术发展概况

我国陶瓷制造的历史源远流长，成就辉煌。陶瓷作为我国的伟大发明之一，历经世世代代劳动人民的精心研制与创新，不仅在材质、造型及装饰上达到了高超的工艺水平，更展现出我国陶瓷艺术的独特魅力。

陶器作为人类最早的手工制品，它的诞生标志着人类从游牧生活向定居农耕生活的转变。通过无数次的实践与探索，人类发现黏土可以不经其他容器的辅助，仅通过加水塑形后进行火烧，即可形成实用的陶器。这一发现，将人类文化从旧石器时代推向了新石器时代。

已有证据表明，在我国北方和南方均发现了早期的陶器。例如，北方中原地区的裴李岗遗址中发现的陶器距今已有约 8 000 年的历史，而南方浙江余姚河姆渡村的陶器也已有约 7 000 年的历史。这些早期的陶器多为泥质和夹砂的红陶、灰陶及夹碳黑陶。

随着陶器制作技术的不断进步，到了新石器时代末期，彩陶和黑陶成为当时陶瓷制作的标志。在河南渑池县仰韶村发现的彩陶片，以及山东章丘市龙山镇城子崖发现的黑陶，都代表了当时制陶技术的高峰。其中，仰韶文化以红黑花纹的彩陶为特征，而龙山文化以黑陶为主要代表。

西汉时期是我国制陶业的鼎盛时期，制陶作坊遍布各地。其中，釉陶的生产在西汉末年已经相当普遍。汉代釉陶的釉色丰富多样，如翠绿、铜绿、赫黄、青灰等，这些颜色主要由含有少量氧化铜、氧化铁的铅釉形成。同时，硬陶上的青灰釉是一种高钙石灰釉，其含钙量高达 15%~20%。经过原料的精选、烧制温度的提高及石灰釉的使用，我国的陶瓷制作技术达到了一个新的高度。综上所述，我国陶瓷制作的历史不仅悠久，而且在各个时期都取得了显著的成就。这些成就不仅体现了我国劳动人民的智慧和才干，更展示了我国陶瓷艺术的独特魅力和深厚底蕴。在汉朝末期，釉陶艺术已经逐渐过渡到更为致密、光泽度更高的瓷器制作。这一转变标志着我国陶瓷工艺的重大进步。到了东汉末年，釉陶已经演变成瓷器，但陶器因其独特的魅力与实用价值，依然与瓷器并存于世。随着历史的演进，陶器的种类也在不断更新，如唐代的唐三彩以其丰富多彩的色彩著称，而宋代以后江苏宜兴的紫砂陶器以其独特的材质和工艺闻名于世。

中国瓷器对世界各国产生了深远的影响。早在唐代，中国的瓷器就已经开始销往日本、印度、波斯及埃及等国家。进入宋朝，中国瓷器更远销至土耳其、荷兰、意大利等国，同时中国的制瓷技术传播到了世界各地。然而，在旧中国时期，我国的陶瓷业逐渐衰弱，失去了世界的领先地位。然而，新中国成立后，我国陶瓷业迎来了迅速的恢复和发展。尽管目前我国陶瓷业的总体水平与世界先进水平还存在一定差距，但我们仍在不断努力追赶和超越。关于从陶到瓷的发展历程，学者们有着不同的观点。李家治等认为我国陶瓷发展史上有三个重大突破和三个阶段。首先是原料的选择和精制、窑炉的改进及烧成温度的提高，这些都是瓷器制作的基础。其次是釉的发现和使用，经历了从陶器到原始瓷器，再到瓷器的演变过程。最后是化学组成中的 Fe_2O_3 含量从陶器的 6% 降低到原始瓷器的 3%，再到瓷器的 1% 左右，这一变化使瓷器烧成温度得以提高。

12.1.3　陶瓷在现代化建设中的作用

陶瓷不仅是器物，也是中华文明给予世界的巨大贡献。在一带一路上的中国陶瓷文化也发挥着重要作用。

在过去的数十年里，空间技术、电子工程、激光技术、计算科学及红外技术等新兴领域的技术发展如火如荼，而这些技术的广泛应用与推广，都离不开新型材料的发现与生产。其中，陶瓷作为一种多功能和结构性的材料，其重要性不言而喻。

在一带一路上的
中国陶瓷文化
的重要作用

陶瓷在工业、农业、医疗卫生、自动化控制、广播电视等各个领域中都有着广泛的应用。为了满足电压等级的提升和输配电容量的增大，人们对电瓷的机械强度和介电强度有着极高的要求。因此，具备高机械强度和介电强度的电瓷应运而生，以满足线路、电器及电站的使用需求。

在化学工业的发展中，抗腐蚀、抗磨损、热稳定性高的化工陶瓷成为不可或缺的材料。这种材料能够抵御化学物质的侵蚀和磨损，保证了化工生产的稳定进行。与此同时，电子技术的飞速发展，从晶体管到厚膜电路、大规模集成电路，都与压电陶瓷、铁电陶瓷、磁性材料、半导体材料及其器件的研发密不可分。在航天技术领域，陶瓷更是扮演着举足轻重的角色。运载工具如火箭、人造卫星和飞船等所使用的高温结构材料、烧蚀材料及涂层等，均属于陶瓷的范畴。这些材料具有出色的高温稳定性和耐磨损性，为宇航技术的发展提供了强有力的支持。

当前，科研工作者们不断探索和创新，研制出了诸如杀菌卫生瓷、玻纤增强陶瓷、记忆陶瓷、塑料陶瓷等新的产品。这些产品的出现，不仅丰富了陶瓷的应用领域，也推动了陶瓷与其他材料的复合研究，取得了可喜的进展。

第 12 章　陶瓷工艺学

12.1.4　陶瓷的生产工艺流程

鉴于陶瓷制品的种类丰富多样，其原料往往根据地域性质而就地取材，具有较大的变化性。同时，陶瓷的成型方法多种多样。其中包括一次烧成、二次烧成及二次烧成等不同工艺。此外，陶瓷产品还有上釉与无釉之分。因此，陶瓷生产工艺流程呈现出多样化的特点。以一次烧成彩釉陶瓷墙地砖生产工艺为例，其详细的生产工艺流程如图 12-2 所示。

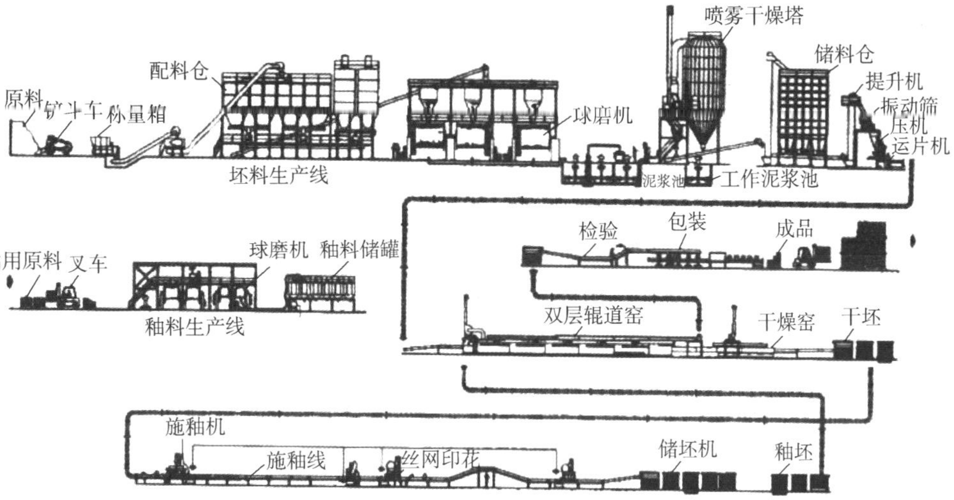

7

图 12-2　彩釉陶瓷墙地砖详细的生产工艺流程

7

传统陶瓷的制作过程

12.2　陶瓷坯料

本节将主要介绍陶瓷坯料的原料及基本配方计算。

12.2.1　陶瓷坯原料

1. 黏土类原料

黏土是一种由多种含水铝硅酸盐矿物混合而成的天然资源，其矿物粒径通常小于 2 μm，具有多样的颜色和细致的质地。黏土在自然界中分布广泛，种类繁多，储量丰富，被视为一种宝贵的自然资源。

黏土的种类因其所含矿物的不同而异，因此其物理和化学性能也各具特色。黏土的颜色可以是白色、灰色、黄色、红色、黑色等，形态上有的疏松柔软，可以在水中自然分散；有的则呈致密坚硬的块状。这种独特的性质使黏土具有了可塑性和结合性。当调水后，黏土会变成软泥，具有良好的塑形能力，可以被轻松塑造成各种形状。经过烧结后，黏土会变得致密坚硬，这种性能为陶瓷生产提供了坚实的工艺基础。因此，黏土不仅是陶瓷生产的基础原料，也是整个传统硅酸盐工业的主要原料。它对陶瓷的成型性能、烧结性能及使用性能的赋予，使其在工业生产中具有不可替代的重要地位。

黏土的可塑性主要取决于其所含黏土矿物的结构与性能。黏土矿物主要是一些含水铝硅酸盐矿物。以下从黏土的成因与产状、黏土的组成、黏土的工艺性质分别进行介绍。

1）黏土的成因与产状

地球外壳的主要成分为硅酸盐，从地表至地下 15 km 处的地层几乎均由各种硅酸盐矿物构成。黏土的平均成分如表 12-1 所示。

表 12-1　黏土的平均成分　（质量分数）　　　　　单位:%

成分	SiO_2	Al_2O_3	MgO	CaO	Fe_2O_3	TiO_2	K_2O	Na_2O	P_2O_5	LOI
平均含量	59.1	15.4	3.5	5.1	6.9	1.1	3.1	3.8	0.3	1.7

硅酸盐矿物经风化与蚀变作用，可成为不同类型的黏土矿物。例如，长石及绢云母通过风化作用可转变为高岭石，高岭石组成的黏土就是高岭土。

黏土的成因大致可以分为以下几种类型：

（1）风化残积型黏土矿床。

风化残积型黏土矿床主要源自深层岩浆岩，如花岗岩、伟晶岩及长英岩等。这些岩石在原地经历风化作用后，便留存于原地，形成了优质的矿床资源。其中，优质高岭土的来源尤为丰富。此外，火山岩如火山凝灰岩和火山熔岩，也会在原地进行风化作用，进而形成膨润土矿床。这种类型的黏土矿床在我国南方广泛分布，通常被称为一次黏土或残留黏土、原生黏土。它们多以脉状、覆盆状或帽状形态产出。在风化过程中，有时母岩岩体与下层或沿层面活动的地下水相互作用，从而产生潜蚀淋积矿床。

（2）热液蚀变型黏土矿床。

热液蚀变型黏土矿床的形成与高温岩浆的冷凝结晶过程密切相关。当高温岩浆冷却后，其残余部分含有大量挥发分和水。随着温度进一步降低，这些水分以液态存在，并溶解了大量其他化合物。当这种热液（水）作用于母岩时，会引发一系列化学反应，进而形成黏土矿床。这种类型的矿体通常呈现出层状、脉状或透镜状的形态。

（3）沉积型黏土矿床。

沉积型黏土矿床则是通过风化后的黏土矿物经过雨水或风力的搬运作用，在低洼地带沉积而成。这些经过搬运的黏土矿物被称为二次黏土或沉积黏土、次生黏土。它们的特点是多数情况下以层状或透镜状形态产出，并且具有面积大但厚度相对较小的特点。

2）黏土的组成

黏土的性能取决于黏土的组成，包括黏土的化学组成、矿物组成和颗粒组成。

（1）黏土的化学组成。

黏土主要由黏土矿物组成，其主要的化学成分包括 SiO_2、Al_2O_3 及结晶水。在地质环境中，由于不同的生成条件，黏土中还含有少量的碱金属氧化物如 K_2O 和 Na_2O，以及碱土金属氧化物如 CaO 和 MgO。此外，还有着色氧化物如 Fe_2O_3 和 TiO_2 等。

在工业生产和科学研究过程中，对黏土原料的化学分析是至关重要的。通常，只要进行表 12-1 中列出的前九个项目的化学分析，就可以满足生产上的参考需求。这其中包括了对主要成分的测定，以及对微量元素的精确测量。

在研究工作中，有时还需要测定其他物质的含量，如 CO_2、SO_3、有机物及其他微量元素。这些数据的获取对于深入了解黏土的物理化学性质具有重要意义。在实际的生产实践中，结晶水的测定并不直接进行，而是通过一种称为"灼烧减量"（或称烧失量，LOI）的方法来进行间接测定。这种方法不仅考虑了结晶水的存在，还考虑了碳酸盐的分解和有机物的分解、挥发等因素所引起的质量变化。当黏土较为纯净、杂质含量较少时，灼烧减量可以近似地视为结晶水的量，这对于生产过程中的质量控制具有重要意义。

在陶瓷领域中，黏土的成分变化对其性能具有显著影响。对于 SiO_2 含量的变化，当黏土中石英含量较高时，其可塑性会相对较差，但干燥及烧成过程中的收缩率会相对较小。另外，当黏土中碱金属、碱土金属及铁的氧化物含量较多时，其耐火性能会降低，同时烧结所需的温度会相应降低。当 Al_2O_3 的含量超过 35% 时，通常表明黏土属于高岭石类，其耐火性能较高，烧结难度也相应增大。

此外，黏土中 Fe_2O_3 和 TiO_2 的含量对烧成后产品的颜色具有重要影响。若铁的氧化物含量低于 1%，TiO_2 含量少于 0.5%，则烧制后的坯体将保持白色。当铁的氧化物含量在 1%~2.5%，并且 TiO_2 含量达到 0.5%~1% 时，烧制后的坯体将呈现浅黄或浅灰色，其绝缘性能也会有所下降。随着 Fe_2O_3 和 TiO_2 含量的持续增加，坯体的颜色将逐渐转变为红褐色。

表 12-2 为在氧化气氛下煅烧时，黏土中 Fe_2O_3 含量对其煅烧后颜色的影响。在烧制过程中，部分 Fe_2O_3 会经历还原反应，转变为 FeO。因此，烧制后的产品通常呈现出从青色到蓝灰色，再到蓝黑色的色泽变化。这一过程也伴随着黏土耐火度的降低，这对其使用性能有着重要影响。在氧化气氛下，当烧制温度达到 1 250 ℃ 以上时，Fe_2O_3 容易发生分解，释放出气体，这可能导致产品的体积发生膨胀。这种膨胀现象在烧制过程中需要特别注意。

另外，当黏土中混有云母矿物时，云母中的 Na_2O 和 K_2O 含量会相应升高。云母的结晶水在温度超过 1 000 ℃ 时开始排出，这也是导致黏土膨胀的另一个原因。因此，在烧制过程中需要密切关注这些因素对黏土性能的影响。

表 12-2 黏土中 Fe_2O_3 含量对其煅烧后颜色的影响

Fe_2O_3 含量/%	氧化气氛下烧成	适合制造的品种	Fe_2O_3 含量/%	氧化气氛下烧成	适合制造的品种
<0.8	白色	白炻瓷	4.2	黄色	炻瓷、陶器
0.8	灰白色	细陶器、一般细瓷	5.5	浅红色	炻瓷、陶器
1.3	黄白色	白炻瓷器、普通瓷	8.5	紫红色	普通陶器、粗陶器
2.7	浅黄色	炻瓷、陶器	10.0	暗红色	粗陶器

此外，灼烧减量对黏土的工艺性能也有显著影响。如果高岭石类黏土的灼烧减量超过14%，叶蜡石黏土的灼烧减量超过5%，多水高岭石和蒙脱石类黏土的灼烧减量超过20%，瓷石的灼烧减量超过8%，则表明黏土中有机物质或碳酸盐的含量过高。这种情况下，烧成后的收缩率必然较大，需要在配料和烧成工艺上进行相应的调整和考虑，以确保产品的质量和性能。

在陶土中，CaO 和 MgO 通常以碳酸盐或硫酸盐的形态存在。当这些物质的含量较高时，在焙烧过程中，碳酸盐或硫酸盐会经历分解反应，释放出 CO_2 和 SO_3 等气体。若这一过程未能得到妥善控制，那么陶瓷坯体便有可能出现针孔和气泡。在陶瓷制作工艺中，这是一个需要特别注意的环节，因为 CaO 和 MgO 的含量的高低，直接关系到最终产品的质量和外观。过高的 CaO 和 MgO 含量若未能得到合理处理，将会对陶瓷的烧成过程产生不利影响。

在焙烧阶段，碳酸盐和硫酸盐的分解是不可避免的化学反应，但通过精确控制温度和时间，可以有效减少针孔和气泡的产生。为了确保陶瓷制品的质量，陶艺师们必须对陶土中的化学成分进行严格分析，特别是在焙烧过程中要密切监控温度和气氛的变化。只有当这些因素得到恰当控制时，才能有效避免因 CaO、MgO 分解而产生的气体造成的问题，从而确保陶瓷坯体烧成后表面光滑、无瑕。

（2）黏土的矿物组成。主要黏土矿物有以下几种：

① 高岭石族矿物。高岭石族矿物包括高岭石、地开石、珍珠陶土和多水高岭石等。高岭石是一种三斜晶系的矿物，其形态常常表现为细分散的晶体状态。这些晶体一般粒径较小，通常小于 2 μm。其外观多变，常见的是呈六方鳞片状、粒状及杆状，如图 12-3（a）所示，有时也会呈现为蠕虫状，如图 12-3（b）所示。

（a）　　　　　　　　　　（b）

图 12-3　高岭石扫描电镜形貌

（a）高岭石六方鳞片状、粒状及杆状晶体结构（5 000 倍）；（b）高岭石蠕虫状晶体结构（20 000 倍）

对于二次高岭土而言，其粒子形状显得更为不规则，边缘有折断的迹象，并且粒子尺寸相对较小。高岭石的密度范围为 2.61~2.68 g/cm³，其莫氏硬度为 1~3，并且具有 {001} 解理完全的性质。

在高岭石的加热过程中，会经历一系列的物理变化。在较低温度下，它会首先失去吸附水；然后当温度升至 550~650 ℃时，高岭石会排出结晶水；而当温度超过 950 ℃后，高岭石的晶格结构将完全解体；最后，在 1 200~1 250 ℃的高温下，高岭石将转变成莫来石。其差热曲线如图 12-4 所示。

高岭土作为一种黏土矿物，其内在品质主要取决于高岭石类矿物的含量和杂质的多少。当高岭土中高岭石类矿物的含量越高，同时杂质含量越低时，其化学组成便越接近理想的高岭石结构。此时的高岭土纯度较高，不仅耐火性能得到显著提升，而且在经过高温烧制后，能

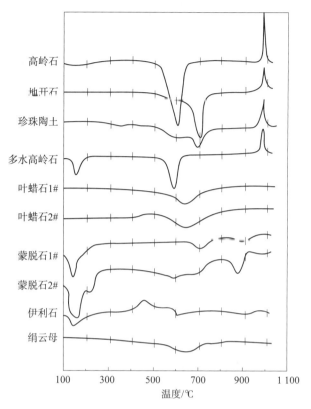

图 12-4　高岭石及其他矿物的差热曲线

够呈现出更为洁白的色泽。值得一提的是，高纯度的高岭土还有助于促进莫来石晶体的发育，这种晶体发育的越多，高岭土的力学强度、热稳定性和化学稳定性都会得到显著增强。然而，这种高纯度的高岭土在分散性方面表现相对较差，可塑性也相对较差。相反，当高岭土中杂质含量较高时，其耐火性能会相应降低，烧制后的色泽也不够洁白，莫来石晶体的数量也会减少。然而，在这种情况下，高岭土的分散度可能会有所增加，可塑性也会有所提高。

② 蒙脱石类。以蒙脱石为主要组成矿物的黏土称为膨润土（Bentonite），通常呈现出白色、灰白色、粉红色或淡黄色的外观。当其被杂质污染时，颜色会有所变化。这种黏土的密度范围为 2.3~2.8 g/cm^3，其莫氏硬度等级为 1~2，显示出其相对柔软的性质。其晶粒形态表现为不规则的细粒状或鳞片状，颗粒尺寸微小，通常小于 0.5 μm，结晶程度差，轮廓不清晰。蒙脱石晶体为单斜晶系，理论化学通式为 $Al_2O_3 \cdot 4SiO_2 \cdot nH_2O$（一般 $n>2$），晶体结构式为 $Al_4(Si_8O_{20})(OH)_4 \cdot nH_2O$。

在陶瓷制造领域，膨润土因其卓越的可塑性而被广泛应用。其可塑性大的特点使它常常被选作陶瓷生产中的增塑剂。当黏土的可塑性不足时，工匠们会巧妙地加入少量的膨润土，通常占总体配比的 5% 左右，以此来增强坯料的塑形能力和内部结合力。尽管膨润土在干燥过程中会出现较大的收缩，但这反而使其在干燥后拥有较高的强度，这一性质使其在陶瓷制造中具有不可替代的地位。然而，由于膨润土中蒙脱石的成分中 Al_2O_3 的含量偏低，并且会吸附各种阳离子，导致其杂质较多。这也就意味着其烧结温度相对较低，烧制后的色泽往往不尽如人意。

另外，釉浆的配制中也可以掺入少量的膨润土作为悬浮剂。这一做法能够有效提升釉浆的稳定性和悬浮效果。然而，值得注意的是，膨润土具有强烈的触变性，这一性质可能会对泥浆的性能产生显著影响。因此，在陶瓷制造过程中使用膨润土时，必须谨慎操作，注意控制其使用量和使用方式，以确保泥浆性能的稳定和陶瓷产品的质量。

③ 伊利石类。伊利石（Iillite）以其广泛的分布性而备受关注。从矿物学的角度来看，它属于云母类矿物的一种，但与常规的白云母相比，伊利石在成分上有所不同。它含有更多的 SiO_2 和水分（H_2O），而 Al_2O_3 的含量相对较少。

由伊利石类矿物构成的黏土具有独特的物理性质。首先，它的可塑性相对较低，这意味着在加工和塑形过程中需要特别的处理技巧。其次，这种黏土在干燥后的强度表现欠佳，因此需要采取适当的措施来增强其稳定性。再次，伊利石黏土的干燥和烧成过程中的收缩率较小，这在一定程度上影响了其成型效果。最后，其烧结温度相对较低，并且烧结范围较窄，这需要在生产过程中严格控制温度条件，以确保产品的质量。

在生产实践中，针对伊利石类黏土矿物的这些性质，我们必须给予足够的重视。通过精确控制加工过程中的各项参数，如温度、湿度和时间等，我们可以有效利用这些矿物的性质，生产出符合要求的材料和产品。

我国各地含伊利石类矿物的黏土的矿物组成不一。河北邢台章村土由伊利石和少量石英、钠长石、白云母等矿物组成。我国南方各地（如景德镇南港、三宝蓬、安徽祁门等）生产的传统细瓷的原料瓷石，由石英、绢云母及少量其他矿物组成。湖南醴陵默然塘泥为水云母类黏土，它含有少量杆状高岭石和游离石英。

黏土矿物是具有层状结构的硅酸盐矿物，其基本结构单位是硅氧四面体层和铝氧八面体层，由于四面体层和八面体层的结合方式、同形置换及层间阳离子等不同，从而构成了不同类型的层状结构黏土矿物，其结构模型如图 12-5 所示。

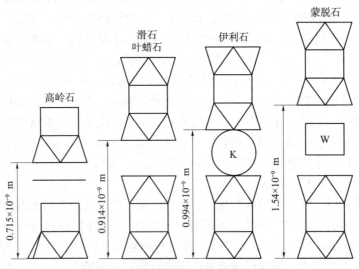

图 12-5　层状结构黏土矿物的结构模型

图 12-5 中，K 为伊利石层间域内钾离子（K^+）；W 为蒙脱石层间域内吸附的水（Water）层。黏土中的杂质矿物含石英、含铁矿物、含钛矿物、碳酸盐、硫酸盐矿物及碱性矿物等，还含有一定量的有机质。

（3）黏土的颗粒组成。

细颗粒的黏土具有较大的比表面积和表面能，因此，含有较多细颗粒的黏土展现出更佳的可塑性。这种可塑性随着细颗粒的增多而增强，同时干燥收缩会相应增大，干燥后的强度会有所提高。更为重要的是，这种黏土在烧结时的温度较低，烧成后的气孔率较小，这有助于提高制品的力学性能、白度和半透明度。

黏土中的矿物颗粒极为细小，通常其粒径在 1 μm 以下。不同类型的黏土矿物，其颗粒大小存在差异，例如，蒙脱石和伊利石的颗粒要比高岭石更细小。相比之下，非黏土矿物的颗粒则相对较粗，一般超过 1 ~ 2 μm。在进行颗粒分析时，细颗粒部分主要由黏土矿物构成，而粗颗粒部分大多为杂质矿物。

为了获取更纯净的黏土原料，通常需要进行分级处理。通过淘洗等方法，可以有效地富集细颗粒部分，从而得到较为纯净的黏土。此外，黏土的颗粒形状和结晶程度也是影响其工艺性质的重要因素。具有片状结构的颗粒在堆积时更为致密，表现出更大的塑性和强度。而结晶程度较差的颗粒相对较细，同样展现出良好的可塑性。

3）黏土的工艺性质

黏土的工艺性质是由其矿物组成、化学组成及颗粒组成共同决定的。其中，矿物组成是构成其性质的基石。在研究黏土的工艺性质时，教育者需全面而深入地理解其各项指标。这不仅包括对各种黏土的工艺性质进行量化分析，而且需要将黏土的工艺性质与其内在的组成、结构紧密相连，以实现对其性质的深入了解和掌握。

（1）可塑性。

可塑性是指黏土破碎后用适量的水调和、混炼后捏成泥团，在一定外力的作用下可以任意改变其形状而不发生开裂，除去外力后，仍能保持受力时的形状的性能。影响黏土可塑性的因素及作用趋势如表 12-3 所示。

表 12-3　影响黏土可塑性的因素及作用趋势

序号	影响因素	作用趋势
1	颗粒尺寸	颗粒越小，分散度越高，比表面积越大，可塑性就越好
2	胶体物质	胶体物质多，塑性好
3	颗粒形状	对于层状结构的黏土矿物，呈薄片状的颗粒多，呈杆状或棱角状的颗粒少，有利于可塑性的提高
4	黏土矿物的离子交换能力	离子交换能力较大者，其可塑性也较高
5	对于液相浸润能力	有较大浸润能力的液相，呈较高的可塑性
6	液体的黏度	黏度越大，坯料的可塑性就越高
7	固液比	当黏土中加入的水量适中时，具有较大塑性
8	原料处理	将黏土原矿淘洗、风化，坯料进行真空练泥及陈腐，加入无机或有机塑化剂 [如糊精、胶体 SiO_2、$Al(OH)_3$、羧甲基纤维素等]，以提高坯料的可塑性

在陶瓷生产中，如果要降低坯料的可塑性，以减少干燥收缩，可以加入非可塑性原料，

如石英、熟料、瓷粉或瘠性黏土等。

（2）结合性。

黏土的结合性是指黏土能够黏接一些瘠性原料，形成可塑泥团并具有一定干坯强度的能力。这种性质不仅保证了坯体在干燥和修坯过程中能够保持一定的强度，使上釉等后续工艺得以进行，而且是配料调节泥料性质的重要因素。黏土的结合性通过测定试条的干燥抗折强度来评估，抗折强度越高，说明黏土的结合性越好。此外，黏土的可塑性也是其重要性质之一，根据这些参数，黏土可以按不同等级的可塑性分类，如强塑性黏土、中等塑性黏土、弱塑性黏土和非塑性黏土。

（3）离子交换性。

黏土粒子因表面层断键和晶格内部离子的不等价置换而带电，它能吸附溶液中的异性离子，这种被吸附的离子又可被其他离子置换。这种性质称为离子交换性，用离子交换容量来表示。例如，高岭土阳离子的交换容量为 $0.3 \sim 0.9$ mmol/g。

离子交换的能力一般用交换容量来表示。它是 100 g 干黏土所吸附能够交换的阳离子或阴离子的量。

黏土的阳离子交换容量大小一般情况下可按下列顺序排列，即左面的阳离子能置换右面的阳离子，自右至左交换容量逐渐增大：

$$H^+ > Al^{3+} > Ba^{2+} > Sr^{2+} > Ca^{2+} > Mg^{2+} > NH_4^+ > K^+ > Na^+ > Li^+ \tag{12-1}$$

黏土除阳离子具有交换能力外，阴离子也会被黏土颗粒吸附，但吸附能力较小，并且只发生在黏土矿物颗粒的棱角上。黏土吸附阴离子的能力较小，可按下列顺序排列：

$$OH^- > CO_3^{2-} > P_2O_7^{4-} > PO_4^{3-} > CNS^- > I^- > Br^- > Cl^- > NO_3^- > F^- > SO_4^{2-} \tag{12-2}$$

即左面的阴离子能在离子浓度相同的情况下从黏土中交换出右面的阴离子。

黏土吸附的离子种类不同，对黏土泥料的其他工艺性质会有不同的影响，表 12-4 列出了黏土吸附不同离子对可塑泥团及泥浆性质的影响。

表 12-4　黏土吸附不同离子对可塑泥团及泥浆性质的影响

结合水数量（膨润土）	$K^+ < Na^+ < H^+ < Ca^{2+}$
湿润热（膨润土）	$K^+ < Na^+ < H^+ < Mg^{2+}$
ζ-电位（高岭土-膨润土）	$Ca^{2+} < Mg^{2+} < H^+ < Na^+ < K^+$
触变性，干燥速率和干后气孔率	$Al^{3+} < Ca^{2+} < Mg^{2+} < K^+ < Na^+ < H^+$
可塑泥团的液限（高岭土）	$Li^+ < Na^+ < Ca^{2+} < Ba^{2+} < Mg^{2+} < Al^{3+} < K^+ < Fe^{2+} < H^+$
泥团破坏前的扭转角	$Fe^{2+} < H^+ < Al^{3+} < Ca^{2+} < K^+ < Mg^{2+} < Ba^{2+} < Na^+ < Li^+$
泥团干后强度	$H^+ < Ba^{2+} < Na^+$；$H^+ < Ca^{2+} < Na^+$；$Cl^- < CO_3^{2-} < OH^-$
水中溶解下列电解质时泥浆的过滤速率	$NaOH < H_2O < NaCl < CaCl_2 < Al_2(SO_4)_3$

（4）触变性。

黏土泥浆及其可塑泥团的特有性质值得深入探讨。当此类材料受到振动或搅拌时，其黏度会相应降低，流动性则会有所增加。然而，当其处于静置状态时，它会逐渐恢复至原始状态。这种现象在专业领域中被称为触变性。

对于黏土而言，其触变性在生产过程中对泥料的输送及成型加工环节具有显著影响。若泥浆的触变性过小，那么成型后的产品强度可能不足以支撑其结构，这将对脱模和修复工作产生不利影响，进而影响产品的品质。相反，若泥浆的触变性过大，那么在管道输送过程中可能会遇到困难，并且成型后的产品容易发生变形。为了更准确地描述和衡量黏土泥料的触变性，我们引入了厚化度的概念。厚化度是用于表示泥浆在放置 30 min 后与初始 30 s 时的相对黏度之比。这一指标的引入，有助于我们更精确地了解和控制黏土泥浆的流动性和泥团可塑性，从而更好地指导生产和加工过程。泥浆厚化度的计算如下：

$$泥浆厚化度 = \frac{t_{30\,min}}{t_{30\,s}} \tag{12-3}$$

式中，$t_{30\,min}$——100 mL 泥浆放置 30 min 后，由恩氏黏度计中流出的时间；

$t_{30\,s}$——100 mL 泥浆放置 30 s 后，由恩氏黏度计中流出的时间。

可塑泥团的厚化度为放置一定时间后，球体或圆锥体压入泥团达一定深度时剪切强度增加的量，即：

$$泥团厚化度 = \frac{F_n - F_0}{F_0} \tag{12-4}$$

式中，F_0——泥团开始承受的负荷；

F_n——经过一定时间后，球体或锥体压入相同深度时泥团承受的负荷。

（5）收缩。

在陶瓷制作过程中，黏土泥料的干燥与煅烧阶段是决定其最终成品形态的关键环节。当黏土泥料处于干燥期时，由于内部包裹的水分逐渐蒸发，因此黏土颗粒间的连接逐渐紧密，进而导致整体体积的收缩，这一现象称为干燥收缩。

在完成干燥后，黏土泥料进入煅烧阶段。在这一阶段，会发生一系列复杂的物理化学变化。例如，脱水作用使泥料中的水分逐渐减少；分解作用使某些化合物在高温下分解；莫来石的生成则是一种新的物质形态的出现；而易熔杂质的熔化会产生一种填充颗粒间空隙的熔融物。这些变化共同作用，使泥料在煅烧过程中再次发生收缩，这一现象称为烧成收缩。

干燥收缩与烧成收缩共同构成了黏土泥料的总收缩。这种收缩现象包括线收缩和体收缩两种形式。线收缩指的是制品长度的变化率，而体收缩是指制品体积的变化率。通常而言，体收缩值大约是线收缩值的 3 倍，误差范围为 6%~9%。干燥线收缩率 S_d、烧成线收缩率 S_f 与黏土试样的总收缩率 S 的关系为：

$$S_d = \frac{a-b}{a} \times 100\% \tag{12-5}$$

$$S_f = \frac{b-c}{b} \times 100\% \tag{12-6}$$

$$S = \frac{a-c}{a} \times 100\% \tag{12-7}$$

式中，a——成型尺寸（干燥前尺寸）；

b——干燥后尺寸；

c——烧成后尺寸。

线收缩率 S_L 与体收缩率 S_V 的关系可用下式表示：

$$S_{\mathrm{L}} = \left(1 - \sqrt[3]{1 - \dfrac{S_{\mathrm{V}}}{100}}\right) \times 100\% \qquad (12-8)$$

由于干燥线收缩率 S_{d} 是以试样干燥前的原始长度为基础，而烧成线收缩率 S_{f} 是以试样干燥后的长度为基准，因此总收缩率 S 与它们的数学关系可表示为：

$$S = S_{\mathrm{d}} + S_{\mathrm{f}}(1 - S_{\mathrm{d}}) \qquad (12-9)$$

如果陶瓷坯料收缩太大，那么在干燥与烧成过程中将产生有害应力，容易导致坯体开裂。在制造大型坯件时，其水平收缩与垂直收缩也会略有差异。以上情况在制模时应根据具体实验数据进行调整。

实验室里可以借用公式进行砖坯总收缩率的估算，示例如下：

【例 12-1】 某陶瓷厂生产的 450 mm×450 mm×9 mm 的地砖，假设坯料水平收缩与垂直收缩无差异，干燥线收缩率为 6%，烧成线收缩率为 9%，求：

（1）该地砖干燥后的尺寸和成型尺寸；

（2）总收缩率是多少。

解： 压制后坯料尺寸写作 a，干燥后坯体尺寸写作 b，烧成砖尺寸写作 c。这里 c_1、c_2、c_3 分别为 450 mm、450 mm、9 mm。

$$S_{\mathrm{f}} = \frac{b-c}{b} \times 100\% = 9\%, \quad 0.91b = c$$

对应计算出 b_1、b_2、b 分别为 494.51 mm、494.51 mm、9.89 mm。则干燥后的尺寸 b 为 494.51 mm×494.51 mm×9.89 mm；

$$S_{\mathrm{d}} = \frac{a-b}{a} \times 100\% = 6\%, \quad 0.94a = b$$

对应计算出的 a_1、a_2、a_3 分别为 526.07 mm、526.07、10.52 mm。则成型尺寸 a 为 526.07 mm×526.07 mm×10.52 mm

总收缩率为：

$$S = S_{\mathrm{d}} + S_{\mathrm{f}}(1 - S_{\mathrm{d}})$$
$$= [0.06 + 0.09 \times (1 - 0.06)] \times 100\% = 14.46\%$$

或

$$S = \frac{a-c}{a} \times 100\% = \frac{526.07 - 450}{526.07} \times 100\% = 14.46\%$$

2. 石英类原料

SiO_2 在地壳中的丰度约为 60%。含 SiO_2 的矿物种类有很多，大部分以硅酸盐矿物形成岩石。无机非金属材料工业用的 SiO_2 原料主要是结晶状的矿石——石英。

1）石英的种类

在地质学领域，石英因地质产状的差异而呈现出多种形态。其中，最为纯净的石英形态称为水晶，它具有独特的物理和化学性质。由于水晶的产量相对较少，因此它在非金属材料制造中的应用相对有限，除用于制造石英玻璃之外，其他无机非金属材料制品的制造往往无法采用水晶。在陶瓷、玻璃及耐火材料等工业生产中，常用的石英类原料种类繁多。其中，脉石英、砂岩、石英岩、石英砂及硅藻土等原料的应用较为广泛。这些原料在生产过程中扮演着至关重要的角色，为制造出高质量的产品提供了坚实的物质基础。

（1）脉石英。

岩浆在经历急速冷却后，便凝固成致密结晶态的石英。这种呈脉状分布的岩浆岩，称为脉石英。脉石英的成分中，SiO_2 的含量超过 99%，杂质含量极低。其外观呈现出洁白的色泽，微微透出半透明的质感，表面散发出一种独特的油脂光泽。在断裂时，脉石英展现出贝壳状的断口形态，显示出其坚硬的性质。因高硬度和优良的物理性质，脉石英成为陶瓷釉料和优质玻璃制作的理想原料。它的纯净度和高纯度的 SiO_2 含量，使它在高温烧制过程中能够保持稳定的物理化学性质，为制作高质量的陶瓷和玻璃产品提供了坚实的物质基础。

（2）砂岩。

砂岩是一种由石英颗粒通过胶结物紧密结合形成的碎屑沉积岩。其成分相对复杂，根据胶结物的不同，砂岩可以被细分为黏土质砂岩、石膏质砂岩、石灰质砂岩、云母质砂岩及硅质砂岩等多个种类。这些砂岩通常呈现出白色、黄色、红色等多种颜色，其化学成分中 SiO_2 的含量为 90%~95%。

（3）石英岩。

石英岩。又称再结晶硅岩，是硅质砂岩经过长时间的地质作用，其中的石英颗粒逐渐重新结晶而成的。这种岩石的化学成分以 SiO_2 为主，含量通常高达 97% 以上。从外观上看，这种岩石多呈灰白色，表面具有鲜明而亮丽的光泽。它的硬度非常高，使其具有了坚韧而致密的断面。正是由于这些性质，再结晶硅岩在地质学和岩石学领域中备受关注。

（4）石英砂。

石英砂由花岗岩、伟晶岩等风化成细粒后，在水流冲击淘汰后自然聚积而成。其粒细，不用破碎，成本低。但因其杂质含量多，故成分波动大。

（5）硅藻土。

硅藻土是由微小的硅藻类水生物在死亡后，经过水中的溶解和吸收，最终演变成的产物。其本质为含水的非晶质二氧化硅，含有微量的黏土成分，因此具有了一定的可塑性。由于它具有多孔的性质，因此它能够被广泛应用于制造绝热材料、轻质材料及过滤体等。这种物质的形成过程反映了自然界中微小生物与水环境的相互作用关系，也体现了自然界的物质循环和转化规律。在工业应用中，因其独特的物理性质，如高孔隙率、轻质和良好的绝热性能，而被广泛用于各种工程领域。此外，它还常被用作制造过滤体的材料，因其内部的多孔结构可以有效过滤和分离液体中的杂质，提高液体的纯净度。

（6）燧石。

燧石是在地质学领域，含有 SiO_2 的溶液通过化学沉积的方式，在岩石来层或岩石内部形成的一种隐晶质二氧化硅。这种物质属于沉积岩的范畴，具有独特的形态和性质。这种沉积岩呈现出层状的结构，其中隐晶质二氧化硅以结核状、钟乳状、葡萄状等多种形态出现。特别是那些以钟乳状和葡萄状产出的隐晶质二氧化硅，通常被称为玉髓。这些形态各异的沉积物，在光线的照射下展现出浅灰、深灰、白色等多种颜色。燧石因其高硬度而具有广泛的用途。它可以被用作球磨机内部的衬垫，能够有效保护机器免受磨损。此外，它还可以作为研磨介质，用于各种精细研磨工作，其出色的研磨性能得到了业界的广泛认可。

2）石英的性质

石英的外在形态因种类而异，常展现出乳白色、灰白色或半透明的特质。在其断面上能观察到如玻璃或脂肪般的光泽。根据莫氏硬度标准，石英的硬度等级高达7，密度范围为 2.22~2.65 g/cm³。石英在常压环境下能够展现出7种不同的结晶态、1种玻璃态。这些结晶态在常态及不同温度条件下，其内部的结晶形态和结构会进行相互转换。这种转换过程并非是简单的，它伴随着体积的改变。当温度逐渐升高时，石英原料的密度会逐渐减小，结构变得松散，同时体积会有所膨胀。这仿佛是石英物质状态的一种独特变化规律。相反地，当温度开始下降，石英原料逐渐冷却时，其密度会逐渐增大，体积则会出现收缩。这一过程不仅体现了石英的物理性质，也揭示了其与温度变化的紧密关系。

3. 长石类原料

长石是熔剂性原料，在陶瓷坯料、釉料和玻璃配合料中作为熔剂的基本组分。

1）长石的种类及一般性质

长石是地表岩石最重要的造岩矿物之一，属于含钙、钠和钾的铝硅酸盐类造岩矿物。它们具有玻璃光泽，颜色多样，包括无色、白色、黄色、粉红色、绿色、灰色、黑色等，有些透明，有些半透明。长石的颜色和透明度主要取决于其含有的杂质。长石的形态也各异，有成块状、板状、柱状或针状等。长石的分类主要包括钾长石、钠长石、钙长石和钡长石。几种长石的熔融性质及配入陶瓷的作用如表12-5所示，其物理性质及化学组成如表12-6所示。

表12-5 几种长石的熔融性质及配入陶瓷的作用

种类	熔融性质	作用
钾长石	熔化温度较高，熔融温度范围（1 130~1 450 ℃）很宽，高温下熔体黏度高，随温度升高降低慢	保证高温下制品不易变形，烧成时易控制
钠长石	与钾长石正好相反，熔融温度范围为1 120~1 250 ℃	高温下易引起变形，不易控制烧成，但晶体在其中容易生长发育，透光性增强
钙长石	熔点较高（1 550 ℃），熔融温度范围（1 250~1 550 ℃）窄，高温下熔体不透明，黏度小	由于其高温下的缺点，故在陶瓷生产中多不采用
钡长石	熔点高（1 710 ℃），熔融温度范围较窄	普通瓷制品不选用

表12-6 几种长石的物理性质及化学组成

种类	矿物组成	熔点/℃	密度/(g·cm⁻³)	摩尔质量/(g·mol⁻¹)	化学组成（理论）/%					
					SiO_2	Al_2O_3	K_2O	Na_2O	CaO	BaO
钾长石	$K_2O \cdot Al_2O_3 \cdot 6SiO_2$	1 150	2.55	556.3	64.75	18.32	16.98	—	—	—
钠长石	$Na_2O \cdot Al_2O_3 \cdot 6SiO_2$	1 100	2.62	524.5	68.82	19.56	—	11.82	—	—
钙长石	$CaO \cdot Al_2O_3 \cdot 2SiO_2$	1 550	2.76	278.2	43.16	36.70	—	—	20.4	—
钡长石	$BaO \cdot Al_2O_3 \cdot 2SiO_2$	1 715	3.37	375.5	32.00	27.12	—	—	—	40.88

我国长石资源丰富，分布很广，其化学组成和矿物组成也有很大差别。陶瓷生产中使用的

长石要求其熔化温度低于 1 230 ℃，Al_2O_3 含量为 15%～20%，$w(K_2O+Na_2O)>13\%$ [其中 $w(Na_2O)<3\%$]，$w(Fe_2O_3)<0.5\%$。玻璃行业对长石的要求：$w(Al_2O_3)>16\%$，$w(K_2O+Na_2O)>12\%$，$w(Fe_2O_3)<0.3\%$。

2）其他长石类原料

（1）伟晶花岗岩。

伟晶花岗岩是一种重要的岩石类型，其主要由石英、正长石、斜长石及少量的白云石等构成。其中，石英的含量具有较大的波动性。在陶瓷工业中常用的伟晶花岗岩，其石英含量通常低于 30%，而长石的含量超过 70%，杂质含量相对较少。对于伟晶花岗岩的品质要求，我们需确保其中的游离石英含量低于 30%。此外，K_2O 与 Na_2O 的质量比应不小于 2，CaO 的含量应不超过 2%，碱成分的含量应不低于 8%，而 Fe_2O_3 的含量需控制在 0.5% 以下。Fe_2O_3 是一种有害物质，因此在使用过程中需要进行磁选以去除。若伟晶花岗岩中混入了黑云母等杂质，则还需进行筛选处理。

（2）霞石正长岩。

霞石正长岩的矿物组成主要为长石类（正长石、微斜长石、钠长石）及霞石 [(Na,K)$AlSiO_4$] 的固溶体。次要矿物有辉石、角闪石等。它的外观多呈浅灰绿色或浅红褐色，有脂肪光泽。

霞石正长岩在 1 060 ℃ 左右时开始熔化，随碱含量的不同在 1 150～1 200 ℃ 范围内完全熔融。由于霞石正长岩中 Al_2O_3 的含量较正长石高（一般在 23% 左右），不含或很少含游离石英，并且高温下能溶解石英使熔液黏度提高，因而坯体在烧成时不易变形，热稳定性好，机械强度较高。表 12-7 中列出了某些伟晶花岗岩和霞石正长岩的化学组成。

表 12-7　某些伟晶花岗岩和霞石正长岩的化学组成

名称	化学组成/%							
	SiO_2	Al_2O_3	Fe_2O_3	CaO	MgO	K_2O	Na_2O	LOI
四川南江霞石正长岩	40.00	28.40	0.25	4.50	0.30	4.55	15.50	5.60
伟晶花岗岩	69.89	15.08	2.50	2.07	0.66	4.29	4.73	0.54

3）长石类原料在陶瓷生产中的作用

（1）长石在高温下熔融，形成黏稠的玻璃熔体，是坯料中碱金属氧化物的主要来源，能降低陶瓷坯体组分的熔化温度，有利于成瓷和降低烧成温度。

（2）熔融后的长石熔体能熔解部分高岭土分解产物和石英颗粒。液相中 Al_2O_3 和 SiO_2 互相作用，促进莫来石晶体的形成和长大，赋予坯体力学强度和化学稳定性。

（3）长石熔体能填充于各结晶颗粒之间，有助于坯体致密和减少空隙。冷却后的长石熔体构成了瓷的玻璃基质，增加了透明度，并有助于瓷坯的力学强度和电气性能的提高。

（4）在釉料中长石是主要熔剂。

（5）长石作为瘠性原料，在生坯中可以缩短坯体干燥时间，减少坯体的干燥收缩和变形等。

4. 钙质原料

钙质原料主要有 $CaCO_3$、氟化钙（CaF_2）、白云石、硅灰石、透辉石、磷灰石、石膏等。

5. 其他矿物原料

1）滑石

滑石是一种天然的含水硅酸镁矿物，其化学通式为 $3MgO \cdot 4SiO_2 \cdot H_2O$，结构式为 $Mg_3[Si_4O_{10}](OH)_2$。从理论化学组成来看，滑石中 MgO 占 31.9%，SiO_2 占 63.4%，H_2O 占 4.7%。此外，滑石中常常含有 Fe、Al、Mn、Ca 等杂质元素。滑石具有独特的脂肪光泽，触感滑腻，让人感觉舒适。其外观呈现为粗细不等的鳞片状，有时也以细鳞片致密块状集合体的形式出现。当沿着某一特定方向进行解理时，滑石会展现出其独特的物理性质。纯净的滑石呈现出洁白的色泽，而含有杂质的滑石呈现出浅黄、浅绿、浅灰或浅褐色等多样化的颜色。在硬度方面，滑石的硬度较低，为 $1\sim2$，密度为 $2.7\sim2.8$ g/cm³。这些性质使滑石在多个领域都有着广泛的应用。

滑石在加热时，于 600 ℃ 左右开始脱水，在 $880\sim970$ ℃ 内结构水完全排出，滑石分解为偏硅酸镁和 SiO_2，反应式如下：

$$3MgO \cdot 4SiO_2 \cdot H_2O ===3(MgO \cdot SiO_2)+SiO_2+H_2O$$

在陶瓷工业中，滑石的应用具有其独特的地位。由于滑石通常呈现为片状结构，当其破碎时，容易形成片状颗粒，这给其破碎过程带来了一定的难度。因此，在正式使用之前，必须先对滑石进行预烧处理，以破坏其原有的片状结构，使其更适应陶瓷工业的需求。预烧滑石的温度范围为 $1\,200\sim1\,350$ ℃，这一过程对于滑石的性能优化至关重要。滑石是陶瓷工业中不可或缺的原料之一，它在无线电陶瓷、日用陶瓷及建筑陶瓷中都有广泛的应用。它不仅可以作为坯体原料用于制备滑石瓷、镁橄榄石瓷等陶瓷产品，还可以作为釉料使用，有效降低釉的膨胀系数，提升陶瓷制品的质量。另外，当黏土类原料中加入少量的滑石后，在高温环境下可以形成堇青石晶体。这种晶体具有出色的耐火性能，因此可以用于制造堇青石陶瓷，以及堇青石匣钵、蓬板等耐火材料窑具。

我国几种优质滑石的化学组成列于表 12-8 中。

表 12-8　我国几种优质滑石的化学组成

产地	化学组成/%								
	SiO_2	Al_2O_3	Fe_2O_3	TiO_2	CaO	MgO	K_2O	Na_2O	LOI
山东莱州	59.56	4.51	0.38	0.011	0.40	32.37	0.02	0.05	5.59
辽宁海城	60.24	0.17	0.06	0.03	0.22	32.58	0.09	0.04	6.44
广东高州	62.12	0.36	0.63	—	0.80	31.74	0.04	0.07	4.08
山西太原	57.90	0.96	0.18		1.18	32.95	0.25	6.54	0.09

2）锆质原料

（1）锆英石。

锆英石又称锆石。其化学组成为 $ZrSiO_4$，ZrO_2 的含量为 67.1%，SiO_2 的含量为 32.9%。纯净的锆英砂为无色透明的晶体，常因产地、含杂质的种类与数量不同而染成黄、橙、红、褐等色。其莫氏硬度为 7.8，密度为 $4.6\sim4.71$ g/cm³，折射率为 $1.93\sim2.01$，熔点为 $2\,550$ ℃。

锆英石广泛用于耐火材料（如锆刚玉砖、锆质耐火纤维）、铸造行业铸型用砂（精密铸件型砂）、精密搪瓷器具、玻璃、金属（海绵锆）及锆化合物（如二氧化锆、氯氧化锆、锆酸钠、氟锆酸钾、硫酸锆等）的生产中。

（2）斜锆石。

斜锆石矿是一种含游离氧化锆 90% 以上的天然矿物原料，同时含有 SiO_2、Al_2O_3、Fe_2O_3、TiO_2 等杂质。斜锆石属单斜晶系，矿石为不规则的块状，颜色呈黄色、褐色或黑色，其矿石密度为 $5.5 \sim 6 \ g/cm^3$，熔点为 $2\,500 \sim 2\,950 \ ℃$。斜锆石可作为高级耐火材料，也可用于提炼金属锆，还可以用来制造颜料、化学品、研磨材料和高技术陶瓷。

3）含锂矿物

锂的原子量轻，离子半径小（$0.60 \ Å$）且具有较低的熔点，在玻璃和陶瓷釉中采用可降低玻璃和釉的熔融温度，降低黏度和膨胀系数。含锂矿物主要有锂云母、透锂长石和锂辉石。

（1）锂云母。

锂云母又称鳞云母，成分为 $K\{Li_{2-x}Al_{1+x}[Al_{2x}Si_{4-2x}O_{10}](OH,F)_2\}$（$x = 0 \sim 0.5$），$Li_2O$ 含量为 $1.23\% \sim 5.90\%$，常含铷、铯等。锂云母属单斜晶系，常呈细鳞片状集合体，莫氏硬度为 $2 \sim 3$，比重为 $2.8 \sim 2.9$，底面解理极完全。锂云母颜色为紫色和粉色并可浅至无色，具有珍珠光泽，呈短柱体、小薄片集合体或大板状晶体，具有云母一般的解理。锂云母熔化时，可以发泡，并产生深红色的锂焰。其不溶于酸，但在熔化之后，也可受酸类的作用。

（2）透锂长石。

透锂长石的化学式为 $Li_2O \cdot Al_2O_3 \cdot 8SiO_2$。它含有大约 4% 的氧化锂，是一种应用非常广泛的有用原料。透锂长石有利于结晶过程，具有强熔剂作用。

（3）锂辉石。

锂辉石的化学式为 $LiAl(SiO_3)_2/Li_2O \cdot Al_2O_3 \cdot 4SiO_2$，属单斜晶系，晶体常呈柱状、粒状或板状。锂辉石呈灰白、灰绿、紫或黄等颜色。其莫氏硬度为 $6.5 \sim 7$，密度为 $3.03 \sim 3.22 \ g/cm^3$。作为锂化学制品原料，锂辉石被广泛应用于锂化工、玻璃、陶瓷行业，享有"工业味精"的美誉。

12.2.2　陶瓷坯料及其基本计算

本小节将重点介绍陶瓷坯料组成表示法、确定坯料配方的原则及配料的计算。

1. 坯料组成表示方法

目前有 5 种坯料组成表示方法，即配料比表示法、矿物组成（又称示性组成）表示法、化学组成表示法、实验式（赛格式）表示法、分子式表示法。

1）配料比表示法

配料比表示法是最常见的坯料组成方法，该方法是列出每种原料的百分比。例如，刚玉瓷配方：工业氧化铝（95.0%）、苏州高岭土（2.0%）、海城滑石（3.0%）。

优点：具体反映原料的名称和数量，便于直接进行生产和实验。

缺点：各工厂所用及各地所产原料成分和性质不相同，或者即使是同种原料，只要成分不同，配料比也须作相应变更，无法进行相互比较和直接引用。

2）矿物组成表示法

矿物组成（又称示性组成）表示法是指把天然原料中所含的同类矿物合并在一起，用黏土、石英、长石三种矿物的质量分数表示坯体的组成。

依据：同类型的矿物在坯料中所起的主要作用基本上是相同的。

优点：用此法进行配料计算时比较方便。

缺点：矿物种类有很多，性质有所差异，它们在坯料中的作用也是有差别的，因此用此方法只能粗略地反映一些情况。

3）化学组成表示法

化学组成表示法是指根据化学全分析的结果，用各种氧化物及灼烧减量（LOI）的质量分数反映坯和釉料的成分，日用瓷坯和日用瓷釉的化学组成如表 12-9 所示。

表 12-9　日用瓷坯和日用瓷釉的化学组成

分类	化学组成/%									
	SiO_2	Al_2O_3	Fe_2O_3	TiO_2	CaO	MgO	K_2O	Na_2O	ZnO	LOI
日用瓷坯	66.88	21.63	0.47	—	0.61	0.37	2.94	0	0.62	5.47
日用瓷釉	70.10	12.52	0.31	—	2.72	1.53	5.85	2.52	1.44	2.95

优点：利用这些数据可以初步判断坯、釉的一些基本性质，根据原料的化学组成可以计算出符合既定组成的配方。

缺点：原料和产品中的这些氧化物不是单独和孤立存在的，它们之间的关系和反应情况比较复杂，因此此方法有局限性。

4）实验式（赛格式）表示法

实验式（赛格式）表示法分为坯式或釉式和釉式。

坯式或釉式：根据坯和釉的化学组成计算出各氧化物的分子式。按照碱性氧化物、中性氧化物和酸性氧化物的顺序列出它们的分子数。

坯式：以中性氧化物 R_2O_3 为基准，令其分子数为 1，则有：

$$\left.\begin{array}{l} x R_2O \\ \cdot 1\ R_2O_3 \\ y RO \end{array}\right\} \cdot z SiO_2$$

釉式：因碱、碱土金属氧化物的熔剂作用，所以釉式中常以它们分子数之和为 1，即：

$$1 \left\{\begin{array}{l} R_2O \\ \cdot m R_2O_3 \cdot n SiO_2 \\ RO \end{array}\right.$$

常见的氧化物分类如表 12-10 所示。

表 12-10　常见的氧化物分类

碱性氧化物		中性氧化物	酸性氧化物
K_2O	ZnO	Al_2O_3	SiO_2
Na_2O	SrO	Fe_2O_3	TiO_2
Li_2O	FeO	Sb_2O_3	ZrO_2
CaO	MnO	Cr_2O_3	MnO_2
MgO	PbO	B_2O_3	P_2O_5
BaO	CdO	Al_2O_3	SiO_2

5）分子式表示法

电子工业用的陶瓷常用分子式表示其组成。

例如，最简单的锆-钛-铅固溶体的分子式为 $Pb(ZrXTi_{1-x})O_3$，$PbTiO_3$ 中的 Ti 有 $x\%$ 被 Zr 取代。陶瓷中常掺和一些改性物质。它们的数量用质量分数或摩尔分数表示。例如，$Pb_{0.920}Mg_{0.040}\ Sr_{0.025}\ Ba_{0.015}\ (Zr_{0.53}\ Ti_{0.47})O_3 + 0.5\% CeO_2 + 0.225\% MnO_2$ 表示：$Pb(Zr_{0.53}\ Ti_{0.47})O_3$ 中的 Pb 有 4% 被 Mg 取代，2.5% 被 Sr 取代，1.5% 被 Ba 取代；$PbTiO_3$ 中的 Ti 有 53% 被 Zr 取代。CeO_2 和 MnO_2 为外加改性物质。

2. 确定坯料配方的原则

（1）充分考虑产品的物理化学性能和使用性能要求。

（2）参考前人的经验和数据。

（3）了解各原料对产品性能的影响。

（4）应满足生产工艺要求。

（5）了解原料的品位、来源和到厂价格。

3. 配料的计算

掌握坯式、釉式、原料及坯料矿物组成的计算是配料计算的基本。

由坯、釉的化学组成计算坯式、釉式。

（1）用氧化物的分子量去除以相应氧化物的含量（质量分数），得到各氧化物的分子数。

（2）坯式：用中性氧化物（R_2O_3）的分子数去除以各氧化物的分子数。

釉式：用碱性氧化物（R_2O+RO）的分子数之和去除以氧化物的分子数。

所得到的数字就是坯式或釉式中各氧化物前面的系数（相对分子数）。

（3）按照碱性氧化物、中性氧化物及酸性氧化物的顺序列出各氧化物的相对分子数，即坯式。

（4）若原始组成中含有 LOI，则应先换算为不含 LOI 的组成，再按上述步骤计算。

【例 12-2】　某瓷坯的化学组成如表 12-11 所示。试求该瓷坯的坯式。

表 12-11　某瓷坯的化学组成　　　　　单位:%

SiO₂	Al₂O₃	Fe₂O₃	CaO	MgO	K₂O	Na₂O	LOI
63.37	24.87	0.81	1.15	0.32	2.05	1.89	5.54

解:(1)将化学组成换算成不含 LOI 的百分数,计算如下:

$$SiO_2: \frac{63.37}{100-5.54} \times 100\% = 67.09\%$$

其他氧化物同理进行换算,将计算结果填于表 12-12 中。

表 12-12　不含 LOI 的化学组成　　　　　单位:%

SiO₂	Al₂O₃	Fe₂O₃	CaO	MgO	K₂O	Na₂O
67.09	26.33	0.857 5	1.217	0.338 8	2.170	2.001

说明:总计为 100% 时,分母可用 100% 减去 LOI 或将各氧化物含量相加;总计不为 100% 时,分母可直接将各氧化物含量相加。

(2)将各氧化物的质量分数除以各氧化物的摩尔质量,并将计算结果填于表 12-13 中。

表 12-13　各氧化物的质量分数除以各氧化物的摩尔质量的计算结果

成分	SiO₂	Al₂O₃	Fe₂O₃	CaO	MgO	K₂O	Na₂O
质量分数	67.09	26.33	0.857 5	1.217	0.338 8	2.170	2.001
摩尔质量	60.1	101.9	159.7	56.1	40.3	94.2	62.0
计算结果	1.116	0.258 3	0.005 4	0.021 7	0.008 4	0.023 0	0.032 3

(3)算出中性氧化物的分子总数。

$$0.258\ 3 + 0.005\ 4 = 0.263\ 7$$

(4)用中性氧化物的分子总数(0.263 7)分别除以各氧化物的分子数得到各氧化物的相对分子数,并将计算结果填于表 12-14 中。

表 12-14　各氧化物的相对分子数

SiO₂	Al₂O₃	Fe₂O₃	CaO	MgO	K₂O	Na₂O
4.232	0.979 5	0.020 5	0.082 3	0.031 9	0.087 2	0.122 4

(5)将所得氧化物的相对分子数按规定排列得到坯式,计算如下:

$$\left.\begin{array}{l} 0.087\ 2 \quad K_2O \\ 0.122\ 4 \quad Na_2O \\ 0.082\ 3 \quad CaO \\ 0.031\ 9 \quad MgO \end{array}\right\} \cdot \left.\begin{array}{l} 0.979\ 5 \quad Al_2O_3 \\ 0.020\ 5 \quad Fe_2O_3 \end{array}\right\} \cdot 4.232\ SiO_2$$

【例 12-3】　某瓷厂日用瓷釉料的化学组成如表 12-15 所示。计算该瓷釉料的釉式。

表 12-15 某瓷厂日用瓷釉料的化学组成

成分	SiO_2	Al_2O_3	Fe_2O_3	CaO	MgO	K_2O	Na_2O	ZnO
数值/%	64.25	13.30	0.16	7.52	3.79	4.42	2.72	3.84
摩尔质量 $(g \cdot mol^{-1})$	60.1	101.9	159.7	56.1	40.3	94.2	62	81.4
相对分子数	1.069	0.131	0.001	0.134	0.094	0.047	0.044	0.047

解：（1）碱性氧化物的分子总数：$R_2O + RO = 0.134 + 0.094 + 0.047 + 0.044 + 0.047 = 0.366$。计算各氧化物的相对分子数，并将计算结果填于表 12-16 中。

表 12-16 各氧化物的相对分子数

SiO_2	Al_2O_3	Fe_2O_3	CaO	MgO	K_2O	Na_2O	ZnO
2.921	0.358	0.003	0.367	0.257	0.128	0.120	0.128

（2）按照碱性氧化物分子数之和为 1 写出釉式：

$$\left.\begin{array}{ll} 0.128 & K_2O \\ 0.120 & Na_2O \\ 0.367 & CaO \\ 0.257 & MgO \\ 0.128 & ZnO \end{array}\right\} \cdot \left.\begin{array}{ll} 0.358 & Al_2O_3 \\ 0.003 & Fe_2O_3 \end{array}\right\} \cdot 2.921\ SiO_2$$

【例 12-4】 某原料的化学组成如表 12-17 所示。计算其矿物组成。

表 12-17 某原料的化学组成 单位：%

SiO_2	Al_2O_3	Fe_2O_3	CaO	MgO	K_2O	Na_2O	LOI
64.78	25.61	0.19	0.22	微量	0.32	0.23	8.65

解：（1）求各氧化物的分子数（LOI 当作结晶水），并将计算结果填于表 12-18 中。

表 12-18 各氧化物的分子数

成分	SiO_2	Al_2O_3	Fe_2O_3	CaO	MgO	K_2O	Na_2O	H_2O
氧化物含量/%	64.78	25.61	0.19	0.22	微量	0.32	0.23	8.65
氧化物分子量	60.1	102	160	56.1	—	94.2	62	18
氧化物分子数	1.077	0.251	0.001	0.004	—	0.003	0.004	0.480

（2）将各氧化物的分子数按表 12-19 中的顺序排列，用试凑法计算其矿物组成，并将计算结果填于表 12-19 中。

表 12-19　计算结果

成分	SiO_2	Al_2O_3	Fe_2O_3	CaO	MgO	K_2O	Na_2O	H_2O
0.003 分子钾长石 （$K_2O \cdot Al_2O_3 \cdot 6SiO_2$）	0.018	0.003	—	—	—	0.003	—	—
剩余	1.059	0.248	0.001	0.004	—	0	0.004	0.480
0.004 分子钠长石 （$Na_2O \cdot Al_2O_3 \cdot 6SiO_2$）	0.024	0.004	—	—	—	—	0.004	—
剩余	1.035	0.244	0.001	0.004	—	—	0	0.480
0.004 分子钙长石 （$CaO \cdot Al_2O_3 \cdot 6SiO_2$）	0.008	0.004	—	0.004	—	—	—	—
剩余	1.027	0.240	0.001	0	0	0	0.480	0.00
0.24 分子高岭土 （$2Na_2O \cdot Al_2O_3 \cdot 2SiO_2$）	0.480	0.240	—	—	—	—	0.480	—
剩余	0.547	0	0.001	0	0	0	0	—
0.001 分子赤铁矿 （Fe_2O_3）	—	—	0.001	—	—	—	—	—
剩余	0.547	0	0	0	0	0	0	—
0.547 分子石英 （SiO_2）	0.547	—	—	—	—	—	—	—
剩余	0	0	0	0	0	0	0	—

（3）计算各矿物的质量分数，并将计算结果填于表 12-20 中。

表 12-20　各矿物的质量分数

矿物	钾长石	钠长石	钙长石	高岭土	赤铁矿	石英
相对分子数	0.003	0.004	0.004	0.240	0.001	0.547
分子量	556.8	524.6	278.3	258.1	160	60.1
相对矿物质量	1.67	2.10	1.11	61.92	0.16	32.87
质量分数/%	1.67	2.11	1.12	62.00	0.16	32.94

（4）各种长石和赤铁矿均作为熔剂一并列为长石矿物，故得到矿物组成如下。

黏土矿物：62.00%；长石矿物：（1.67 + 2.11 + 1.12 + 0.16）% = 5.06%；石英矿物：32.94%。

【例 12-5】　某瓷厂生产用的原料配比如下：瓷土 A：69.29%；长石：26.96%；石英：8.75%。现需要用瓷土 B 代替瓷土 A，其他原料种类不变。试计算新的配料比。

解：已知各原料的示性组成如表 12-21 所示。

表 12-21　各原料的示性组成　　　　　　　　　　　　　　　　　　　　　单位:%

原料名称	黏土矿物	长石矿物	石英矿物
瓷土 A	70	10	20
瓷土 B	90.7	1.1	8.2
长石	—	80	20
石英	—	—	100

（1）先计算原配方的矿物组成，并将计算结果填于表 12-22 中。

表 12-22　原配方的矿物组成　　　　　　　　　　　　　　　　　　　　　单位:%

原料名称	配料比	黏土矿物	石英矿物	长石矿物
瓷土 A	64.29	64.29×0.7=45.00	64.29×0.2=12.86	64.29×0.1=6.43
长石	26.96	—	26.96×0.2=5.39	26.96×0.8=21.57
石英	8.75	—	8.75×1.00=8.75	—
坯料矿物组成		45.00	27.00	28.00

（2）计算瓷土 B 代替瓷土 A 的配料比。

原则：加入瓷土 B 的配料比中各矿物含量应与用瓷土 A 时的一致。

① 瓷土 B 用量为 45/90.7%=49.61 份，49.61 份瓷土 B 引入的长石矿物数量为 49.61×1.1%=0.55 份，石英矿物数量为 49.61×8.2%=4.07 份。

② 长石用量。需由长石引入的长石矿物数量为 28-0.55=27.45 份，长石用量为 27.45/80%=34.31 份，34.31 份长石用量引入石英矿物数量为 34.31×20%=6.86 份。

③ 石英用量。应由石英原料引入的石英矿物数量为：27-4.07-6.86=16.07 份，石英用量为 16.07 份。

（3）更换原料后的配料比（新的配料比）如表 12-23 所示。

表 12-23　新的配料比

原料	份数	配料比/%
瓷土 B	49.61	49.61
长石	34.31	34.31
石英	16.07	16.08
累计	99.99	100

12.3　陶瓷釉料

我国生产中习惯以主要熔剂名称命名釉料，如铅釉、石灰釉、长石釉等。

12.3.1 釉的分类

（1）铅釉：包括 $PbO-SiO_2$、$PbO-SiO_2-Al_2O_3$、$RbO-R_2O-RO-SiO_2-Al_2O_3$ 及 $PbO-B_2O_3-SiO_2$ 系统。

特点：成熟温度低，熔融范围宽，釉面光泽强，表面平整，弹性好，釉层清澈透明，不易析晶及失透，但釉面硬度低，化学稳定性差，Pb 在酸中的溶解度大，影响人体健康。

无铅釉：Pb<1%的釉。

（2）石灰釉：以 CaO 为熔剂，不含或含有少量其他碱性氧化物，如石灰-碱釉（$CaO-R_2O$）。

特点：高温黏度小，主要由玻璃相组成，但气泡和未溶石英颗粒很少，釉层透明，光泽好。石灰-碱釉高温黏度大，釉层可施厚些，含有小气泡和未溶石英颗粒，产生散射与折射，光泽凝重深沉。但其熔融温度范围窄。

（3）长石釉：由长石引入 K_2O 及 Na_2O，R_2O 的分子数约等于 RO 的分子数。

特点：光泽强，呈乳白色，硬度大，熔融温度范围宽，与含 Si 量高的坯体结合良好。

12.3.2 确定釉料组成的原则

1. 釉料成分的种类

按各成分在釉料中所起的作用，可将釉料成分分为以下几类：

（1）玻璃形成剂：玻璃相——釉层的主要物相。

（2）助熔剂：网络变性体，单键强度小于 251 kJ/mol，促进高温化学反应，加速高熔点晶体（SiO_2）结构键的断裂和生成低共熔点化合物，调整釉层物理化学性质（机械膨胀、黏度、化学稳定性）等。

（3）乳浊剂：保证釉层有覆盖能力的成分。熔体析出的晶体、气体或分散粒子的折射率不同，使光线散射产生乳浊。乳浊剂又分为以下几种：悬浮乳浊剂——不熔于釉，以悬浮状态存在，如 SnO_2、CeO_2、ZrO_2、SbO_3；析出式乳浊剂——冷却时从熔体中析出微晶，如 ZrO_2、SiO_2、TiO_2；胶体乳浊剂——$ZrSiO_4$、ZrO_2、TiO_2、CeO、Sb_2O_5、ZnO、含磷矿物、氟化物等。

（4）着色剂：釉层吸收可见光波而显不同颜色。着色剂又分为以下几种：有色离子着色剂——Cr^{3+}、Mn^{4+}、Fe^{3+}、Co^{3+}等；胶体离子着色剂——Cu、Au、Ag、$CuCl_2$；晶体着色剂——一些高温形成的尖晶石型矿物。

2. 釉料组成遵循的原则

（1）釉料组成能适应坯体性能及烧成工艺的要求。

釉料应在坯体烧结范围内成熟。一次烧成产品：釉的成熟温度应稍低于坯体烧结温度范围上限，高温下能平坦流散在坯体表面。多孔坯体表面：釉浆稍浓，开始熔融黏度大，以免干釉。致密坯体表面：釉黏附性强，干燥收缩小，以免开裂、缩釉。釉的开始熔融温度应高于坯体中碳酸盐、硫酸盐、有机物的分解温度，以免形成气泡；釉的膨胀系数应稍微低于坯体的膨胀系数，使釉层受压应力，提高其强度及热展性能；坯釉的组成差别不应过大，使二者结合紧密；坯料与釉料的化学性质相近而又保持适当的差别。一般以调节坯釉的酸度系数 $C \cdot A$（坯料或釉料中酸性氧化物的分子数/碱性氧化物的分子数）来控制。细瓷器坯料

C·A = 1~2，硬瓷釉 C·A = 1.8~2.5，软瓷釉 C·A = 1.4~1.6

（2）釉料对釉下彩或釉中彩不致溶解或使其变色。

（3）选择配釉的原料时，应全面考虑其对制釉过程、釉浆性能、釉层性能的作用和影响。

（4）除上述原则外，还应参考经验规律。

12.3.3　釉层的物理化学性质

1. 釉的熔融温度范围

以 $\phi3\times3$ mm 圆柱作为标准试样。如图 12-6 所示，加热至形状开始变化，棱角变圆的温度称为始熔温度（也称初熔温度、开始熔化温度）；加热至形状变为半圆球形的温度称为全熔温度（常作为烧成温度的指标），此时半圆球形的高度（h）为球半径（d）的 1/2；继续加热，高度降至原有的 1/3 的温度称为流动温度。始熔温度~流动温度称为釉的熔融温度范围。釉面充分熔融并且平铺在坯体表面，形成光滑的釉面时即达到了釉的成熟温度。

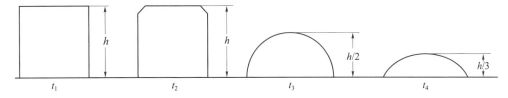

图 12-6　釉料受热变化过程

2. 釉的黏度与表面张力

1）釉的黏度（η）：判断釉流动情况的尺度

η 过小，会导致流釉、堆釉、干釉；η 过大，则会出现波纹、桔釉、针孔、釉面无光。

影响釉的黏度的因素有以下几个：

（1）釉的组成与烧釉温度。三价及高价氧化物会提升釉的黏度，而碱金属会降低釉的黏度。

（2）构成釉料的 Si-O 四面体网络结构的完整或断裂程度是决定 η 的最基本因素。η 随 O/Si 比值的增大而减小，使大型四面体群分解为小型四面体群，二者之间连接减少，空隙随之增大，导致 η 下降。

（3）碱土金属在高温下会减小 η，因为 RO 极化能力强，使 O^{2-} 变形，大型四面体群解聚。而碱土金属在低温下会增大 η，因为键力较大，可能将小型四面体群的 O^{2-} 吸引到自己的周围使黏度增加。

（4）B_2O_3 对 η 的影响较为特殊。B_2O_3 含量小于 15%时，η 随 B_2O_3 含量的增加而升高；B_2O_3 含量大于 15%时，η 随 B_2O_3 含量的增加而降低。

（5）极化能力强的阳离子、结构不对称及存在缺陷，都会降低 η。

2）表面张力：表面增大一个单位面积时所需的功

表面张力过大：阻碍气体排出及熔融液均化，发生缩釉或针孔；表面张力过小：流釉。

3. 热膨胀性

一定范围内的长度膨胀百分数或线膨胀系数表征热膨胀性的大小。热膨胀的原理：温度升高，构成釉层的网络质点的热振动振幅增大，导致间距增大。通常，釉层离子键力增大，则膨胀系数降低。

4. 釉层的化学稳定性

釉层的化学稳定性取决于 Si-O 四面体相互连接的程度，没有被其他离子嵌入而造成 Si-O 断裂的完整网络结构越多，即连接程度越高，则化学稳定性越高。

12.3.4　釉层形成过程的反应

釉层形成过程的反应，主要包括原料的分解、化合、熔融、凝固及气泡的产生。

1. 釉料受热时的物理化学反应

釉层形成过程的反应为分解、化合、熔融及凝固（包括析晶）交叉或重复出现。

1）分解反应

分解反应包括碳酸盐、硝酸盐、硫酸盐及氧化物的分解和原料中吸附水、结晶水的排出。

2）化合反应

化合反应是指碱土金属碳酸盐与石英形成硅酸盐。例如，Na_2CO_3 与 SiO_2 在 500 ℃ 以下生成 Na_2SiO_3；$CaCO_3$ 与 SiO_2 形成 $CaSiO_3$；$CaCO_3$ 与高岭土在低于 800 ℃ 生成 $CaO \cdot Al_2O_3$，在高于 800 ℃ 生成 $CaSiO_3$；PbO 与 SiO_2 在 600~700 ℃ 反应生成 $PbSiO_3$；此外，还会发生固相反应：ZnO 与 SiO_2 反应生成 $2ZnO \cdot SiO_2$，液相的出现会加速上述反应的进行。

3）熔融

原料本身熔融，如长石、碳酸盐、硝酸盐等。液相出现，形成具有各种组成的低共熔物、碳酸盐与长石、石英等，由于温度升高，因此最初出现的液相由固相反应逐渐转变为有液相参与，不断溶解釉料成分，最终使液相量不断增加，绝大部分变成熔液。

釉料及熔块的熔融均匀及彻底程度直接影响着釉面质量。影响其熔化速率及均匀程度的因素包括：

（1）烧釉或熔制时逸出气体的搅拌作用，高温下熔液黏度减小时其作用增强。

（2）配料中存在的吸附水在一定程度上会促进釉料的熔化。

（3）釉粉细度小、混合均匀会降低熔化温度，缩短熔化时间，增强均匀程度及成熟温度下熔液的流动性，釉中成分（如铅硼、碱性氧化物）会挥发。

2. 釉层冷却时的物性变化

熔融的釉料冷却时经历的变化和玻璃一样，首先由低黏度的高温流动状态转变到黏稠状态，黏度随温度的降低而增加，再继续冷却则釉熔体变成凝固状态，呈脆性。在黏稠状态的温度范围内釉熔体尚可移动，使呈现的应力消除，在冷却、凝固过程中坯与釉的体积都在变化，而且变化的速率不相同，则会形成应力。

由于釉冷却会产生应力，釉层凝固，坯体中的石英发生晶型转变，所以釉要求退火（缓慢冷却），碱金属氧化物会显著降低退火温度，退火与温度有关，碱土金属氧化物及 Al_2O_3 含量高会提高退火温度。

3. 釉层中气泡的产生

瓷釉中气泡的形成、移动与排除的过程如下：

1 250 ℃ 左右：釉料熔化，大量小气泡分布在釉层中部，温度升高，黏度降低，气相量、玻璃相量增加。表面张力的作用，使小气泡移动合并，由小变大，由多变少，而且逐渐上升，有的突破釉层表面。若釉熔体的黏度大、表面张力小，则无法使破口拉平，形成喷口，而未破口的气泡冷却后体积缩小形成凹坑。

1 300 ℃：气泡上升，正常情况下，到釉料成熟温度而未排出的气泡多半在釉层深处、坯釉接触的地带，且体积很小，对釉的外观和质量影响不大。气泡的气体成分：H_2O、CO、CO_2、H_2、N_2 等。

12.3.5　釉的析晶

1. 釉熔体析晶过程

熔体的黏度及冷却速率是析晶的必要条件，晶核的形成和晶体的生长都是过冷程度与黏度的函数。

2. 影响釉熔体析晶的因素

1）釉料成分

釉料组成是其析晶的内在能力，釉料组成对应于相图中一定化合物的组成。釉料易析晶，若釉料组成对应于相图界线或低共熔点上，则会析出两种或两种以上的晶体，它们会互相干扰，从而阻碍析晶。

控制釉料组成的方法包括：

（1）加入晶核剂 TiO_2、ZrO_2、P_2O_5、Cr_2O_3、Fe_2O_3、V_2O_5 等，易导致玻璃分相、析晶。

（2）引入某成分使其与玻璃基质中的组分形成化合物，从而析出晶体。

2）液相分离

液相分离（分相）对玻璃析晶有显著的作用，表明玻璃具有内在成分的不均匀性。分相有其热力学观点：分相后的两相能量比一相能量更低；动力学观点：研究了分相后新核的生长速率；结晶化学观点：静电键观点；离子势观点：离子场强相差越小，越易分相。

分相的作用：

（1）分相提供玻璃成核的推动力。

（2）熔体分解的液相比原始相更接近化学计量，更易析晶。

（3）分相产生的界面提供成核的有利部位。

（4）分相后两液相中的一个相具有比均匀母相更大的均匀成核倾向。

3）烧成制度

烧成温度、升温速度、保温时间、冷却速率对釉料析晶有重要影响。

（1）烧成温度：温度过高或过低都可能影响晶体的形成和生长。一般来说，适当提高烧成温度可以增加釉熔体的流动性，有利于晶体的生长和析出。但温度过高可能会导致晶体过度生长或釉面出现缺陷。

（2）升温速度：较快的升温速度可能会使釉料中的晶体来不及生长，而较慢的升温速度可能有利于晶体的生长和析出。

（3）保温时间：适当延长保温时间可以使晶体有足够的时间生长和发育，但过长的保温时间可能会导致晶体过度生长或釉面出现缺陷。

（4）冷却速率：较快的冷却速率可能会使釉熔体中的晶体来不及生长，而较慢的冷却速率可能有利于晶体的生长和析出。

3. 析晶对釉面光学性质的影响

1）光泽度降低或釉面无光

釉层表面的晶体尺寸太大，会使其表面粗糙不平，光线漫反射，导致光泽度降低。

2）呈现乳浊性

析出晶体与玻璃基质的折射率越大，乳浊程度越高。

12.4 原料的处理

12.4.1 原料的精选

黏土矿物中含有未风化的母岩、游离石英、云母类矿物、长石碎屑。长石、石英矿物中含有污泥、水锈、云母类矿物。这些杂质的存在降低了原料的品位，会直接影响制品的性能及外观质量。因此，需进行原料精选、分离、提纯、除去各种杂质（含铁杂质）。原料精选从机理上分为物理方法、化学方法、物理化学方法。

1. 物理方法

（1）分级法：水簸、水力旋流、风选、筛选、淘洗等方式，除去原料中的粗粒杂质，从而更好地控制原料的颗粒组成。

原理：利用矿物颗粒直径或密度差别来进行。

主要装置：水力旋流器。

（2）磁选法：分离原料中的含铁矿物。

原理：利用矿物磁性差别来进行。除去粗颗粒的强磁性矿物的效果较好，但对黄铁矿等弱磁性物质及细颗粒含铁杂质的效果不明显。

（3）超声波法：除铁。

原理：料浆置于超声波下进行高频振动，互相碰撞摩擦，使颗粒表面的氧化铁、氢氧化铁薄膜脱离剥出。

2. 化学方法

化学方法分为升华法和溶解法，可以除去原料中难以以颗粒形式分离的微细含铁杂质，如 FeS、$Fe(OH)_3$。

（1）升华法：高温下加入 Cl_2，使 FeO、Fe_2O_3 与 Cl_2 反应生成 $FeCl_3$ 而被除去。

（2）溶解法：用酸或其他试剂，Fe 变成溶盐并被水洗除去。

3. 物理化学方法

（1）电解法：利用电化学原理除去颗粒中的 Fe。

（2）浮选法：利用矿物对水的润湿性不同，亲水矿物在水中沉积，而憎水矿物易于浮起，常加入"浮洗剂"（如石油碘酸、磺酸盐，铵盐）使憎水矿物悬浮，可除去 Fe、Ti 等杂质。

12.4.2　原料的预烧

预烧的目的：改变结晶的形态，改变物理性能。

1. 改变结晶的形态

可以选择性地改变原料中物质的结晶形态，获得目标性能。

（1）Al_2O_3 希望得到 $\alpha-Al_2O_3$ 要预烧到 1 300~1 600 ℃，此时添加 H_3BO_3 使 Na_2O 形成挥发性盐类逸出，使坯体密度提高。

（2）TiO_2 依用途定。制备钛电容器陶瓷时，使用金红石相 TiO_2 要预烧；制备 Zr-Ti-Pb 压电陶瓷时，该工艺形成固溶体，无须预烧；颜色控制方面，还原气氛下 $TiO_2 \rightarrow Ti^{3+}$，颜色变深，需在氧化气氛下加热。

（3）ZrO_2 制备高温耐火材料，预烧能够稳定晶型。加入 CaO、MgO、Y_2O_3 等能够降低预烧温度（由 2 300 ℃降到 1 500 ℃）；例如，制备增韧陶瓷，则不用预烧。

2. 改变物理性能

预烧可以改变原料的物理性质，改善制品性能或提升生产效率。

（1）滑石：具有片状结构，成型时易造成泥料分层及颗粒定向排列，引起制品变形及开裂，应进行预烧（在 1 300~1 450 ℃生成偏硅酸镁），破坏片状结构。

（2）石英：质地坚硬，破碎困难，在 573 ℃发生晶型转变产生体积效应。先预烧，再急冷，使其内部产生应力变脆，提高粉磨效率。

（3）可塑黏土：预烧，减少坯体收缩，预烧温度为 700~900 ℃。

（4）ZnO：减少缩釉，预烧温度为 1 250 ℃。

12.4.3　原料的合成

原料合成的方法可以用来制备自然界中尚未发现的原料（如 $BaTiO_3$、SiC）或自然界中开采价值不大的原料（如 $CaTiO_3$），也可以用来合成超细粉料（1~100 nm）。原料的合成方法包括固相法、液相法、气相法。

1. 固相法

固相法又称烧结法，其特点是反应体系的不均匀性。例如，莫来石的合成就包括烧结法和熔融法。

原料：SiO_2 主要来自石英、黏土；Al_2O_3 主要来自工业氧化铝、高铝矾土、Al (OH)$_3$。

烧结步骤：将原料混合、细磨、脱水、真空混炼、煅烧至 1 720~1 760 ℃，得到针状莫来石。

影响反应的因素：

（1）细度：适度增大，有利于反应进行，但过大则液相量增加。

（2）温度：适当提高温度会增加莫来石含量，使气孔率下降、体积增加；但温度过高会使玻璃相含量增加。

（3）矿化剂：矿化剂的加入会提高反应速度。

2. 液相法

（1）熔液法：将原料混合加热至熔融状态。

（2）溶液法：通过排除溶剂来实现，包括喷雾干燥和冷冻干燥法。

（3）沉淀法。沉淀法又分为以下三种：

① 共沉淀：同种溶液生成两种以上的颗粒沉淀合成多组分原料。

② 均相沉淀：溶液内部生成沉淀剂。

③ 醇盐法：醇盐法使氢氧化物水解。

（4）溶胶—凝胶法：配制溶胶后形成凝胶，再进行干燥与热处理。

3. 气相法

（1）物理方法：如等离子体蒸发法。

（2）化学方法：如化学气相沉积法。

12.5 坯釉料的制备

12.5.1 坯料的种类和质量要求

1. 坯料的种类

依据含水率的不同，坯料分为：注浆坯料（含水率为 28%~35%）、可塑坯料（含水率为 18%~25%）、压制坯料（含水率 8%~15% 为半干压，含水率 3%~7% 为干压）。

2. 坯料的质量要求

整体要求配料准确、组分均匀、细度合理、空气含量少。

1）注浆坯料的质量要求

（1）流动性好：保证产品造型完全和浇注速率。

（2）悬浮性好：料浆久置，固体颗粒长期悬浮不致分层沉淀。

（3）触变性恰当：过大，易填塞泥浆管道影响料浆输送；过小，生坯强度不够，影响脱膜和修坯质量，脱膜后胚体易塌陷。

（4）滤过性好：水分在石膏模的压力下容易扩散、迁移，在短时间内成坯。

（5）泥浆含量少：保证流动性的同时，减少水量，缩短注浆时间，减少坯体干燥收缩。

2）可塑坯料的质量要求

（1）良好的可塑性：可塑性指标大于 2。

（2）具有一定的形状稳定性。

（3）含水率适当：强可塑性原料多则含水率提高。含水率顺序为小件制品>大件制品手工成型>旋坯>滚压成型。

（4）干燥强度和收缩率适中。

3）压制坯料的质量要求

（1）流动性好，保证致密度及压坯速率。

（2）堆积密度大，体积密度大，气孔率下降，压缩比提高。

（3）含水率适中，水分均匀。成型压力大，含水率较低，成型压力小，含水率较高。

（4）颗粒形状无异形、粒径分布均匀。

12.5.2　原料的细破碎

粉料细度提高，表面能提高，活性提高，烧结温度下降，致密度提高，性能会随之提高。一般细度控制在 0.1~60 μm，即过 250 目筛。

细碎方法有以下几种：

（1）化学制粉：能够得到高纯、超细粉料。其缺点是设备复杂，产量小，成本高。

（2）机械制粉：机械能转换为表面能。常用的是机械破碎方法，包括：

① 激烈的循环运动：冲击物体（如无介质磨、流能磨）。

② 剧烈的自转研磨：料细度小于 60 μm，出磨细度小于 2 nm。特点是破碎时间短、细度大。

③ 气流破碎：利用高压气体作介质，物料受撞击、摩擦、剪切作用。特点是不需要固体研磨介质，入磨细度为 0.1 1 mm，出磨细度为 0 1 μm。

④ 搅拌磨破碎：常用摩擦磨、砂磨。特点是筒体垂直，磨球体之间、球壁之间产生剧烈的摩擦、滚碾作用，入磨细度小于 1 mm，出磨细度为 1 μm。

此外，为提高原料的粉碎效率，可以选用助磨剂。助磨剂多为表面活性物质，含亲水基团和憎水基团，起吸附作用，其进入粒子的微裂缝，破坏键力，提高研磨效率，防止表面黏附。助磨剂按形态分为以下三种：

（1）液体助磨剂：醇类，如甲醇、丙三醇；胺类，如三乙醇胺、三异丙醇胺；酸类，如油酸。

（2）气体助磨剂：如丙酮、惰性气体。

（3）固体助磨剂：如硬脂酸钠钙、硬脂酸、滑石粉。

破碎酸性物质时选用碱性表面活性物质（羧甲基纤维素），如 SiO_2、TiO_2、CoO_2；破碎碱性物质时选用酸性表面活性物质（脂肪酸、石蜡），如 Ca、Ba、钛酸盐、镁质铝硅酸盐等。

12.5.3　泥浆的脱水与造粒

泥浆的含水率约为 60%。脱水方法有机械脱水和热风脱水等。

机械脱水：压滤机处理后含水率可达到 20%~25%，该脱水过程中压力由小变大，泥浆温度增加，压滤速度降低。

热风脱水：喷雾干燥处理后含水率可达到 8%。

造粒将细碎后的陶瓷粉料制备成具有一定粒度的坯料，使其适用于干压和半干压成型。常用的造粒设备有喷雾干燥机、轮雾造粒机、锤式打粉机、辊筒式造粒机、连续式造粒机等。

12.5.4　坯料的陈腐和真空处理

1. 坯料的陈腐

1）陈腐的原因及意义

（1）球磨后的注浆放置一段时间后，流动性提高，性能改善。

（2）压滤的泥饼，水分和固相颗粒分布不均匀，含有大量空气，陈腐后可使其水分均匀，可塑性强。

（3）造粒后压制粉料，陈腐后水分更加均匀。

2）陈腐的作用机理

（1）通过毛细管的作用，使坯体中的水分更加均匀。

（2）水和电解质的作用使黏土颗粒充分水化，发生离子交换，同时非可塑性物质转变为黏土，可塑性提高。

（3）有机物发酵腐烂使可塑性提高。

（4）发生一些氧化还原反应，生成 H_2S 气体并扩散流动，使泥料松散均匀。

2. 坯料的真空处理

坯料的真空处理分为真空练泥和真空脱气两个工序。

1）真空练泥

未经处理的坯料中水分、固体颗粒分布不均匀，并且含大量的空气阻碍坯料与水分润湿，使可塑性下降，不经处理易在后续干燥及热处理工序导致料块收缩不均，开裂。真空练泥是借助练泥机械在抽真空条件下反复多次压滤泥料。经真空练泥后组分均匀，收缩减小，干燥强度成倍提高，但练泥后的泥料仍存在颗粒定向排列情况。

影响泥料质量的因素有以下几个：

（1）加入泥料的水分含量高低及混合均匀性：水分大通常泥料过软易填塞练泥机械真空室；反之过硬则阻力增加。

（2）泥料的温度和练泥机的温度：温度过高，水气化量增加，影响真空排气；温度过低，泥料容易开裂。

（3）加料速度：过快，真空室填塞，影响真空度；过慢，泥段脱节、层裂、不均匀、断裂。

2）真空脱气

在真空状态下脱气能够提高陶瓷制品的质量。去除坯料中的气体可以减少气孔、气泡等缺陷的产生，使制品更加致密、均匀。真空脱气的注意事项如下：

（1）控制真空度：真空度的高低直接影响脱气效果。过高的真空度可能会导致坯料中的水分蒸发过快，影响制品的质量；过低的真空度则无法达到良好的脱气效果。

（2）控制脱气时间：脱气时间应根据坯料的性质和生产工艺要求进行合理调整。过长的脱气时间可能会导致能源浪费和生产效率降低；过短的脱气时间则可能无法完全去除坯料中的气体。

（3）防止坯料干燥：在真空脱气过程中，应注意防止坯料过度干燥。可以通过控制脱气温度和湿度等方法来保持坯料的适当湿度。

12.6 成型与模具

本节将重点介绍注浆成型、可塑成型、压制成型及模具相关知识。

12.6.1　注浆成型

注浆成型包括传统注浆成型和现代注浆成型。

（1）传统注浆成型：在石膏模的毛细管作用下，含一定水分的黏土泥浆脱水硬化成坯的过程。

（2）现代注浆成型：具有一定液态流动性的成型方法。现代注浆成型又细分为强化注浆、自动化管道注浆、成组注浆。

1. 基本注浆方法

（1）空心注浆（单面注浆）：石膏模没有型芯，泥浆注满模型后放置一段时间，待模型内壁黏附一定厚度的坯体后，将多余泥浆倒出，然后带模干燥。坯体外形取决于模型工作面，坯体厚度取决于吸浆时间（如模温、湿度、泥浆性质）。空心注浆适用于小件、薄壁产品。

空心注浆对泥浆性能要求：密度小，稳定性好，触变性稍小，颗粒细。

（2）实心注浆（双面注浆）：泥浆注入外模与型芯之间，石膏模从内外两个方向同时吸水。注浆过程中泥浆量不断减少，须不断补充泥浆，直至全部泥浆硬化成坯。坯体外形取决于外模工作面，坯体内形取决于模芯工作面，坯体厚度取决于外模与模芯的空腔。此方法适用于实心注浆大型、厚壁产品。

实心注浆对泥浆性能要求：密度大，触变性稍大，颗粒粗。

2. 强化注浆方法

这是施加压力，提高吸浆速率、坯体强度的一种注浆方法。根据加压方式，强化注浆可分为真空注浆、离心注浆、压力注浆、电泳注浆。

（1）真空注浆：模外抽真空，模型放于负压的真空室中，内外压力差增大，注浆推动力增大，吸浆速率增大，减少坯体气孔、针眼。

（2）离心注浆：向旋转的模型内注入泥浆，在离心力作用下，泥浆紧靠模型脱水成坯，气泡较轻，集中于中间部位，最后破裂消失。

特点：致密度高，厚度均匀，变形较小。

要求：粒径分布窄，否则大颗粒集中在表面，小颗粒位于内部，造成收缩不均。

（3）压力注浆：通过提高泥浆压力来提高注浆过程的推动力，加速水分扩散，可缩短注浆时间，减少坯体干燥收缩和脱模后坯体的水分。

加压方式：提高浆桶高度或引入压缩空气。根据加压大小可把压力注浆分为以下三种：

① 高压注浆：>2 MPa，使用高强度树脂模。

② 中压注浆：0.15~0.4 MPa，使用高强度硫磺、树脂模。

③ 微压注浆：<0.03 MPa，使用石膏模。

压力注浆特点：缩短注浆时间；减少坯体干燥收缩，提高坯体致密度；降低坯体脱模后留有的水分。

（4）电泳注浆：在直流外电场作用下，带负电的黏土颗粒与水分离，移向阳极，并沉于阳极，形成与阳极相似的陶瓷坯体。

特点：坯体结构均匀，颗粒排列整齐，没有气泡，无内应力，通过改变阳极形状可生产各种形状的制品，适用于尺寸较大的平板状产品。但坯体强度低，泥浆浓度的变化会引起水的电解，阳极反应为：$O_2+Zn \longrightarrow ZnO$；阴极反应为：生成 H_2。

3. 其他成型方法

（1）热压注成型：适用于尺寸准确，表面光洁，形状复杂的产品。

工序：石蜡→浇注成型→排蜡→烧成。

粉料的处理：预烧的目的是减少收缩，细度要求高使凝固有一定强度。

选用石蜡的原因：石蜡不与瓷粉反应，冷却时体积收缩，易于脱模。

（2）流延法成型：适用于超薄瓷片，其厚度小于 0.05 mm。

12.6.2　可塑成型

可塑成型是对具有一定压塑变形能力的泥料进行加工成型的方法。其又可分为旋坯成型、滚压成型、塑压成型和注塑成型（注射成型）。

1. 旋坯成型

（1）成型操作：利用旋转的石膏模和样板刀来成型。石膏模置于转动的机器上，放下样板刀时，由于样板刀的压力，泥料均匀分布于模子的内部表面，多余的泥料则贴于样板刀上。样板刀的工作弧线形状与模型的工作面的形状构成坯体的内外表面，而样板刀与模型工作面的距离决定坯体厚度。刀口一般要求成 30°～40°，以减少切削阻力。

（2）工艺特点：要求泥料水分均匀，结构一致，可塑性较好。旋压成型以"刮泥"的形式排开泥料，要求泥料屈服值稍低，坯体含水率稍高。旋坯成型变形率高的原因在于样板刀与坯体表面不光滑。修坯需加水赶光表面，刮泥时排泥混乱。正压力小，样板刀以一定角度与泥接触，导致生坯致密度差。

（3）成型时常见缺陷有以下两种：

① 夹层开裂：样板刀上下过快从而在坯体某部造成凹坑，或者由于装入石膏模的泥料不够，重新添泥，前后泥料结合不紧密或在旋坯时，泥团本身存在夹层。

② 外表开裂：修坯时加水过多，局部凹下部位积水干后即开裂，或者由于旋制大型坯体时，样板刀积泥太厚或旋坯刀振动，导致开裂。

2. 滚压成型

这是在旋压基础上发展起来的。将扁平的刀改变成回转型的滚压头。滚压头和模型各自绕定轴转动，将投放在模型内的塑性泥料延展压制成坯体，而坯体的外形和尺寸完全取决于滚压头与模面所形成的"空腔"。滚压法可分阳模滚压和阴模滚压。

阳模滚压是利用滚头来决定坯体的阳面（外表）形状大小，适用于成型扁平、宽口器皿和坯体内表面有花纹的产品；阴模滚压是利用滚头来形成坯体的内表面，适用于成型口径较小而深凹的制品。

（1）成型操作特点：泥料与滚压头接触面大，受压时间长，受力均匀，坯体致密均匀，强度较大，无须加水赶光表面，减少变形。

（2）主要工艺因素：

① 泥料的要求：对于阳模成型，泥料在模型外，水分应少些，可塑性强些；阴模滚压可塑性可稍低，成型水分可稍多。

② 滚压头温度：滚压头温度高（热滚压），泥料表面产生一层气膜，防止黏滚头。滚压的坯体表面光滑，质量提高，对泥料要求不严，适用范围广。

③ 主轴转速：主轴转速为 n_1，滚头转速为 n_2。n_1 增大可提高产量。如果产品直径大，则 n_1 应稍小。

对于阳模滚压，以确保成型质量：n_1 过大，泥料易脱离模型，底部花心，边缘破口。

对于阴模滚压，以确保成型质量：n_1 可稍大，过小泥料黏滚头。

转速比 $i=n_1/n_2$，反映成型时泥料与滚头的相对运动。当 $i=1$ 时，泥料与滚头作相对滚动；当 $i<1$ 或 $i>1$ 时，泥料与滚头除作相对滚动外，还作相对滑动。

3. 塑压成型

塑压成型是指泥料放于模型内常温压制成坯，模型内部绕一根多孔性纤维管，可以通压缩空气及抽真空。安装时应将上、下模之间留有 $0\sim25$ mm 的空隙，以便扫除余泥。其优点是可以成型异型盘、碟类产品，成型致密度较旋坯成型、滚压成型都高；缺点是对模强度要求较高。

4. 注塑成型（注射成型）

注塑成型又称注射成型，是指瘠性物料与有机添加剂混合加压挤制。

坯料不含水：瘠性物料+结合剂。

成型过程：加热坯料→注射成型→模具打开→脱模烧成。

12.6.3　压制成型

压制成型是采用压力将陶瓷粉料压制成一定形状的坯体的方法。

1. 加压制度与坯体质量的关系

1）成型压力的影响

净压力克服粉料的阻力，消耗压力克服粉料颗粒对模壁摩擦所耗的力。成型压力等于消耗压力减去克服粉料颗粒对模壁摩擦所消耗的力。坯体高、形状复杂，要求压力大。压力增大可提高致密度，但压力过大会引起残留空气膨胀，使坯体开裂。

2）加压方式的影响

（1）单面加压：压力分布不均，有低压区、死角。

（2）双面加压：消除底面的低压区、死角，但空气易被挤到坯体中间部位，使中部的致密度降低。因此，应采用双面先后加压的方式。加压方式与坯体受力情况如图 12-7 所示。

3）加压速率的影响

（1）低压区：速率稍快，以便空气排除。

（2）高压区：应缓慢加压，以免残余气体无法排出，并应多次加压以保证压力均匀。

4）添加剂的影响

（1）减少粉料颗粒间及粉料与模壁的摩擦，起到润滑剂的作用。

（2）增加粉料颗粒间的黏结作用，用作结合剂。

（3）促进粉料颗粒间吸附、湿润或变形，发挥表面活性剂作用。

2. 等静压成型

等静压成型是装在封闭模具中的粉料各个方向同时均匀受压成型的方法。

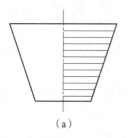 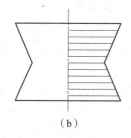 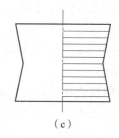

图 12-7　加压方式与坯体受力情况

（a）单面加压；（b）双面同时加压；（c）双面先后加压

1）等静压成型过程

（1）备料：保证粉料流动性好，含水率小于 3%。

（2）装料：振动装料，可同时抽真空，提高堆积密度。

（3）加压：成型压力为 70~150 MPa。

（4）脱模：该过程应避免突然降压，否则内外气压不平衡，使坯体破裂（成型料块内部有残余气体被压缩）。

根据模具与压力传递介质（液体）是否直接接触，可分为湿袋法与干袋法。湿袋法模具与压力传递介质直接接触，模具结构不关联高压容器；而干袋法模具固定在容器内，脱模时不必移动模具，但模具顶部、底部无法加压，因此致密性稍差。

湿袋法与干袋法的设备结构原理如图 12-8 所示。

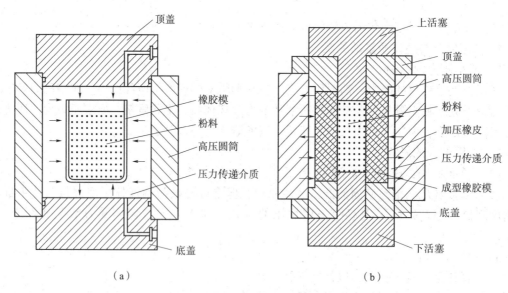

图 12-8　湿袋法与干袋法设备结构原理

（a）湿袋法；（b）干袋法

2）等静压成型的特点

（1）常温等静压成型的优点。

① 坯体密度大，结构均匀，烧成收缩小，制品尺寸准确。

② 生坯强度大，不用干燥，可直接上釉或烧成。

③ 可压制形状复杂的大型制品。

④ 粉料可不加或少加结合剂。

（2）常温等静压成型的缺点。

① 设备费用高，投资大。

② 成型速率慢。

③ 高压操作，须有保护措施。

12.7　坯体的干燥

在之前的课程中，干燥被定义为通过热能作用，使坯料中的水分汽化并被干燥介质带走的过程。这一过程实质上是坯料与干燥介质之间的热质传递过程。其特点是通过加热、降温、减压或其他形式的能量传递，促使坯料内部的水分经历挥发、冷凝、升华等相变过程，并与物体分离，从而达到去除湿气的目的。对于陶瓷制品而言，干燥过程显得尤为重要。此过程的目的是彻底排除坯体中的水分，同时赋予其一定的干燥强度。这样的坯体才能满足搬运及后续工序（如修坯、黏结、施釉）的要求。通过干燥，陶瓷坯料能够达到稳定的物理状态，为后续的加工和成型提供必要的条件。因此，干燥工艺是陶瓷制作过程中不可或缺的一环。

12.7.1　干燥过程

1. 干燥过程的阶段

生坯与干燥介质的交融过程，有着严谨而微妙的科学原理。当生坯与干燥介质接触之际，其表面所含的水分首先开始汽化；这一过程仿佛是自然界的呼吸，将水分从液态转变为气态。与此同时，生坯内部的水分则通过扩散作用，缓缓向表面移动，继而离开坯料。

干燥速率取决于内部扩散速率和表面汽化速率两个过程。干燥过程可分为四个阶段，如图 12-9 所示。

1）升速阶段（第Ⅰ阶段）

在这一阶段，短时间内，坯体表面被迅速加热至与干燥介质的湿球温度相等的状态。此时，坯体含水率降低，干燥速度急剧增加，坯体表面温度提升。当达到 A 点时，坯体所吸收的热量与因蒸发水分所消耗的热量达到了平衡。这一过程历时短暂，排除的水分量并不大，却是干燥过程中至关重要的起始环节。

2）等速干燥阶段（第Ⅱ阶段）

进入等速干燥阶段，坯体表面的水分持续蒸发，而来自坯体内部的水分不断补充到表面，使坯体表面始终保持湿润状态。这一阶段的干燥速率保持恒定，坯体表面的温度也无变化，水分得以自由蒸发。当到达 B 点时，坯体内部的水分扩散速率开始低于表面蒸发速率，此时，坯体开始进入降速干燥阶段，体积出现收缩。

3）降速干燥阶段（第Ⅲ阶段）

在降速干燥阶段，坯体表面的收缩停止，尽管干燥仍要继续进行，但坯体内部的孔隙干

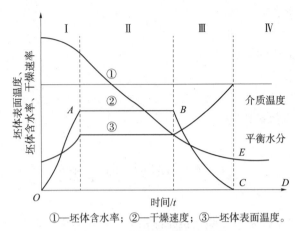

①—坯体含水率；②—干燥速度；③—坯体表面温度。

图 12-9　干燥过程的 4 个阶段

燥速率逐渐下降，热能消耗也随之降低。此时，坯体表面的温度则有所提高。这一阶段的特点是干燥速率逐渐减缓，但仍是去除坯体内多余水分的重要过程。

4）平衡阶段（第Ⅳ阶段）

当坯体表面的水分达到平衡状态时，干燥过程进入平衡阶段，此时干燥速率为 0。这一阶段是干燥过程的最终水分状态。在这一状态下，坯体完成了水分去除过程，坯体表面温度与干燥介质相同。

2. 成型方法对干燥收缩的影响

成型中，受力不均，密度、水分不均匀，颗粒定向排列。干燥中，不均匀收缩。

（1）可塑成型：可塑性高，则干燥收缩率、变形率提高。

①旋坯干燥变形可能性大于滚压成型。

②挤压成型时颗粒定向排列，泥段轴向、径向干燥收缩不同，距中心轴不同位置收缩不一致，距中心轴越远，密度提高，收缩下降。

（2）注浆成型：颗粒定向排列，靠近吸浆面（石膏模工作面）致密度提高，水分含量下降；远离吸浆面致密度下降，水分含量提高。

（3）压制成型：粉料水分、堆积、受力都是不均匀的。其中，等静压成型的粉料含水率低，密度大且均匀，几乎无收缩变形。

3. 干燥开裂的类型和产生条件

（1）整体开裂：沿整个体积产生不均匀收缩，达到临界应力，导致完全破裂。多见于干燥开始阶段，此时干燥速率上升，坯体厚，水分高。

（2）边缘开裂：壁薄、扁平，边缘干燥速率大于中心部位，多见于坯体表面、边缘，张应力大于压应力。

（3）中心开裂：边缘干燥速率大于中心部位，周边收缩结束，内部仍在收缩，周边限制中心部位收缩，使边缘受压应力，中心部位受张应力。

（4）表面开裂：内部与表面温度、水分梯度相差过大，产生表面龟裂，吸湿膨胀时。釉不膨胀，使釉层承受的压应力大于张应力。

（5）结构裂纹：挤制成型中泥团组成、水分不均，多见于压制成型，粉料内空气未排除，形成坯体不连续结构。

4. 坯体干燥后性质的影响因素

1) 与后续工序的关系

在陶艺制作过程中，干坯的强度至关重要，而其最终含水率直接关系到坯体的气孔率和干坯强度。首先，我们必须注意到水分含量对生坯强度的影响。若水分含量过高，则会降低生坯的强度，使其在窑炉中难以承受高温，进而影响窑炉的效率。其次，过高的水分含量还会导致在施釉过程中难以达到所需的釉层厚度，影响最终产品的外观质量。相反，若水分含量过低，则坯体在干燥过程中会因失水而在表面产生裂纹，这不仅影响产品的美观，还可能造成材料的浪费，增加干燥的能量消耗。因此，控制坯体的含水率是陶艺制作中不可或缺的一环。再次，适当的气孔率对于陶艺制品来说是必要的，一定的气孔率可以确保釉料能够牢固地附着在坯体上，形成均匀且富有光泽的釉面。最后，良好的渗透性能也是保证施釉后坯体内外成分均匀的关键。

2) 影响干坯强度和气孔率的因素

(1) 原料的矿物组成。

泥料可塑性与矿物组成有关，可塑性越高的泥料，其干坯强度越高。例如，黏土中高岭石类矿物含量越多，杂质越少，其化学组成越接近高岭石的理论组成；纯度越高的高岭土泥料共分散度越小，可塑性较差。而黏土中杂质类矿物含量增大，泥料亲水性、可塑性增强，干坯气孔率低，强度更高。

(2) 坯料细度。

细度提高，晶片越薄，干坯强度越高。

(3) 吸附阳离子的种类和数量。

阳离子的吸附能力：$Na^+ > Ca^{2+} > Ba^{2+} > H^+ > Al^{3+}$。坯体的气孔率高，吸附的阳离子数量多，则干燥后强度提高。高岭土中所含阳离子对坯体干后强度的影响如表 12-24 所示。

表 12-24 高岭土中所含阳离子对坯体干后强度的影响

阳离子种类	干燥收缩率		干燥后固体物含量（体积）/%	干后强度/MPa	干燥条件
	长度/%	直径/%			
Na^+	4.4	10.2	61.4	4.4	
K^+	5.8	7.6	57.8	2.2	
Ca^{2+}	6.2	6.2	58.8	1.9	试样是压条机挤出的小棒，40 ℃干燥后测定
Mg^{2+}	6.2	5.2	58.3	1.6	
Ba^{2+}	5.9	7.6	57.2	1.0	
La^{3+}	6.6	7.4	54.7	0.8	

(4) 成型方法。

可塑法：压力提高，有序排列颗粒较多，则强度提高。

注浆法：泥浆胶溶程度完全时，强度高，气孔率下降；泥浆胶溶程度差时，强度低，气孔率提高。

（5）干燥温度。

温度提高，含水率下降，强度提高。

（6）生坯最终含水率。

生坯最终含水率以满足后续工序操作要求为准。含水率高，则坯体强度低，达不到要求的釉层厚度；反之，则导致坯体从环境中吸湿，浪费能量且干燥效果差。

12.7.2　干燥制度的确定

干燥制度是指为了达到一定干燥速率，各个干燥阶段应选用的干燥参数。最佳干燥制度是最佳时间内获得无干燥缺陷的生坯的制度。

1. 影响干燥速率的因素

1）影响内扩散的因素

坯体内部水分的内扩散速率是由湿扩散和热扩散共同作用的。湿扩散是坯料中由于湿度梯度引起的水分移动，热扩散是存在温度梯度而引起的水分移动。要提高内扩散速率，应使热扩散与湿扩散方向一致，设法使坯料中心温度高于表面温度，例如采用远红外加热、微波加热方式。

2）影响外扩散速率的因素

外扩散阻力主要发生在对流传质的边界层里，因此为提高外扩散速率，应增大干燥介质流速，实现减薄边界层厚度；提高对流传热系数；降低干燥介质的水蒸气浓度；增加扩散传质面积。

3）其他影响因素

影响干燥速率的其他因素包括坯体形状、尺寸，以及干燥介质与被干燥坯体的温差等。

2. 确定干燥介质参数的依据

确定干燥介质参数的依据是调节干燥介质的温度、湿度，以及空气的流速、流量。

1）干燥介质的温度

坯体含水率高，形状复杂，容易引起温度内外不均匀，存在温度梯度，产生热应力，造成干燥缺陷。因此，干燥温度不应过高。坯体含水率低，形状简单，壁薄，有利于快速干燥；但温度升高，热效率会下降。链式干燥的干燥介质温度为 40~60 ℃，快速干燥的温度大于 100 ℃。

2）干燥介质的湿度

分段干燥：第一阶段，高湿低温预热坯体（40 ℃）；第二阶段，温度不太高，相对湿度不太低，干燥至坯体不再收缩为止；第三阶段，高温低湿（15%）。

3）空气的流速、流量

空气的流速、流量大，能促进外扩散进行。在温度不宜太高的情况下，可增加空气的流速和流量，高速均匀的热风使干燥速率提高。

12.7.3　干燥方法

1. 对流干燥

对流干燥是在湿物料干燥过程中，利用热气体作为热源去除湿物料所产生蒸汽的干燥方法。它是应用最广的一种干燥方法。

对流干燥的应用要有针对性，在条件控制上，对于薄而小的坯体采用高温低湿；对于厚而大的坯体采用高湿低温；整体上分段控制，多次循环高速送风、脉冲送风。

2. 远红外干燥

红外线波长介于可见光与微波之间（0.75～2.5 μm 为近红外，2.5～1 000 μm 为远红外）。

水是红外线的敏感物质，当入射的红外线频率与含水物质固有振动频率一致时，含水物质会大量吸收红外线，使分子振动加速，转变为热能。远红外辐射器包括以下部分：

（1）基体：耐火材料 SiC、铝英石、不锈钢、铝合金。

（2）辐射涂层：金属氧化物、氮化物、硼化物、磁化物与水玻璃等。

（3）热源及保温装置：电、煤气、燃气、油。

远红外干燥的特点：

（1）干燥速率快，生产效率高，节省能耗。

（2）设备小巧，造价低，费用低。

（3）干燥质量好，表面、内部同时吸收，热湿扩散方向一致、均匀，不易产生缺陷。

3. 电热干燥

电热干燥是指湿坯体作为电阻并连在电路中。坯体有电阻，电流通过时产生热量，整个坯体被同时加热。表面由于蒸发水分，湿度低于内部，同时温度也低于内部，因此热湿方向一致，干燥速度快。干燥过程中随着水分的降低，坯电阻升高，电流下降，此时应提高电压。

4. 综合干燥

综合干燥是几种干燥方式并用的方法。对于大型注浆坯，往往采用电热干燥、远红外线干燥；对于日用瓷，则采用红外线与对流干燥结合交替进行，以加速内扩散和外扩散。

12.8　黏接、修坯与施釉

12.8.1　坯体黏接

1. 黏接方法

1）干法黏接

干法黏接是指坯体含水率在3%以下进行的黏接。

特点：对操作工人技术要求较高，黏接件不易变形。

2）湿法黏接

湿法黏接是指坯体含水率在15%～19%进行的黏接。

特点：黏接牢固不易开裂，黏接效率高，但容易变形。

3）光面黏接与麻面黏接

一般采用光面黏接，对于较难黏接的部件采用麻面黏接。

2. 黏接泥

（1）采用与坯体组成接近的泥浆，含水率在30%左右，相对密度在2.0以上。

（2）坯料中加入糊精、CMC等调制而成。

（3）坯料中加入30%的釉料调制而成。

（4）专门配制黏接泥（配方中熔剂性原料较坯料中多）。

3. 黏接技术要点

（1）黏接件之间的含水率应当基本一致。

（2）黏接面吻合度好，无缝隙。

（3）黏接操作稳、准、正，用力适当。

（4）黏接泥的含水率适当且要保持均匀一致。

12.8.2 修坯

1. 干法修坯

干法修坯是指在坯体含水率为6%~10%或更低时的修坯。

工具：各种形状的修坯刀，0#、1#、刚玉砂布或60~80目的铜筛网，以及蘸水的泡沫塑料、抹布、扫帚等。

2. 湿法修坯

湿法修坯是指坯体含水率为16%~19%时的修坯。

工具：修坯刀、泡沫塑料等。

3. 修坯操作过程

（1）刮平模缝。

（2）修补气孔和小裂纹并刮平。

（3）黏接与干燥。

（4）混水抹坯（抹光）。

12.8.3 釉浆制备

1. 制釉工艺

制釉时要求原料比坯料纯净，称料要准确。对于生成釉，与坯料相似，直接配料磨成釉浆；对于熔块釉，则需先熔制熔块，再制备釉浆，目的是降低某些釉用原料的毒性和可溶性，同时降低熔融温度。

原料的颗粒及水分应控制在一定的范围内，保证混料均匀及高温下的反应完全。熔制温度应适宜，如果温度过高，则挥发严重，影响化学组成、色釉和色泽；如果温度过低，则熔制不透，易水解。此外，应控制熔制气氛，例如铅熔块采用氧化气氛进行熔制。

2. 釉料的质量要求及控制

1）细度

细度影响黏度、悬浮性、与坯黏附能力、熔化温度及釉面质量。细度过高会导致黏度增加，悬浮性升高，与坯黏附能力增强，熔化温度降低，釉面质量提高；但如果过细，则黏度增加，釉层厚，高温下反应急剧，气体难以排除，铅熔块铅熔出量（如 Pb）及 Na^+、B^{3+} 等离子溶解度上升，pH 升高，浆体易凝聚。

2）密度

密度与施釉时间、釉层厚度有关。密度过高时，釉层厚度不均，易开裂、溶釉，但可节省施釉时间；密度过低，则需多次长时间上釉。

冬天温度降低，黏度增大，密度应适当调小；夏天温度升高，黏度降低，密度可适当调大。

3）流动性及悬浮性

流动性及悬浮性直接影响施釉工艺的顺利进行及烧后的釉面质量。细度增加时，悬浮性好，黏度增加，流动性下降。含水率增加，则流动性上升，密度下降，黏附性减弱。添加剂、减水剂等可以增加流动性。工艺上做陈腐处理可改变釉的屈服值、流动性及吸附性。

12.8.4　施釉

施釉过程：生坯→干燥→吹灰→升温→抹水。

1. 基本施釉方法

基本施釉方法包括浸釉、淋釉、喷釉。

（1）浸釉：利用坯的吸水性或热坯的附着作用使釉浆吸附于坯体上。釉层厚度与坯的吸水性、釉浆浓度、浸釉时间有关。浸釉适用于大、中、小各类产品。

（2）淋釉：将釉浆浇于坯体上。淋釉适用于圆盘、单面上釉的扁平砖及坯体强度差的产品。

（3）喷釉：利用压缩空气将釉浆通过喷枪或喷釉机喷成雾状。釉层厚度与坯和喷口的距离、喷釉压力、喷浆密度有关。喷釉适用于大型、薄壁、形状复杂的生坯，可用于自动化生产。

2. 静电施釉

定义：将釉浆喷至一个不均匀的电场中，使中性的釉粒带负电，随压缩空气向带正电的坯体靠近。

特点：雾滴细腻、速率缓慢、分布均匀、效率高、产量大、质量好、浪费少，但设备维修困难、电压较高，需采取保护措施。

3. 发展中的干法施釉

要点：釉粉+树脂。

（1）流化床施釉：通压缩空气使釉粉悬浮呈流化状态。生坯浸入流化床中，利用树脂软化使生坯表面黏附一层均匀的釉料。

（2）干法施釉：用于建筑陶瓷的外墙砖施釉。通过坯料加压，加入有机黏合物再撒釉粉并以加压的方式实现。

特点：节省人力、能耗低、缩短生产周期，且通过二次加压可使制品硬度、强度升高。

（3）釉纸施釉：类似于贴花工艺，须制备釉纸再进行施釉操作。

12.9 烧 成

12.9.1 烧成制度

1. 烧成制度包含的因素

烧成制度包括温度制度（烧成温度、保温时间、冷却时间、升温速率）、气氛制度及压力制度。下面主要介绍几个重要的烧成制度。

1）烧成温度

坯体烧成时获得最优性质时的相应温度，即烧成时的止火温度，也称烧成温度。烧成范围指一个允许的温度区间：坯体技术性能开始达到要求指标时对应的温度为下限温度；坯体结构和性能指标开始劣化时的温度为上限温度。

烧结温度：试样开口气孔率达到最低、收缩率达到最大、试样致密度最高时的温度。

烧成温度高低的影响：晶粒尺寸、液相组成与数量、气孔的形貌与数量、体积密度、吸水率、显气孔率、显微硬度。

同种坯体：高温下短时间烧成或低温下长时间烧成的方式。

2）保温时间

在低于烧成温度时保温：物理化学反应完全，产生足够的液相，晶粒的尺寸适当，结构均匀。保温时间不宜过长，否则晶粒溶解，液相增多，机械性能下降，釉面析晶（结晶釉），所以保温温度小于烧成温度。保温时间影响晶体数量与大小。保温时间不宜过长，否则晶粒过分长大，发生二次重结晶。

3）气氛对烧成的影响

（1）对烧结温度的影响：$T_{还原} < T_{氧化}$。

（2）对最大烧结收缩率的影响：瓷石为 $S_{还原} > S_{氧化}$；长石为 $S_{还原} > S_{氧化}$。

（3）对过烧膨胀的影响：在还原气氛下，Fe_xO 分解温度低，气体易排除，膨胀率小；而在氧化气氛下，Fe_xO 分解温度高，气体不易排除，膨胀率大，铁含量增长，膨胀差大。

（4）对瓷坯线膨胀收缩率的影响：$S_{还原} > S_{氧化}$；Fe_2O_3、FeO 起熔剂作用，低温下液相生成，导致收缩增大。

（5）对颜色、透光度及釉面质量的影响：釉面中常见的显色氧化物有 Fe_2O_3、TiO_2、SiO_2 等。Fe_2O_3 在氧化气氛下呈黄色，在还原气氛下呈青色。TiO_2 在还原气体中焙烧时，还原气氛夺取了 TiO_2 中的部分氧，在晶格中产生氧空位。每个氧离子在离开晶格时要释放两个电子，这两个电子可将两个 Ti^{4+} 还原成 Ti^{3+}，宏观上坯体颜色加深。对于 SiO_2，在高温还原气氛下，其与 CO 反应生成气态 SiO，继而进一步反应生成 SiO_2 与 Si（银灰斑点）。同时，在高温条件下 CO 裂解生成 CO_2 与 C（黑色斑点），釉面质量发生变化。

4）升降温速率

快速升温条件下收缩率低于缓慢升温；快速升温条件下气孔率大于缓慢升温，主要原因是气体来不及排除。

2. 拟订烧成制度的依据

1）坯料加热过程中的性状变化

考虑温度制度时，可以借助热分析方法（如热重分析、差热分析、热膨胀率测定）并结合以往烧成经验，初步确定脱水、氧化或还原反应期间升温速率及保温时间。气氛制度的控制要考虑坯料中铁及有机物含量；铁含量低而有机物含量多适宜氧化气氛；铁含量高而有机物含量低适宜还原气氛。

2）坯体形状、厚度和入窑水分

薄壁、小件制品采用短周期快烧；大件制品，尤其是厚壁、形状复杂或含大量可塑黏土、有机物的情况下，烧成周期长。

3）烧成方法

根据制品要求选择一次烧成、二次烧成。对于特种陶瓷采用热压常压、热等静压等方法。其中一次烧成、二次烧成的优缺点如表12 25所示。

表12-25 一次烧成、二次烧成的优缺点

烧成方法	优点	缺点
一次烧成	可以节约能源，节省时间，减少烧成设备	制品气孔率较大，产品的质量也比二次烧成差
二次烧成	能提高素烧坯的强度，素烧坯多孔，易于施釉，制品变形小，釉面质量与装饰效果好	能耗大，费时，坯釉中间层生长不良

12.9.2 低温烧成与快速烧成

1. 低温烧成与快速烧成的意义

低温烧成：指烧成温度有较大幅度降低，产品性能与通常烧成的性能相近的烧成方法。

快速烧成：指产品性能无变化，而烧成时间大量缩短的烧成方法。

低温烧成与快速烧成都能够节约能源，都需要充分利用原料资源、熔剂成分，从而提高窑炉、窑具的使用寿命，缩短生产周期，提高生产效率。

2. 降低烧成温度的工艺措施

（1）调整坯、釉料组成。

（2）提高坯料细度。

3. 快速烧成的工艺性能

（1）坯、釉料适应快速烧成。

坯料：干燥、烧成收缩小，尺寸准确，不致弯曲变形；热膨胀系数小，最好呈线性关系，不开裂；导热性好，反应迅速进行，提高坯体抗热震性；少含晶型转变成分。

釉料：化学活性强，始熔温度高，高温黏性低，膨胀系数小，与坯料相配，以免原料反应滞后。

（2）减少坯入窑水分，提高入窑温度。

（3）控制坯厚度、形状大小。

（4）窑炉内温度均匀，保温良好。

（5）窑的抗热震性好。

12.9.3 烧成新方法

本小节将主要介绍热压烧结、热等静压烧结、微波烧结。

1. 热压烧结

热压烧结（Hot Pressed Sintering）是在烧结过程中同时对坯料施加压力，加速了致密化的过程。因此，热压烧结的温度更低，烧结时间更短。热压技术已有 70 年历史，最早用于碳化铬和铬粉致密件的制备，现在已广泛应用于陶瓷、粉末冶金和复合材料的生产。对较难烧的粉料，在模具内施加压力，同时升温烧结，在高温下加压、成型和烧成同时完成。

1）理论基础

（1）传质过程：分为晶界滑移传质、挤压蠕变传质，而普通烧结不存在。晶界滑移传质产生高效剪切应力，使粉料应力大于填充堆积间隙。高温低压通常产生塑性滑移；低温高压使碎裂滑移间隙迅速得到填充；挤压蠕变传质相对慢速，相对静止的晶界在正压力作用下发生缓慢变化。

（2）热压烧结的致密化过程。

① 初期：高温下加压后的最初十几到几十分钟的时间内，相对密度从 50%~60% 猛增到 90% 左右。特点是密度迅速增大，大部分气孔排除；粉粒重排，晶界滑移。

② 中期：特点是密度增加缓慢。这个阶段的主要表现为空位点扩散及晶界中气孔消失。

③ 后期：致密速率大大降低，与普通烧结相似。晶界移动与外加压力无关，外加压力使晶界更密实，间距变小，有利于再结晶。

2）热压烧结的特点

（1）降低坯体成型压力，热压力为常温压力的 1/10。

（2）致密度显著提高，热压烧结可达理论密度的 98%~100%，普通烧结可达理论密度的 85%~90%。

（3）显著降低烧成温度，缩短烧成时间。普通烧结的推动力是表面能；热压烧结的推动力为表面能、晶界滑移传质、挤压蠕变传质。

（4）晶粒细小（温度低、时间短），气孔分布均匀、气孔率低。

（5）无须烧结促进剂、成型添加剂。

2. 热等静压烧结

热等静压（Hot Isostatic Pressing，HIP）工艺是一种将粉末压制物或装入包套的粉料置于高压容器中的工艺。在此过程中，粉料会经历高温和均衡的压力作用，从而被烧结成致密的部件。这一技术自 1955 年由美国 Battelle Columbus 实验室首次成功研制以来，已在多个领域得到了广泛应用。其基本原理是以气体或液体作为压力媒介，使待处理的材料（如粉料、坯体或烧结体）在加热时承受来自各方向的均衡压力。这种高温和高压的联合作用，有效促进了材料的致密化过程。起初，HIP 工艺主要被应用于硬质合金的制备过程中，用于对铸件进行后处理。经过近半个世纪的持续发展，其在工业化生产中的应用领域得到了极大的拓展。随着技术的不断进步，通过改进热等静压设备，不仅大幅降低了生产成本，还进一步拓宽了 HIP 技术在工业生产中的应用范围。而且,其应用潜力的增加仍具有很大的空间。目前, HIP 技术的应用领域主要包括金属和陶瓷的固结、金刚石刀具的烧结、铸件质量的修复与提升,以及高性能磁性材料和靶材的致密化等。这些应用都充分展示了 HIP 工艺在提高材料性能、优化产品质量及推动工业发展方面的巨大作用。

HIP 工艺所需原料:粉末,原料先预压再烧制。

HIP 工艺流程:粉末填充→预压→抽气→热等静压→第二次热等静压。

HIP 工艺的特点:成型、烧成同时进行;较低温度下获得各向同性、高致密度的陶瓷制品,适用于大尺寸、复杂尺寸、精确尺寸制品;可将不同材料部件粘成一个复杂部件。但其工艺、设备复杂,模具高,投资大,效率低。

热等静压装置主要构成部分包括压力容器、气体增压设备、加热炉及控制系统。此设备的设计旨在确保工艺的稳定性和效率,为科研和工业生产提供强大的技术支持。压力容器部分是整个装置的核心构件之一,它由密封环、坚固的压力容器本体、顶盖及底盖等部件组成。密封环的精密设计保证了容器的气密性,有效防止了气体泄漏;而压力容器和顶盖、底盖的组合构成了一个封闭的空间,为高压环境下的工艺操作提供了保障。气体增压设备则包括气体压缩机、过滤器、止回阀、排气阀及压力表等。气体压缩机负责将气体压缩至所需压力;过滤器则确保了气体的纯净度;止回阀和排气阀则分别在增压和排气过程中起到关键作用;而压力表的设置方便了操作者实时监控设备内部的气压情况。加热炉部分的构造同样复杂且精细。发热体是加热炉的主要部分,负责产生所需的热量;隔热屏则有效隔离了外部与内部的温度,保护了操作者的安全;热电偶则用于精确测量温度,确保工艺的精确性。而控制系统是整个装置的"大脑",它由功率控制、温度控制和压力控制等多个模块组成,通过精确的算法和反馈机制,实现了对设备各部分的协同控制。无论是功率的调节、温度的把控还是压力的稳定,都离不开控制系统的精准操作。热等静压装置的典型示意如图 12-10 所示。

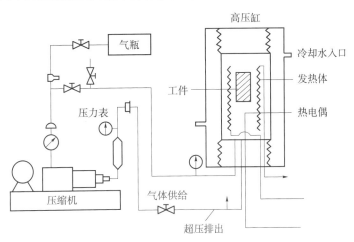

图 12-10 热等静压装置的典型示意

3. 微波烧结

微波烧结是一种利用微波的特殊波段与材料微观结构相互作用的热处理技术。它通过电磁场中材料的介质损耗,使材料整体吸收微波能量并加热至烧结温度,从而实现材料的致密化。微波作为一种高频电磁波,其频率范围跨越了 0.3~300 GHz;但在微波烧结技术中,主要使用的频率为 915 MHz 和 2.45 GHz。微波烧结技术自 20 世纪 60 年代起，逐渐发展成为陶瓷研究领域的一种新方法。与传统的烧结方式相比，其最大的区别在于热源的来源。传统烧结依赖周围的发热体进行加热，而微波烧结是材料自身吸收微波能量并产生热量。根据微波烧结的基本理论，热能是由物质内部的介质损耗所引发的；这是一种体积加热效应，与传统的表面加热相比，具有烧结时间短、烧成温度低、降低固相反应活化能等优势。此外，微波烧结还能提高烧结样品的力学性能，使晶粒细化、结构均匀，同时减少高温环境污染。然而，尽管微波烧结技术具有诸多优点，其详细的作用机制及微波烧结工艺的重复性问题仍是该技术进一步发展的关键。微波作为一种电磁波，其波长在毫米至米级别，与可见光波有所不同。除了激光，大部分微波都是干涉偏振波，遵循光学原理，可以在物质内部被吸收、反射或透过。目前，微波烧结技术已经被广泛应用于多种陶瓷复合材料的实验研究中。根据材料与微波的作用方式不同，可以将其分为微波透明体、微波反射体和微波吸收体，如图 12-11 所示。

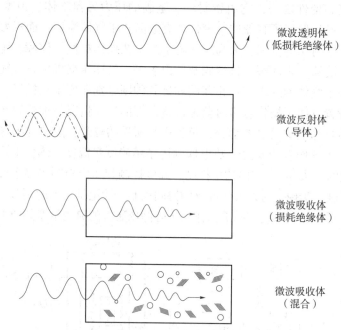

图 12-11　材料与微波的作用方式示意

　　微波透明体是指那些在室温下，微波能够在其内部完全透过的材料；多种陶瓷复合材料都属于微波透明体，如 Al_2O_3、MgO、SiO_2 及大部分玻璃制品等。这些物质在室温下展现出电绝缘体的性质，具有极低的介质损耗。微波导体或称微波不透明体，指的是那些能够使微波完全反射而无法进入其内部结构的材料；金属材料是优秀的微波导体，因此常被用于传输微波。金属的电导率越高，对微波的反射能力就越强。在实际应用中，电导率极高的 Cu 常被选作传输微波的波导元件。此外，还有一类特殊的微波材料——微波吸收体。这类材料能够吸收微波并在其内部耗散，从而产生热量；部分材料如 Co_2O_3、MnO_2、NiO、CuO、SiC、ZrO_2、$BaTiO_3$ 和 Si_3N_4 等，在室温下就具有较高的介质损耗，因此能够显著吸收微波。而对于微波透明体，随着温度的升高，其自身的损耗也会增加，从而可能转变为微波吸收体。复合材料则是一种通过特殊工艺制成的材料，其内部添加了具有导电性或磁性的纤维、颗粒；这样的结构使微波在复合材料内部不断被反射和吸收，大大提高了与微波的耦合能力。因此，即使在室温下，这样的复合材料也能显著吸收微波并被加热；鉴于这种性质，复合材料更适合采用微波烧结工艺进行烧制。

12.10　小　结

　　本章首先介绍了陶瓷的基本概念、分类、发展趋势。从陶瓷材料的主要原料入手，详细介绍这些原料的来源、性质及其在陶瓷制品与材料制备过程中的重要作用。这些原料的选择与处理，直接关系到陶瓷制品的最终质量与性能。其次，重点讨论了陶瓷粉体的加工和处理过程。这一环节是陶瓷材料制备的关键步骤之一，涉及粉体的研磨、混合、成型等工艺，对陶瓷制品的微观结构与性能有着决定性的影响。再次，介绍了陶瓷坯体的干燥技术。这一过程主要是通过物理或化学方法，去除坯体中的水分，使其达到适合烧成的状态。干燥过程的控制对于防止坯体开裂、保证制品的完整性和性能具有重要作用。最后，介绍了陶瓷烧成过程技术要点及现代烧成技术。陶瓷工艺随着现代化技术的发展不断革新，将引领材料科学领域工艺水平的不断进步。

习　题

12-1　什么是陶瓷？它有哪些分类？

12-2　简述陶瓷生产的工艺流程。

12-3　简述黏土泥浆和可塑泥团的触变性、黏土颗粒的离子交换性。

12-4　简述钾长石和钠长石在陶瓷中的应用性能比较。

12-5　简述长石瓷的化学组成及其作用。

12-6　简述坯体组成的四种表示方法及其概念。

12-7　给出三种炻器坯料的配方组成：黏土甲 83.0 kg，石英 9.6 kg，长石 7.4 kg。现要用黏土乙代替黏土甲，试求新配方组成，并参考表 12-16 黏土甲和黏土乙的示性分析。

表 12-26　黏土甲和黏土乙的示性分析　　　　　单位：%

示性组成	黏土甲	黏土乙
黏土质	66.3	90.7
石英	33.0	8.2
长石	0.7	1.1

12-8　确定釉料组成的原则是什么？

12-9　原料预烧的作用是什么？请举例说明。陈腐的作用有哪些？

12-10　原料细破碎的目的是什么？

12-11　简述陶瓷烧成过程中的四个阶段。

12-12　举例说明陶瓷烧成的新方法。

参 考 文 献

[1] 李楠，顾华志，赵惠忠. 耐火材料学 [M]. 北京：冶金工业出版社，2010.

[2] 宋希文，侯谨. 耐火材料工艺学 [M]. 北京：化学工业出版社，2008.

[3] 武志红，丁东海. 耐火材料工艺学 [M]. 北京：冶金工业出版社，2017.

[4] 林宗寿. 无机非金属材料工学 [M]. 武汉：武汉理工大学出版社，2008.

[5] 王维邦. 耐火材料工艺学 [M]. 2版. 北京：冶金工业出版社，2004.

[6] 李红霞. 耐火材料手册 [M]. 北京：冶金工业出版社，2007.

[7] 宋希文，安胜利. 耐火材料概论 [M]. 北京：化学工业出版社，2015.

[8] 林彬荫，胡龙. 耐火材料原料 [M]. 北京：冶金工业出版社，2015.

[9] 孙宇飞. 镁质和镁基复相耐火材料 [M]. 北京：冶金工业出版社，2010.

[10] CHEN MIN, LU CAIYUN, YU JINGKUN. Improvement in Performance of MgO-CaO Refractories by Addition of Nano-sized ZrO_2 [J]. Journal of the European Ceramic Society, 2007 (27)：4633-4638.

[11] Ewais E M M. Carbon based refractories [J]. Journal of the Ceramic Society of Japan, 2004, 112 (10)：517-532.

[12] 李楠，顾华志，赵惠忠. 耐火材料学 [M]. 北京：冶金工业出版社，2010.

[13] 宋希文，侯谨. 耐火材料工艺学 [M]. 北京：化学工业出版社，2008.

[14] 武志红，丁东海. 耐火材料工艺学 [M]. 北京：冶金工业出版社，2017.

[15] 林宗寿. 无机非金属材料工学 [M]. 武汉：武汉理工大学出版社，2008.

[16] 王维邦. 耐火材料工艺学 [M]. 2版. 北京：冶金工业出版社，2004.

[17] 李红霞. 耐火材料手册 [M]. 北京：冶金工业出版社，2007.

[18] 宋希文，安胜利. 耐火材料概论 [M]. 北京：化学工业出版社，2015.

[19] 陈肇友. 化学热力学与耐火材料 [M]. 北京：冶金工业出版社，2005.

[20] 徐平坤. 耐火材料新工艺技术 [M]. 2版. 北京：冶金工业出版社，2020.

[21] 武志红. 耐火材料工艺学 [M]. 北京：冶金工业出版社，2017.

[22] 宋希文. 耐火材料概论 [M]. 2版. 北京：化学工业出版社，2015.

[23] 韩行禄. 不定形耐火材料 [M]. 北京：冶金工业出版社，2003.

[24] 王诚训. 复合不定形耐火材料 [M]. 北京：冶金工业出版社，2005.

[25] 李浩宇. 不定形耐火材料实用手册 [M]. 北京：北方工业出版社，2007.

[26] 殷景华，王雅珍，鞠刚. 功能材料概论 [M]. 哈尔滨：哈尔滨工业大学出版社，2000.

[27] 江东亮. 无机非金属材料手册（上册）[M]. 北京：化学工业出版社，2009.

[28] 潘志华. 无机非金属材料工学 [M]. 北京：化学工业出版社，2016.

[29] 张旭东，张玉军，刘曙光. 无机非金属材料学 [M]. 济南：山东大学出版社，2000.

[30] 徐平坤. 耐火材料新工艺技术 [M]. 2版. 北京：冶金工业出版社，2020.

[31] 武志红. 耐火材料工艺学 [M]. 北京：冶金工业出版社，2017.

[32] 宋希文. 耐火材料概论 [M]. 2版. 北京：化学工业出版社，2015.

[33] 韩行禄. 不定形耐火材料 [M]. 北京：冶金工业出版社，2003.

[34] 林宗寿，李凝若，赵修建，等. 无机非金属材料工学 [M]. 4 版. 武汉：武汉理工大学出版社，2014.

[35] 林宗寿. 水泥工艺学 [M]. 2 版. 武汉：武汉理工大学出版社，2017.

[36] 于兴敏. 新型干法水泥实用技术全书 [M]. 北京：中国建筑工业出版社，2006.

[37] 彭宝利，朱晓丽，王仲军，等. 现代水泥制造技术 [M]. 北京：中国建材工业出版社，2015.

[38] 林宗寿. 矿渣基生态水泥 [M]. 北京：中国建材工业出版社，2018.

[39] 刘维良，喻佑华. 先进陶瓷工艺学 [M]. 武汉：武汉理工大学出版社，2004.

[40] 尹衍升，陈守刚，李嘉. 先进结构陶瓷及其复合材料 [M]. 北京：化学工业出版社，2006.

[41] 郭瑞松，蔡舒，季惠明，等. 工程结构陶瓷 [M]. 天津：天津大学出版社，2002.

[42] 郑学家. 金属硼化物与含硼合金 [M]. 北京：化学工业出版社，2012.

[43] 宋希文，赛音巴特尔. 特种耐火材料 [M]. 北京：化学工业出版社，2011.

[44] 马红周，张朝晖. 冶金企业环境保护 [M]. 北京：冶金工业出版社，2010.